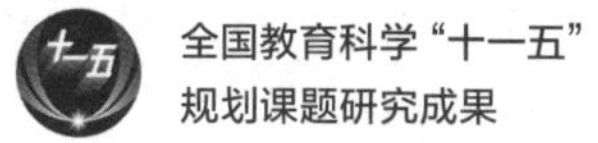

全国教育科学“十一五”
规划课题研究成果

传感器与检测技术

Sensors and Testing Technology

第 3 版

宋文绪 杨帆 主编

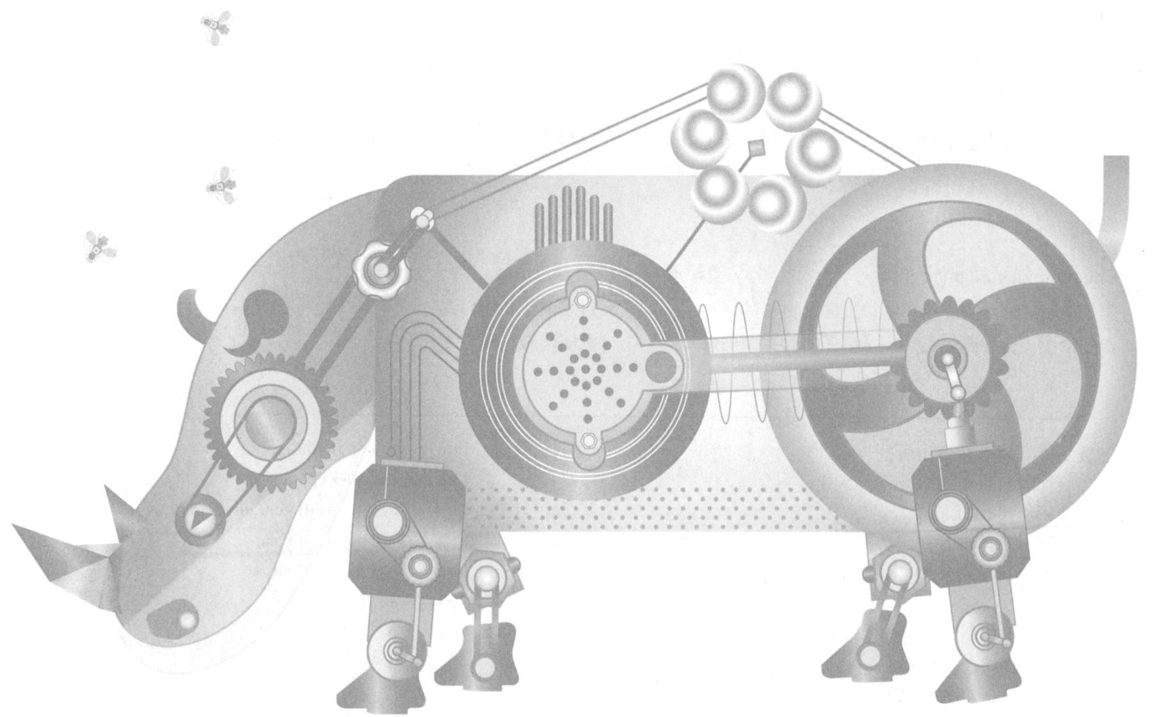

中国教育出版传媒集团
高等教育出版社·北京

内容提要

本书针对应用型高等工科教育的特点，以便于学习和应用为前提，以信息的传感、转换、处理为核心，在讲述检测技术的基本概念、传感器的基本特性、传感器的标定和正确选用的基础上，以温度、压力、物位、厚度、流量、位移、速度、加速度、气体成分、浓度及光电等参数检测为主线，按传感器的用途分章讲述各类传感器的工作原理、结构、技术指标及使用特点。同时对检测系统的组成、现代总线控制技术、虚拟仪器、多传感器信息融合和传感器电路的抗干扰技术进行了讲述。

本书的编写力求系统性、实用性与先进性相结合，理论与实践相交融，既注重传统知识的讲授，又兼顾新技术、新成果的应用。

本书可作为高等学校电气工程与自动化、自动化、机械电子工程、电子信息工程、测控技术与仪器、机械等专业的教材，也可供其他专业学生和有关的专业技术人员参考使用，或作为自学用书。

图书在版编目(CIP)数据

传感器与检测技术 / 宋文绪，杨帆主编. -- 3版. -- 北京：高等教育出版社，2023.5
ISBN 978-7-04-060173-2

Ⅰ. ①传… Ⅱ. ①宋… ②杨… Ⅲ. ①传感器-检测-高等学校-教材 Ⅳ. ①TP212

中国国家版本馆CIP数据核字(2023)第037988号

Chuanganqi yu Jiance Jishu

策划编辑 韩 颖　　责任编辑 韩 颖　　封面设计 杨伟露　　版式设计 李彩丽
责任绘图 黄云燕　　责任校对 窦丽娜　　责任印制 田 甜

出版发行	高等教育出版社	网　址	http://www.hep.edu.cn
社　址	北京市西城区德外大街4号		http://www.hep.com.cn
邮政编码	100120	网上订购	http://www.hepmall.com.cn
印　刷	北京市鑫霸印务有限公司		http://www.hepmall.com
开　本	787mm×1092mm 1/16		http://www.hepmall.cn
印　张	20.25	版　次	2004年11月第1版
字　数	470千字		2023年5月第3版
购书热线	010-58581118	印　次	2023年5月第1次印刷
咨询电话	400-810-0598	定　价	42.20元

本书如有缺页、倒页、脱页等质量问题，请到所购图书销售部门联系调换

物 料 号　60173-00

第3版前言

《传感器与检测技术》第2版出版距今已十多年了,期间许多使用本书的院校师生给作者提出了很多宝贵的意见,在此作者表示衷心的感谢。本次修订综合了大家提出的意见以及本门课程教学的需求和应用型高等工科教育的特点,对部分内容进行了调整,有的内容体系还进行了重新编写,以期达到便于教师教学和学生学习的目的。在保持以测量参数为主线的特色基础上,继续强化以下四点:

1. 精选教学内容。内容的选取基本上从我国当前工业生产及科研应用的实际出发,以信息的传感、转换、处理为核心,从物理基本概念入手,简化理论推导,力求保持知识的连贯性,重点阐述各个被测参数的检测原理及方法。

2. 采用按测量参数分类的方法进行讲述,便于使用者对传感器归纳和类比,以便作出正确的使用和选择。教材突出实用性。

3. 全书力求将基础知识、科研新成果及发展新动向相结合,来讲述检测参数变换原理、检测系统的结构和应用特点。

4. 立足基本理论,面向应用技术,以必需、够用为尺度。以掌握基本知识、强化应用为重点。加强了理论知识和实际应用的统一。

本书涉及领域广泛,包括许多新技术、新器件在检测技术领域的应用。全书共分十章:第1章是检测技术的基础知识;第2~8章为一些常用参数的检测,包括温度、压力、物位、厚度、流量、位移、速度、加速度、成分、光电等参数的检测;第9章讲述了自动检测系统的基本组成;第10章讲述了检测装置的补偿及抗干扰技术。且在每章后都附有一定量的思考题与习题。

本书由北华大学的宋文绪和河北工业大学的杨帆任主编。其中第1、10章由宋文绪编写,第2、4、6章由杨帆编写,第3、5章由北华大学的张秀梅编写,第7、8、9章由河北工业大学徐舜华编写。

在本书的编写和出版过程中,得到了高等教育出版社编辑的指导和支持,对他们的辛勤劳动和无私奉献表示真挚的谢意。同时,对本书参考文献中的有关作者致以诚挚的感谢!

由于编者水平有限,书中错误、不妥之处在所难免,殷切希望广大读者提出宝贵的意见。作者邮箱:yangfan@ hebut.edu.cn。

编者

2022年10月

第2版前言

检测技术作为信息科学的一个重要分支与计算机技术、自动控制技术和通信技术等一起构成了信息技术的完整科学。在人类进入信息时代的今天,人们的一切社会活动都是以信息获取与信息转换为中心,传感器作为信息获取与信息转换的重要手段,是实现信息化的基础技术之一。“没有传感器就没有现代科学技术”的观点已为全世界所公认。以传感器为核心的检测系统就像神经和感官一样,源源不断地向人类提供宏观与微观世界的种种信息,成为人们认识自然、改造自然的有利工具,广泛地应用于工业、农业、国防和科研等领域。传感器与检测技术已成为工科院校大部分专业学生必修的专业基础课。

《传感器与检测技术》第1版于2004年1月出版,至今已被全国许多院校使用,为满足高等教育教学改革的需求,我们在多年使用的基础上对《传感器与检测技术》第1版在体系结构、内容编排以及知识点等多方面进行了修订。本次修订在保持第1版教材原有特色的基础上,突出以下几个特点:

1. 精选教学内容。内容的选取基本上根据我国当前工业生产及科研应用的实际出发,以信息的传感、转换、处理为核心,从基本物理概念入手,阐述热工量、机械量、几何量等参数的检测原理及方法。重点突出,应用性强,注重新技术、新成果的应用。

2. 本教材采用按用途分章的方法进行讲述,便于使用者对传感器类比、选型,突出了教材的实用性,且检测的参数、方法较多,应用领域广泛。

3. 全书以基础知识、科研新成果及发展新动向相结合,以检测系统的器件集成化、信息数字化和测试智能化为主线。

4. 立足基本理论,面向应用技术,以必需、够用为尺度,以掌握概念、强化应用为重点。加强了理论知识和实际应用的统一。

本书涉及领域广泛,包括许多新技术、新器件在检测技术领域里的应用。全书共分十章:第1章是检测技术的基础知识;第2~8章为一些常用参数的检测,包括温度、压力、物位、厚度、流量、位移、速度、加速度、成分、光电等参数的检测;第9章讲述了自动检测系统的基本组成;第10章讲述了检测装置的补偿及抗干扰技术。且在每章后都附有一定量的思考题与习题。

本书由北华大学的宋文绪和河北工业大学的杨帆任主编。其中第1、10章由宋文绪编写,第2、4、6章由杨帆编写,第3、5章由北华大学的张秀梅编写,第7、8、9章由河北工业大学的徐舜华编写。

本书由天津大学自动化学院的王化祥教授任主审,王化祥教授对本书的总体结构和内容细节等进行了全面审阅,提出许多宝贵而富有价值的修改意见,在此表示衷心的感谢。

本书在编写和出版过程中，得到了高等教育出版社编辑们的指导和支持，对他们的辛勤劳动和无私奉献表示真挚的谢意。同时，对本书参考文献中的有关作者致以诚挚的感谢。

由于编者水平所限，书中错误、不妥之处在所难免，殷切希望广大读者提出宝贵意见。

编者

2009年4月

第1版前言

检测技术作为信息科学的一个重要分支，与计算机技术、自动控制技术和通信技术等一起构成了信息技术的完整学科。在人类进入信息时代的今天，人们的一切社会活动都是以信息获取与信息转换为中心的，传感器作为信息获取与信息转换的重要手段，是实现信息化的基础技术之一。“没有传感器就没有现代科学技术”的观点已为全世界所公认。以传感器为核心的检测系统就像神经和感官一样，源源不断地向人类提供宏观与微观世界的种种信息，成为人们认识自然、改造自然的有利工具。它广泛地应用于工业、农业、国防和科研等领域，已成为工科院校大部分专业的学生必修的专业基础课。

本书涉及领域广泛，包括许多新技术、新器件在检测技术领域里的应用。全书共分11章：第1章是检测技术的基础知识；第2~8章为一些常用参数的检测，包括温度、压力、流量、物位、厚度、位移、速度、磁场、成分、视觉等参数的检测；第9章介绍了多传感器融合技术；第10、11章讲述了传感器的标定、补偿及抗干扰技术。每章后都附有一定量的思考题与习题。

本书是在充分体现应用型本科教育的特点，提高学生分析问题及解决问题能力的基础上编写的，具有以下特点：

1. 精选教学内容，基本上根据我国当前工业生产及科研应用的实际，以信息的传感、转换、处理为核心，从基本物理概念入手，阐述热工量、机械量、几何量等参数的检测原理及方法。重点突出，应用性强，注重新技术、新成果的应用。

2. 采用按用途分章的方法进行讲述，便于使用者对传感器类比、选型，突出了教材的实用性，且检测的参数、方法较多，应用领域广泛。

3. 力求基础知识、科研新成果及发展新动向相结合，以检测系统的器件集成化、信息数字化和测试智能化为主线。

4. 立足基本理论，面向应用技术，以必需、够用为尺度，以掌握概念、强化应用为重点，加强了理论知识和实际应用的统一。

本书可作为电气工程与自动化、机械设计制造及其自动化、电子信息工程、测控技术与仪器等专业的教材，也可供其他专业学生和有关技术人员参考，或作为自学用书。

本书由宋文绪、杨帆主编，其中第1、10、11章由宋文绪编写，第3、5章由张秀梅编写，第2章由赵玉刚编写，第4、6、7、8、9章由杨帆编写。与本书配套的CAI电子课件由北华大学赵玉刚、刘学庆编写制作。

本书由电子科技大学雷霖教授审阅，雷教授对本书的总体结构和内容细节等进行了全面审订，提出许多宝贵的审阅意见，在此表示衷心的感谢。

本书在编写和出版过程中，得到了高等教育出版社高等理工分社编辑的指导和支持，对他们的辛勤劳动和无私奉献表示真挚的谢意。同时，对本书参考文献中的有关作者致以诚挚的感谢。

由于编者水平所限，书中错误、不妥之处在所难免，殷切希望广大读者提出宝贵意见。

编者

2003年8月

目　　录

第1章　检测技术的基础知识

1.1　检测技术的基本概念

1.1.1　检测技术

检测技术是以研究自动检测系统中的信息提取、信息转换以及信息处理的理论和技术为主要内容的一门应用技术学科。

广义地讲，检测技术是自动化技术四个支柱之一。从信息科学的角度考察，检测技术任务为：寻找与自然信息具有对应关系的种种表现形式的信号，以及确定二者间的定性、定量关系；从反映某一信息的多种信号表现中挑选出在所处条件下最为合适的表现形式，以及寻求最佳的采集、变换、处理、传输、存储、显示等的方法和相应的设备。

信息采集是指从自然界诸多被测量（物理量、化学量与生物量等）中提取有用的信息。

信息变换是将所提取出的有用信息以电信号的形式进行幅值、功率等的转换。

信息处理的任务，视输出环节的需要，可将变换后的电信号进行数值运算（求均值、极值等）、模拟量-数字量变换等处理。

信息传输的任务是在排除干扰的情况下，经济、准确无误地把信息进行远、近距离的传递。

虽然检测技术服务的领域非常广泛，但是从这门课程的研究内容来看，不外乎是传感器技术、误差理论、测试计量技术、抗干扰技术以及电信号间互相转换的技术等。提高自动检测系统的检测分辨率、精度、稳定性和可靠性是本门技术的研究课题和方向。

自动检测技术已成为我国发展中最重要的热门技术之一，它可以带来巨大的经济效益并促进科学技术飞跃发展，因此，在国民经济中占有及其重要的地位和作用。

1.1.2　自动检测系统

自动检测系统是自动测量、自动计量、自动保护、自动诊断、自动信号处理等诸系统的总称，它的组成如图1.1.1所示。在上述诸系统中，都包含被检测量、敏感元件和电子测量电路和输出单元，它们的区别仅在于输出单元。如果输出单元是显示器或记录器，则该系统是自动测量系统；如果输出单元是计数器或累加器，则该系统是自动计量系统；如果输出单元是报警器，则该系统是自动保护系统或自动诊断系统；如果输出单元是处理电路，则该系统是部分数据分析系统、自动管理系统或自动控制系统。

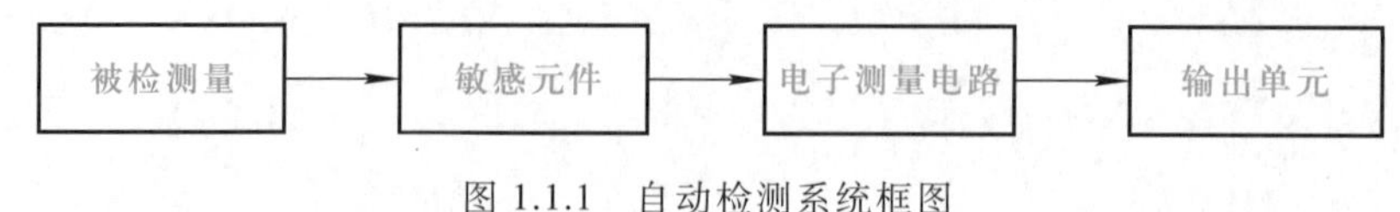

图 1.1.1 自动检测系统框图

1.1.3 传感器

1. 传感器

传感器是一种以一定的精确度把被测量转换为与之有确定对应关系的、便于应用的某种物理量的测量装置。

这一概念包含以下四个方面的含义:

① 传感器是测量装置,能完成信号获取任务。

② 它的输入量是某一被测量,可能是物理量,也可能是化学量、生物量等。

③ 它的输出量是某种物理量,这种量要便于传输、转换、处理、显示等,这种量可以是气、光、电量,但主要是电量。

④ 输出输入有对应关系,且应有一定的精确度。

2. 传感器的组成

传感器的功用是一感二传,即感受被测信息,并传送出去。传感器一般由敏感元件、转换元件、转换电路三部分组成,如图 1.1.2 所示。

图 1.1.2 传感器组成框图

(1) 敏感元件

它是直接感受被测量,并且输出与被测量成确定关系的某一物理量的元件。

(2) 转换元件

敏感元件的输出就是它的输入,它把输入量转换成电参数。

(3) 转换电路

上述电路参数接入转换电路,便可转换成电量输出。

实际上,有些传感器很简单,有些则较复杂,也有些是带反馈的闭环系统。

最简单的传感器由一个敏感元件(兼转换元件)组成,它感受被测量时直接输出电量,如热电偶。有些传感器由敏感元件和转换元件组成,没有转换电路,如压电式加速度传感器,其中质量块是敏感元件,压电片是转换元件。有些传感器转换元件不止一个,要经过若干次转换。

由于传感器空间限制等其他原因,转换电路常装入箱柜中。然而,因为不少传感器要通过转换电路之后才能输出电量信号,从而决定了转换电路是传感器的组成部分之一。

3. 传感器的分类

目前传感器主要有四种分类方法：根据传感器工作原理分类法，根据传感器能量转换情况分类法，根据传感器转换原理分类法和按照传感器的使用分类法。

表 1.1.1 按传感器转换原理分类，给出了各类型的名称及典型应用。

表 1.1.1 传感器分类表

传感器分类表		转换原理	传感器名称	典型应用
转换形式	中间参量			
电参数	电阻	移动电位器触点改变电阻	电位器传感器	位移
		改变电阻丝或电阻片的尺寸	电阻丝应变传感器、半导体应变传感器	微应用、力、负荷
		利用电阻的温度效应（电阻温度系数）	热丝传感器	气流速度、液体流量
			电阻温度传感器	温度、辐射热
			热敏电阻传感器	温度
		利用电阻的光敏效应	光敏电阻传感器	光强
		利用电阻的湿度效应	湿敏电阻传感器	湿度
	电容	改变电容的几何尺寸	电容传感器	力、压力、负荷、位移
		改变电容的介电常数		液位、厚度、含水量
	电感	改变磁路的几何尺寸、导磁体位置	电感传感器	位移
		涡流去磁效应	涡流传感器	位移、厚度、硬度
		利用压磁效应	压磁传感器	力、压力
		改变互感	差动传感器	位移
			自整角机	位移
			旋转变压器	位移
	频率	改变谐振回路中固有参数	振弦式传感器	压力、力
			振筒式传感器	气压
			石英谐振传感器	力、温度等
	计数	利用莫尔条纹	光栅	大角位移、大直线位移
		改变互感	感应同步器	
		利用拾磁信号	磁栅	
	数字	利用数字编码	角度编码器	大角位移
电量	电动势	温差电动势	热电偶	温度、热流
		霍尔效应	霍尔传感器	磁通、电流
		电磁感应	磁电传感器	速度、加速度
		光电效应	光电池	光强
	电荷	辐射电离	电离室	离子计数、放射性强度
		压电效应	压电传感器	动态力、加速度

1.2　测量误差及修正

人们对客观世界的认识总是带有一定的局限性，与客观事物的本来面貌存在差异。测量是在一定的物质基础上进行的。因此，人们在进行各种实际测量时，尽管被测量在理论上存在真值，但由于客观实验条件的限制，被测量的真值实际上是测不到的，因而测量结果只能是真值的近似值，这样就不可避免地存在着测量误差。

1.2.1　误差的基本概念及表达方式

1. 绝对误差

绝对误差是示值与被测量真值之间的差值。设被测量的真值为 L_0，测量值或示值为 x，则绝对误差 Δx 为

$$\Delta x = x - L_0 \tag{1.2.1}$$

由于真值 L_0 一般来说是未知的，所以在实际应用时，常用实际真值 L 来代表真值 L_0，并采用高一级标准仪器的示值作为实际真值。故通常用

$$\Delta x = x - L \tag{1.2.2}$$

来代表绝对误差。

在实际测量中，还经常用到修正值这个名称，它的绝对值与 Δx 相等但符号相反，用符号 c 表示，即

$$c = -\Delta x = L - x$$

修正值给出的方式不一定是具体的数值，也可以是曲线、公式或数表。在某些智能化仪表中，修正值预先被编制成有关程序，存储于仪表中，所得测量结果已自动对误差进行了修正。

2. 相对误差

绝对误差的表示方法有不足之处，因为它不能确切地反映出测量的准确程度。例如测量两个电阻，其中 $R_1 = 10\ \Omega$，误差 $\Delta R_1 = 0.1\ \Omega$；$R_2 = 1\ 000\ \Omega$，误差 $\Delta R_2 = 1\ \Omega$。尽管 $\Delta R_1 < \Delta R_2$，但不能由此得出测量电阻 R_1 比测量电阻 R_2 准确程度高的结论。因为 $\Delta R_1 = 0.1\ \Omega$ 相对于 $10\ \Omega$ 来讲是 1%，而 $\Delta R_2 = 1\ \Omega$，相对于 $1\ 000\ \Omega$ 来讲是 0.1%，所得结论是 R_2 的测量比 R_1 的测量更准确。因此，为反映测量质量的高低，需引出相对误差的概念，由绝对误差与真值或实际值之比表示相对误差 δ，即

$$\delta = \frac{\Delta x}{L_0} \times 100\% \approx \frac{\Delta x}{x} \times 100\% \tag{1.2.3}$$

相对误差通常用于衡量测量的准确程度，相对误差越小，准确程度越高。

3. 引用误差

引用误差是一种实用方便的相对误差，常在多挡和连续刻度的仪器仪表中应用。这类仪器仪表测量范围不是一个点，而是一个量程，这时按式(1.2.3)计算，由于分母是变量，随被测量的变化而变化，所以计算很麻烦。为了计算和划分仪表精度等级的方便，通常采用引

用误差,它是从相对误差演变过来的,其分母为常数,取仪器仪表中的量程值,因而引用误差 γ_m 为

$$\gamma_m = \frac{\Delta x}{A} \times 100\% \tag{1.2.4}$$

式中,A——仪表的量程。

我国电工仪表共分七级:0.1、0.2、0.5、1.0、1.5、2.5 及 5.0。例如,0.1 级表的引用误差的最大值不超过±0.1%;0.5 级表的引用误差最大值不超过±0.5%等。工业自动化仪表的精度等级一般在 0.2~5.0 级之间。

引用误差从形式上看与相对误差相似,但是对某一具体仪表来说,由于其分母 A 是一个常数,与被测量大小无关,因此,它实质是一个绝对误差的最大值。例如,量程为 1 V 的毫伏表,精度等级为 5.0,即 $\gamma = (\Delta x/A) \times 100\% = 5.0\%$。从这个公式可以求出 $\Delta x = 5.0\% \times 1\ \text{V} = 50\ \text{mV}$,这说明无论指示在刻度的哪一点,其最大绝对误差不超过 50 mV,但各点的相对误差是不同的。在选用仪表时,一般最好使其能工作在不小于满刻度值 2/3 的区域。

1.2.2 误差的分类与来源

根据误差出现的规律可分为系统误差、随机误差和粗大误差三种。

1. 系统误差

在相同的条件下多次测量同一量时,误差的绝对值和符号保持恒定,或在条件改变时,与某一个或几个因素成函数关系的有规律的误差,称为系统误差。例如仪表的刻度误差和零位误差,应变片电阻值随温度的变化等都属于系统误差。它产生的主要原因是仪表制造、安装或使用方法不正确,也可能是测量人员一些不良的读数习惯等。

系统误差是一种有规律的误差,故可以采用修正值或补偿校正的方法来减小或消除。

2. 随机误差

服从统计规律的误差称为随机误差,简称随差,又称偶然误差。只要测试系统的灵敏度足够高,在相同条件下,重复测量某一量时,每次测量的数据或大或小,或正或负,不能预知。虽然单次测量的随机误差没有规律,但多次测量的总体却服从统计规律,通过对测量数据的统计处理,能在理论上估计其对测量结果的影响。

随机误差是由很多复杂因素对测量值的综合影响所造成的,如电磁场的微变,零件的摩擦、间隙、热起伏、空气扰动,气压及湿度的变化,测量人员感觉器官的生理变化等。它不能用修正或采取某种技术措施的办法来消除。

应该指出,在任何一次测量中,系统误差与随机误差一般都是同时存在的,而且两者之间并不存在绝对的界限。

3. 粗大误差

粗大误差是一种显然与实际值不符的误差。如测错、读错、记错以及实验条件未达到预定的要求而匆忙实验,都会引起粗大误差。含有粗大误差的测量值称为坏值或异常值,在处理数据时应剔除掉。这样,测量中要估计的误差就有系统误差和随机误差两类。

误差的来源是多方面的,例如测量用的工具不完善(称为工具误差);测试设备和电路

的安装、布置、调整不完善(称为装置误差);测量方法本身的理论根据不完善(称为方法误差);测量环境如温度、湿度、气压、电磁场的变化(称为环境误差);甚至测量人员生理上的原因,如反应速度、分辨能力(称为人员误差)等。

1.2.3 系统误差和随机误差的表达式

设对某被测量进行了等精度独立的几次测量,测得值 $x_1,x_2,\cdots,x_n$,则测定值的算术平均值 $\bar{x}$ 为

$$\bar{x}=\frac{x_1+x_2+\cdots+x_n}{n}=\frac{1}{n}\sum_{i=1}^{n}x_i \tag{1.2.5}$$

式中,$\bar{x}$——采样平均值。

当测量次数 n 趋于无穷大($n\to\infty$)时,采样平均值的极限称为测定值的总体平均值,用符号 A 表示,即

$$A=\lim_{n\to\infty}\bar{x}=\lim_{n\to\infty}\frac{1}{n}\sum_{i=1}^{n}x_i \tag{1.2.6}$$

测定值的总体平均值 A 与测定值真值 L_0 之差被定义为系统误差,用符号 ε 表示,

$$\varepsilon=A-L_0 \tag{1.2.7}$$

n 次测量中,各次测定值 $x_i(i=1\sim n)$ 与其总体平均值 A 之差被定义为随机误差,用符号 δ_i 表示,即

$$\delta_i=x_i-A \quad (i=1\sim n) \tag{1.2.8}$$

将式(1.2.7)和式(1.2.8)等号两边分别相加,得

$$\varepsilon+\delta_i=(A-L_0)+(x_i-A)=x_i-L_0=\Delta x_i \tag{1.2.9}$$

式中,Δx_i——各次测定的绝对误差。

式(1.2.9)表明,各次测量值的绝对误差等于系统误差 ε 和随机误差 δ_i 的代数和。

1.2.4 基本误差和附加误差

按使用条件划分可将误差分为基本误差和附加误差。

1. 基本误差

任何测量仪器和传感器都是在一定的环境条件下使用的。环境条件变化,测量误差也因环境条件(如温度、气压、湿度、电源电压和频率等)的变化而变化。这样,在对传感器和仪器进行检定和刻度时,应把所有起影响作用的外界因素控制在变化较窄的条件内。此条件由国家标准或企业标准文件明确规定,称为标准条件。仪器在标准条件下使用所具有的误差称为基本误差,它属于系统误差。

例如,仪表是在电源电压(220±5)V、电网频率(50±2)Hz、环境温度(20±5)℃、大气压(1.013×10^5±1 000)Pa、湿度65%± 5%的条件下标定的。如果这台仪表在这个条件下工作,则仪表所具有的误差就是基本误差。换句话说,基本误差是测量仪表在额定条件下工作所具有的误差。

测量仪表的精度等级就是由其基本误差决定的。不同等级的传感器和仪表的基本误差

在国家和企业标准中都有明确规定。

2. 附加误差

当使用条件偏离标准条件时,传感器和仪表必然在基本误差的基础上增加了新的系统误差,称为附加误差。例如,由于温度超过标准引起的温度附加误差、频率附加误差以及电源电压波动附加误差等。附加误差在使用时应叠加到基本误差上去。

1.2.5　系统误差的发现与校正

1. 系统误差的发现与判别

由于系统误差对测量精度影响比较大,因此,必须消除系统误差的影响,才能有效地提高测量精度。下面介绍发现系统误差的常用方法。

(1) 实验对比法

这种方法是通过改变产生系统误差的条件而进行不同条件的测量,以发现系统误差。这种方法适用于发现不变的系统误差。例如,一台测量仪表本身存在固定的系统误差,即使进行多次测量也不能发现,只有用精度更高一级的测量仪表测量,才能发现这台测量仪表的系统误差。

(2) 剩余误差观察法

剩余误差为某测量值与测量平均值之差,即 $p_i=x_i-\bar{x}$。根据测量数据的各个剩余误差大小和符号的变化规律,可以直接由误差数据或误差曲线图形来判断有无系统误差。这种方法主要适用于发现有规律变化的系统误差,如图 1.2.1 所示。若剩余误差如图 1.2.1(a)所示,大体上是正负相间,且无显著变化规律,则不存在系统误差;若剩余误差如图 1.2.1(b)所示,有规律地递增或递减,且在测量开始与结束时误差相反,则存在线性系统误差;若剩余误差如图 1.2.1(c)所示,符号有规律地逐渐由正变负,再由负变正,且循环交替重复变化,则存在周期性系统误差;若剩余误差如图 1.2.1(d)所示的变化规律,则应怀疑同时存在线性系统误差和周期性系统误差。图中 n 为测量次数。

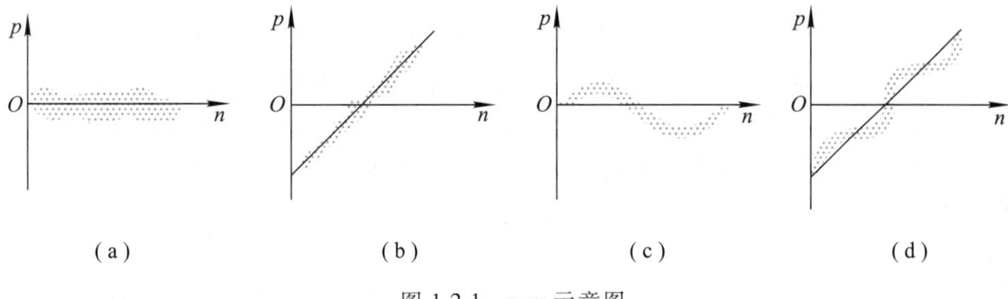

图 1.2.1　p-n 示意图

(3) 不同公式计算标准误差比较法

对等精度测量,可用不同公式计算标准误差,通过比较可以发现系统误差。通常采用贝塞尔公式和佩捷斯公式计算比较,即

$$\sigma_1=\sqrt{\frac{\sum_{i=1}^{n}p_i^2}{n-1}},\quad \sigma_2=\sqrt{\frac{\pi}{2}}\cdot\frac{\sum_{i=1}^{n}|p_i|}{\sqrt{n(n-1)}}$$

令$\dfrac{\sigma_2}{\sigma_1}=1+u$

若

$$|u|\geqslant\frac{2}{\sqrt{n-1}}$$

则怀疑测量中存在系统误差。

2. 系统误差的校正

这里阐述的是当存在系统误差时，如何从电路设计、测量方法和测量数据的处理方面对误差进行修正。

(1) 补偿法

在电路和传感器结构设计中，常选用在同一有害干扰变量作用下，能产生误差相等而符号相反的零部件或元器件作为补偿元件。例如，采用负温度系数的热敏电阻补偿正温度系数电阻的温度误差；采用负温度系数的电容补偿正温度系数的电阻引起的时间常数的变化；采用磁分流器补偿磁路气隙中因温度变化引起的磁感应强度的变化等。

(2) 差分法

相同的参数变换器（如电阻、电容、电感变换器）具有相同的温度系数，若将它们接入电桥相邻的两个臂时，变换器的参数随输入量作差分变化，即一个臂的参数增加，另一个臂的参数则减小，这时的电桥输出是单个参数变换器输出的两倍。但它们在同一温度场的作用下，由于两臂的参数值相等，温度系数相同，则温度变化引起的参数变化值相等，尽管参数变化了，然而电桥输出却不受影响。利用差分法，既可提高灵敏度，又能有效地抵消有害因素引起的误差。在检测仪器中，各种参数式变换器几乎都采用差分法接成差分电桥的形式，以降低温度和零位引起的误差。

(3) 比值补偿法

测量电路中经常采用分压器及放大器，它们的变换系数总是与所用电阻元件的电阻比值有关。为了保证精确的比值，可以要求每一个电阻具有精确的电阻值，然而这并非绝对需要，且代价很高。如果所选用的电阻具有相等的相对误差和相同的电阻温度系数时，温度变化虽使电阻值变化，但它们仍能保证相互比值的精确性，从而可采用低精度的元件实现比值稳定的高精度分压比或放大倍数。

(4) 测量数据的修正

测量传感器和仪器经过检定后可以准确知道它的测量误差，当再次测量时，可以将已知的测量误差作为修正值，对测量数据进行修正，从而获得更精确的测量结果。

1.3 传感器的基本特性

在讲传感器原理、构造、应用之前，对传感器的基本特性做一些了解是非常必要的，传感器的特性可以通过它的静态和动态特性揭示出来。

1.3.1 传感器的静态特性

1. 精确度

与精确度有关的指标有两个:精密度和准确度。

(1) 精密度

它说明测量传感器输出值的分散性,即对某一稳定的被测量,由同一个测量者,用同一个传感器,在相当短的时间内连续重复测量多次,以检查测量结界的分散程度。例如,某测温传感器的精密度为 0.5 ℃,即表示多次测量结果的分散程度不大于 0.5 ℃。精密度是随机误差大小的标志,精密度高意味着随机误差小。但必须注意,精密度与准确度是两个概念,精密度高不一定准确度高。

(2) 准确度

它说明传感器输出值与真值的偏离程度。例如,某流量传感器的准确度为 0.3 m^3/s,表示该传感器的输出值与真值偏离 0.3 m^3/s。准确度是系统误差大小的标志,准确度高意味着系统误差小。同样,准确度高不一定精密度高。

(3) 精确度(以下简称精度)

它是精密度与准确度两者的总和,精确度高表示精密度和准确度都比较高。在最简单的情况下,可取两者的代数和。精确度常以测量误差的相对值表示,联系上一节所阐述的精度等级概念,理解它的意义就更容易了。

图 1.3.1 所示的射击例子有助于加深对精密度、准确度和精度三个概念的理解。图 1.3.1(a)表示准确度高而精密度低,图 1.3.1(b)表示准确度低而精密度高,图 1.3.1(c)表示精度高。在测量中都希望得到精度高的结果。

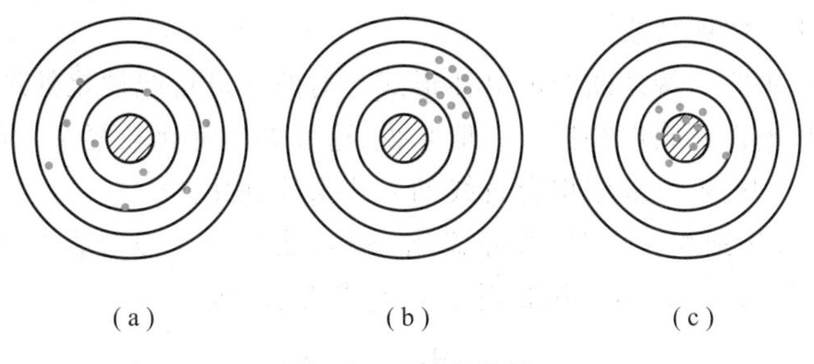

图 1.3.1 射击举例

2. 稳定性

传感器的稳定性有两个指标,一是传感器测量输出值在一段时间中的变化,用稳定度表示;二是传感器外部环境和工作条件变化引起输出值的不稳定,用影响量表示。

(1) 稳定度

指在规定时间内,测量条件不变的情况下,由于传感器中随机性变动、周期性变动和漂移等引起输出值的变化。一般用精密度和观测时间长短表示。例如,某传感器输出电压值每小时变化 1.3 mV,则其稳定度可表示为 1.3 mV/h。

(2) 影响量

测量传感器由外界环境变化引起输出值变化的量,称为影响量。它是由温度、湿度、气压、振动、电源电压及电源频率等一些外加环境因素影响所引起的。说明影响量时,必须将影响因素与输出值偏差同时表示。例如,某传感器由于电源变化 10%而引起其输出值变化 0.02 mA,则应写成 0.02 mA/(U±10%U)。

3. 传感器的静态输入-输出特性

静态特性是指输入的被测参数不随时间而变化,或随时间变化很缓慢时,传感器的输出量与输入量的关系。

(1) 线性度

人们总是希望传感器的输出与输入关系具有线性特性,这样可使显示仪表刻度均匀,在整个测量范围内具有相同的灵敏度,并且不必采用线性化环节,从而简化了测量电路。实际上,由于传感器存在着迟滞、蠕变、摩擦、间隙和松动等各种因素,以及外界条件的影响,使其输出-输入特性总是具有不同程度的非线性。

线性度(又称非线性误差)说明输出量与输入量的实际关系曲线偏离其拟合直线的程度。

设传感器实际输出-输入关系曲线用下列多项式代数和表示

$$y=a_0+a_1x+a_2x^2+\cdots+a_nx^n \tag{1.3.1}$$

式中, y——输出量;

x——输入量;

a_0——零点输出;

a_1——理论灵敏度;

$a_2,a_3,\cdots,a_n$——非线性项系数。

各项系数不同,决定了特性曲线的具体形式。对曲线进行线性化处理,可以采用各种方法,其中包括计算机硬件或软件补偿。一般来说,这些办法都比较复杂。所以在曲线的非线性程度不太大的情况下,可以采用拟合直线的办法来线性化。

在采用拟合直线达到线性化时,实际输出-输入曲线与其拟合直线之间的最大偏差就称为线性度(或非线性误差),通常用相对误差 δ_L来表示,即

$$\delta_L=\pm\frac{\Delta_{max}}{y_{FS}}\times100\% \tag{1.3.2}$$

式中,Δ_{max}——输出-输入量实际关系曲线与拟合直线之间的最大偏差值;

y_{FS}——满量程输出。

拟合直线的方法很多。不同的拟合直线,非线性误差也不同。选择拟合直线的主要出发点,应是获得最小的非线性误差。最简单的是端基线性度的拟合直线,如图 1.3.2 所示,只需校正传感器的零点和对应于最大输入量 x_{max}的最大输出值 y_{FS}点,将这两点连成直线便得到该传感器的拟合直线。此方法简单方便,但精度不高。根据误差理论,采用最小二乘法来确定拟合直线,其拟合精度最高。

令输出量 y 与输入量 x 满足下述关系式

$$y=a+Kx \tag{1.3.3}$$

式中，a 和 K 的确定条件是以使实际测量值 y_i 和由方程式(1.3.3)给出的值 y 之间的偏差为极小。假定实际校准测试点有 n 个，则第 i 个校准数据 y_i 与拟合直线相应值之间的残差为

$$\Delta_i=y_i-(a+Kx_i) \tag{1.3.4}$$

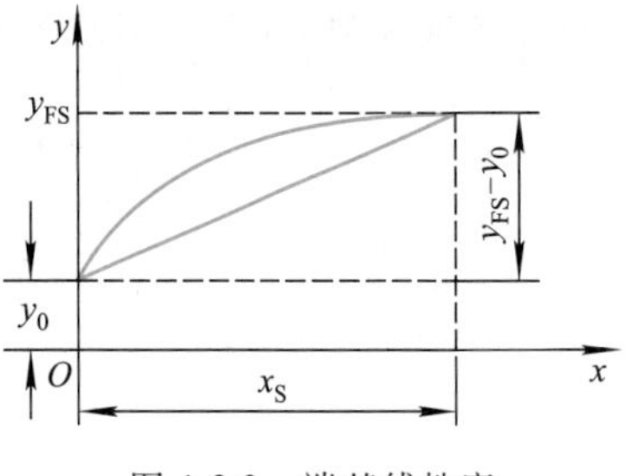

图 1.3.2　端基线性度

最小二乘法拟合直线的原理就是使 $\sum_{i=1}^{n}\Delta_i^2$ 为最小值，也就是使 $\sum_{i=1}^{n}\Delta_i^2$ 对 K 和 a 的一阶偏导数等于零，从而求 a 和 K 的表达式，即

$$\frac{\partial}{\partial K}\sum\Delta_i^2=2\sum(y_i-Kx_i-a)(-x_i)=0 \tag{1.3.5}$$

$$\frac{\partial}{\partial a}\sum\Delta_i^2=2\sum(y_i-Kx_i-a)(-1)=0 \tag{1.3.6}$$

从以上二式求出 K 和 a 为

$$K=\frac{n\sum x_iy_i-\sum x_i\sum y_i}{n\sum x_i^2-\left(\sum x_i\right)^2} \tag{1.3.7}$$

$$a=\frac{n\sum x_i^2\sum y_i-\sum x_i\sum x_iy_i}{n\sum x_i^2-\left(\sum x_i\right)^2} \tag{1.3.8}$$

在获得 K 和 a 的值后代入式(1.3.3)即可得到拟合直线，然后按式(1.3.4)求出差的最大值 Δ_{max} 即为非线性误差。

例 1.3.1　有一只压力传感器校准数据如表 1.3.1 所示。根据这些数据求最小二乘法线性度的拟合直线方程。

表 1.3.1　压力传感器校准数据

$x_i\times10^5$/Pa y_i/V 次数			0	0.5	1.0	1.5	2.0	2.5
校准数据	1	正行程	0.002 0	0.201 5	0.400 5	0.600 0	0.799 5	1.000 0
		反行程	0.003 0	0.202 0	0.402 0	0.601 0	0.800 5	
	2	正行程	0.002 5	0.202 0	0.401 0	0.600 0	0.799 5	0.999 5
		反行程	0.003 5	0.203 0	0.402 0	0.601 5	0.800 5	
	3	正行程	0.003 5	0.202 0	0.401 0	0.600 0	0.799 5	0.999 0
		反行程	0.004 0	0.203 0	0.402 0	0.601 0	0.800 5	

解：为了求得直线方程式，必须先算出式(1.3.7)和式(1.3.8)中各数值之和。从所给数

据知道,校准次数 $n=33$。所求各值如下

$$\sum_{i=1}^{33} x_i = 37.5$$

$$\sum_{i=1}^{33} y_i = 15.0425$$

$$\sum_{i=1}^{33} x_i y_i = 25.5168$$

$$\sum_{i=1}^{33} x_i^2 = 63.75$$

把上述数据代入式(1.3.7)和式(1.3.8),得到

$$K=0.39850 \qquad a=0.00298$$

于是,得到最小二乘法的拟合直线方程为

$$y=0.00298+0.39850x$$

再将各个输入值 x_i 代入上式,就得到理论拟合直线的各点数值,如表 1.3.2 所示。

表 1.3.2 理论拟合直线的各点数值

x_i	0	0.5	1.0	1.5	2.0	2.5
y_i	0.002 98	0.202 2	0.401 5	0.600 7	0.800 0	0.999 2

按表 1.3.1 和表 1.3.2 中数据绘出曲线,可依次找出输出、输入校准值与上述理论拟合直线相应点数值之间的最大偏差 $\pm\Delta_{max}$,根据式(1.3.2)便可求出该传感器的非线性误差。

(2) 灵敏度

传感器的输出量 y 与输入量 x 之间的关系 $y=f(x)$ 称为该传感器的刻度方程。表示这种输入-输出关系的特性称为刻度特性。一般来说,刻度特性分为线性特性和非线性特性。

灵敏度表示传感器的输入量增量 Δx 与由它引起的输出量增量 Δy 之间的函数关系。更确切地说,灵敏度 K 等于传感器输出增量与被测量增量之比,它是传感器在稳态输出-输入特性曲线上各点的斜率,可用下式表示

$$K=\frac{\mathrm{d}y}{\mathrm{d}x}=\frac{\mathrm{d}f(x)}{\mathrm{d}x}=f'(x) \tag{1.3.9}$$

灵敏度表示单位被测量的变化所引起传感器输出值的变化量。很显然,灵敏度 K 值越高表示传感器越灵敏。

图 1.3.3 表示了传感器灵敏度的三种情况:图 1.3.3(a)所示灵敏度 K 保持为常数,即灵敏度 K 不随被测量变化而保持恒值;图 1.3.3(b)所示灵敏度 K 随被测输入量增加而增加;图 1.3.3(c)所示灵敏度 K 随被测量增加而减小。

从灵敏度的定义可知,灵敏度是刻度特性的导数,因此,它是一个有单位的量。当讨论某一传感器的灵敏度时,必须确切地说明它的单位。例如,某传感器的压力灵敏度用 K_p 表示,单位是 mV/Pa,即每帕压力引起多少毫伏电压输出。

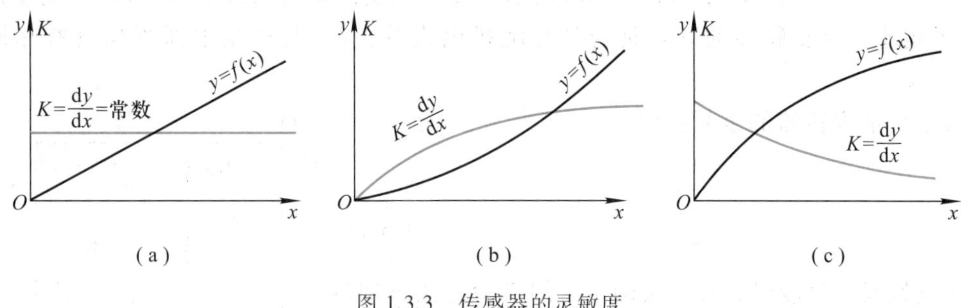

图 1.3.3 传感器的灵敏度

(3) 灵敏度阈与分辨力

灵敏度阈是指传感器能够区别的最小读数变化量。有些传感器,如电位器式传感器,当输入量连续变化时,输出量只作阶梯变化,则分辨力就是输出量的每个"阶梯"所代表的输入量的大小。对于数字式仪表,灵敏度阈转变成分辨力。所谓分辨力就是指数字式仪表指示数字值的最后一位数字所代表的值,当被测量的变化量小于分辨力时,数字式仪表的最后一位数不变,仍指示原值。

灵敏度阈或分辨力都是有单位的量,它的单位与被测量的单位相同,例如,某电桥的灵敏度阈是 0.000 3 Ω,某数字电压表的分辨力是 10 μV 等。

对于一般传感器的要求是,灵敏度应该大而灵敏度阈应该小。但也不是灵敏度阈越小越好,因为灵敏度阈越小,干扰的影响越显著,给测量的平衡过程造成困难,而且费时、费力。因此,选择的灵敏度阈只要小于允许测量绝对误差的三分之一即可。

从物理含义看,灵敏度是广义的增益,而灵敏度阈则是死区或不灵敏区。

(4) 迟滞

传感器在正(输入量增大)反(输入量减小)行程中输出-输入特性曲线不重合程度称为迟滞。如图 1.3.4 所示,也就是说,达到同样大小的输入量所采用的行程方向不同时,尽管输入为同一输入量,但输出信号大小却不相等。产生这种现象的主要原因是传感器机械部分存在不可避免的缺陷,如轴承摩擦、间隙、紧固件松动、材料内摩擦、积尘等。

迟滞误差大小一般由实验方法确定。用最大输出差值 Δ_{max} 与满量程输出 y_{FS} 的百分比来表示,即

$$\delta_H = \pm\frac{1}{2}\ \frac{\Delta_{max}}{y_{FS}}\times 100\% \qquad (1.3.10)$$

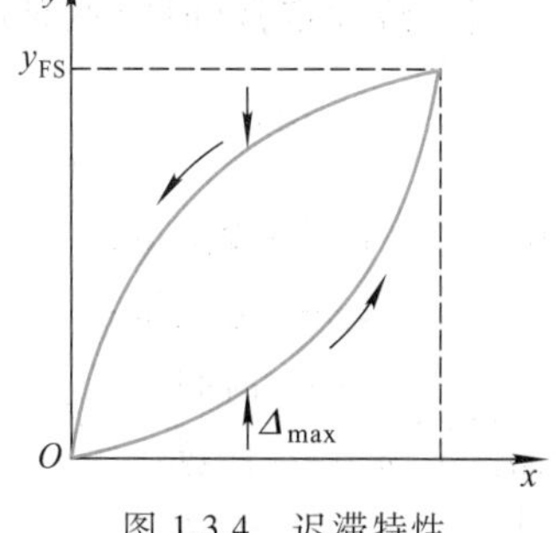

图 1.3.4 迟滞特性

迟滞误差的另一名称是回程误差,回程误差常用绝对误差表示。检测回程误差时,可选择几个测试点进行正反行程测试。对应于每一点的输入信号,得到输出信号的差值。差值中最大者即为回程误差。

(5) 重复性

重复性是指传感器的输入在按同一方向变化时,在全量程内连续进行重复测试时所得

到的各特性曲线的重复程度，如图1.3.5所示。多次重复测试的曲线越重合，说明重复性越好，误差也小。重复特性的好坏是与许多随机因素有关的，与产生迟滞现象具有相同的原因。

为了衡量传感器的重复特性，一般采用输出最大重复性偏差 Δ_{max} 与满量程 y_{FS} 的百分比来表示重复性指标，

$$\delta_R = \pm\frac{\Delta_{max}}{y_{FS}}\times 100\% \tag{1.3.11}$$

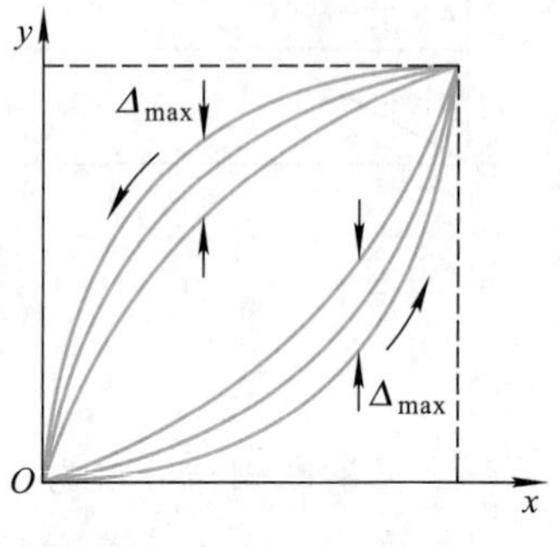

图1.3.5　重复特性

重复性误差只能用实验方法确定。用实验方法分别测出正反行程时诸测试点在本行程内同一输入量时，输出量的偏差，取其最大值作为重复性误差，然后取其满量程输出 y_{FS} 的比值，比值越大，重复性越差。

重复性误差也常用绝对误差表示。检测时也可选取几个测试点，对应每一点多次从同一方向趋近，获得输出系列值，算出最大值与最小值之差作为重复性偏差，然后在几个重复性偏差中取出最大值 Δ_{max} 作为重复性误差。

1.3.2　传感器的动态特性

动态特性是指传感器对于随时间变化的输入量的响应特性。实际被测量随时间变化的形式可能是各种各样的，只要输入量是时间的函数，则其输出量也将是时间的函数。通常研究动态特性是根据标准输入特性来考虑传感器的响应特性。标准输入有三种：呈正弦变化的输入、阶跃变化的输入和线性输入，而经常使用的是前两种。

1. 动态特性的数学描述

为了便于分析传感器的动态特性，必须建立数学模型。线性系统的数学模型为一常系数线性微分方程。对线性系统动态特性的研究，其方法之一就是分析数学模型的输入量 x 与输出量 y 之间的关系，通过对微分方程求解，就可得到动态性能指标。

对于线性定常（时间不变）系统，其数学模型为高阶常系数线性微分方程，即

$$a_n\frac{d^n y}{dt^n}+a_{n-1}\frac{d^{n-1}y}{dt^{n-1}}+\cdots+a_1\frac{dy}{dt}+a_0 y=b_m\frac{d^m x}{dt^m}+b_{m-1}\frac{d^{m-1}x}{dt^{m-1}}+\cdots+b_1\frac{dx}{dt}+b_0 x \tag{1.3.12}$$

式中，　y——输出量；

x——输入量；

t——时间；

$a_0, a_1, \cdots, a_n$——常数；

$b_0, b_1, \cdots, b_m$——常数；

$\frac{d^n y}{dt^n}$——输出量对时间 t 的 n 阶导数；

$\frac{d^m x}{dt^m}$——输入量对时间 t 的 m 阶导数。

2. 传递函数

动态特性的传递函数在线性(或线性化)定常系统中是:初始条件为0时,系统输出量的拉普拉斯变换与输入量的拉普拉斯变换之比。

传感器的一般方程式(1.3.12),当其初值为0时,对式(1.3.12)进行拉普拉斯变换即可得系统传递函数 $H(s)$ 的一般式为

$$H(s)=\frac{y(s)}{x(s)}=\frac{b_m s^m+b_{m-1}s^{m-1}+\cdots+b_1 s_1+b_0}{a_n s^n+a_{n-1}s^{n-1}+\cdots+a_1 s_1+a_0} \tag{1.3.13}$$

式中,$y(s)$——传感器输出量的拉普拉斯变换式;

$x(s)$——传感器输入量的拉普拉斯变换式。

$$y(s)=\mathscr{L}[y(t)]=\int_0^{\infty} y(t)\mathrm{e}^{-st}\mathrm{d}t \tag{1.3.14}$$

$$x(s)=\mathscr{L}[y(t)]=\int_0^{\infty} x(t)\mathrm{e}^{-st}\mathrm{d}t \tag{1.3.15}$$

式中,s 是拉普拉斯算子。

由式(1.3.13)可知,对一定常系统,当系统微分方程已知,只要把方程式中各阶导数用相应的 s 变量来替换,即可求得传感器的传递函数。

3. 动态响应

(1) 正弦输入时的频率响应

① 零阶传感器　在零阶传感器中,对照方程式(1.3.12),只剩下 a_0 与 b_0 两个系数,于是微分方程为

$$a_0 y=b_0 x$$

$$y=\frac{b_0}{a_0}x=Kx \tag{1.3.16}$$

式中,K——静态灵敏度。

式(1.3.16)表明,零阶系统的输入量无论随时间如何变化,其输出量幅值总是与输入量成确定的比例关系。在时间上也不滞后,辐角 φ 等于零。电位器传感器就是零阶系统的一例。在实际应用中,许多高阶系统在变化缓慢、频率不高时,都可以近似地当作零阶系统来处理。

② 一阶传感器　这时,式(1.3.12)除系数 a_1、a_0、b_0 外,其他系数均为零,因此可写成

$$a_1\frac{\mathrm{d}y}{\mathrm{d}t}+a_0 y=b_0 x \tag{1.3.17}$$

上式两边各除以 a_0,得到

$$\frac{a_1}{a_0}\frac{\mathrm{d}y}{\mathrm{d}t}+y=\frac{b_0}{a_0}x$$

或者写成

$$\tau\frac{\mathrm{d}y}{\mathrm{d}t}+y=Kx \tag{1.3.18}$$

式中，τ——时间常数$\left(\tau=\dfrac{a_1}{a_0}\right)$；

K——静态灵敏度$\left(K=\dfrac{b_0}{a_0}\right)$。

由弹簧（刚度 k）和阻尼器（阻尼系数 C）组成的机械系统可算是典型的一阶传感器的实例，如图 1.3.6 所示。除了弹簧-阻尼器属于一阶系统，还有 RC、RL 电路，液体温度计也属于一阶系统。

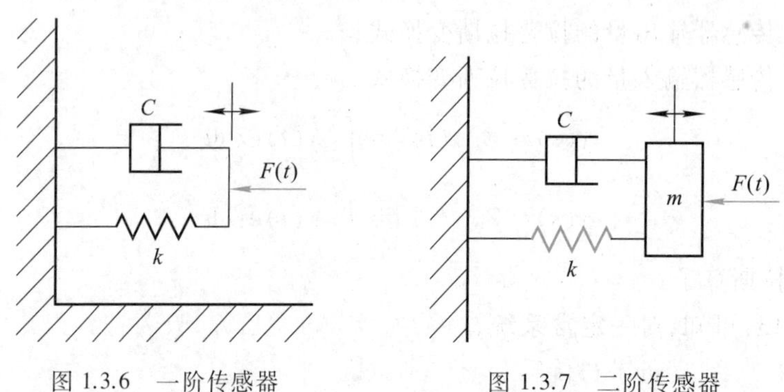

图 1.3.6 一阶传感器　　图 1.3.7 二阶传感器

③ 二阶传感器 很多传感器，例如振动传感器、压力传感器等属于二阶传感器，如图 1.3.7所示。对照式(1.3.12)可得

$$a_2\frac{\mathrm{d}^2y}{\mathrm{d}t^2}+a_1\frac{\mathrm{d}y}{\mathrm{d}t}+a_0y=b_0x \tag{1.3.19}$$

与含有质量 m、弹性元件 k、阻尼器 C 和受作用力 $F(t)$ 的系统动力学方程

$$m\frac{\mathrm{d}^2y}{\mathrm{d}t^2}+C\frac{\mathrm{d}y}{\mathrm{d}t}+ky=F(t) \tag{1.3.20}$$

相比较可知，$a_2=m$，$a_1=C$，$a_0=k$，y 为位移，上式又可写成

$$\ddot{y}+2\xi\omega_0\dot{y}+\omega_0^2y=k_1F(t) \tag{1.3.21}$$

式中，ω_0——系统无阻尼时的固有振动角频率，$\omega_0=\sqrt{\dfrac{k}{m}}$；

ξ——比阻尼系数，$\xi=\dfrac{C}{2\sqrt{km}}$；

k_1——常数，$k_1=\dfrac{1}{m}$。

将上式写成一般通用形式，则为

$$\frac{\ddot{y}}{\omega_0^2}+\frac{2\xi}{\omega_0}\dot{y}+y=\frac{k_1}{\omega_0^2}F(t)=KF(t) \tag{1.3.22}$$

式中，K——静态灵敏度，$K=\dfrac{1}{m\omega_0^2}$。

其传递函数为

$$H(s)=\frac{K}{\frac{s^2}{\omega_0^2}+\frac{2\xi s}{\omega_0}+1} \tag{1.3.23}$$

频率特性为

$$H(\mathrm{j}\omega)=\frac{K}{1-\left(\frac{\omega}{\omega_0}\right)^2+2\xi\mathrm{j}\frac{\omega}{\omega_0}} \tag{1.3.24}$$

幅频特性为

$$|H(\mathrm{j}\omega)|=\frac{K}{\{[1-(\omega/\omega_0)^2]^2+4\xi^2(\omega/\omega_0)^2\}^{1/2}} \tag{1.3.25}$$

相频特性为

$$\varphi(\omega)=\arctan\frac{2\xi}{(\omega/\omega_0)-(\omega_0/\omega)} \tag{1.3.26}$$

（2）阶跃响应

对于一阶系统的传感器，设在 $t=0$ 时，x 和 y 均为 0；当 $t>0$ 时，有一单位阶跃信号输入，如图 1.3.8(a)所示，此时方程式(1.3.12)变为

$$\frac{\mathrm{d}y}{\mathrm{d}t}+a_0y=b_1\frac{\mathrm{d}x}{\mathrm{d}t}+b_0x \tag{1.3.27}$$

该齐次方程的通解为

$$y_1=C_1\mathrm{e}^{-\frac{t}{\tau}}$$

该非齐次方程的特解为

$$y_2=1\quad(t>0\text{ 时})$$

因此，方程的解为

$$y=y_1+y_2=C_1\mathrm{e}^{-\frac{t}{\tau}}+1$$

以初始条件 $y(0)=0$ 代入上式，即得 $t=0$ 时，$C_1=-1$，所以

$$y=1-\mathrm{e}^{-t/\tau}$$

上式画成曲线如图 1.3.8(b)所示。输出的初值为零，随着时间推移，y 接近于 1，当 $t=\tau$ 时，$y=0.63$。在一阶惯性系统中，时间常数 τ 值是决定响应速度的重要参数。

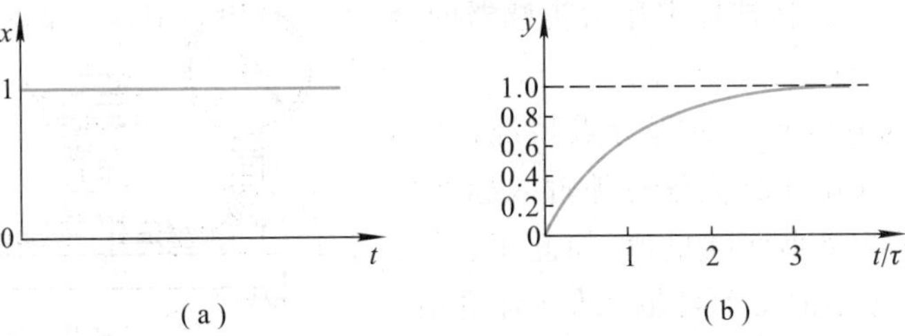

图 1.3.8 一阶传感器的阶跃响应

当我们将传感器输入阶跃信号，其输出从一个稳态值到另一个稳态值（有些情况取90%）所需的时间称为响应时间，响应时间的长短表明传感器对被测信号反应快慢的能力。

1.4　传感器的标定

在使用传感器之前，必须对其标定，以保证使用过程中所测的信号准确、有用。此项工作就是用实验的方法，找出其输入-输出的关系，以确定传感器的性能指标。

对不同的情况、不同的要求以及不同的传感器，有不同种类的标定。按传感器输入信号是否随时间变化，可分为静态标定和动态标定。

1.4.1　静态标定

当输入到传感器的信号是一个不随时间变化而等于常量的标定即为静态标定。静态标定就是用于测试、检验传感器的静态特性指标，如静态灵敏度、线性度、迟滞、重复性等。标定工作要遵循国家计量部门制定的有关标准和操作规程，并选择正确的标定条件和相应等级的设备，组成实用标定系统。

1. 标定条件及仪器精度

（1）静态标定条件

静态标定条件是没有加速度、振动、冲击（除非这些参数本身就是被测量），环境温度为（20±5）℃，相对湿度不大于85%，大气压力为（101.32 ±7.998）kPa的情况。

（2）标定仪器设备精度等级的确定

按照规定，在对传感器标定时，所用的标准仪器及设备至少要比被标定传感器的精度高一个等级，为保证标定数据真实可靠，必须选用与被标定传感器精度相适应的标准器具。只有这样，标定出的传感器性能指标才是可信的，并可以在实际中应用。

2. 静态特性的标定方法

下面以活塞压力计标定压力传感器为例说明标定过程及步骤。

首先，用于标定的活塞压力计在精度上是一台高于被标定压力传感器若干倍的标准仪器。其次，工作环境满足前述静态标准条件。

如图1.4.1所示，将被标定压力传感器安装于活塞压力计相应位置上，从而构成标定系统。

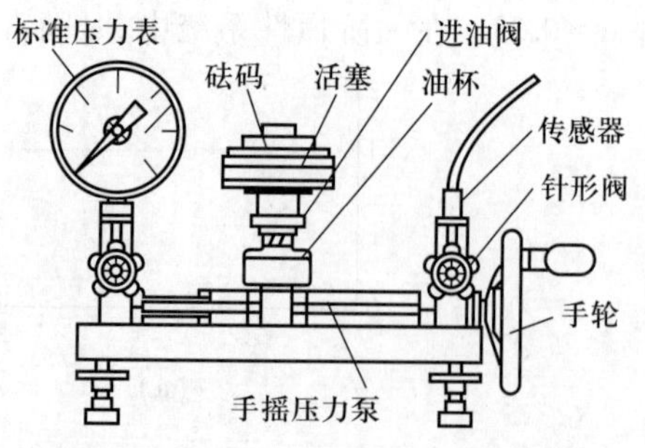

图1.4.1　活塞压力计标定压力传感器

标定工作第一步是将被标定压力传感器的全量程等距地分成若干点。

第二步根据压力传感器量程分点情况，摇动手轮，打开针形阀，先由小到大逐点地输入标准量值，再由大到小逐点减小标准量值，如此正、反行程往复循环多次，逐点记录下各输入值（标准值）相对应的输出值（被标定值）。

第三步将得到的输入、输出测试数据用表格

列出或画成曲线。

第四步对测试数据进行处理，根据处理结果，可以确定该压力传感器的精度、线性度、灵敏度、重复性等静态指标。

1.4.2 动态标定

传感器动态标定的主要目的是确定其动态特性，如动态灵敏度、频率响应和固有频率等。常用的动态标定设备有振动台、电磁激振器、压力发生器等。

下面以一种压电式加速度传感器的几个主要动态特性指标标定过程为例，讲述动态标定方法及步骤。标定要严格按国家规定的检定规程和程序分步操作，并使工作环境达到标定条件。其中灵敏度、频率特性、电容量、绝缘电阻四项是该类传感器基本标定项目。

1. 灵敏度的标定

传感器输出的电信号（电压或电荷）与相应输入的加速度之比称为灵敏度。其标定大多数是在振动台上进行，而且是在单频（例如 100 Hz）下标定的，振动台的加速度不大于 10 g。

2. 频率响应的标定

频率响应标定一般有两个目的：一是确定传感器所能使用的频率范围。一般压电式加速度传感器在低于其谐振频率 1/5 的频段内，灵敏度偏差一般在±5%以内；低于其谐振频率 1/3 的频段内，灵敏度偏差一般在±10%。再就是检查加速度传感器有无异常响应。频率响应标定包括两个部分，即幅频特性和相频特性的标定。

（1）幅频特性的标定

将加速度传感器固定在标准振动台上，并连接测量系统，使振动台以固定振幅正弦振动，然后改变振动频率，测出传感器的灵敏度随频率变化的曲线，就称为幅频特性的标定。

绘制幅频特性曲线的一种简单方法，就是以传感器的振幅灵敏度为纵坐标，即输出电荷幅值与输入加速度幅值之比为纵坐标，以频率为横坐标。

在幅频特性的标定中，常用的还有连续扫描法。其原理是将标准振动台及其内装被标定加速度传感器组成闭环自动扫描系统，使被标定加速度传感器在自动扫描过程中受到一个恒定的加速度，并用记录仪自动记录被标定加速度传感器随频率变化的曲线。

（2）相频特性的标定

由于压电式加速度传感器的阻尼很小，一般不产生相位畸变，无需进行相频标定。当压电式加速度传感器与滤波器一起使用时，则相位随频率而变化，此时可将振动台的标准信号和被标定的传感器的输出信号分别接到示波器的 x 轴和 y 轴的输入端。由于频率相等、振幅不相等，且有相位差存在，示波器将显示出李沙育图形。当输入振动台标准信号幅值不变，而不断改变其正弦信号的频率时，对应每个频率都有一个相位差值。依据这组数据就可以作出相频特性的标定曲线。

3. 谐振频率的标定

压电式加速度传感器的谐振频率是评价传感器基本工作特性及工作状态是否正常的一个重要指标。

谐振频率的标定分两种情况进行。第一种是谐振频率不超过 50 kHz 时,使用高频振动台作正弦激振,确定最大灵敏度所在的频率即为谐振频率。第二种情况是加速度传感器的谐振频率超过 50 kHz,此时采用冲击激振法标定,即将加速度传感器安装在钢砧上,冲击钢砧,使含有丰富谐波的冲击加速度激发起传感器谐振。而在示波器上得到的输出波形,是由外力冲击波和加速度传感器谐振叠加而成,如图 1.4.2所示。

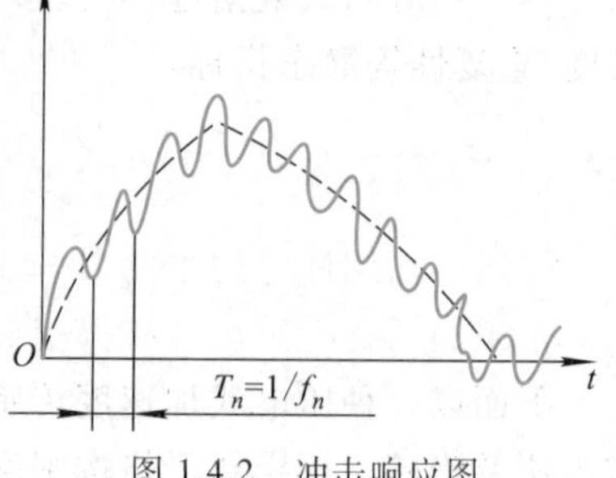

图 1.4.2 冲击响应图

根据示波器的扫描速度,即可确定被激发加速度传感器的谐振周期,其倒数就是谐振频率。

4. 电阻抗的检测

加速度传感器的等效电路参数主要有固定电容和绝缘电阻,因为这两个参数与传感器的电压灵敏度和低频响应有关。

在测电容量时,要在加速度传感器的工作频率下进行,一般选为 1 kHz。所加的激励电压要低,因为压电材料的电容量和外加电场有关。加速度传感器的绝缘电阻可用兆欧表测量,所加电压不能超过 100 V。

1.5 传感器的选用

在实际检测过程中,同一测量任务可用多种传感器完成。但是其测量成本、技术条件限制等往往是不一样的。因此,针对具体测量对象、测量目的,选择合适的测量传感器就必须有一定的标准。一般来说,在满足对传感器所有要求的前提下,还要考虑价格是否低廉、工作可靠性如何、是否便于维修等,具体选择要求如下。

1.5.1 传感器的指标及选用原则

1. 灵敏度

一般来说,传感器灵敏度越高越好。灵敏度越高说明传感器能检测到的变化量越小,这随之带来了外界噪声信号进入检测系统形成干扰的问题。因为噪声信号一般情况下都是较微弱的,只有高灵敏度的传感器才能感知到。同时灵敏度越高,稳定性越差,所以,对于实际测量对象而言,选择能够满足测量要求的灵敏度指标即可。

在矢量测量时,要求传感器在纵方向灵敏度要高,而横向灵敏度要小。在做多维矢量测量时,还要求传感器的交叉灵敏度越小越好。对于输入-输出为线性关系的传感器,要求其最大输入量不应使传感器进入非线性区域,更不能进入饱和区。另外,过高的灵敏度也会缩小其适用的测量范围。因此,就选择传感器灵敏度指标而言,要考虑灵敏度过高会带来干扰和有效测量范围变小等问题。

2. 精度

传感器的精度表示传感器的输出与被测量真值的一致性程度。精度越高,所测的量值与真值的误差越小。由于传感器处于检测系统的输入端,其测量值能否真实地反映被测量值,对于整个检测系统的测试质量有直接影响。然而,在实际测量中,也并非精度越高越好,因为传感器的精度等级越高,价格就越昂贵。因此,从实际出发不但要考虑测量对精度指标的要求,还要考虑测量成本等。

3. 可靠性

可靠性是指传感器在规定工作条件下和规定工作时间内,保持原有技术性能的能力。为了保证传感器在应用中具有较高的可靠性,在选用时必须考虑那些设计、制造良好、使用条件适宜的传感器。在使用过程中,严格保持规定的使用条件,尽量减小因使用条件不当而形成的不良影响。

例如,电阻应变式传感器,湿度会影响其绝缘性,温度会影响其零漂,长期使用会产生蠕变现象等;变间隙型的电容传感器,环境中的水汽或浸入间隙的油剂,会改变介质的介电常数;光电传感器的感光表面有尘埃或水蒸气时,会改变光通量、偏振性或光谱成分;磁电式传感器、霍尔元件等,当在电场、磁场中工作时,也会带来测量误差。

在机械工程中,有些机械系统或自动化加工系统,往往要求传感器能长期地使用而不需经常更换或校准,而其工作环境比较恶劣,尘埃、油剂、温度、振动等干扰又很严重。例如,轧钢工厂中的热轧机系统控制钢板厚度的 γ 射线检测装置,用于自适应磨削过程的测力系统或零件尺寸的自动检测装置等,都对传感器的可靠性有严格的要求。

4. 线性范围

任何传感器都有一定的线性范围,在线性范围内输出与输入成比例关系。线性范围越宽,说明传感器的工作量程越大。

传感器工作在线性区域内,是保证测量精度高的基本条件。例如机械式传感器中的测力弹性元件,其材料的弹性限度是决定测力量程的基本因素。当超过弹性限度时将产生线性误差。

然而任何传感器都不可能保证绝对线性,在允许限度内可以在其近似线性区域应用。例如变间隙型电容传感器和电感传感器,均采用在初始间隙附近的线性区域内工作,选用时必须考虑被测量的变化范围,令其线性误差在允许范围内。

5. 频率响应

频率响应主要有两项指标:一是响应时间,它表示传感器能否迅速反应输入信号的变化;另一个是频率响应范围,它表征传感器能够通过多宽的频带。实际上传感器响应总有一定的延迟,通过的频带宽度也是有限的。但对于使用者来说,总是希望响应时间越短越好,通过频带越宽越好。

通常利用光电效应、压电效应原理制作的传感器响应速度快,工作频率范围也宽。而结构型传感器如电感式传感器、电容式传感器、磁电式传感器等,往往由于结构中的机械系统惯性的限制,其固有频率低,工作频率也低。在动态测量中,传感器的响应特性对测量结果有直接的影响,在选用时应充分考虑被测量的变化特点如稳态、瞬态、随机等。

6. 稳定性

作为长期使用的测量传感器,其工作稳定性显得特别重要。稳定性好的传感器在长时间工作下,对同一被测量,其输出量发生变化很小。另一种情况是当传感器受到扰动后,能够迅速回复到原来的状态。

造成传感器性能不稳定的主要原因是随着时间的推移和环境条件的变化,构成传感器的各种材料和元件性能发生了变化。为了提高传感器性能的稳定性,应对材料、元器件或传感器的整体进行必要的稳定性处理。如结构材料的时效处理、冰冷处理、永磁材料的时间老化、温度老化、机械老化及交流稳磁处理、电气元器件老化更换处理等。

在常用的传感器中,考虑稳定性最多的就是温度稳定性,又称为温度漂移,它是传感器在外界温度变化下输出量发生的变化。例如,考评某一传感器的温度稳定性,先将其置于某一温度下,如 28 ℃,将输出调至零点或某一特定点,使温度上升或下降一定度数如 5 ℃或 10 ℃,再读出输出值,前后两次输出之差即为温度稳定性误差。温度稳定性误差用外界变化一定温度时输出量变化的绝对误差或相对误差表示。

1.5.2 选用条件要求

1. 抗干扰能力

实际使用的传感器总是工作在复杂的噪声环境中,噪声信号一旦进入测量系统并作用于测量结果便形成干扰。对于一个具体的传感器,其受到的干扰类型和方式可能是不同的。但抗干扰措施主要有两种:一种是减小传感器对影响因素的灵敏度;另一种就是减小外界干扰因素对传感器的影响或切断外界因素对传感器作用的通道。

2. 补偿与校正功能

传感器与测量系统误差的变化规律有时很复杂,采取一定的技术措施后仍难以满足要求或虽可能满足要求,但因价格昂贵或技术过分复杂而无现实意义。此时可以找误差的来源和数值,采用修正方法加以补偿和修正。例如传感器存在非线性,可以测出其特性曲线,然后加以校正。如果还存在温度误差,找出温度对测量值的影响规律,然后在实际测量时进行补偿。

补偿与校正可以利用硬件电子电路解决,也可以采用软件方法来解决,如采用单片机的方法,而后者目前越来越多地被采用。

总之,选用传感器的要求主要可归纳为三个方面。第一是测量条件要求,主要包括测量目的、被测量的选择、测量范围、超标准过大的输入信号产生的频度、输入信号的频宽以及测量精度、测量所需的时间等。第二是传感器自身性能要求,主要包括精度、稳定性、响应速度、输出量类别(模拟信号还是数字信号)、对被测对象产生的负载效应、校正周期、输入端保护等。第三是使用条件要求,主要包括设置场地的环境条件(如温度、湿度、振动等)、所需功率容量、与其他设备的连接匹配、备件与维修服务等。

思考题与习题一

1. 根据传感器实现的功能分析其各组成部分的要求。
2. 传感器的主要特性有哪些?

3. 什么是传感器线性度？已知某传感器的输出-输入特性由下列一组数据表示，如习题表 1.1 所示，试计算它的线性度。

习题表 1.1　输入-输出数据表

输入 x	0	0.1	0.2	0.3	0.4	0.5	0.6	0.7	0.8	0.9	1.0
输出 y	0	5.00	10.00	15.01	20.01	25.02	30.02	35.01	40.01	45.00	50.0

4. 什么是传感器的静态特性、刻度特性、灵敏度？灵敏度与刻度特性有什么关系？

5. 已知某差压变送器，其理想特性为

$$U=8x \qquad (U\text{ 为输出}, x\text{ 为位移})$$

它的实测数据如习题表 1.2 所示。求：若指示仪表量程为 50 mV，指出仪表精度等级。

习题表 1.2　差压变送器实测数据

x/mm	0	1	2	3	4	5
U/mV	0.1	8.0	16.3	24.1	31.6	39.7

6. 试述传感器的静态标定过程。

7. 以振动传感器为例说明怎样进行动态特性的标定。

8. 选择传感器的一般依据是什么？

第2章　温度检测

温度是一个很重要的物理量,自然界中任何物理、化学过程都紧密地与温度相联系。在国民经济各部门,如电力、化工、机械、冶金、农业、医学等各部门以及人们日常生活中,温度检测与控制是十分重要的。在国防现代化及科学技术现代化中,温度的精确检测及控制更是必不可少的。

温度是表征物体或系统冷热程度的物理量。温度单位是国际单位制中七个基本单位之一,从能量角度来看,温度是描述系统不同自由度间能量分配状况的物理量;从热平衡观点来看,温度是描述热平衡系统冷热程度的物理量;从分子物理学角度来看,温度反映了系统内部分子无规则运动的剧烈程度。

检测温度的传感器或敏感元件很多,本章在简单介绍温标及测温方法的基础上,重点介绍电阻式温度传感与测试器、薄膜热电组、热电偶温度计、辐射式温度计、石英晶体测温传感器、光纤温度传感器、集成温度传感技术等测温原理及方法。

2.1　温标及测温方法

2.1.1　温标

为了保证温度量值的统一,必须建立一个用来衡量温度高低的标准尺度,这个标准尺度称为温标。温度的高低必须用数字来说明,温标就是温度的一种数值表示方法,并给出了温度数值化的一套规则和方法,同时明确了温度的测量单位。人们一般借助于随温度变化而变化的物理量(如体积、压力、电阻、热电动势等)来定义温度数值,建立温标和制造各种各样的温度检测仪表。下面对常用温标进行简单介绍。

1. 经验温标

借助于某一种物质的物理量与温度变化的关系,用实验的方法或经验公式所确定的温标称为经验温标。常用的有摄氏温标、华氏温标和列氏温标。

(1) 摄氏温标

摄氏温标是把在标准大气压下水的冰点定为0摄氏度,把水的沸点定为100摄氏度的一种温标。在0摄氏度到100摄氏度之间进行100等分,每一等份为1摄氏度,单位符号为℃。

(2) 华氏温标

华氏温标是以当地的最低温度为零度(起点),人体温度为100度,中间等分为100等份，每一等份为 1 华氏度。后来，人们规定标准大气压下的纯水的冰点温度为 32 度，水的沸点定为 212 度，中间划分为 180 等份。每一等份称为 1 华氏温度。单位符号为℉。

（3）列氏温标

列氏温标规定标准大气压下纯水的冰融点为 0 度，水沸点为 80 度。中间划分为 80 等分，每一等份为 1 列氏度。单位符号为°R。

摄氏、华氏、列氏温度之间的换算关系为

$$°C=\frac{5}{9}(°F-32)=\frac{5}{4}°R \tag{2.1.1}$$

式中，°C——摄氏温度值；

°F——华氏温度值；

°R——列氏温度值。

摄氏温标、华氏温标都是用水银作为温度计的测温介质。而列氏温标则是用水和酒精的混合物来作为测温物质的。但三者均是依据液体受热膨胀的原理来建立温标和制造温度计的。由于不同物质的性质不同，它们受热膨胀的情况也不同。故上述三种温标难以统一。

2. 热力学温标

1848 年，开尔文首先提出以热力学第二定律为基础，建立了温度仅与热量有关而与物质无关的热力学温标。因是开尔文提出来的，故又称为开尔文（开氏）温标，用符号 K 表示。由于热力学中的卡诺热机是一种理想的机器，实际上能够实现卡诺循环的可逆热机是没有的。所以说，热力学温标是一种理想温标，是不可能实现的温标。

3. 国际实用温标

为了解决国际上温度标准的统一及实用问题，国际上协商决定，建立一种既能体现热力学温度（即能保证一定的准确度），又使用方便、容易实现的温标，这就是国际实用温标，又称国际温标。

1968 年国际实用温标规定，热力学温度是基本温度，用符号 T 表示。其单位为开尔文，用符号 K 表示。1 K 定义为水三相点热力学温度的 1/273.16，水三相点是指化学纯水在固态、液态和气态三相平衡时的温度，热力学温标规定三相点温度为 273.16 K。

另外，可使用摄氏温度，用符号 t 表示

$$t=(T-T_0)\ ℃ \tag{2.1.2}$$

这里摄氏温度的分度值与开氏温度分度值相同，即温度间隔 1 K 等于 1 ℃。T_0是在标准大气压下冰的融化温度，$T_0=273.15$ K，即水的三相点的温度比冰点高出 0.01 ℃。由于水的三相点温度易于复现，复现精度高，而且保存方便，是冰点不能比拟的，所以国际实用温度规定，建立温标的唯一基准点选用水的三相点。

2.1.2 温度检测的主要方法及分类

温度检测方法一般可以分为两大类，即接触测量法和非接触测量法。接触测量法是测温敏感元件直接与被测介质接触。使被测介质与测温敏感元件进行充分的热交换，使两者具有同一温度，达到测量的目的。非接触测量法是利用物质的热辐射原理，测温敏感元件不

与被测介质接触,通过辐射和对流实现热交换,达到测量的目的。各种温度检测方法各有自己的特点和各自的测温范围,常用的测温方法、类型及特点如表 2.1.1 所示。

表 2.1.1 常用测温方法、类型及特点

<table>
<tr><th>测温方式</th><th colspan="3">温度计或传感器类型</th><th>测量范围/℃</th><th>精度/%</th><th>特点</th></tr>
<tr><td rowspan="8">接触式</td><td rowspan="4">热膨胀式</td><td colspan="2">水银</td><td>-50~650</td><td>0.1~1</td><td>简单方便,易损坏(水银污染)</td></tr>
<tr><td colspan="2">双金属</td><td>0~300</td><td>0.1~1</td><td>结构紧凑、牢固可靠</td></tr>
<tr><td rowspan="2">压力</td><td>液体</td><td>-30~600</td><td rowspan="2">1</td><td rowspan="2">耐振、坚固、价格低廉</td></tr>
<tr><td>气体</td><td>-20~350</td></tr>
<tr><td>热电偶</td><td colspan="2">铂铑-铂
其他</td><td>0~1 600
-200~1100</td><td>0.2~0.5
0.4~1.0</td><td>种类多、适应性强、结构简单、经济方便、应用广泛。需注意寄生热电势及动圈式仪表电阻对测量结果的影响</td></tr>
<tr><td rowspan="2">热电阻</td><td colspan="2">铂
镍
铜</td><td>-260~600
-500~300
0~180</td><td>0.1~0.3
0.2~0.5
0.1~0.3</td><td>精度及灵敏度均较好,需注意环境温度的影响</td></tr>
<tr><td colspan="2">热敏电阻</td><td>-50~350</td><td>0.3~0.5</td><td>体积小,响应快,灵敏度高,线性差,需注意环境温度影响</td></tr>
<tr><td colspan="6"></td></tr>
<tr><td rowspan="2">非接触式</td><td colspan="3">辐射温度计
光学高温计</td><td>800~3 500
700~3 000</td><td>1
1</td><td>非接触测温,不干扰被测温度场,辐射率影响小,应用简便</td></tr>
<tr><td colspan="3">热探测器
热敏电阻探测器
光子探测器</td><td>200~2 000
-50~3 200
0~3 500</td><td>1
1
1</td><td>非接触测温,不干扰被测温度场,响应快,测温范围大,适于测温度分布,易受外界干扰,标定困难</td></tr>
<tr><td>其他</td><td>示温涂料</td><td colspan="2">碘化银、二碘化汞、氯化铁、液晶等</td><td>-35~2 000</td><td><1</td><td>测温范围大,经济方便,特别适于大面积连续运转零件上的测温,精度低,人为误差大</td></tr>
</table>

2.2 电阻式温度传感器

电阻式温度传感器是利用导体或半导体的电阻率随温度变化而变化的原理制成的,实现了将温度变化转化为元件电阻的变化。它主要用于对温度和温度有关的参数进行检测。若按其制造材料来分,有金属(铂、铜和镍)热电阻及半导体热电阻(称为热敏电阻)。下面分别对这两种热电阻进行介绍。

2.2.1 金属热电阻传感器

1. 热电阻类型

金属热电阻主要有铂电阻、铜电阻和镍电阻等,其中铂电阻和铜电阻最为常见。

(1) 铂热电阻

铂易于提纯、复制性好,在氧化性介质中,甚至高温下,其物理性质和化学性质稳定,但在还原性介质中,特别是在高温下很容易被从氧化物中还原出来的蒸气所玷污,以致铂丝变脆,并改变了它的电阻与温度的关系。此外,铂是一种贵金属,价格较贵,尽管如此,从对热电阻的要求来衡量,铂在极大的程度上能满足上述要求,所以仍然是制造基准热电阻、标准热电阻和工业用热电阻的最好材料。至于它在还原性介质中不稳定的特点可用保护套管设法避免或减轻,铂热电阻温度计的使用范围是-200 ~850 ℃,铂热电阻和温度的关系如下:

在-200~0 ℃的范围内

$$R_t=R_0[1+At+Bt^2+C(t-100\ ℃)t^3] \tag{2.2.1}$$

在0~850 ℃的范围内

$$R_t=R_0(1+At+Bt^2) \tag{2.2.2}$$

式中,R_t——温度为 t 时的阻值;

R_0——温度为0 ℃时的阻值;

A——常数,为 $3.908\ 02\times10^{-3}$ ℃$^{-1}$;

B——常数,为 -5.802×10^{-7} ℃$^{-2}$;

C——常数,为 $-4.273\ 50\times10^{-12}$ ℃$^{-4}$。

(2) 铜热电阻

铜热电阻的温度系数比铂大,价格低,而且易于提纯,但存在着电阻率小,机械强度差等弱点。在测量精度要求不是很高,测量范围较小的情况下,经常采用。

铜热电阻在-50~150 ℃的使用范围内,其电阻值与温度的关系几乎是线性的,可表示为

$$R_t=R_0(1+\alpha t) \tag{2.2.3}$$

式中,R_t——温度为 t 时的阻值;

R_0——温度为0 ℃时的阻值;

α——铜电阻的电阻温度系数,$\alpha=4.25\times10^{-3}\sim4.28\times10^{-3}$ ℃$^{-1}$。

2. 热电阻的结构

热电阻主要由电阻体、绝缘套管和接线盒等组成,其结构如图2.2.1(a)所示。电阻体主要由电阻丝、引出线、骨架等部分组成。端面热电阻实物图如图2.2.1(b)所示。

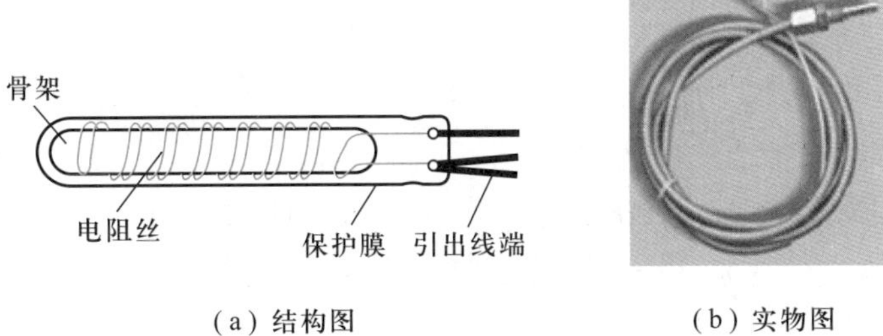

(a) 结构图　　(b) 实物图

图2.2.1 热电阻

(1) 电阻丝

由于铂的电阻率较大,而且相对机械强度较大,通常铂丝的直径在(0.03~0.07 mm)

±0.005 mm之间。可单层绕制，若铂丝太细，电阻体可做得小，但强度低；若铂丝粗，虽强度大，但电阻体大了，热惰性也大，成本高。由于铜的机械强度较低，电阻丝的直径需较大。一般为(0.1±0.005) mm 的漆包铜线或丝包线分层绕在骨架上，并涂上绝缘漆而成。由于铜的电阻率低，故可以重叠多层绕制，一般多用双绕法，即两根丝平行绕制，在末端把两个头焊接起来，这样工作电流从一根热电阻丝进入，从另一根丝反向出来，形成两个电流方向相反的线圈，其磁场方向相反，产生的电感就互相抵消，故又称无感绕法。这种双绕法也有利于引线的引出。

(2) 骨架

热电阻线是绕制在骨架上的，骨架是用来支持和固定电阻丝的。骨架应使用电绝缘性能好、高温下机械强度高、体膨胀系数小、物理化学性能稳定、对热电阻丝无污染的材料制造，常用的是云母、石英、陶瓷、玻璃及塑料等。

(3) 引线

引线的直径应当比热电阻丝大几倍，尽量减小引线的电阻，增加引线的机械强度和连接的可靠性，对于工业用的铂热电阻，一般采用直径为 1 mm 的银丝作为引线。对于标准的铂热电阻则可采用 0.3 mm 的铂丝作为引线。对于铜热电阻则常用 0.5 mm 的铜线。

在骨架上烧制好热电阻丝，并焊好引线之后，在其外面加上云母片进行保护，再装入外保护套管，并和接线盒或外部导线相连接，即得到热电阻传感器。

3. 热电阻传感器的测量电路

热电阻传感器的测量电路常用电桥电路，由于工业用热电阻安装在生产现场，离控制室较远，因此，热电阻的引线对测量结果有较大影响。为了减小或消除引线电阻的影响，目前，热电阻引线的连接方式经常采用三线制和四线制，如图 2.2.2 所示。

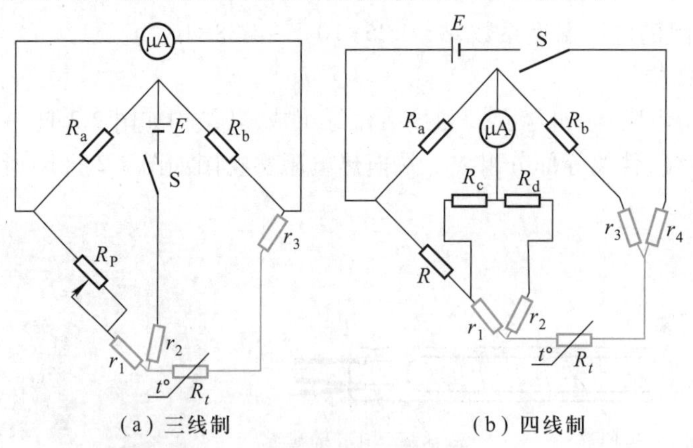

(a) 三线制　　(b) 四线制

图 2.2.2　热电阻传感器的测量电路

(1) 三线制

在电阻体的一端连接两根引线，另一端连接一根引线，此种引线形式称为三线制。当热电阻和电桥配合使用时，这种引线方式可以较好地消除引线电阻的影响，提高测量精度。所以工业热电阻多采取这种方法。

（2）四线制

在电阻体的两端各连接两根引线称为四线制。这种引线方式不仅消除连接线电阻的影响，而且可以消除测量电路中寄生电动势引起的误差。这种引线方式主要用于高精度温度测量。

2.2.2　半导体热敏电阻传感器

热敏电阻是利用半导体材料的电阻率随温度变化而变化的性质制成的。其常用的半导体材料有铁、镍、锰、钴、钼、钛、镁、铜等的氧化物或其他化合物，根据产品性能不同，进行不同的配比烧结而成。

1. 特性

热敏电阻的主要特性有温度特性和伏安特性。

（1）温度特性

热敏电阻按其性能可分为负温度系数 NTC 型热敏电阻、正温度系数 PTC 型热敏电阻、临界温度 CTR 型热敏电阻三种。NTC 型、PTC 型、CTR 型三类热敏电阻的特性如图 2.2.3 所示，半导体热敏电阻就是利用这种性质来测量温度的。现以负温度系数 NTC 型热敏电阻为例进行说明。

用于测量的 NTC 型热敏电阻，在较小的温度范围内，其电阻-温度特性关系为

$$R_T=R_0\mathrm{e}^{\beta\left(\frac{1}{T}-\frac{1}{T_0}\right)} \tag{2.2.4}$$

式中，R_T、R_0——温度 T、T_0时的电阻值；

T——热力学温度；

β——热敏电阻材料常数，一般取 2 000～6 000 K；可由下式表示

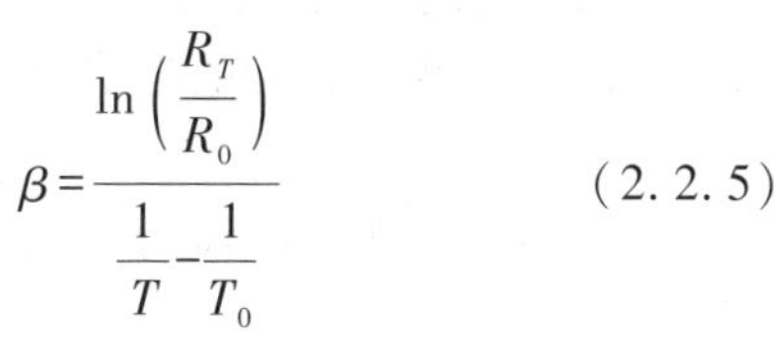

$$\beta=\frac{\ln\left(\frac{R_T}{R_0}\right)}{\frac{1}{T}-\frac{1}{T_0}} \tag{2.2.5}$$

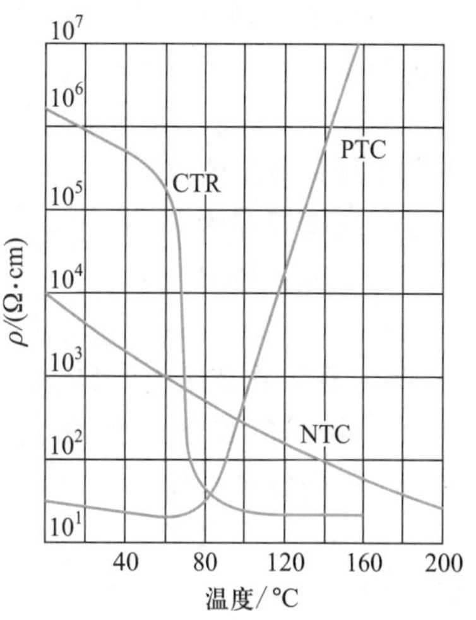

图 2.2.3　三类热敏电阻的特性

电阻温度系数为

$$\alpha=\frac{1}{R_T}\cdot\frac{\mathrm{d}R_T}{\mathrm{d}T}=-\frac{\beta}{T^2} \tag{2.2.6}$$

若 β＝4 000 K，T＝323.15 K（50 ℃），则 α＝－3.8 % ℃$^{-1}$。可见，α、β 是表征热敏电阻材料性能的重要参数。

（2）伏安特性

静态情况下热敏电阻上的端电压与通过热敏电阻的电流之间的关系称为伏安特性。它是热敏电阻的重要特性，如图 2.2.4 所示。

由图 2.2.4 可见，热敏电阻只有在小电流范围内端电压和电流成正比，因为电压低时电流也小，温度没有显著升高，它的电流和电压关系符合欧姆定律，但当电流增加到一定数值

时，元件由于温度升高而阻值下降，故电压反而下降。因此，要根据热敏电阻的允许功耗线来确定电流，在测温中电流不能选得太高。

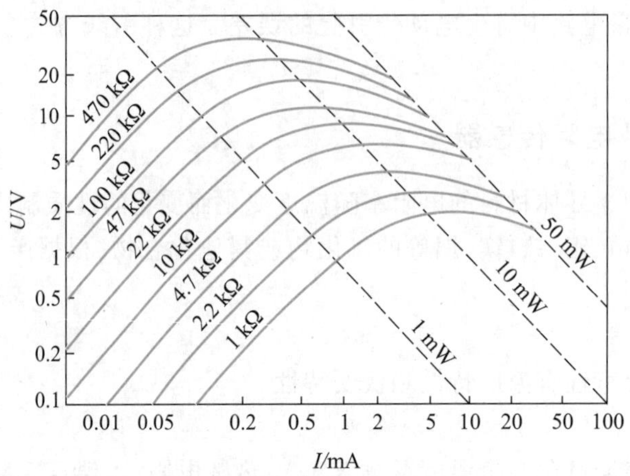

图 2.2.4　热敏电阻的伏安特性

2. 热敏电阻的主要参数

选用热敏电阻除要考虑其特性、结构形式、尺寸、工作温度以及一些特殊要求外，还要重点考虑热敏电阻的主要参数，它不仅是设计的主要依据，同时对热敏电阻的正确使用有很强的指导意义。

(1) 标称电阻值 R_H

是指环境温度为 25 ℃±0.2 ℃时测得的电阻值，又称冷电阻，单位为 Ω。

(2) 耗散系数 H

是指热敏电阻的温度变化与周围介质的温度相差 1 ℃时，热敏电阻所耗散的功率，单位为 W/℃。在工作范围内，当环境温度变化时，H 随之而变，此外 H 大小还和电阻体的结构、形状及所处环境（如介质、密度、状态）有关，因为这些会影响电阻体的热传导。

(3) 电阻温度系数 α

热敏电阻的温度变化 1 ℃时，阻值的变化率。通常指温标为 20 ℃时的温度系数，单位为(%)/℃。

(4) 热容量 C

热敏电阻的温度变化 1 ℃时，所需吸收或释放的能量，单位为 J/℃。

(5) 时间常数 τ

是指温度为 T_0 的热敏电阻，在忽略其通过电流所产生热量的作用下，突然置于温度为 T 的介质中，热敏电阻的温度增量达到 $\Delta T=0.63(T-T_0)$ 时所需的时间，它与电容 C 和耗散系数 H 之间的关系如下

$$\tau=\frac{C}{H} \tag{2.2.7}$$

3. 热敏电阻的特点

热敏电阻同其他测温元件相比具有以下特点：

① 灵敏度高。半导体的电阻温度系数比金属大，一般是金属的十几倍。因此，可大大降低对仪器、仪表的要求。

② 体积小、热惯性小、结构简单，可根据不同要求，制成各种形状。

③ 化学稳定性好，机械性能强，价格低廉，寿命长。

④ 热敏电阻的缺点是复现性和互换性差，非线性严重。测温范围较窄，目前只能达到 -50～300 ℃。

4. 热敏电阻的应用

由于热敏电阻具有许多优点，所以应用范围很广，可用于温度测量、温度控制、温度补偿、稳压稳幅、自动增益调整、气体和液体分析、火灾报警、过负荷保护等方面。下面介绍几种主要用法。

(1) 温度测量

图 2.2.5 所示是热敏电阻测温原理图，测温范围为 -50～300 ℃，误差小于 ±0.5 ℃，图中，S_1 为工作选择开关，“0”“1”“2”分别为电压断开、校正、工作三个状态。工作前根据开关 S_2 选择量程，将开关 S_1 置于“1”处，调节电位计 R_P 使检流计 G 指示满刻度，然后将 S_1 置于“2”，热敏电阻被接入测量电桥进行测量。

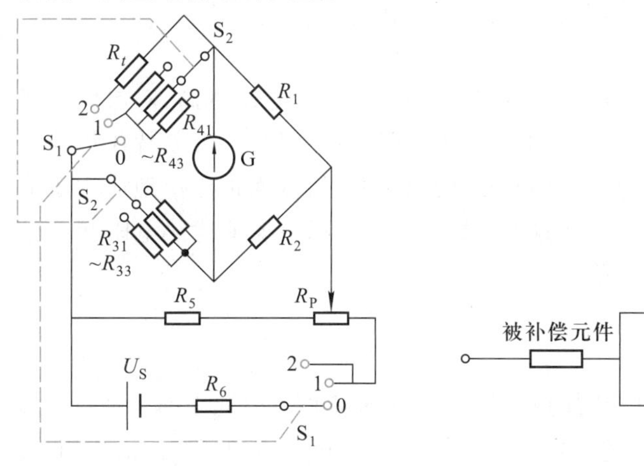

图 2.2.5 热敏电阻测温原理图

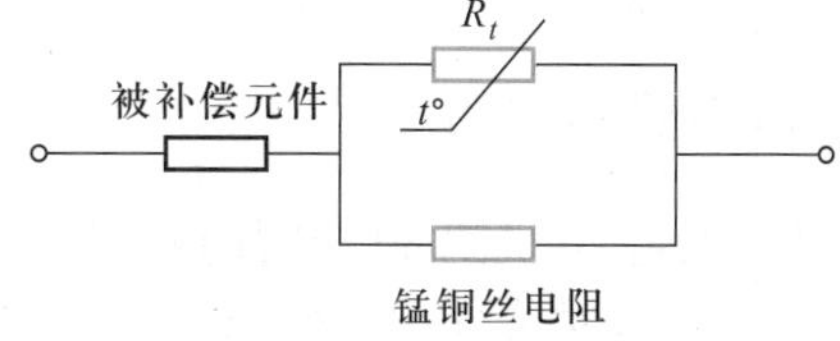

图 2.2.6 仪表中温度补偿

(2) 温度补偿

仪表中通常用的一些零件，多数是用金属丝制成的，例如线圈、线绕电阻等，金属一般具有正的温度系数，采用负的温度系数热敏电阻进行补偿，可以抵消由于温度变化所产生的误差。实际应用时，将负温度系数的热敏电阻与锰铜丝电阻并联后再与被补偿元件串联，如图 2.2.6所示。

(3) 温度控制

用热敏电阻与一个电阻相串联，并加上恒定的电压，当周围介质温度升到某一数值时，电路中的电流可以由十分之几毫安突变为几十毫安。因此可以用继电器的绕组代替不随温度变化的电阻。当温度升高到一定值时，继电器动作，继电器的动作反映了温度的大小，所以热敏电阻可用作温度控制。

（4）过热保护

过热保护分为直接保护和间接保护。对小电流场合，可把热敏电阻直接串入负载中，防止过热损坏以保护器件。对大电流场合，可通过继电器、晶体管电路等保护。不论哪种情况，热敏电阻都与被保护器件紧密地结合在一起，充分热交换，一旦过热，就起保护作用。图 2.2.7为几种过热保护实例。

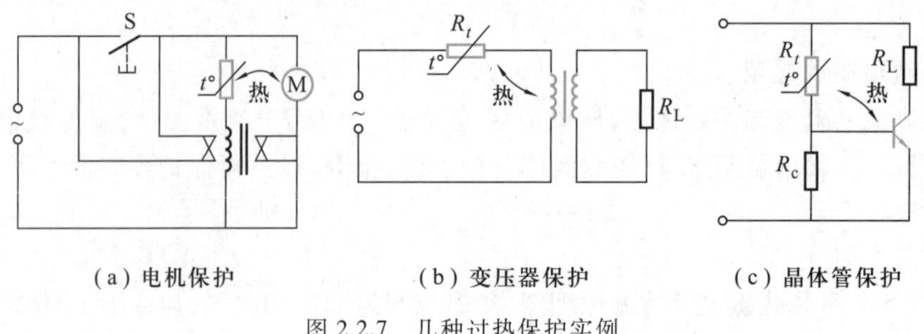

图 2.2.7　几种过热保护实例

2.3　薄膜热传感器

薄膜热传感器是随着人们对温度信息获取的手段要求越来越高，对温度传感器的超小型化的要求越来越迫切而产生的。由于薄膜热电阻的性能优良，可以替代传统的结构型热传感器，适用于物体表面、快速和小间隙场所的温度测量，因而被广泛地应用于冶金、化工、能源、交通、机电、仪器仪表和科学实验等领域。本节将以金属薄膜热电阻和多晶硅薄膜热电阻为例，对薄膜热电阻进行简单介绍。

2.3.1　金属薄膜热电阻

薄膜热电阻是 20 世纪 80 年代随着薄膜技术的成熟而发展起来的一种新型温度敏感元件，其产品性能已接近或达到线绕铂电阻，且价格低廉，因而得到了广泛的应用，其规模化生产线先后在德国、日本和美国相继建成投产。20 世纪 80 年代，我国研究机构在薄膜热电阻的工艺研究上也取得了突破性进展，并不断有产品投入市场。近 20 年来，无论是薄膜热电阻生产工艺技术或是产品本身，都在不断提高、完善和发展之中。自动化的工艺设备和测试设备日新月异，促使了生产能力和产品质量不断提高。例如，薄膜热电阻的阻值已扩大到 2 000 Ω，元件的几何尺寸已经缩小到 1.6 mm×0.003 mm×0.6 mm。在结构形式上有带线平面型（GR、Z 和 AL 型）、无引线的 SMD 型和外伸导线型等。所开发的高温薄膜热电阻，其使用温度范围从原来的 500 ℃提高到 850 ℃甚至 1 100 ℃，低温工作温度为-55 ℃，产品应用范围更加广泛。

1. 薄膜热传感器的结构

薄膜热电阻是把金属铂粉碎成微细铂粉，用真空沉积的薄膜技术把铂粉附着在陶瓷基片上，膜厚在 2μm 以内，用玻璃烧结材料把引线固定，经过激光调阻制成。薄膜热电阻的阻值范围大,它在零度的阻值、几何尺寸、结构形式等可以根据要求制成多种样式。薄膜热电阻与其他温度传感器的性能比较如表 2.3.1 所示。

表 2.3.1 薄膜热电阻与其他温度传感器的性能比较

传感器名称	优点	缺点
薄膜热电阻	外形尺寸小,一致性好,热响应时间短,性能稳定	工作电流小,自然影响大
厚膜铂电阻	焊接性强,性能稳定,自热小	外形尺寸较小,一致性较好,热响应时间短
线绕铂电阻	可测量高温,可作为标准温度计	体积大,抗振性差,存在应力影响
热敏电阻	温度系数大,价格低	测温范围小,非线性、离散性大
热电偶	可测量高温	需要冷端补偿

薄膜热电阻的结构如图 2.3.1 所示。它在基片上采用真空沉积技术将铂金属制成薄膜,再将引线烧结固定,形成薄膜电阻器。经过激光修正后的零度阻值误差大为减小,一般可以做到小于±0.05 % 。基片通常采用陶瓷、云母、玻璃等材料制成,厚度一般小于 0.2 mm,宽度 W 和长度 L 视应用的需要而有所不同,对于用于点温度测量的传感器,其宽度 W 可以做到小于 1.5 mm,长度 L 可以做到小于 2.0 mm。

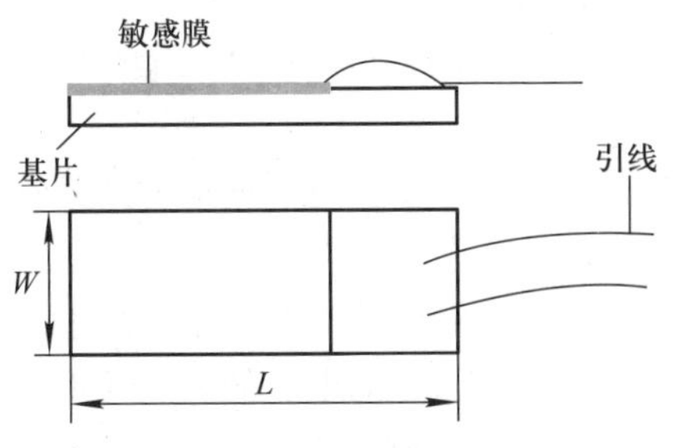

图 2.3.1 薄膜热电阻的结构

2. 薄膜热电阻的测温机理

薄膜热电阻的阻值与温度变化之间的关系可以用铂热电阻在-200~0 ℃范围内的电阻与温度的关系式(2.2.1)近似表示,即

$$R_t = R_0[1+At+Bt^2+C(t-100\ ℃)t^3]$$

定义电阻的温度系数 α 为

$$\alpha = \frac{R_t - R_0}{\Delta t \cdot R_0} \tag{2.3.1}$$

式中, R_t——温度为 t ℃时的阻值;

R_0——温度为 0 ℃时的阻值;

Δt——温度差值,$\Delta t = t-0$;

A、B、C——常数,对于不同型号的元件,取值有所差别。

薄膜热电阻是基于纯金属材料的电阻率随温度的升高而增加的原理来测量温度的。大量的事实证明,在很宽的温度范围内,纯金属的电阻率与温度的关系遵循布洛赫-格林爱森公式

$$\rho(T) = \frac{AT^5}{M\Theta_D^6}\int_0^{\Theta_D/T}\frac{x^5}{(e^x-1)(1-e^{-x})}dx \tag{2.3.2}$$

式中,A——金属特性常数;

M——金属原子量；

Θ_D——金属的德拜温度，例如，Ni 的 $\Theta_D = 450$ K；

$\rho(T)$——温度 T 的电阻率。

当 $T>0.5\Theta_D$ 时，近似有

$$\rho(T)=\frac{AT}{4M\Theta_D^2}=KT \tag{2.3.3}$$

定义金属薄膜材料在一定温度区间内的平均电阻温度系数为

$$\alpha=\frac{R_t-R_{t0}}{R_{t0}(t-t_0)}=\frac{1}{R_{t0}}\ \frac{\Delta R}{\Delta T}\approx\frac{1}{\rho_0}\ \frac{\Delta\rho}{\Delta T} \tag{2.3.4}$$

由式(2.3.4)可知，要提高电阻温度系数 α，必须降低薄膜的电阻率 ρ_0，而电阻率与材料的散射几率 P 有关，即

$$\rho=\frac{M}{ne^2}P \tag{2.3.5}$$

在一般情况下，连续结构金属的散射几率为

$$P=P_1+P_2+P_3+P_4+P_5 \tag{2.3.6}$$

式中，P_1——声子对电子的散射几率；

P_2——杂质对电子的散射几率；

P_3——晶体缺陷对电子的散射几率；

P_4——晶界对电子的散射几率；

P_5——薄膜表面对电子的散射几率。

上述几种散射几率中只有 P_1 是随温度变化的，因此，为了提高 α 就必须提高 P_1 在上述几项中所占的比例，降低其余几项的比例。在制备敏感膜（如 Ni 膜）过程中，可通过控制杂质含量以达到上述目的。晶体缺陷和晶粒尺寸是至关重要的。

2.3.2 多晶硅薄膜热电阻

多晶硅薄膜热电阻是目前得到较广泛研究的热敏电阻传感器之一。随着微系统（MEMS）技术的发展，微机械多晶硅薄膜传感器在微系统中越发重要，这不仅是由于多晶硅薄膜所具有的热敏特性和较大的应变系数而显现出其高温应用前景，同时也归因于微系统的加工工艺与集成电路工艺的可兼容性，可容易地将微机械多晶硅薄膜微传感器与整个微系统同时制作在同一硅衬底上，将信息的获取、处理和执行部分一体化地集成在一起，形成真正的系统。以热阻特性为工作原理的多晶硅薄膜微传感器，是利用多晶硅薄膜的电阻率随温度变化的特性来达到检测温度的目的。

1. 多晶硅薄膜热电阻的结构

多晶硅薄膜是由许多晶向不同的微小晶粒和连接它们的晶粒间界组成的。在晶粒内部，原子呈周期性有序排列，它们具有单晶硅结构，因此，每个晶粒可以被看成是一个小的单晶体；晶粒间界是由一个晶向的晶粒向另一个晶向的晶粒的过渡区，过渡区的距离相当于几个原子层的厚度，在这个区域内原子的排列高度无序，呈非晶态结构，具有很高的电阻率。

图 2.3.2 为多晶硅薄膜晶粒结构示意图，可以将多晶硅薄膜视为由许多单晶硅小晶粒通过晶界串联而成，晶粒间界是厚度为 δ 的无定形硅，存在高密度的悬挂键和缺陷形成的载流子陷阱，晶粒中的自由载流子能够为晶界陷阱所俘获，从而使晶界带电形成多子势垒，势垒高度为 qU_B。晶界两侧形成宽度为 W 的耗尽层（势垒区），W 的大小由电荷的陷阱密度所调制。对于掺杂浓度不太低、淀积温度也不很低的多晶硅而言，晶粒通常处于部分耗尽状态。

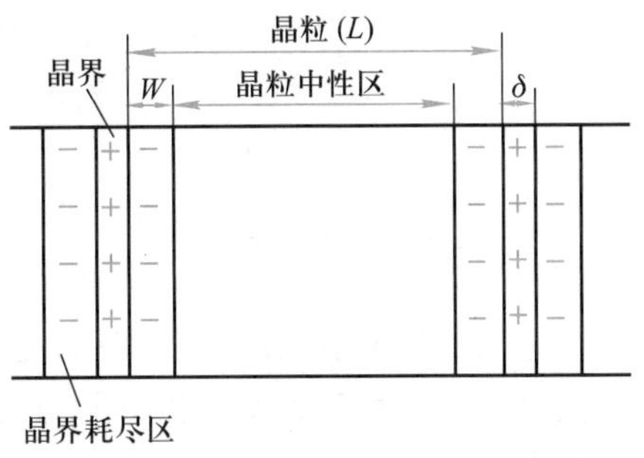

图 2.3.2　多晶硅薄膜晶粒结构示意图

2. 多晶硅薄膜热电阻测温机理

多晶硅薄膜的电阻率高于其掺杂浓度相同的单晶硅电阻率的原因，主要就是由于晶粒间界的存在。晶粒间界之所以对多晶硅薄膜电阻有很大的决定作用，主要是通过对薄膜中载流子移动过程的影响而形成的，具体表现为：一方面由于每一个单晶晶粒和其周围的非晶结构晶粒间界之间形成一个异质结，从能带结构角度看即是形成一个异质结位垒，它对载流子在晶粒间的运动起阻挡作用，从而降低了载流子的迁移率；另一方面由于原子在晶粒间界区无序排列，存在着大量悬挂键和高密度陷阱，晶粒内载流子首先被晶粒间界界面陷阱所俘获，形成一个多子势垒区，这不仅降低了载流子的迁移率，还减小了载流子的浓度。

多晶硅薄膜的电阻率与温度之间的关系

$$\rho(T)=K_A\sqrt{(K_0T)^3}+K_B\frac{1}{\sqrt{(K_0T)^3}}+K_C\sqrt{K_0T}\exp\left(\frac{qU_B}{K_0T}\right)\tag{2.3.7}$$

式中，K_A、K_B、K_C为与温度无关的常数，仅取决于掺杂浓度、晶粒尺度和晶界状态。以 K_A为系数的项是晶格振动散射项，具有正的温度系数；以 K_B为系数的项是晶格杂质散射项，具有负的温度系数；以 K_C为系数的项是晶界电阻项；qU_B为势垒高度。

对于晶粒尺寸较大，晶界区缺陷密度低或高掺杂情况，晶粒耗尽区 W 很窄，势垒高度降低，晶粒中性区 L 扩大，多晶硅薄膜的电阻率主要由式（2.3.7）中晶格振动散射项和晶格杂质散射项的单晶晶粒电阻率决定。即

$$\rho(T)=K_A\sqrt{(K_0T)^3}+K_B\frac{1}{\sqrt{(K_0T)^3}}\tag{2.3.8}$$

对晶粒尺寸很小，晶界区缺陷密度高或轻掺杂情况，晶粒中性区 L 与晶粒耗尽区 W 相比不很大，而晶界耗尽层为高阻区，电阻率则主要由晶界电阻率决定，即

$$\rho(T)=K_C\sqrt{K_0T}\exp\left(\frac{qU_B}{K_0T}\right)\tag{2.3.9}$$

薄膜热敏传感器的基片材料的选择也十分重要，如果基片和热敏感膜层的热膨胀系数不同，会产生热应力，引起电阻的变化，导致测量误差；基片的导热性能不好，由于基片具有一定的厚度而引起体积滞后，传感器的热滞后严重，动态响应性能下降。

2.4 热电偶传感器

2.4.1 热电偶测温原理

热电偶是目前应用广泛、简单的温度传感器,也是有源热电传感器的主要类型,它在很多方面具备了一种理想温度传感器的条件。

1. 热电偶的特点

(1) 温度测量范围宽

随着科学技术的发展,目前热电偶的品种较多,它可以测量自-271 ℃到+2 800 ℃甚至更高的温度。

(2) 性能稳定、准确可靠

在正确使用的情况下,热电偶的性能稳定、精度高,测量准确可靠。

(3) 信号可以远传和记录

由于热电偶能将温度信号转换成电压信号,因此可以远距离传递也可以集中检测和控制。此外,热电偶的结构简单、使用方便。其测量端能做得很小,可以用它来测量“点”的温度;又由于它的热容量小,因此反应速度很快。

2. 热电偶的分类

(1) 按热电偶材料分类

有廉金属、贵金属、难熔金属和非金属四大类。廉金属有:铁-康铜、铜-康铜、镍铬-考铜、镍铬-康铜、镍铬-镍硅(镍铝)等;贵金属有:铂铑$_{10}$-铂、铂铑$_{30}$- 铂铑$_{6}$及铱铑系、铱钌系和铂铱系等;难熔金属有:钨铼系、钨钼系、铱钨系和铌钛系等;非金属有:二碳化钨-二碳化钼、石墨-碳化物等。

(2) 按用途和结构分类

热电偶按照用途和结构分为:普通工业用和专用两类。

普通工业用的热电偶分为:直形、角形和锥形(其中包括无固定装置、螺纹固定装置和法兰固定装置等品种)。

专用的热电偶分为:钢水测温的消耗式热电偶、多点式热电偶和表面测温热电偶等。

3. 热电偶的测温原理

热电偶测温是基于热电效应。在两种不同的导体(或半导体)A 和 B 组成的闭合回路中,如果它们两个接点的温度不同,则回路中产生一个电动势,通常称这种电动势为热电动势,这种现象就是热电效应,如图 2.4.1 所示。

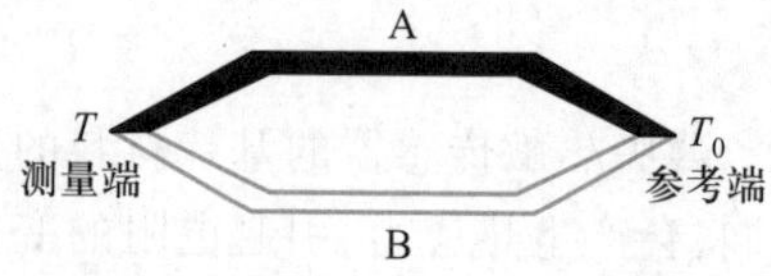

图 2.4.1 热电偶

在图 2.4.1 所示的回路中,两种丝状的不同导体(或半导体)组成的闭合回路,称为热电偶。导体 A 或 B 称为热电偶的热电极或热偶丝。热电偶的两个接点中,置于温度为 T 的被测对象中的接点称为测量端,又称工作端或热端;而温度为参考温度T_0的另一接点称为参比端或参考端，又称自由端或冷端。

热电偶产生热电动势由接触电动势和温差电动势两部分组成。

（1）接触电动势

由于两种不同导体的自由电子密度不同而在接触处形成的电动势称为接触电动势，又称帕尔贴(Peltier)电动势。在两种不同导体A、B接触时，由于材料不同，两者有不同的电子密度，如 $N_A>N_B$，则在单位时间内，从导体A扩散到导体B的自由电子数比相反方向的多，即自由电子主要从导体A扩散到导体B，这时导体A因失去电子而带正电，导体B因得到电子而带负电，如图2.4.2所示。因此，在接触面上形成了自A到B的内部静电场，产生了电位差，即接触电动势。但它不会不断增加，而是很快地稳定在某个值，这是因为由电子扩散运动而建立的内部静电场或电动势将产生相反方向的漂移运动，加速电子在反方向的转移，使从B到A的电子速率加快，并阻止电子扩散运动的继续进行，最后达到动态平衡，即单位时间内从A扩散的电子数目等于反方向漂移的电子数目，此时，在一定温度(T)下的接触电动势 $E_{AB}(T)$ 也就不发生变化而稳定在某值。其大小可表示为

$$E_{AB}(T)=\frac{kT}{e}\ln\frac{N_A(T)}{N_B(T)} \tag{2.4.1}$$

式中，e——单位电荷，$e=1.6\times10^{-19}$ C；

k——玻耳兹曼常数，$k=1.38\times10^{-23}$ J/K；

$N_A(T)$——导体A在温度为 T 时的自由电子密度；

$N_B(T)$——导体B在温度为 T 时的自由电子密度。

由上式可知，接触电动势的大小与温度高低和导体中的电子密度有关。温度越高，接触电动势越大；两种导体电子密度的比值越大，接触电动势也越大。

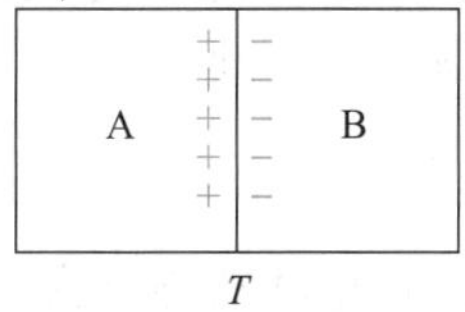

图2.4.2　接触电动势

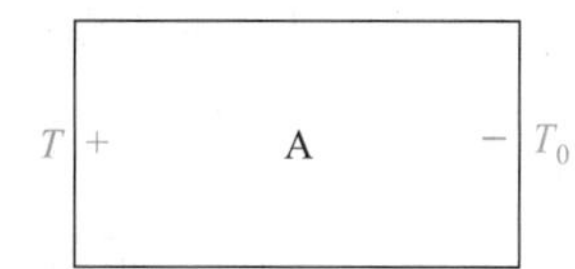

图2.4.3　温差电动势

（2）温差电动势

温差电动势是在同一导体的两端因其温度不同而产生的一种热电动势，又称汤姆逊(Thomson)电动势。设导体两端的温度分别为 T 和 T_0($T>T_0$)，由于高温端(T)的电子能量比低温端(T_0)的电子能量大，因而从高温端跑到低温端的电子数比从低温端跑到高温端的电子数要多，结果高温端失去电子而带正电荷，低温端得到电子而带负电荷，从而形成了一个从高温端指向低温端的静电场。此时，在导体的两端就产生了一个相应的电位差，这就是温差电动势，如图2.4.3所示。其大小可根据物理学电磁场理论得

$$E_A(T,T_0)=U_{AT}-U_{AT_0}=\frac{k}{e}\int_{T_0}^{T}\frac{1}{N_A}\frac{\mathrm{d}(N_At)}{\mathrm{d}t}\mathrm{d}t \tag{2.4.2}$$

$$E_B(T,T_0)=U_{BT}-U_{BT_0}=\frac{k}{e}\int_{T_0}^{T}\frac{1}{N_B}\frac{\mathrm{d}(N_Bt)}{\mathrm{d}t}\mathrm{d}t \tag{2.4.3}$$

式中，$E_A(T,T_0)$——导体A在两端温度分别为T和T_0时的温差电动势；

$E_B(T,T_0)$——导体B在两端温度分别为T和T_0时的温差电动势；

e——单位电荷；

k——玻耳兹曼常数；

$N_A(T)$——导体A在温度为T时的自由电子密度；

$N_B(T)$——导体B在温度为T时的自由电子密度。

(3) 热电偶回路的热电动势

金属导体A、B组成热电偶回路时，总的热电动势包括两个接触电动势和两个温差电动势，即

$$\begin{aligned} E_{AB}(T,T_0) &= E_{AB}(T)+E_B(T,T_0)-E_{AB}(T_0)-E_A(T,T_0) \\ &= \frac{kT}{e}\ln\frac{N_{AT}}{N_{BT}}+\frac{k}{e}\int_{T_0}^{T}\frac{1}{N_B}\frac{\mathrm{d}(N_B t)}{\mathrm{d}t}\mathrm{d}t-\frac{kT}{e}\ln\frac{N_{AT_0}}{N_{BT_0}}-\frac{k}{e}\int_{T_0}^{T}\frac{1}{N_A}\frac{\mathrm{d}(N_A t)}{\mathrm{d}t}\mathrm{d}t \end{aligned} \quad (2.4.4)$$

由于温差电动势比接触电动势小，又$T>T_0$，所以，在总电动势$E_{AB}(T,T_0)$中，以导体A、B在T端的接触电动势所占的比重最大，故总电动势的方向取决于该方向，这样对上式进行整理可得

$$E_{AB}(T,T_0)=\frac{k}{e}\int_{T_0}^{T}\ln\frac{N_A}{N_B}\mathrm{d}t \quad (2.4.5)$$

由上式可知，热电偶总电动势与自由电子密度N_A、N_B及两接点温度T、T_0有关。自由电子密度不仅取决于热电偶材料的特性，且随温度的变化而变化，它并非是常数，所以，当热电偶材料一定时，热电偶的总电动势成为温度T和T_0的函数差。即

$$E_{AB}(T,T_0)=f(T)-f(T_0) \quad (2.4.6)$$

如果使冷端温度T_0固定，则对一定材料的热电偶，其总电动势就只与温度T成单值函数关系，即

$$E_{AB}(T,T_0)=f(T)-C=\Phi(T) \quad (2.4.7)$$

式中，C——固定温度T_0决定的常数。

由此可得有关热电偶的几个结论：

① 热电偶必须采用两种不同材料作为电极，否则，无论热电偶两端温度如何，热电偶回路总热电动势为零。

② 尽管采用两种不同的金属，若热电偶两接点温度相等，即$T=T_0$，回路总电动势为零。

③ 热电偶A、B的热电动势只与结点温度有关，与导体A、B的中间各处温度无关。

4. 热电偶基本定律

(1) 均质导体定律

由一种均质导体或半导体组成的闭合回路，不论其截面、长度如何以及各处的温度如何分布，都不会产生热电动势。即热电偶必须采用两种不同材料作为电极。

(2) 中间导体定律

在热电偶回路中，接入第三种导体 C，如图2.4.4所示，只要这第三种导体两端温度相同，则热电偶所产生的热电动势保持不变。即第三种导体 C 的引入对热电偶回路的总电动势没有影响。

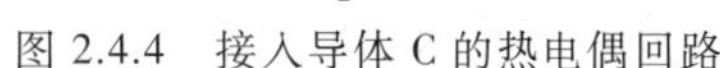

图 2.4.4 接入导体 C 的热电偶回路

热电偶回路接入中间导体 C 后热电偶回路的总热电动势为

$$E_{ABC}(T,T_0)=E_{AB}(T)+E_{CA}(T_0)+E_{BC}(T_0)-E_A(T,T_0)+E_C(T_0,T_0)+E_B(T,T_0) \quad (2.4.8)$$

因为

$$\begin{aligned}E_{BC}(T_0)+E_{CA}(T_0)&=\frac{kT_0}{e}\ln\frac{N_{BT_0}}{N_{CT_0}}+\frac{kT_0}{e}\ln\frac{N_{CT_0}}{N_{AT_0}}\\&=\frac{kT_0}{e}\ln\frac{N_{BT_0}}{N_{AT_0}}\\&=E_{BA}(T_0)\\&=-E_{AB}(T_0)\end{aligned}$$

又

$$E_C(T_0,T_0)=0$$

代入式(2.4.8)，得

$$\begin{aligned}E_{ABC}(T,T_0)&=E_{AB}(T)-E_{AB}(T_0)+E_B(T,T_0)-E_A(T,T_0)\\&=E_{AB}(T,T_0)\end{aligned} \quad (2.4.9)$$

同理，热电偶回路中接入多种导体后，只要保证接入的每种导体的两端温度相同，则对热电偶的热电动势没影响。根据热电偶的这一性质，可以在热电偶的回路中引入各种仪表和连接导线等。例如，在热电偶的自由端接入一只测量电动势的仪表，并保证两个接点的温度相等，就可以对热电动势进行测量，而且不影响热电动势的输出。

(3) 中间温度定律

在热电偶回路中，两结点温度为 T、T_0时的热电动势，等于该热电偶在结点温度为 T、T_a 和 T_a、T_0时热电动势的代数和，即

$$E_{AB}(T,T_0)=E_{AB}(T,T_a)+E_{AB}(T_a,T_0) \quad (2.4.10)$$

根据这一定律，只要给出自由端为 0 ℃ 时的热电动势和温度关系，就可以求出冷端为任意温度 T_0的热电偶的热电动势，即

$$E_{AB}(T,T_0)=E_{AB}(T,0)+E_{AB}(0,T_0) \quad (2.4.11)$$

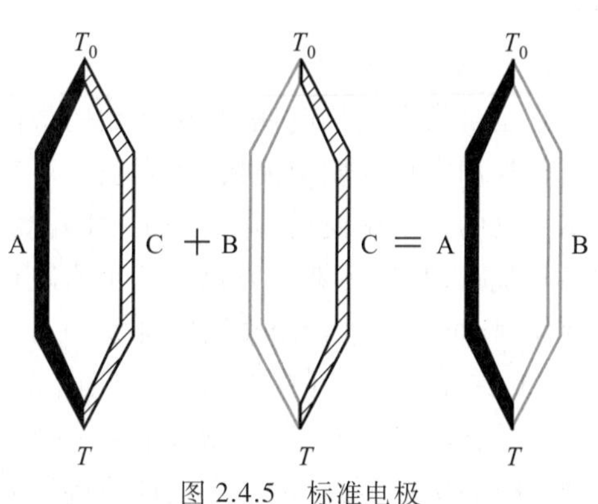

图 2.4.5 标准电极

(4) 标准电极定律

如图 2.4.5 所示，当温度为 T、T_0时，用导体

A、B组成的热电偶的热电动势等于AC热电偶和CB热电偶的热电动势之代数和,即

$$E_{AB}(T,T_0)=E_{AC}(T,T_0)+E_{CB}(T,T_0) \tag{2.4.12}$$

导体C称为标准电极,故把这一定律称为标准电极定律。

2.4.2 热电极材料及常用热电偶

1. 热电极材料

根据上述热电偶的测温原则,理论上任何两种导体均可配成热电偶,但因实际测温时对测量精度及使用等有一定要求,故对制造热电偶的热电极材料也有一定要求。除满足上述对温度传感器的一般要求外,还应注意如下几点:

① 在测温范围内,热电性质稳定,不随时间和被测介质变化,物理化学性能稳定,不易氧化或腐蚀。

② 电导率要高,并且电阻温度系数要小。

③ 它们组成的热电偶,热电动势随温度的变化率要大,并且希望该变化率在测温范围内接近常数。

④ 材料的机械强度要高,复制性要好,复制工艺要简单,价格便宜。

完全满足上述条件要求的材料很难找到,故一般只根据被测温度的高低,选择适当的热电极材料。下面分别介绍国内生产的几种常用热电偶。它们又分为标准化和非标准化热电偶。

2. 标准热电偶

标准化热电偶是指国家标准规定了其热电动势与温度的关系和允许误差,并有统一的标准分度表。

(1) 铂铑$_{10}$-铂热电偶(S型)

这是一种贵金属热电偶,由直径为0.5 mm以下的铂铑合金丝(铂90 %,铑10 %)和纯铂丝制成。由于容易得到高纯度的铂和铂铑,故这种热电偶的复制精度和测量准确度较高,可用于精密温度测量。在氧化性或中性介质中具有较好的物理化学稳定性,在1 300 ℃以下范围内可长时间使用。其主要缺点是金属材料的价格昂贵;热电动势小,而且热电特性曲线非线性较大;在高温时易受还原性气体所发出的蒸气和金属蒸气的侵害而变质,失去测量准确度。

(2) 铂铑$_{30}$-铂铑$_{6}$热电偶(B型)

它也是贵金属热电偶,长期使用的最高温度可达1 600 ℃,短期使用可达1 800 ℃,它宜在氧化性和中性介质中使用,在真空中可短期使用。它不能在还原性介质及含有金属或非金属蒸气的介质中使用,除非外面套有合适的非金属保护管才能使用。它具有铂铑$_{10}$-铂的各种优点,其抗污染能力强。其主要缺点是灵敏度低、热电动势小,因此,冷端在40 ℃以上使用时,可不必进行冷端温度补偿。

(3) 镍铬-镍硅(镍铬-镍铝)热电偶(K型)

由镍铬与镍硅制成,热偶丝直径一般为1.2~2.5 mm。镍铬为正极,镍硅为负极。该热电偶化学稳定性较高,可在氧化性或中性介质中长时间地测量900 ℃以下的温度,短期测量

可达 1 200 ℃；如果用于还原性介质中，就会很快地受到腐蚀，在此情况下只能用于测量 500 ℃以下温度。该热电偶具有复制性好、产生热电动势大、线性好、价格便宜等优点，虽然测量精度偏低，但完全能满足工业测量要求，是工业生产中最常用的一种热电偶。

（4）镍铬-考铜热电偶（E 型）

其正极为镍铬合金，成分为 9%～10%的铬，0.4%的硅，其余为镍；负极为考铜，成分为 56%的铜，44%的硅。镍铬-考铜热电偶的热电动势是所有热电偶中最大的，如 $E_A(100.0)=6.95$ mV，比铂铑-铂热电偶高了 10 倍左右，其热电特性的线性也好，价格又便宜。它的缺点是不能用于高温，长期使用温度上限为 600 ℃，短期使用可达 800 ℃；另外，考铜易氧化而变质，使用时应加保护套管。

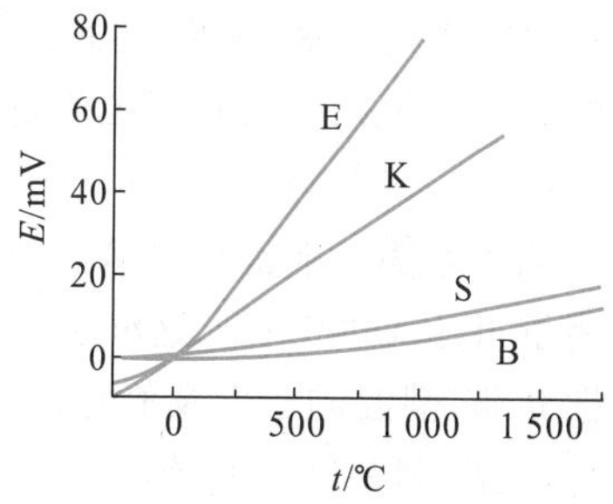

图 2.4.6 几种常用标准热电偶的温度与电动势特性曲线

以上几种标准热电偶的温度与电动势特性曲线如图 2.4.6 所示。虽然曲线描述方式在宏观上容易看出不少特点，但是靠曲线查看数据还很不精确，为了正确地掌握数值，编制了针对各种热电偶热电动势与温度的对照表，称为“分度表”。例如铂铑$_{10}$-铂热电偶（分度号为 S）的分度表如表2.4.1 所示，表中温度按 10 ℃分挡，其中间值按内插法计算，按参考端温度为 0 ℃取值。

表 2.4.1 铂铑$_{10}$-铂热电偶（分度号为 S）分度表

工作端温度/℃	0	10	20	30	40	50	60	70	80	90
	热电动势/mV									
0	0.000	0.055	0.113	0.173	0.235	0.299	0.365	0.432	0.502	0.573
100	0.645	0.719	0.795	0.872	0.950	1.029	1.109	1.190	1.273	1.356
200	1.440	1.525	1.611	1.698	1.785	1.873	1.962	2.051	2.141	2.232
300	2.323	2.414	2.506	2.599	2.692	2.786	2.880	2.974	3.069	3.164
400	3.260	3.356	3.452	3.549	3.645	3.743	3.840	3.938	4.036	4.135
500	4.234	4.333	4.432	4.532	4.632	4.732	4.832	4.933	5.034	5.136
600	5.237	5.339	5.442	5.544	5.648	5.751	5.855	5.960	6.064	6.169
700	6.274	6.380	6.486	6.592	6.699	6.805	6.913	7.020	7.128	7.236
800	7.345	7.454	7.563	7.673	7.782	7.892	8.003	8.114	8.225	8.336
900	8.448	8.560	8.673	8.786	8.899	9.012	9.126	9.240	9.355	9.470
1 000	9.585	9.700	9.816	9.932	10.048	10.165	10.282	10.400	10.517	10.635
1 100	10.754	10.872	10.991	11.110	11.229	11.348	11.467	11.587	11.707	11.827
1 200	11.947	12.067	12.188	12.308	12.429	12.550	12.671	12.792	12.913	13.034
1 300	13.155	13.276	13.397	13.519	13.640	13.761	13.880	14.004	14.125	14.247
1 400	14.368	14.489	14.610	14.731	14.852	14.973	15.094	15.215	15.336	15.456
1 500	15.576	15.697	15.817	15.937	16.057	16.176	16.296	16.415	16.534	16.653
1 600	16.771									

3. 非标准热电偶

非标准热电偶无论在使用范围或数量上均不及标准热电偶，但在某些特殊场合，譬如在高温、低温、超低温、高真空等被测对象中，这些热电偶具有某些特别良好的特性。随着生产和科学技术的发展，人们正在不断地研究和探索新的热电极材料，以满足特殊测温的需要。下面简述三种典型的非标准热电偶。

（1）钨铼系热电偶

该热电偶属廉价热电偶。通常用于测量 300~2 000 ℃、分度误差为±1%的温度，短时间测量可达 3 000 ℃。这种系列热电偶可用于干燥的氢气、中性介质和真空中，不宜用在还原性介质、潮湿的氢气及氧化性介质中，常用的钨铼系热电偶有钨-钨铼$_{26}$，钨铼-钨铼$_{25}$，钨铼$_{5}$-钨铼$_{20}$和钨铼$_{5}$-钨铼$_{26}$。

（2）铱铑系热电偶

该热电偶属贵金属热电偶。铱铑-铱热电偶可用在中性介质和真空中，但不宜在还原性介质中，在氧化性介质中使用将缩短寿命。其在中性介质和真空中测温可长期使用到 2 000 ℃左右。虽然热电动势较小，但线性好。

（3）镍钴-镍铝热电偶

测温范围为 300~1 000 ℃。其特点是在 300 ℃以下热电偶很小，因此不需要冷端温度补偿。

2.4.3 热电偶的结构

1. 普通型热电偶

普通型热电偶主要用于测量气体、蒸气、液体等介质的温度。由于使用的条件基本相似，这类热电偶已做成标准型，其基本组成部分大致是一样的，通常都是由热电极、绝缘材料、保护套管和接线盒等主要部分组成。普通的工业用热电偶结构示意图如图 2.4.7 所示。

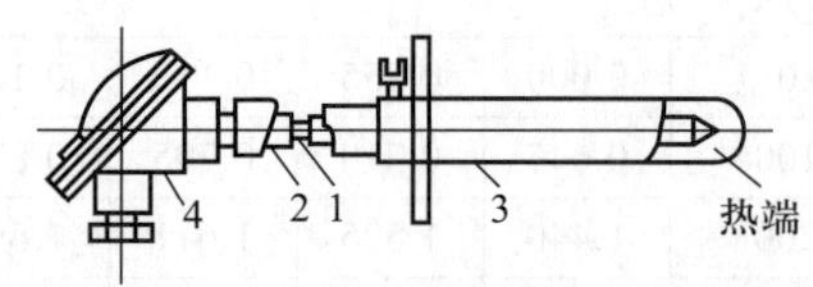

1—热电极；2—绝缘材料；3—保护套管；4—接线盒

图 2.4.7 普通的工业用热电偶结构示意图

（1）热电极

热电偶常以热电极材料种类来命名，其直径大小是由价格、机械强度、电导率以及热电偶的用途和测量范围等因素来决定的。贵金属热电极直径大多是 0.13~0.65 mm，普通金属热电极直径为 0.5~3.2 mm。热电极长度由使用、安装条件，特别是工作端在被测介质中插入深度来决定，通常为 350~2 000 mm，常用的长度为 350 mm。

（2）绝缘管

又称绝缘子，用来防止两根热电极短路，其材料的选用要根据使用的温度范围和对绝缘性能的要求而定，常用的是氧化铝和耐火陶瓷。它一般制成圆形，中间有孔，长度为 20 mm，使用时根据热电极的长度，可多个串起来使用。

（3）保护套管

为使热电极与被测介质隔离，并使其免受化学侵蚀或机械损伤，热电极在套上绝缘管后再装入套管内。对保护套管的要求一方面要经久耐用,能耐温度急剧变化、耐腐蚀、不分解出对电极有害的气体,有良好的气密性及足够的机械强度;另一方面是传热良好,传导性能越好,热容量越小,越能够改善电极对被测温度变化的响应速度。应根据热电偶类型、测温范围和使用条件等因素来选择保护套管材料。

(4) 接线盒

接线盒供热电偶与补偿导线连接用。接线盒固定在热电偶保护套管上,一般用铝合金制成,分普通式和防溅式(密封式)两类。防止灰尘、水分及有害气体侵入保护套管内,接线端子上注明热电极的正、负极性。

2. 铠装热电偶

铠装热电偶是由热电极、绝缘材料和金属套管经拉伸加工而成的组合体,其断面结构如图 2.4.8 所示,分单芯和双芯两种。它可以做得很长、很细,在使用中可以随测量需要进行弯曲。

套管材料为铜、不锈钢等,热电极和套管之间填满了绝缘材料的粉末,目前常用的绝缘材料有氧化镁、氧化铝等。目前生产的铠装热电偶外径一般为 0.25~12 mm,有多种规格,它的长短根据需要来定,最长的可达 100 m 以上。

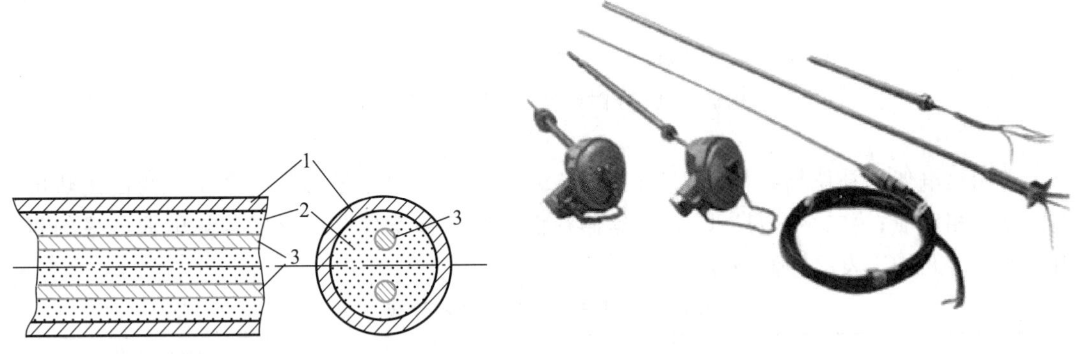

1—金属套管;2—绝缘材料;3—热电极

图 2.4.8 铠装热电偶断面结构

图 2.4.9 WRK 系列铠装热电偶

铠装热电偶的主要特点是,测量端热容量小,动态响应快,机械强度高,抗干扰性好,耐高压、耐强烈振动和耐冲击,可安装在结构复杂的装置上,因此已被广泛用在许多工业部门中。图 2.4.9 为 WRK 系列铠装热电偶。

2.4.4 热电偶冷端温度补偿

由热电偶的作用原理可知,热电偶热电动势的大小不仅与测量端的温度有关,而且与冷端的温度有关,是测量端温度 t 和冷端温度 t_0 的函数差。为了保证输出电动势是被测温度的单值函数,就必须使一个结点的温度保持恒定,而我们使用的热电偶分度表中的热电动势值,都是在冷端温度为 0 ℃时给出的。因此,如果热电偶的冷端温度不是 0 ℃,而是其他某一数值，且又不加以适当处理，那么即使测得了热电动势的值，仍不能直接应用分度表，即不可能得到测量端的准确温度，会产生测量误差。但在工业使用时，要使冷端的温度保持为 0 ℃是比较困难的，通常采用如下一些温度补偿办法。

1. 补偿导线法

随着工业生产过程自动化程度的提高，要求把温度测量的信号从现场传送到集中控制室里，或者由于其他原因，显示仪表不能安装在被测对象的附近，而需要通过连接导线将热电偶延伸到温度恒定的场所。由于热电偶一般做得比较短（除铠装热电偶外），特别是贵金属热电偶就更短。这样，热电偶的冷端离被测对象很近，使冷端温度较高且波动较大，如用很长的热电偶使冷端延长到温度比较稳定的地方，这种办法由于热电极线不便于敷设，且对于贵金属很不经济，因此是不可行的。所以，一般用一种导线（称补偿导线）将热电偶的冷端伸出来（如图 2.4.10 所示），这种导线采用在一定温度范围内（ 0~100 ℃ ）又具有和所连接的热电偶相同的热电性能的廉价金属。

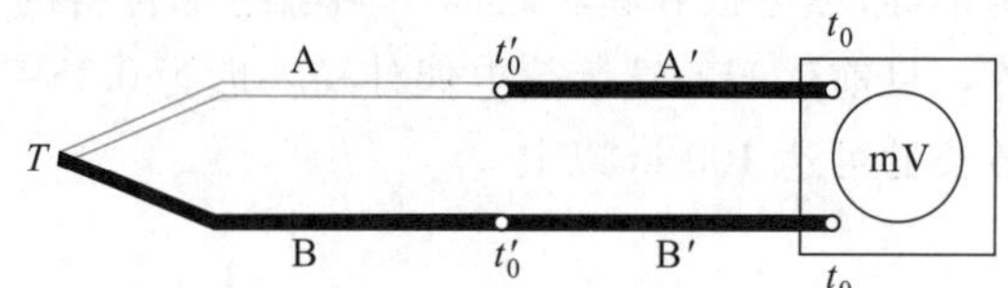

A、B—热电偶电极；A′、B′—补偿导线；

t'_0—热电偶原冷端温度；t_0—热电偶新冷端温度

图 2.4.10 补偿导线在测温回路的连接

常用热电偶的补偿导线如表 2.4.2 所示。表中补偿导线型号的头一个字母与配用热电偶的型号相对应；第二个字母“X”表示延伸补偿导线（补偿导线的材料与热电偶电极的材料相同）；字母“C”表示补偿型导线。

表 2.4.2 常用热电偶的补偿导线

补偿导线型号	配用热电偶型号	补偿导线		绝缘层颜色	
		正极	负极	正极	负极
SC	S	SPC（铜）	SNC（铜镍）	红	绿
KC	K	KPC（铜）	KNC（康铜）	红	蓝
KX	K	KPX（镍铬）	KNX（镍硅）	红	黑
EX	E	EPX（镍铬）	ENX（铜镍）	红	棕

在使用补偿导线时必须注意以下问题：

① 补偿导线只能在规定的温度范围内（一般为 0~100 ℃）与热电偶的热电动势相等或相近。

② 不同型号的热电偶有不同的补偿导线。

③ 热电偶和补偿导线的两个接点处要保持同温度。

④ 补偿导线有正、负极，需分别与热电偶的正、负极相连。

⑤ 补偿导线的作用只是延伸热电偶的自由端，当自由端 $t_0 \neq 0$ 时，还需进行其他补偿与修正。

2. 计算法

当热电偶冷端温度不是 0 ℃，而是 t_0时，根据热电偶中间温度定律，可得热电动势的计算校正公式

$$E(t,0)=E(t,t_0)+E(t_0,0) \tag{2.4.13}$$

式中，$E(t,0)$——表示冷端为 0 ℃，而热端为 t 时的热电动势；

$E(t,t_0)$——表示冷端为 t_0，而热端为 t 时的热电动势，即实测值；

$E(t_0,0)$——表示冷端为 0 ℃，而热端为 t_0时的热电动势；即为冷端温度不为 0 ℃时的热电动势校正值。

因此，只要知道了热电偶参比端的温度 t_0，就可以从分度表查出对应于 t_0的热电动势 $E(t_0,0)$，然后将这个热电动势值与显示仪表所测的读数值 $E(t,t_0)$ 相加，得出的结果就是热电偶的参比端温度为 0 ℃时，对应于测量端的温度为 t 时的热电动势 $E(t,0)$，最后就可以从分度表查得对应于 $E(t,0)$ 的温度，这个温度的数值就是热电偶测量端的实际温度。

例如，S 型热电偶在工作时自由端温度 $t_0=30$ ℃，现测得热电偶的电动势为 7.5 mV，欲求被测介质的实际温度。

因为，已知热电偶测得的电动势为 $E(t,30)$，即 $E(t,30)=7.5$ mV，其中 t 为被测介质温度。

由表 2.4.1 可查得 $E(30,0)=0.173$ mV，则 $E(t,0)=E(t,30)+E(30,0)=(7.5+0.173)$ mV$=7.673$ mV。由表 2.4.1 可知 $E(t,0)=7.673$ mV 对应的温度为 830 ℃，则被测介质的实际温度为 830 ℃。

3. 补偿电桥法

补偿电桥法是利用不平衡电桥产生的电动势来补偿热电偶因冷端温度变化而引起的热电动势变化值，如图 2.4.11 所示。不平衡电桥（即补偿电桥）由电阻 R_1、R_2、R_3（锰铜丝绕制）、R_{Cu}（铜丝绕制）四个桥臂和桥路稳压电源所组成，串接在热电偶测量回路中，热电偶冷端与电阻 R_{Cu}感受相同的温度，通常取 20 ℃时电桥平衡（$R_1=R_2=R_3=R_{Cu}$），此时对角线 a、b 两点电位相等，（即 $U_{ab}=0$），电桥对仪表的度数无影响。当环境温度高于 20 ℃时，R_{Cu}增加，平衡被破坏，a 点电位高于 b 点，产生一不平衡电压 U_{ab}，与热端电动势相叠加，一起送入测量仪表。适当选择桥臂电阻和电流的数值，可使电桥产生的不平衡电压 U_{ab}正好补偿由于冷端温度变化而引起的热电动势变化值，仪表即可指示出正确的温度，由于电桥是在 20 ℃时平衡，所以采用这种补偿电桥需把仪表的机械零位调整到 20 ℃。

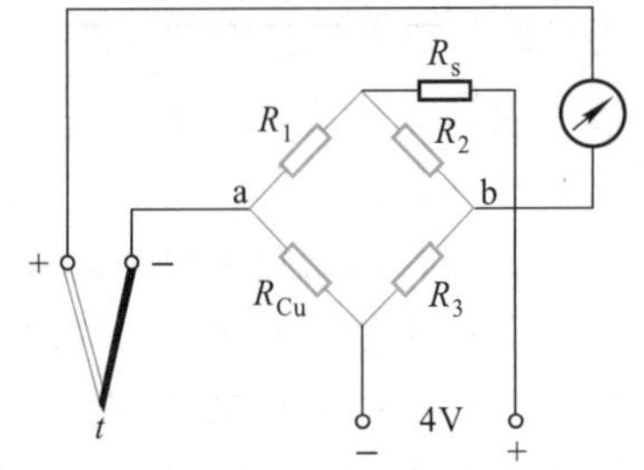

图 2.4.11 冷端温度补偿电桥

4. 冰浴法

冰浴法是在科学实验中经常采用的一种方法，为了测温准确，可以把热电偶的冷端置于冰水混合物的容器里，保证使 $t_0=0$ ℃。这种方法最为妥善，然而不够方便，所以仅限于科学实验中应用。为了避免冰水导电引起 t_0 处的连接点短路，必须把连接点分别置于两个玻璃试管里，浸入同一冰点槽，使之互相绝缘，如图2.4.12所示。

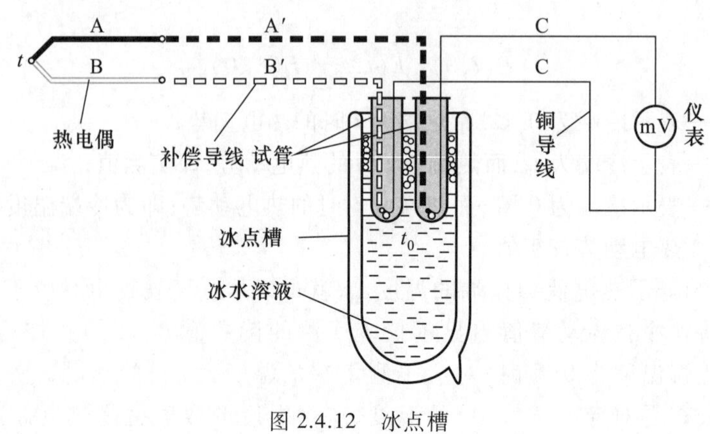

图 2.4.12 冰点槽

5. 软件处理法

对于计算机系统，不必全靠硬件进行热电偶冷端处理。例如冷端温度恒定，但不为零的情况下，只要在采样后加一个与冷端温度对应的常数即可。对于 t_0 经常波动的情况，可利用热敏电阻或其他传感器把 t_0 输入计算机，按照运算公式设计一些程序，便能自动修正。后一种情况必须考虑输入的通道中除了热电动势之外还应该有冷端温度信号，如果多个热电偶的冷端温度不相同，还要分别采样，若占用的通道数太多，宜利用补偿导线将所有的冷端接到同一温度处，只用一个温度传感器和一个修正 t_0 的输入通道就可以了，冷端集中，对于提高多点巡检的速度也很有利。

2.4.5 热电偶常用测温线路

1. 测量某点温度的基本电路

图 2.4.13 是测量某点温度的基本电路，图中 A、B 为热电偶，C、D 为补偿导线，t_0 为使用补偿导线后热电偶的冷端温度，C 为铜导线，在实际使用时就把补偿导线一直延伸到配用仪表的接线端子。这时冷端温度即为仪表接线端子所处的环境温度。

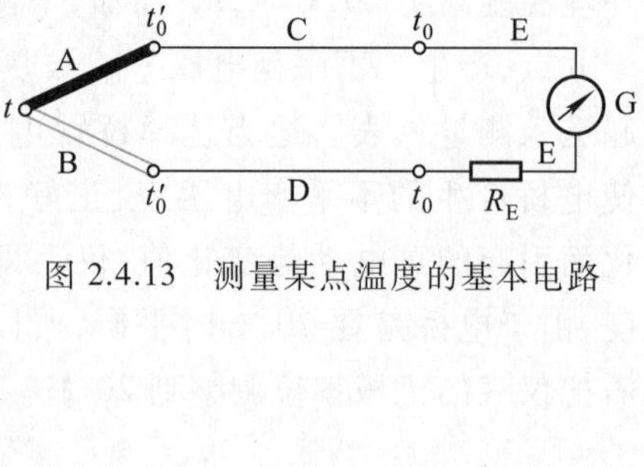

图 2.4.13 测量某点温度的基本电路

2. 测量两点之间温度差的测温电路

图 2.4.14 是测量两点之间温度差的测温电路，用两个相同型号的热电偶，配以相同的补偿导线，这种连接方法能使各自产生的热电动势作差，仪表

G 可测 t_1 和 t_2 之间的温度差。

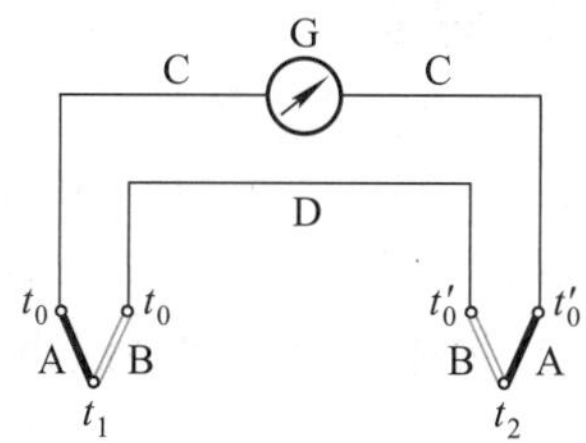

图 2.4.14 测量两点之间温度差的测温电路

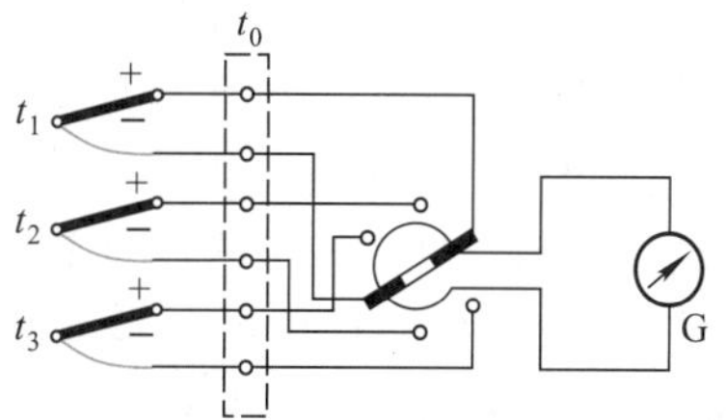

图 2.4.15 多点测温线路

3. 测量多点的测温线路

多个被测温度用多个热电偶分别测量，但多个热电偶共用一台显示仪表，它们是通过专用的切换开关来进行多点测量的，测温线路如图 2.4.15 所示，但各个热电偶的型号要相同，测温范围不要超过显示仪表的量程。多点测温线路多用于自动巡回检测中，此时温度巡回检测点可多达几十个，轮流或按要求显示各测点的被测数值。而显示仪表和补偿热电偶只用一个就够了，这样就可以大大地节省显示仪表和补偿导线。

4. 测量平均温度的测温线路

用热电偶测量平均温度一般采用热电偶并联的方法，如图 2.4.16 所示。输入到仪表两端的毫伏值为三个热电偶输出热电动势的平均值，即 $E=(E_1+E_2+E_3)/3$，如三个热电偶均工作在特性曲线的线性部分时，则代表了各点温度的算术平均值，为此，每个热电偶需串联较大电阻。此种电路的特点是，仪表的分度仍旧和单独配用一个热电偶时一样。其缺点是，当某一热电偶烧断时，不能很快地察觉。

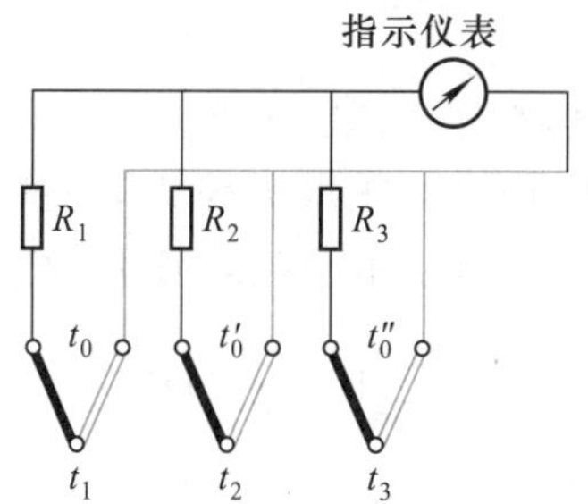

图 2.4.16 热电偶测量平均温度的并联线路

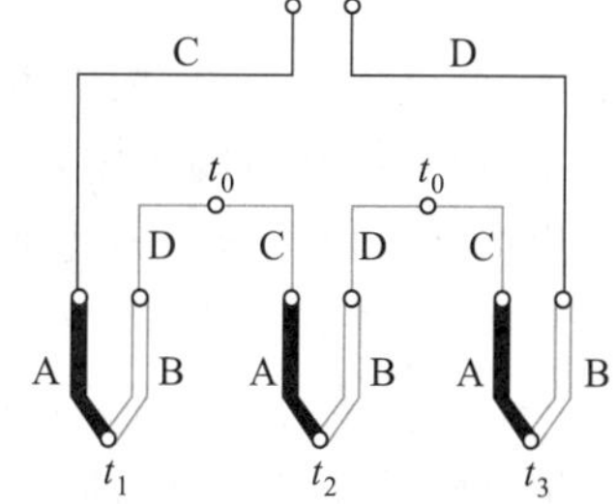

图 2.4.17 热电偶测量几点温度之和的串联线路

5. 测量几点温度之和的测温线路

用热电偶测量几点温度之和的测温线路的方法一般采用热电偶的串联，如图 2.4.17 所示。输入到仪表两端的热电动势的总和，即 $E=(E_1+E_2+E_3)$，可直接从仪表读出各点温度之和。此种电路的优点是，热电偶烧坏时可立即知道，还可获得较大的热电动势。应用此种电路时，每一个热电偶引出的补偿导线还必须回接到仪表中的冷端处。

2.5 辐射式温度传感器

辐射式温度传感器是利用物体的辐射能随温度变化的原理制成的。在应用辐射式温度传感器检测温度时,只需把传感器对准被测物体,而不必与被测物体直接接触。辐射式温度传感器是一种非接触式测温方法,它可以用于检测运动物体的温度和高温物体的温度,与接触式测温法相比,它具有如下特点:

① 传感器和被测对象不接触,不会破坏被测对象的温度场,故可测量运动物体的温度并可进行遥测。

② 由于传感器或热辐射探测器不必达到与被测对象同样的温度,故仪表的测温上限不受传感器材料熔点的限制,从理论上说仪表无测温上限。

③ 在检测过程中传感器不必和被测对象达到热平衡,故检测速度快,响应时间短,适于快速测温。

2.5.1 辐射测温的物理基础

1. 热辐射

物体受热激励了原子中的带电粒子,使一部分热能以电磁波的形式向空间传播,它不需要任何物质作为媒质(即在真空条件下也能传播),将热能传递给对方,这种能量的传播方式称为热辐射(简称辐射),传播的能量称为辐射能。辐射能量的大小与波长、温度有关,它们的关系被一系列辐射基本定律所描述,而辐射温度传感器就是以这些基本定律作为工作原理而实现辐射测温的。

2. 黑体

辐射基本定律,严格地讲,只适用于黑体。所谓黑体是指能对落在它上面的辐射能量全部吸收的物体。在自然界,绝对的黑体客观上是不存在的,铂黑炭素以及一些极其粗糙的氧化表面可近似为黑体。若以完全不透光的、温度均一的腔体(球体、柱形、锥形等),壁上开小孔,当孔径与球径(若是球形腔体)相比很小时,这个空腔上小孔就很接近于绝对黑体,这时从小孔入射的辐射能量几乎全部被吸收。

在某个给定温度下,对应不同波长的黑体辐射能量是不相同的,在不同温度下对应全波长(λ:0~∞)范围总的辐射能量也是不相同的。三者间的关系如图 2.5.1 所示,且满足下述各定律。

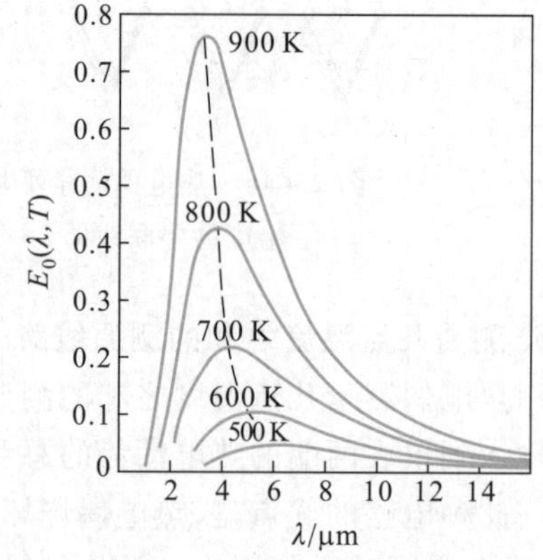

图 2.5.1 黑体辐射能量与波长、温度之间的关系

3. 辐射基本定律

(1) 普朗克定律

普朗克定律揭示了在各种不同温度下黑体辐射能量按波长分布的规律,其关系式为

$$E_0(\lambda,T)=\frac{C_1}{\lambda^5 e^{\frac{C_2}{\lambda T}}-1} \tag{2.5.1}$$

式中，$E_0(\lambda,T)$——黑体的单色辐射强度，定义为单位时间内，每单位面积上辐射出在波长 λ 附近单位波长的能量[$W/(cm^2 \cdot \mu m)$]；

T——黑体的绝对温度[K]；

C_1——第一辐射常数，$C_1=3.74\times10^4$[$W \cdot \mu m/cm^2$]；

C_2——第二辐射常数，$C_2=1.44\times10^4$[$\mu m \cdot K$]；

λ——波长[μm]。

(2) 斯忒藩-玻耳兹曼定律

斯忒藩-玻耳兹曼定律确定了黑体全辐射与温度的关系，即

$$E_0=\sigma T^4 \tag{2.5.2}$$

式中，σ——斯忒藩-玻耳兹曼常数，$\sigma=5.67\times10^{-8}$[$W/(m^2 \cdot K^4)$]。

此式表明，黑体的全辐射能是和它的绝对温度的四次方成正比，所以这一定律又称为四次方定律。工程上常见的材料，一般都遵循这一定律，并称之为灰体。

把灰体全辐射能 E 与同一温度下黑体全辐射能 E_0 相比较，就得到物体的另一个特征量 ε，

$$\varepsilon=\frac{E}{E_0} \tag{2.5.3}$$

式中，ε——黑度，它反映了物体接近黑体的程度。

2.5.2　辐射测温方法

辐射测温方法分为亮度法、辐射法和比色法。

亮度法是指被测对象投射到检测元件上，被限制在某一特定波长的光谱辐射能量，而能量的大小与被测对象温度之间的关系用普朗克公式所描述。即比较被测物体与参考源在同一波长下的光谱亮度，并使二者的亮度相等，从而确定被测物体的温度，典型测温传感器是光学高温计。

全辐射法是指被测对象投射到检测元件上，是对应全波长范围的辐射能量，而能量的大小与被测对象温度之间的关系是由斯忒藩-玻耳兹曼所描述。典型测温传感器是辐射温度计（热电堆）。

比色法是被测对象的两个不同波长的光谱辐射能量投射到一个检测元件上，或同时投射到两个检测元件上，根据它们的比值与被测对象温度之间的关系实现辐射测温的方法。比值与温度之间的关系由两个不同波长下普朗克公式之比表示。典型测温传感器是比色温度计。

1. 光学高温计

光学高温计主要由光学系统和电测系统两部分组成，其原理如图 2.5.2 所示。图2.5.2 上半部为光学系统。物镜 1 和目镜 4 都可沿轴向移动，调节目镜的位置，可清晰地看到灯泡

的灯丝3。调节物镜的位置,能使被测物体清晰地成像在灯丝平面上,以便比较二者的亮度。在目镜与观察孔之间置有红色滤光片5,测量时移入视场,使所利用光谱有效波长 λ 约为0.66 μm,以保证满足单色测温条件。图2.5.2下半部为电测系统。灯泡3和滑线电阻7、按钮开关S和电源 E 相串联。毫伏表6用来测量不同亮度时灯丝两端的电压降,但指示值则以温度刻度表示。调整滑线电阻7可以调整流过灯丝的电流,也就调整了灯丝的亮度。一定的电流对应灯丝一定的亮度,因而也就对应一定的温度。

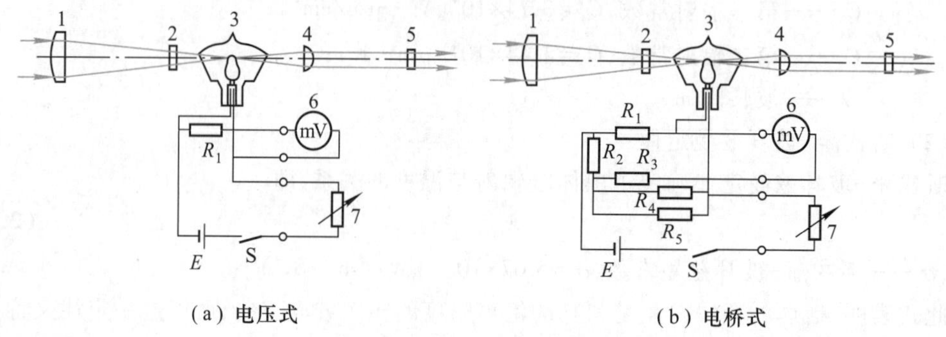

(a) 电压式　　(b) 电桥式

1—物镜;2—吸收玻璃;3—灯泡;4—目镜;5—红色滤光片;6—毫伏表;7—滑线电阻

图2.5.2 光学高温计原理

测量时,在辐射热源(被测物体)的发光背景上可以看到弧形灯丝,如图2.5.3所示。假如灯丝亮度比辐射热源亮度低,灯丝就在这个背景上显现出暗的弧线,如图2.5.3(a)所示;反之如灯丝的亮度高,则灯丝就在暗的背景上显示出亮的弧线,如图2.5.3(b)所示;假如两者的亮度一样,则灯丝就隐灭在热源的发光背景里,如图2.5.3(c)所示。这时由毫伏表6读出的指示值就是被测物体的亮度温度。

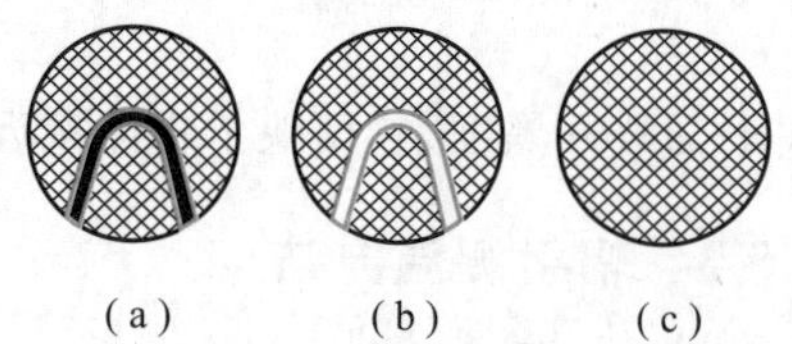

图2.5.3 有灯泡灯丝亮度调整图

2. 辐射温度计

辐射温度计的工作原理是基于四次方定律,图2.5.4为辐射温度计的工作原理。被测物体的辐射线由物镜聚焦在受热板上,受热板是一种人造黑体,通常为涂黑的铂片,当吸收辐射能以后温度升高,由连接在受热板上的热电偶或热电阻测定。通常被测物体是 $\varepsilon<1$ 的灰体,如果以黑体辐射作为基准标定刻度,那么知道了被测物体的 ε 值,即可根据式(2.5.2)、式(2.5.3)求得被测物体的温度。即由灰体辐射的总能量全部被黑体所吸收,这样它们的能量相等,但温度不同,即

$$\varepsilon\sigma T^4=\sigma T_0^4 \tag{2.5.4}$$

$$T=\frac{T_0}{\sqrt[4]{\varepsilon}} \tag{2.5.5}$$

式中,T——被测物体的温度;

T_0——传感器测得的温度。

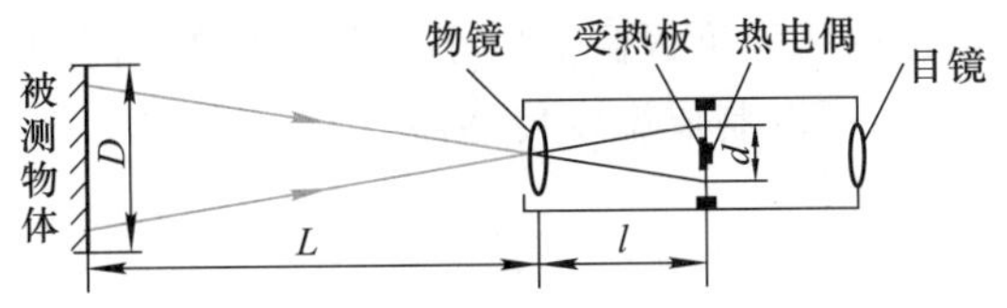

图 2.5.4　辐射温度计工作原理

3. 比色温度计

图 2.5.5 为光电高温比色温度计的工作原理图。被测对象经物镜 1 成像，经光栏 3 与光导棒 4 投射到分光镜 6 上，它使长波（红外线）辐射线透过、使短波（可见光）部分反射。透过分光镜的辐射线再经滤光片 9 将残余的短波滤去，尔后被红外光电元件硅光电池 10 接收，转换成电量输出；由分光镜反射的短波辐射线经滤波片 7 将长波滤去，而被可见光硅光电池 8 接收，转换成与波长亮度成函数关系的电量输出。将这两个电信号输入自动平衡显示记录仪进行比较得出光电信号比，即可读出被测对象的温度值。光栏 3 前的平行平面玻璃片 2 将一部分光线反射到瞄准反射镜 5 上，另一部分折射光线再经圆柱反射镜 11、目镜 12 和棱镜 13，便能从观察系统中看到被观测对象的状态，以便校准仪器的位置。

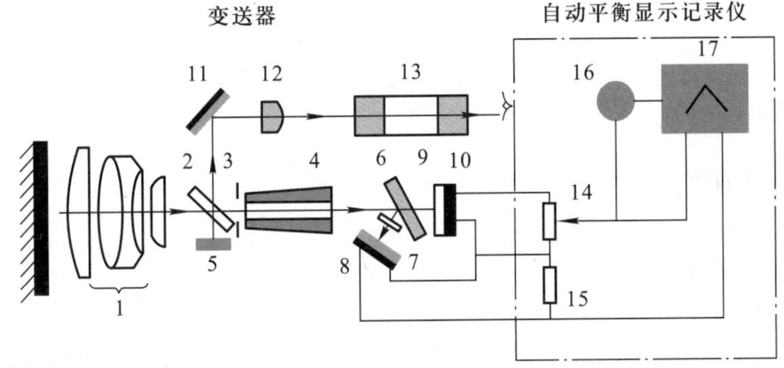

1—物镜；2—平行平面玻璃片；3—光栏；4—光导棒；5—瞄准反射镜；6—分光镜；7、9—滤光片；
8、10—硅光电池；11—圆柱反射镜；12—目镜；13—棱镜；14、15—负载电阻；16—可逆电动机；17—放大器

图 2.5.5　光电高温比色温度计的工作原理图

这种高温计属非接触测量，量程为 800~2 000 ℃，精度为 0.5%，响应速度由光电元件及二次仪表记录速度而定。其优点是测温准确度高，反应速度快，测量范围宽，可测目标小，测量温度更接近真实温度。环境的粉尘、水汽、烟雾等对测量结果的影响小，可用于冶金、水泥、玻璃等工业部门。

2.6　石英晶体测温传感器

在无线电通信、计算机等领域中，石英晶体广泛用于高稳定度的振荡器中，提供频率稳定度很高的振荡信号和时基信号（稳定度达 10^{-10}）。石英晶体振荡器的等效电路如图2.6.1 所示。由于回路 Q 值高达 2×10^{6}，用晶体构成的振荡器的振荡频率主要取决于晶体的固有

振荡频率,因此,晶体振荡器的稳定度极高。由于石英晶体的固有振荡频率随温度变化,利用石英晶体的这一温度特性,可以制成温度传感器。

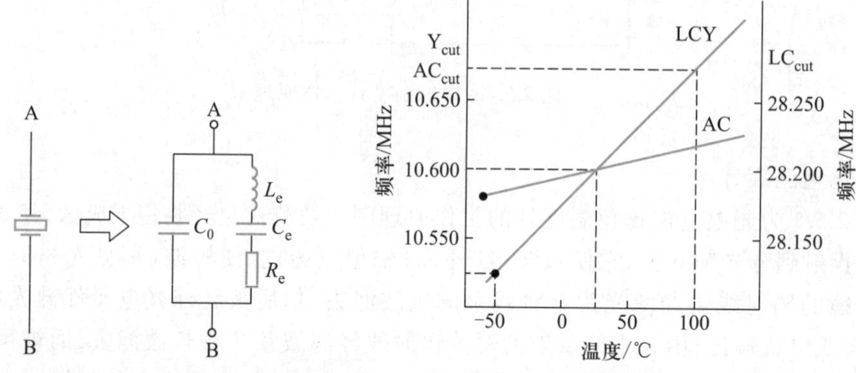

图 2.6.1 石英晶体振荡器的等效电路　　图 2.6.2 石英晶体的温度与频率关系

各种切型的石英晶体的频率-温度特性如图 2.6.2 所示,从图中可以看出, LCY 切型、AC 切型的石英晶体具有良好的频率-温度的线性关系。石英晶体的固有谐振频率与温度 T 的关系可以表达为

$$\frac{f_T-f_0}{f_0}=A(T-T_0)+B(T-T_0)^2+C(T-T_0)^3 \tag{2.6.1}$$

式中, f_T——T 时的频率;

f_0——T_0时的频率;

T——任意温度;

T_0——基准温度;

A、B、C——常数。

对于 LCY 切型石英晶体,其频率-温度灵敏度约为 1 000 Hz/K;AC 切型的灵敏度为 200~300 Hz/K。石英晶体的测量范围为-40~250 ℃,在此温度范围内,线性误差在±0.05 %以内。

图 2.6.3 是石英晶体数字温度计的原理框图。利用石英晶体固有振荡频率和温度的线性关系,把温度的变化转化为振荡频率的变化。由于振荡频率随温度变化相对于中心频率f_0较小,将测温振荡器的信号与频率稳定的基准振荡器混频后,取差频$f-f_0$进行计数,得到与温度成正比的计数值。

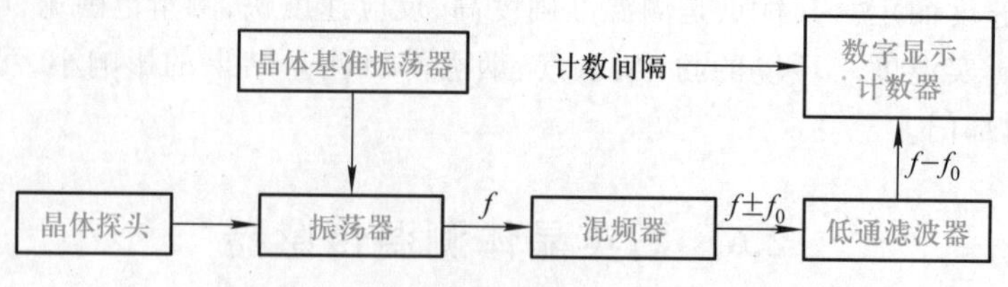

图 2.6.3 石英晶体数字温度计的原理框图

在市场上销售的产品中,基准振荡频率为 28.2 MHz,由于频率温度系数为3.54×10^{-5}/℃,

每变化 1 ℃的温度引起的频率变化为

$$\Delta f = 28.2\times10^{6}\times35.4\times10^{-6}\ \text{Hz}\approx1\ 000\ \text{Hz} \tag{2.6.2}$$

若 0.1 s 计数一次，则 100 个计数脉冲代表 1 ℃，温度分辨率可达到 0.01 ℃；若以 1 s 为计数间隔，则分辨率可达 0.001 ℃；不过这种方案要求基准振荡器的频率稳定度很高。这种数字温度计的精度可做到 0.02 ℃，其线性度比铂电阻高 10 倍左右。

2.7 光纤温度传感器

光导纤维简称光纤，将光纤引入传输“网络”，是对传统的以铜导线为载体传送电信号的巨大冲击，它将以高速、高可靠性传送大量信息。它具有不受电磁干扰、绝缘性好、安全防爆、损耗低、传输频带宽、容量大、直径细、重量轻、可绕曲和耐腐蚀等优点，因此很快地被应用到信号检测领域。特别是经特殊设计、制造及处理的特殊光纤，其一些参数可随外界某些因素而变，因而这些光纤又具有了敏感元件的功能。这样光纤的应用又开拓了一个新的领域——光纤传感器。

2.7.1 光纤传感原理

1. 光纤结构

目前采用最多的光纤为玻璃光纤，其结构如图 2.7.1 所示，它由导光的纤芯及其周围的包层组成，包层的外面常有塑料或橡胶等保护套。包层的折射率 n_2 略小于纤芯折射率 n_1，它们的相对折射率差 Δ

$$\Delta = 1-\frac{n_2}{n_1} \tag{2.7.1}$$

通常 Δ 为 0.005~0.14，这样的构造可以保证入射到光纤内的光波集中在芯内传播。

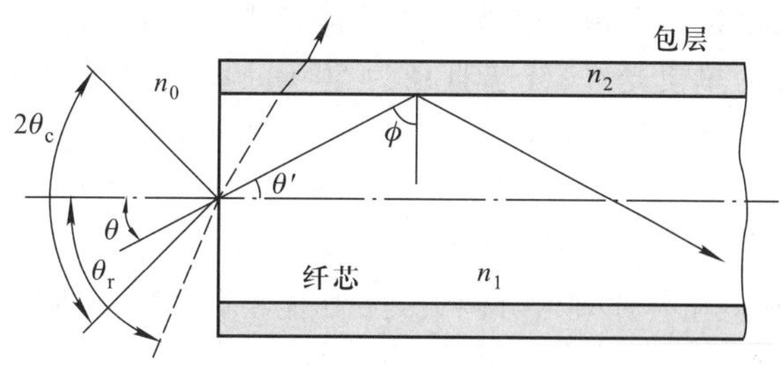

图 2.7.1 玻璃光纤的基本结构示意图

2. 工作原理

光纤工作的基础是光的全反射。当光线射入一个端面并与圆柱的轴线成 θ 角时，根据折射定律，在光纤内折射成 θ' 角，然后以 ϕ 角入射至纤芯与包层的界面。当 ϕ 角大于纤芯与包层间的临界角 ϕ_c 时

$$\phi \geqslant \phi_c = \arcsin\left(\frac{n_2}{n_1}\right) \tag{2.7.2}$$

则射入的光线在光纤的界面上产生全反射,并在光纤内部以同样的角度反复逐次反射,直至传播到另一端面。工作时需要光纤弯曲,只要仍满足全反射定律,光线仍继续前进,可见这里的光线“转弯”实际上是由很多直线的全反射所组成。

当端面入射的光满足全反射条件时,入射角 θ 为

$$n_0 \sin\theta_c = n_1 \sin\theta' = n_1 \sin\left(\frac{\pi}{2} - \phi_c\right) = n_1 \cos\phi_c \tag{2.7.3}$$

由式(2.7.2)和式(2.7.3)可得

$$n_0 \sin\theta_c = n_1\left(1 - \frac{n_2^2}{n_1^2}\right)^{\frac{1}{2}} = (n_1^2 - n_2^2)^{\frac{1}{2}} \tag{2.7.4}$$

式中,n_0——光纤所处环境的折射率,一般为空气,则 $n_0=1$,便得

$$\sin\theta_c = (n_1^2 - n_2^2)^{\frac{1}{2}} \tag{2.7.5}$$

$n_0 \sin\theta_c$——光纤的数值孔径,用 *NA* 表示。

在一般技术条件中,该值常以光锥角表示。即使用时应使入射光处于 $2\theta_c$ 的光锥角内,光纤才能理想地导光。图 2.7.1 中虚线表示的入射角 θ_r 过大,经折射后不能满足式(2.7.4)的要求,这些光线便从包层中逸出而产生漏光。所以 *NA* 是光纤的一个重要参数,在传感器使用光纤中希望 *NA* 值大些,这有利于提高耦合效率。在满足全反射条件时,界面的损耗很小,反射率可达 0.999 5。

3. 分类

光纤按传输光的模式分为单模和多模两类。光可分解为沿轴向和径向传播的平面波。沿径向传播的平面波在纤芯和包层的界面上产生反射。如此波在一个往复(入射和反射)中相位变化为 2π 的整数倍时,就形成驻波。只有驻波并在 $2\theta_c$ 光锥内射入光纤的光才能在光纤中传播,一种驻波就是一个模。在光纤中只能传播一定量的模。如纤芯直径为 5 μm 时只能传播一个模,称为单模光纤;纤芯直径为 50 mm 以上时,能传播数百个模称为多模光纤。

2.7.2 光纤温度传感器类型

光纤温度传感器按其工作原理可分两大类:功能型和非功能型。

1. 功能型

功能型也称物性型或传感型,光纤在这类传感器中不仅作为光传播的波导而且具有测量的功能。它是利用某种参数随温度变化的特性作为传感器的主体,即将其作为敏感元件进行测温。

图 2.7.2 给出了三种应用光纤制作温度计的原理图。图 2.7.2(a)为利用光的振幅变化的传感器,它的结构简单,如果光纤的芯径与折射率随周围温度变化,就会因线路不均匀的形成而使传输光散射到光纤外,从而使光的振幅发生变化,但灵敏度较差。

图 2.7.2(b)是利用光的偏振面旋转的传感器。在现有的单模光纤中,压力、温度等周围

环境的微小变化均可使光的偏振面发生旋转,偏振面的旋转用光的检测元件能比较容易地变成振幅的变化,这种传感器灵敏度高,但抗干扰能力较差。

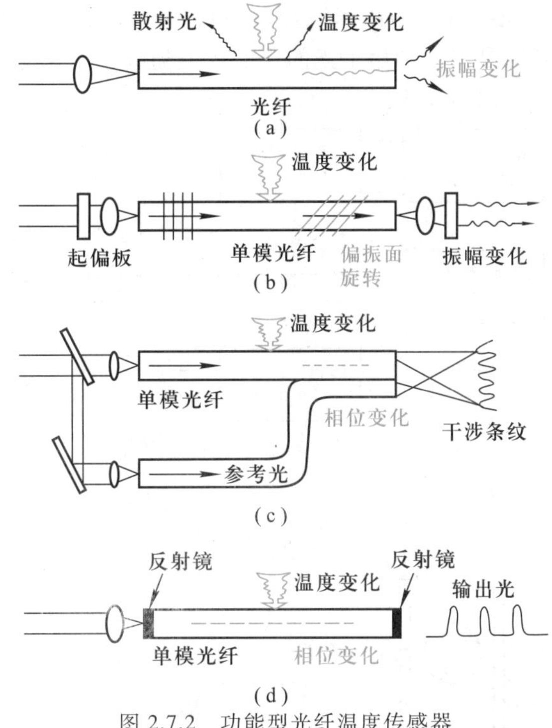

图 2.7.2 功能型光纤温度传感器

图 2.7.2(c)和图 2.7.2(d)则是利用光的相位变化的光纤温度传感器,图 2.7.3 是这种传感器原理框图。显然,这个传感器的构造复杂,从原理上讲,这个传感器应用了收到的相位发生变化的光与参考光相干涉以形成移动的干涉条纹原理。或是应用当相位变化到满足谐振条件时,输出光出现峰值的原理。

目前,功能型光纤温度传感器还处于进一步开发阶段,其应用将更加广泛。

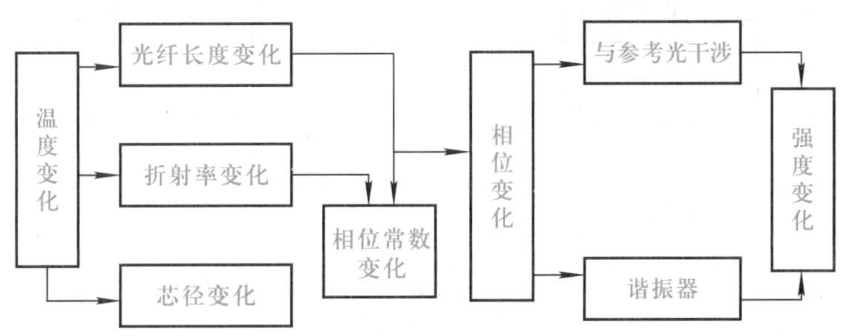

图 2.7.3 利用光相位变化的光纤温度传感器原理框图

2. 非功能型

非功能型也称结构型或传光型,光纤在这类传感器中只是作为传输光的媒质,还需要加上其他的敏感元件才能构成传感器。它的结构比较简单并能充分利用光电元件和光纤本身的特点，因此很受欢迎。

图 2.7.4 是非功能型温度传感器原理图，图 2.7.5 是一个光纤端面上配置液晶芯片的光纤温度传感器，将三种液晶以适当的比例混合，在 10～45 ℃之间，颜色从绿到红，这种传感器之所以能用来检测温度，是因为利用了光的反射系数随颜色变化的原理，传输光纤中光纤的光通量要比较大，通常采用多模光纤。

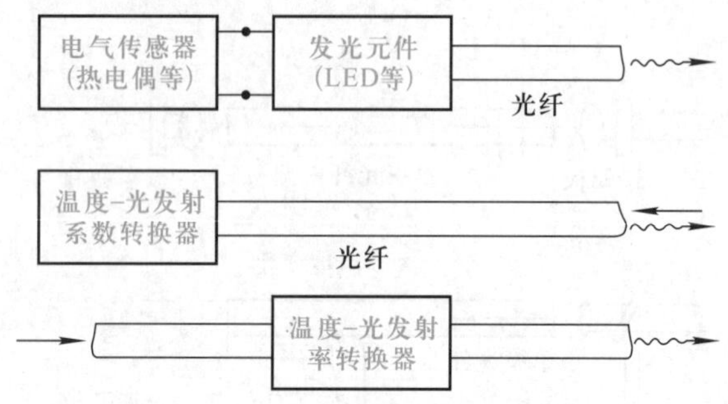

图 2.7.4 非功能型温度传感器原理图

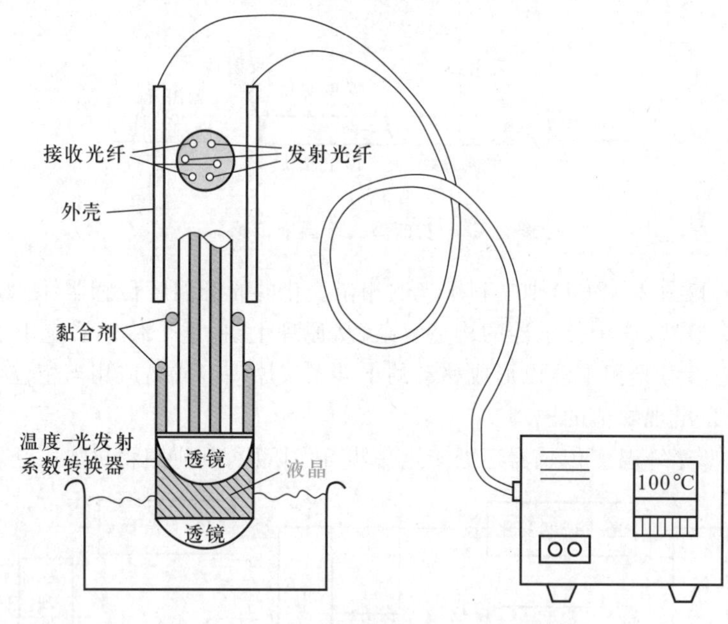

图 2.7.5 利用液晶的光纤温度传感器

2.8 集成数字温度传感器

前面我们已经学习了几种测温传感器，最近几年出现了深受人们欢迎的集成温度传感器。集成温度传感器是利用晶体管 PN 结的电流、电压特性与温度的关系，把敏感元件、放大电路和补偿电路等部分集成化，并把它们封装在同一壳体里的一种一体化温度检测元件。它除了与半导体热敏电阻一样有体积小、反应快的优点外，还具有线性好、性能高、价格低、抗干扰能力强等特点，虽然由于 PN 结受耐热性能和特性范围的限制，只能用来测 150 ℃以下的温度，但在许多领域得到广泛应用。

2.8.1　集成温度传感器工作原理及分类

1. 工作原理

集成电路温度传感器是将作为感温器件的温敏晶体管（一般为差分对晶体管）及其外围电路集成在同一芯片上的集成化 PN 结温度传感器。这种传感器线性好、精度高、互换性好，并且体积小、使用方便，其工作温度范围一般为 -50～+150 ℃。集成电路温度传感器的感温元件采用差分对晶体管，它产生与绝对温度成正比的电压和电流，这部分常称为 PTAT（proportional to absolute temperature）。图2.8.1是典型的感温部分电路，其输出电压为

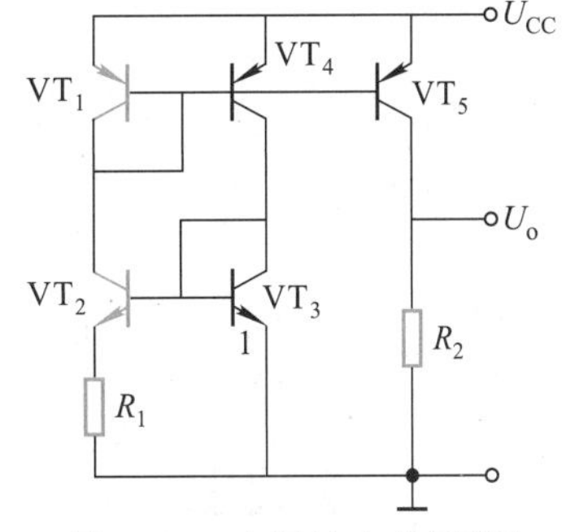

图 2.8.1　电压输出的 PTAT

$$U_o = \frac{R_2}{R_1}\left(\frac{KT}{q}\right)\ln n \tag{2.8.1}$$

式中，n——VT_1 和 VT_2 的发射结面积比。

只要 $\frac{R_2}{R_1}$ 为常数，则输出电压 U_o 与绝对温度 T 成正比。输出电压的温度灵敏度由电阻比 $\frac{R_2}{R_1}$ 和面积比 n 决定。

2. 分类

集成电路温度传感器按其输出可分为电压型、电流型和数字输出型。典型的电压型集成电路温度传感器有 μPC616A/C、LM135、AN6701 等；典型的电流型集成电路温度传感器有 AD590、LM134；典型的数字输出型传感器有 DS1B820、ETC-800 等。

2.8.2　电压型集成温度传感器 μPC616A/C

最早研制的电压输出型温度传感器是四端传感器，μPC616A/C 为四端电压输出型。其框图如图 2.8.2 所示。它由 PTAT 核心电路、参考电压源和运算放大器三部分组成，其四个端子分别为 U_+、U_-、输入和输出。该类型传感器的最大工作温度范围是 -40～125 ℃，灵敏度是 10 mV/K，线性偏差为 0.5%～2%，长期稳定性和重复性为 0.3%，精度为±4 K。

基本应用电路如图 2.8.3 所示。图 2.8.3(a)、(b)分别给出了使用正电源和负电源的接法。由于输入端和输出端短接，作为三端器件，传感器在 U_+ 端和输出端之间给出正比于绝对温度的电压输出 U_0，其温度灵敏度是 10 mV/K。在内部参考电压的钳位作用下，U_+ 和 U_- 端之间的电压保持为 6.85 V，传感器实际上是一个电压源，所以传感器必须和一个电阻 R_1 串联，而所加电压 U_{CC} 要大于 6.85 V，常取±15 V。传感器电路电流通常选在 1 mA 左右，因此 R_1 值可由下式确定

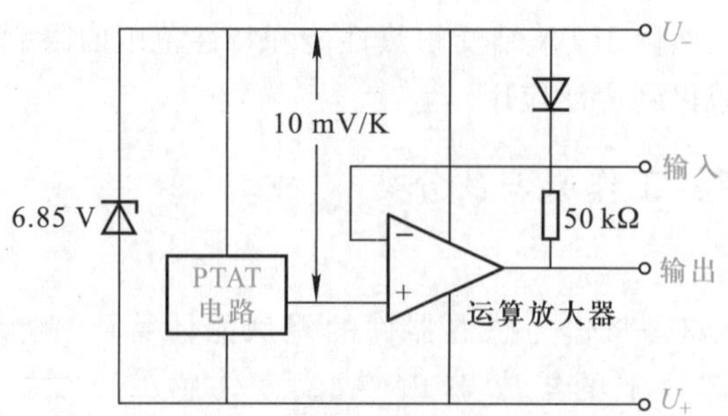

图 2.8.2　四端电压输出型传感器框图

$$R_1(\mathrm{k\Omega})=\frac{U_{\mathrm{CC}}(\mathrm{V})-6.85(\mathrm{V})}{1\ \mathrm{mA}} \tag{2.8.2}$$

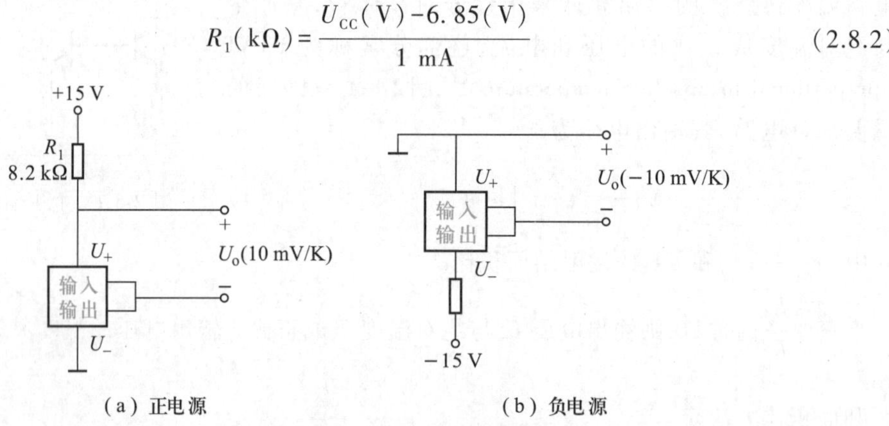

（a）正电源　　（b）负电源

图 2.8.3　基本应用电路

图 2.8.4 给出了用输出电压直接表示摄氏温度的检测电路。图 2.8.4(a)、(b)两种电路都是把传感器本身的参考电压分压，取出 2.93 V 作为偏置电压，使输出电平移动-2.93 V，即使其在 273 K 时，输出为零。于是补偿后的输出 U_0将直接指示摄氏温度，而不再是绝对

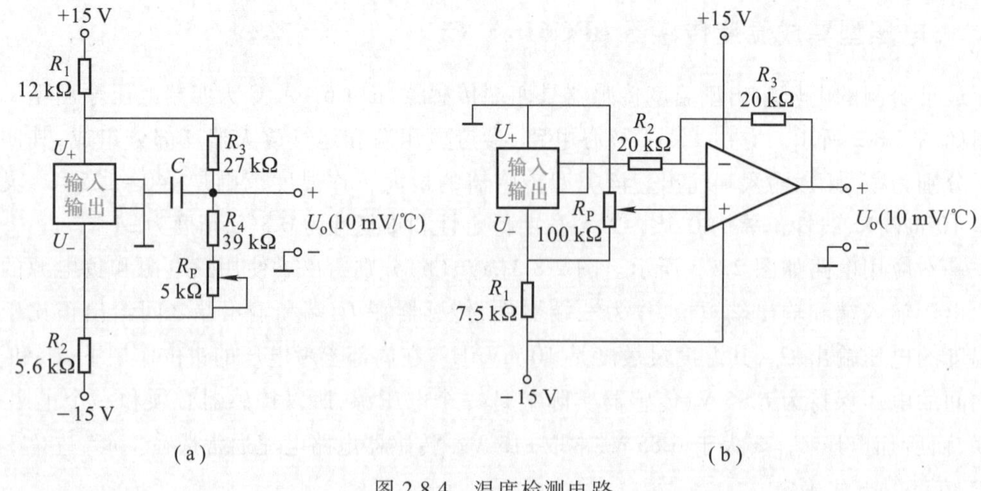

（a）　　（b）

图 2.8.4　温度检测电路

温度。输出电压的灵敏度为 10 mV/℃,而且输出是对地而言的。图 2.8.4(b)中的放大器采用通用型运算放大器,若要求精度高,可使用高精度运算放大器。外部定标可在任何已知温度下进行,0 ℃或 25 ℃,只要调节电位器 R_P,使输出为 0 mV 或 250 mV 即可。

2.8.3　电流型集成温度传感器 AD590

1. 性能特点

电流输出型集成电路温度传感器是继电压输出型传感器之后发展的一种新型传感器,其典型代表是 AD590。这种传感器以电流作为输出量指示温度,其典型的电流温度灵敏度是 1 μA/K。它共有 3 个引脚,如图 2.8.5 所示。实际使用只用两个,另一个用来接外壳用作屏蔽,一般不接。该器件使用非常方便。作为一种高阻电流源,它没有电压输出型传感器那种遥测或遥控使用的长馈线上的电压信号损失和噪声干扰问题,故特别适合远距离测量或控制。同理,AD590 也特别适用于多点温度测量系统,而不必考虑选择开关或 CMOS 多路转换器所引入的附加电阻造成的误差。由于电路结构独特,并利用薄膜电阻激光微调技术做最后定标,故电流输出型比电压输出型精度更高。另外,电流输出可通过一个外加电阻很容易地变为电压输出。

AD590 有如下特点:

① 线性电流输出:1 μA/K。

② 工作温度范围:-55~155 ℃。

③ 两端器件:电压输入,电流输出。

④ 激光微调使定标精度达±0.5 ℃。

⑤ 整个工作温度范围内非线性误差小于±0.5 ℃。

⑥ 工作电压范围:4~30 V。

⑦ 器件本身与外壳绝缘。

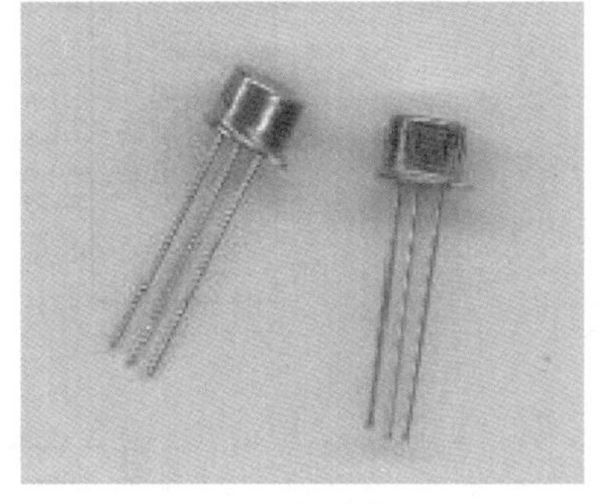

图 2.8.5　AD590 外观图

2. 简单应用

(1) 温度测量

图 2.8.6 是应用 AD590 测量绝对温度的最简单的例子,如果 $R=1\ \text{k}\Omega$,则每毫伏对应 1 kΩ。

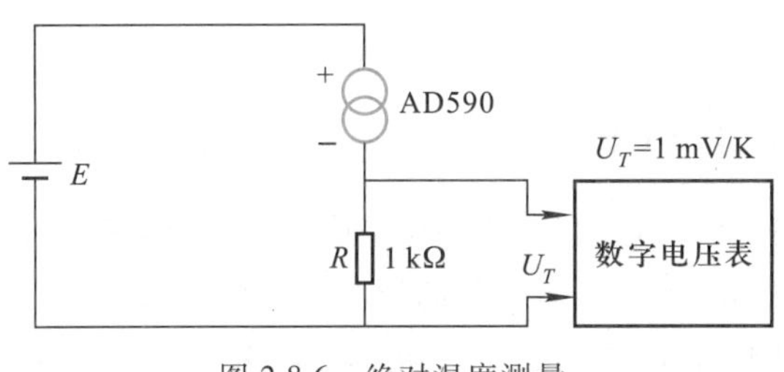

图 2.8.6　绝对温度测量

(2) 温差测量

图 2.8.7 是应用 AD590 测量温差最简单的例子。该例中利用两个 AD590 组成温差测

量电路。两个 AD590 分别处于两个被检测点,其温度为 T_1、T_2,由图得

$$I=I_{T1}-I_{T2}=k_t(T_1-T_2) \tag{2.8.3}$$

这里假设两个 AD590 有相同的标度因子 k_t。运算放大器的输出电压 U_O 为

$$U_O=IR_3=k_tR_3(T_1-T_2) \tag{2.8.4}$$

可见,整个电路的标度因子 $F=k_tR_3$ 的值取决于 R_3,$R_3=F/k_t$。尽管电路要求感温器件具有相同的 k,但总有差异,电路中引入电位器 R_P,通过隔离电阻 R_1 注入一个校正电流 ΔI,以获得平稳的零位误差。

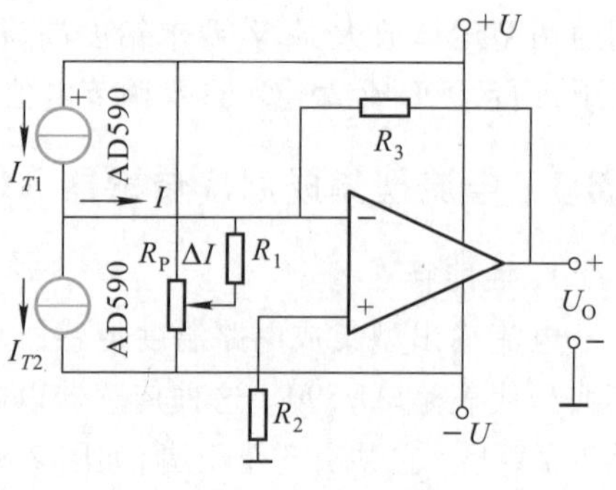

图 2.8.7 温差测量

(3) 多点温度测量

图 2.8.8 是应用 AD590 进行多点温度检测电路原理图。显然,AD590 被接成矩阵方式,这个电路很容易与计算机配合而形成多点自动巡回检测系统,因为 AD590 输出为电流,所以 CMOS 模拟开关的电阻对测量准确度几乎没有影响。

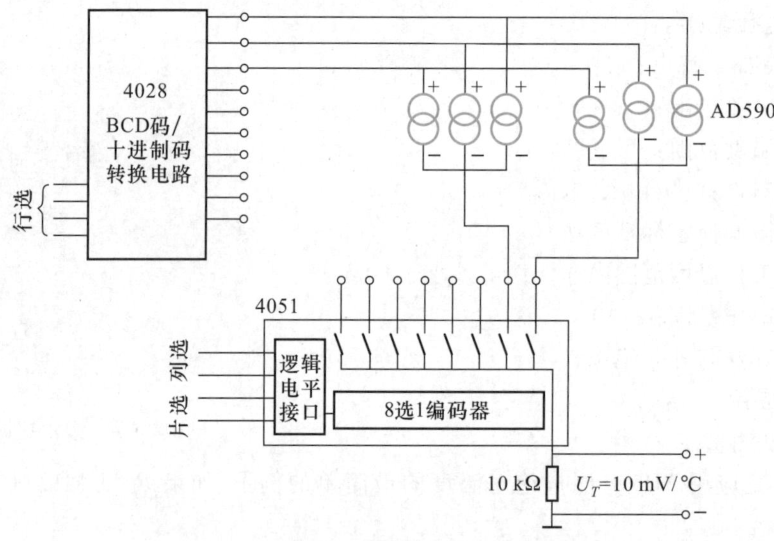

图 2.8.8 应用 AD590 进行多点温度检测

2.8.4 数字输出型传感器 DS18B20

美国 DALLAS 公司近年来推出了以 DS18B20 为代表的系列集成温度传感器,其器件的管芯内集成了温敏元件、数据转换芯片、存储器芯片和计算机接口芯片等多功能模块。该器件可直接输出二进制温敏信号,并通过串行输出方式与单片机通信。用其组成的测温系统其稳定性、可靠性、维护工作量和工程造价等一系列指标都具有明显的优势。

1. DS18B20 的主要特性

① 适应电压范围 3.0~5.5 V,在寄生电源方式下可由数据线供电。

② 独特的单线接口方式，DS18B20 在与微处理器连接时，仅需要一根口线即可实现微处理器与 DS18B20 的双向通信。

③ DS18B20 支持多点组网功能，多个 DS18B20 可以并联在唯一的三线上，实现组网多点测温。

④ DS18B20 在使用中，不需要任何外围元件，全部传感元件及转换电路集成在形如一只晶体管的集成电路内。

⑤ 测温范围-55～+125 ℃，在-10～+85 ℃时精度为±0.5 ℃。

⑥ 可编程的分辨率为 9～12 位，对应的可分辨温度分别为 0.5 ℃、0.25 ℃、0.125 ℃和 0.0625 ℃，可实现高精度测温。

⑦ 在 9 位分辨率时，最多在 93.75 ms 内把温度转换为数字；12 位分辨率时，最多在 750 ms 内把温度值转换为数字，可见，设定分辨率越高，所需要的温度数据转换时间就越长。

⑧ 测量结果直接输出数字温度信号，以“一线总线”串行传送给 CPU，同时可传送 CRC 校验码，具有极强的抗干扰纠错能力。

⑨ 负压特性，电源极性接反时，芯片不会因发热而烧毁，但不能正常工作。

2. DS18B20 的结构

DS18B20 只有 3 个外部引脚，其引脚排列如图 2.8.9 所示。其中 V_{DD}和 GND 为电源引脚，另一根 DQ 线则用作I/O 总线，因此称为一线式数据总线。与单片机接口的每个I/O 口可挂接多个 DS18B20 器件。供电方式包括数据总线供电（又称寄生供电）和外部电源供电两种模式，测量速度较快。

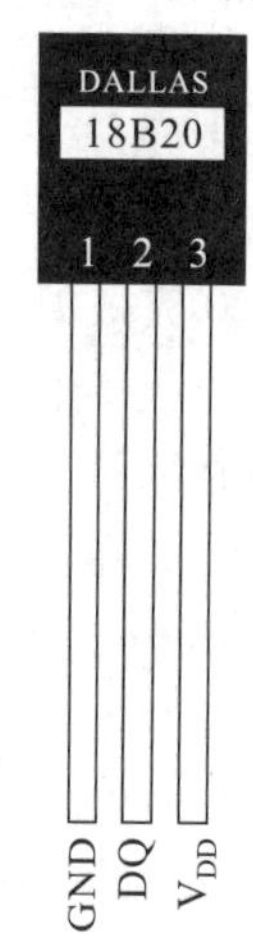

图 2.8.9 DS18B20 的引脚排列

DS18B20 内部结构主要由四部分组成：64 位光刻 ROM、温度传感器、非挥发的温度报警触发器 TH 和 TL、配置寄存器，DS18B20 结构如图 2.8.10 所示。

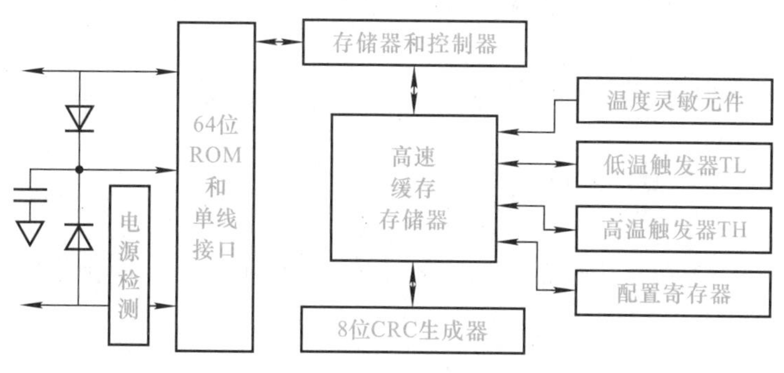

图 2.8.10 DS18B20 结构

ROM 中的 64 位序列号是出厂前被光刻好的，它可以看作是该 DS18B20 的地址序列码，64 位光刻 ROM 的排列是：开始 8 位（28H）是产品类型标号，接着的 48 位是该 DS18B20 自身的序列号,最后 8 位是前面 56 位的循环冗余校验码。光刻 ROM 的作用是使每一个 DS18B20 都各不相同,这样就可以实现一根总线上挂接多个 DS18B20 的目的。

DS18B20 中的温度传感器可完成对温度的测量。以 12 位转化为例,用 12 位符号扩展的二进制补码读数形式提供,以 0.0625 ℃/LSB 形式表达,二进制中的前面 5 位是符号位,如果测得的温度大于 0 ℃,这 5 位为 0,只要将测到的数值乘以 0.0625 即可得到实际温度;如果温度小于 0 ℃,这 5 位为 1,测到的数值需要取反加 1 再乘以 0.0625 即可得到实际温度。例如+125 ℃的数字输出为 07D0H,+25.0625 ℃的数字输出为 0191H,-25.0625 ℃的数字输出为 FE6FH,-55 ℃的数字输出为 FC90H。

DS18B20 温度传感器的内部存储器包括一个高速暂存 RAM 和一个非易失性的可电擦除的 E^2PRAM,后者存放高温度和低温度触发器 TH、TL 和结构寄存器。暂存存储器包含了 8 个连续字节,前 2 个字节是测得的温度信息,第 1 个字节的内容是温度的低 8 位,第 2 个字节是温度的高 8 位,第 3 个和第 4 个字节是 TH、TL 的易失性拷贝,第 5 个字节是结构寄存器的易失性拷贝,这 3 个字节的内容在每一次上电复位时被刷新,第 6、7、8 个字节用于内部计算,第 9 个字节是冗余检验字节。

DS18B20 完成温度转换后,就把测得的温度值与 TH、TL 做比较。若 T>TH 或 T<TL,则将该器件内的报警标志置位,并对主机发出的报警搜索命令作出响应。因此,可用多个 DS18B20 同时测量温度并进行报警搜索,一旦某测温点越限,主机利用报警搜索命令即可识别正在报警的器件,并读出其序号,而不必考虑非报警器件。

3. DS18B20 工作原理

DS18B20 测温原理如图 2.8.11 所示。图中,低温度系数晶体振荡器的振荡频率受温度影响很小,用于产生固定频率的脉冲信号送给计数器 1;高温度系数晶体振荡器随温度变化,其振荡频率明显改变,所产生的信号作为计数器 2 的脉冲输入。计数器 1 和温度寄存器被预置在-55 ℃所对应的一个基数值。计数器 1 对低温度系数晶体振荡器产生的脉冲信号进行减法计数,当计数器 1 的预置值减到 0 时,温度寄存器的值将加 1,计数器 1 的预置将重新被装入,计数器 1 重新开始对低温度系数晶体振荡器产生的脉冲信号进行计数,如此循环,直到计数器 2 计数到 0 时,停止温度寄存器值的累加,此时温度寄存器中的数值即为所测温度。

被测温度 T_x 同时调制低温度系数晶体振荡器和高温度系数晶体振荡器,其输出周期分别为

$$\tau_1=f_1(T_x) \tag{2.8.5}$$

$$\tau_2=f_2(T_x) \tag{2.8.6}$$

式(2.8.5)和式(2.8.6)表明 T_x 分别与 τ_1 和 τ_2 单值对应,为了简化分析,假设

$$\tau_1=k_1(1+\alpha_1 T_x)T_x \tag{2.8.7}$$

$$\tau_2=k_2(1+\alpha_2 T_x)T_x \tag{2.8.8}$$

式中,k_1、k_2——常数;

α_1——低温度系数;

α_2——高温度系数。

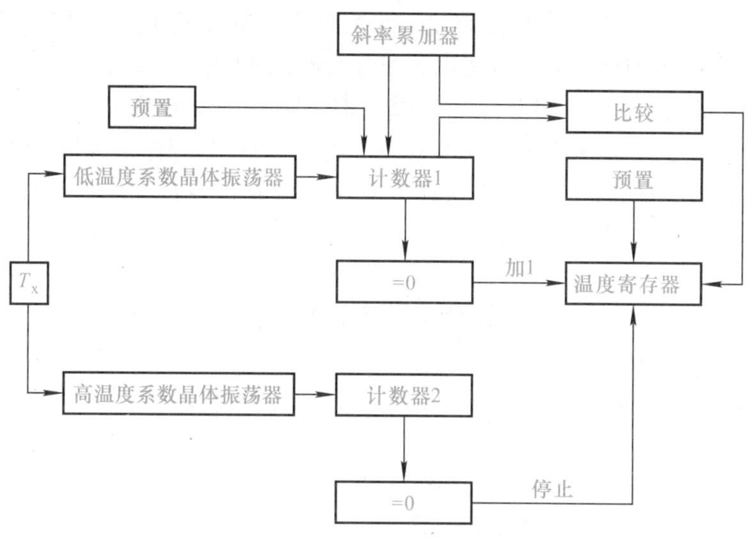

图 2.8.11　DS18B20 测温原理

当式(2.8.7)、式(2.8.8)中 $\alpha_1 T_x<<1$ 和 $\alpha_2 T_x>>1$ 时,可简化为

$$\tau_1=k_1 T_x \tag{2.8.9}$$

$$\tau_2=k_2(\alpha_2 T_x)T_x \tag{2.8.10}$$

如让计数器 1 被预置在与−55 ℃(温度量程下限)相应的某个基数值 m,τ_1 在计数器 1 中从 0 开始被计数,当计满至 m 时,计数器 1 自动复零并产生溢出脉冲,其周期将为

$$\tau_x=m\ \tau_1=mk_1 T_x \tag{2.8.11}$$

现以 τ_2 作为 τ_x 的门控信号,在开门时限内,如果计数器 1 有溢出脉冲输出,表示高于−55 ℃,被预置在−55 ℃的温度寄存器的值就增加 1 ℃,然后重复这个过程,直到计数器 2 的门控信号关门为止,于是,温度寄存器中的内容将为

$$N_x=\frac{\tau_2}{\tau_x}=\frac{k_2\alpha_2 T_x^2}{mk_1 T_x}=kT_x \tag{2.8.12}$$

式中,$k=\dfrac{k_2\alpha_2}{k_1 m}$为常数,温度转换值 N_x 将存放到便笺存储器(字节 0 和字节 1)中,再由主机通过发存储器命令读出,用斜率累加器可适当补偿由于温度转换振荡器而产生的非线性误差。

4. DS18B20 使用中的注意事项

① 较小的硬件开销需要相对复杂的软件进行补偿,由于 DS18B20 与微处理器间采用串行数据传送,因此,在对 DS18B20 进行读/写编程时,必须严格地保证读/写时序,否则将无法读取测温结果。在使用 VC 等高级语言进行系统程序设计时,对 DS18B20 操作部分仍要采用汇编语言实现。

② 连接 DS18B20 的总线电缆是有长度限制的。试验中,当采用普通信号电缆传输长度超过 50 m 时,读取的测温数据将发生错误;当将总线电缆改为双绞线带屏蔽电缆时,正常通信距离可达 150 m;当采用每米绞合次数更多的双绞线带屏蔽电缆时,正常通信距离进一步

加长，这种情况主要是由总线分布电容使信号波形产生畸变造成的。因此，在用 DS18B20 进行长距离测温系统设计时，要充分考虑总线分布电容和阻抗匹配问题。

③ 在 DS18B20 测温程序设计中，向 DS18B20 发出温度转换命令后，程序总要等待 DS18B20 的返回信号，一旦某个 DS18B20 接触不好或断线，当程序读到该 DS18B20 时，将没有返回信号，程序进入死循环，这一点在进行 DS18B20 硬件连接和软件设计时也要给予一定的重视。

思考题与习题二

1. 试比较热电偶测温与热电阻测温有什么不同。(可从原理、系统组成和应用场合三方面来考虑。)

2. 将一灵敏度为 0.08 mV/℃的热电偶与电压表相连接，电压表接线端是 50 ℃，若电压表上读数是 60 mV，热电偶的热端温度是多少？

3. 标准电极定律与中间导体定律的内在联系如何？标准电极定律的实用价值如何？

4. 当一个热电阻温度计所处的温度为 20 ℃时，电阻是 100 Ω。当温度是 25 ℃时，它的电阻是 101.5 Ω。假设温度与电阻间的变换关系为线性关系。试计算当温度计分别处在 -100 ℃和+150 ℃时的电阻值。

5. 为什么热电偶的参比端在实用中很重要？对参比端温度处理有哪些方法？

6. 有一光纤，其纤芯折射率为 1.56，包层折射率为 1.24，则其数值孔径 NA 为多少？

7. 热辐射温度计的测温特点是什么？

8. 欲测量变化迅速的 200 ℃的温度应选择何种传感器？测量 2 000 ℃的高温又应选择何种传感器？

9. 已知一个 AD 590 两端集成温度传感器的灵敏度为 1 μA/℃，并且当温度为 25 ℃时，输出电流为 298.2 μA/℃。若将该传感器按习题图 2.1 接入电路，问：当温度分别为 -30 ℃和+120 ℃时，电压表的读数为多少？(注：不考虑非线性误差。)

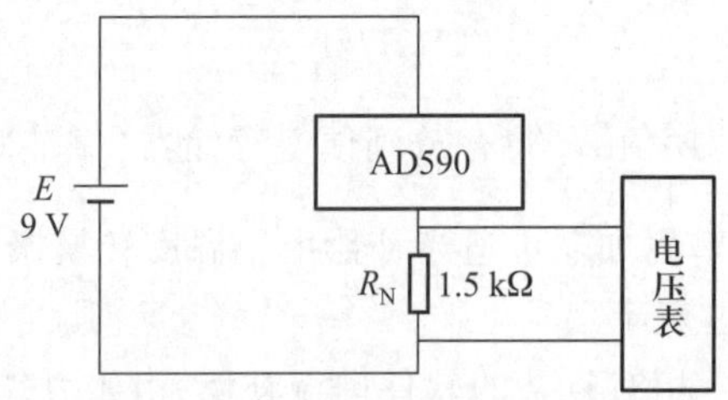

习题图 2.1 用 AD590 测温原理简图

第3章 压力检测

在测量上所称的“压力”就是物理学中的“压强”，它是反映物质状态的一个很重要的参数。在压力测量中，常有表压、绝对压力、负压或真空度之分。工业上所用的压力指示值多数为表压，即压力表的指示值。它是绝对压力和大气压力之差，所以绝对压力为表压和大气压之和。如果被测压力低于大气压，称为负压或真空度。

压力在工业自动化生产过程中是重要工艺参数之一。因此，正确地测量和控制压力是保证生产过程良好运行、达到优质高产、低消耗和安全生产的重要环节。本章在简单介绍压力的概念及单位的基础上，重点介绍应变式压力计、薄膜应变片、压电式压力传感器、电容式压力传感器、霍尔式压力计、电子秤和集成压敏传感器等的测量原理及测压方法。

3.1 压力的概念及单位

压力是垂直地作用在单位面积上的力。它的大小由受力面积和垂直作用力的大小两个因素决定。其表达式为

$$p=\frac{F}{A} \tag{3.1.1}$$

式中，p——压力；

F——作用力；

A——作用面积。

国际单位制（SI）中定义压力的单位是：1 N 的力垂直作用在 1 m^2面积上所形成的压力，称为 1 个“帕斯卡”，简称为“帕”，单位符号为 Pa。

目前，工程技术界广泛使用很多其他压力单位，考虑到目前尚难完全统一，有必要了解现在通用的非法定压力计量单位，主要有下列几种。

1. 工程大气压

单位符号为 at，是工业上目前常用的单位，即 1 kg 力垂直作用在 1 cm^2面积上所产生的压力。

2. 标准大气压

单位符号为 atm，是指在纬度 45°的海平面上，0 ℃时的平均大气压力。

工程大气压和标准大气压两个名词中虽有“大气压”三个字，但并不受气象条件影响，而是作为计量单位使用的恒定值。

3. 约定毫米汞柱

单位符号为mmHg,即在标准重力加速度下,0 ℃时1 mm高的水银柱在1 cm^2的底面上所产生的压力。

4. 约定毫米水柱

单位符号为mmH_2O,即在标准重力加速度下,4 ℃时1 mm高的水柱在1 cm^2的底面上所产生的压力。常用的几种压力单位与帕斯卡之间的换算关系如表3.1.1所示。

表3.1.1　压力单位换算

单位	帕/Pa	巴/bar	毫巴/mbar	约定毫米水柱/mmH_2O	标准大气压/atm	工程大气压/at	约定毫米汞柱/mmHg	磅力/英寸^2/(lbf/in^2)
帕/Pa	1	1×10^{-5}	1×10^{-2}	$1.019\ 716\times10^{-1}$	$0.986\ 923\ 6\times10^{-5}$	$1.019\ 716\times10^{-5}$	$0.750\ 06\times10^{-2}$	$1.450\ 442\times10^{-4}$
巴/bar	1×10^{5}	1	$\times10^{3}$	$1.019\ 716\times10^{4}$	0.986 923 6	1.019 716	$0.750\ 06\times10^{3}$	$1.450\ 442\times10$
毫巴/mbar	1×10^{2}	1×10^{-3}	1	$1.019\ 716\times10$	$0.986\ 923\ 6\times10^{-3}$	$1.019\ 716\times10^{-3}$	0.350 06	$1.450\ 442\times10^{-2}$
约定毫米水柱/mmH_2O	$0.980\ 665\times10$	$0.980\ 665\times10^{-4}$	$0.980\ 665\times10^{-1}$	1	$0.967\ 8\times10^{-4}$	1×10^{-4}	$0.735\ 56\times10^{-1}$	$1.422\ 1\times10^{-3}$
标准大气压/atm	$1.013\ 25\times10^{5}$	1.013 25	$1.013\ 25\times10^{3}$	$1.033\ 227\times10^{4}$	1	1.033 2	0.76×10^{3}	$1.469\ 6\times10$
工程大气压/at	$0.980\ 665\times10^{5}$	0.980 665	$0.980\ 665\times10^{3}$	1×10^{4}	0.967 8	1	$0.735\ 57\times10^{3}$	$1.422\ 398\times10$
约定毫米汞柱/mmHg	$1.333\ 224\times10^{2}$	$1.333\ 224\times10^{-3}$	1.333 224	$1.359\ 51\times10$	1.316×10^{-3}	$1.359\ 51\times10^{-3}$	1	1.934×10^{-2}
磅力/英寸^2/(lbf/in^2)	$0.689\ 49\times10^{4}$	$0.689\ 49\times10^{-1}$	$0.089\ 49\times10^{2}$	$0.703\ 07\times10^{3}$	$0.680\ 5\times10^{-1}$	0.707×10^{-1}	$0.517\ 15\times10^{2}$	1

此表用法,先从纵列中找到被换算单位,再由横行中找到想要换算成的单位,两坐标交点处便是换算比值。例如,由工程大气压(at)换算成帕(Pa),先在单位列里找到at(在倒数第三行),再在单位行里找到Pa(在左边第一列),两者交点处的数值为$0.980\ 665\times10^5$,故可知1 at=0.0980665 MPa≈0.1 MPa。

又如由工程大气压(at)换算成磅力/英寸^2(lbf/in^2),可由表中倒数第三行与最右边一列交点处找到比值$1.422\ 398\times10$,故可知1 at=$1.422\ 398\times10$ lbf/in^2≈14.2 lbf/in^2。

表中约定毫米水柱mmH_2O是指4 ℃时的水,即密度为1 000 kg/m^3的水所呈现的水柱高度。由式(3.1.1)可知,当作用力$F=0$时 压力$p=0$。但当地面上一切物体无不处在环境大气压力的作用下,只有真空状态才能使F真正等于0,自真空算起的压力称为绝对压力。

设计容器或管道的耐压强度时,主要根据内部流体压力和外界环境大气压力之差。这个压力差是个相对值,是以环境大气压力为参考点所得的值,所以称为相对压力。各种普通压力表的指示值都是相对压力,所以相对压力也称表压力,简称表压。

环境大气压力完全由当时当地空气柱的重力所产生，与海拔高度和气象条件有关，可以用专门的大气压力表测得，它的数值是以真空为起点得到的，因此也是绝对压力。

如果容器或管道里的流体比外界环境大气压力低，表压就为负值，这种情况下的表压称为真空度，即接近真空的程度。

任意两个压力的差值称为差压，用 Δp 表示，它也是相对压力的概念，不过它不是以环境压力作为参考点，而是以其中一个被测压力作为参考点，即 $\Delta p=p_1-p_2$。差压在各种热工量、机械量测量中用得很多。

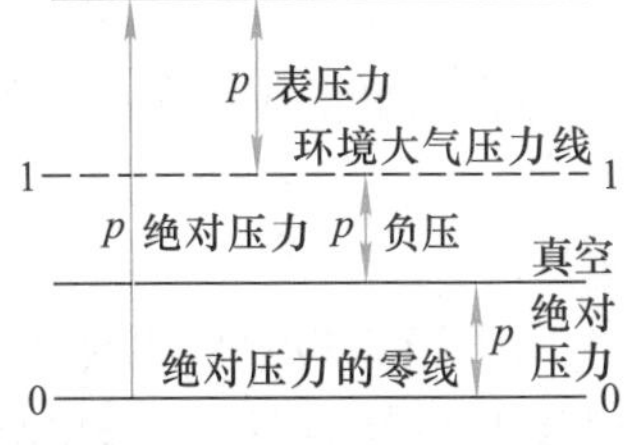

图 3.1.1 各种压力之间的关系

如果把绝对压力、环境大气压力、表压力、真空度、差压 Δp 的相互关系归纳成示意图，则如图 3.1.1 所示。

3.2 应变式压力计

应变式压力计是电测式压力计中应用最广泛的一种，它是将应变电阻片（金属丝式、箔式或半导体应变片）粘贴在测量压力的弹性元件表面上，当被测压力变化时，弹性元件内部应力变化产生变形，这个变形应力使应变片的电阻产生变化，根据所测电阻变化的大小来测量未知压力。

3.2.1 电阻应变效应

电阻丝在外力作用下发生机械形变时，其电阻值发生的变化，称为电阻应变效应。

设有一根电阻丝，其电阻率为 ρ，长度为 l，截面积为 A，在未受力时的电阻值为

$$R=\rho\frac{l}{A} \tag{3.2.1}$$

如图 3.2.1 所示，电阻丝在拉力 F 作用下，长度 l 增加，截面积 A 减小，电阻率 ρ 也相应变化，将引起电阻变化 ΔR，其值为

$$\frac{\Delta R}{R}=\frac{\Delta l}{l}-\frac{\Delta A}{A}+\frac{\Delta\rho}{\rho} \tag{3.2.2}$$

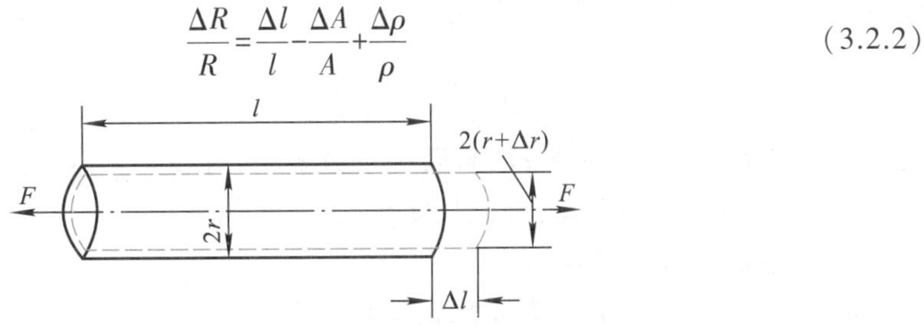

图 3.2.1 金属丝伸长后几何尺寸变化

对于半径为 r 的电阻丝，截面面积 $A=\pi r^2$，则有 $\Delta A/A=2\Delta r/r$。令电阻丝的轴向应变为 $\varepsilon=\Delta l/l$，径向应变为 $\Delta r/r$，由材料力学可知 $\Delta r/r=-\mu(\Delta l/l)=-\mu\varepsilon$，$\mu$ 为电阻丝材料的泊松系

数，经整理可得

$$\frac{\Delta R}{R}=(1+2\mu)\varepsilon+\frac{\Delta\rho}{\rho} \tag{3.2.3}$$

通常把单位应变所引起的电阻相对变化称为电阻丝的灵敏系数，其表达式为

$$K=\frac{\Delta R/R}{\varepsilon}=(1+2\mu)+\frac{\Delta\rho/\rho}{\varepsilon} \tag{3.2.4}$$

从式(3.2.4)可以明显看出，电阻丝的灵敏系数 K 由两部分组成：受力后由材料的几何尺寸变化引起的$(1+2\mu)$；由材料电阻率变化引起的$(\Delta\rho/\rho)\varepsilon^{-1}$。对于金属材料$(\Delta\rho/\rho)\varepsilon^{-1}$项的值比$(1+2\mu)$小得多，可以忽略，故 $K=1+2\mu$。大量实验证明，在电阻丝拉伸比例极限内，电阻的相对变化与应变成正比，即 K 为常数。通常金属丝的 $K=1.7\sim3.6$。式(3.2.4)可写成

$$\frac{\Delta R}{R}=K\varepsilon \tag{3.2.5}$$

3.2.2　电阻应变片

1. 金属电阻应变片

金属电阻应变片分为金属丝式和箔式。图 3.2.2(a)所示的应变片是将金属丝(一般直径为 0.02~0.04 mm)贴在两层薄膜之间。为了增加丝体的长度，把金属丝弯成栅状，两端焊在引出线上。图 3.2.2(b)采用金属薄膜代替细丝，因此又称为箔式应变片。金属箔的厚度一般为 0.001~0.01 mm。箔片是先经轧制，再经化学抛光而制成的，其线栅形状用光刻工艺制成，因此形状尺寸可以做得很准确。由于箔式应变片很薄，散热性能好，在测量中可以通过较大电流，提高了测量的灵敏度。

用薄纸作为基底制造的应变片，称为纸基应变片。纸基应变片工作在 70 ℃以下，为了提高应变片的耐热防潮性能，也可以采用浸有酚醛树脂的纸作基底。此时使用温度可达 180 ℃，而且稳定性能良好。除用纸基以外，还有采用有机聚合物薄膜的，这样的应变片称为胶基应变片。

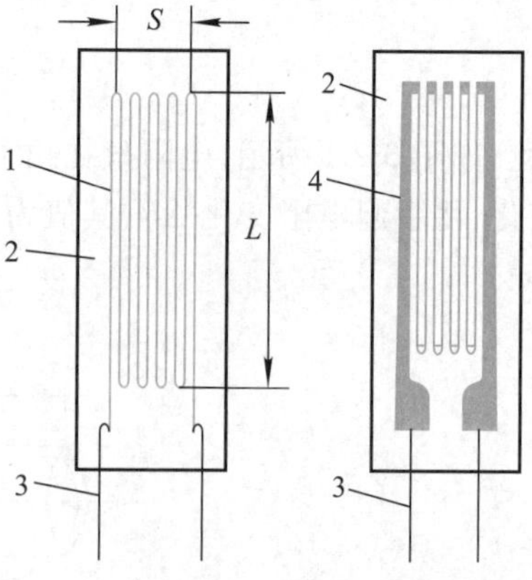

对于应变电阻材料，一般希望材料 K 值要大，且在较大范围内保持 K 值为常数；电阻温度系数要小，有较好的热稳定性；电阻率要高，机械强度高，工艺性能好，易于加工成细丝及便于焊接等。

(a) 丝式　　(b) 箔式

1—应变丝；2—基底；3—引线；4—金属膜引线

图 3.2.2　电阻应变片

常用的电阻应变丝的材料是康铜丝和镍铬合金丝。镍铬合金比康铜的电阻率几乎大一倍，因此用同样直径的镍铬电阻丝做成的应变片要小很多。另外，镍铬合金丝的灵敏系数也比较大。而康铜丝的电阻温度系数小，受温度变化影响也小。

应变片的尺寸通常用有效线栅的外形尺寸表示。根据基长不同可分为三种：小基长 $L=$

2~7 mm;中基长 $L=10\sim30$ mm 及大基长 $L>30$ mm。线栅宽 B 可在 2~11 mm 内变化。表 3.2.1 给出了国产应变片的技术数据供选择时参考。

表 3.2.1 国产应变片的技术数据

型号	形式	阻值/Ω	灵敏系数 K	线栅尺寸 $(B\times L)/\text{mm}^2$
PZ-17	圆角线栅,纸基	120±0.2	1.95~2.10	2.8×17
8120	圆角线栅,纸基	118	2.0±1%	2.8×18
PJ-120	圆角线栅,胶基	120	1.9~2.1	3×12
PJ-320	圆角线栅,胶基	320	2.0~2.1	11×11
PB-5	箔式	120±0.5	2.0~2.2	3×5
2×3	箔式	87±0.4%	2.05	2×3
2×1.5	箔式	35±0.4%	2.05	2×1.5

2. 半导体电阻应变片

半导体应变片的工作原理和导体应变片相似。对半导体施加应力时,其电阻率发生变化,这种半导体电阻率随应力变化的关系称为半导体压阻效应。与金属导体一样,半导体应变片电阻也由两部分组成,即由于受应力后几何尺寸变化引起的电阻变化和电阻率变化两部分,在这里,电阻率变化引起的电阻变化是主要的,所以一般表示为

$$\frac{\Delta R}{R}\approx\frac{\Delta\rho}{\rho}=\pi\sigma \tag{3.2.6}$$

式中,$\Delta R/R$——电阻的相对变化;

$\Delta\rho/\rho$——电阻率的相对变化;

π——半导体压阻系数;

σ——应力。

由于弹性模量 $E=\sigma/\varepsilon$,所以式(3.2.6)又可写为

$$\frac{\Delta\rho}{\rho}=\pi\sigma=\pi E\varepsilon=K\varepsilon \tag{3.2.7}$$

式中,K——灵敏系数。

对于不同的导体,压阻系数以及弹性模数都不一样,所以灵敏系数也不一样,就是对于同一种半导体,随晶向不同,压阻系数也不同。

实际使用中必须注意外界应力相对晶轴的方向,通常把外界应力分为纵向应力 σ_L 和横向应力 σ_t,与晶轴方向一致的应力称为纵向应力;与晶轴方向垂直的应力称为横向应力。与之相关的有纵向压阻系数 π_L 和横向压阻系数 π_t。当半导体同时受两向应力作用时,有

$$\frac{\Delta\rho}{\rho}=\pi_L\sigma_L+\pi_t\sigma_t \tag{3.2.8}$$

一般半导体应变片是沿所需的晶向将硅单晶体切成条形薄片,厚度为 0.05~0.08 mm,在硅条两端先真空镀膜蒸发一层黄金,再用细金丝与两端焊接作为引线。为了得到所需的

尺寸,还可采用腐蚀的方法,制备好硅条再粘贴到酚醛树脂的基底上,一般在基底上事先用印制电路的方法制备好焊接电极。图 3.2.3 所示是一种条形半导体应变片。为提高灵敏度,除应用单条应变片外,还有制成栅形的。各种应变片的技术参数、特性及使用要求可参见有关应变片手册。

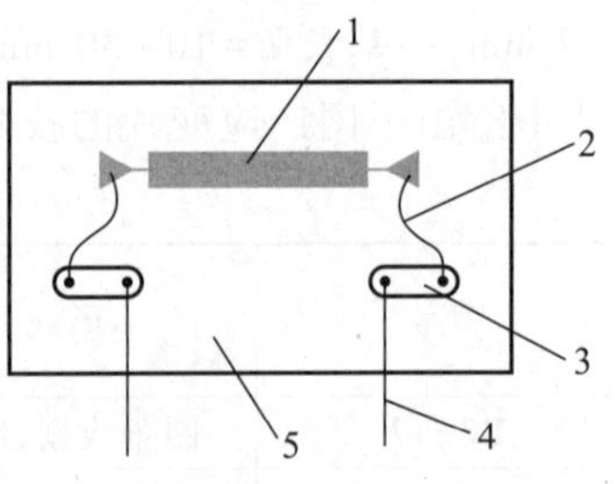

1—P 型单晶硅条;2—内引线;3—焊接电极;4—引线;5—基底

图 3.2.3 半导体应变片

3.2.3 电阻应变片的粘贴及温度补偿

1. 应变片的粘贴

应变片用黏合剂粘贴在试件表面上,黏合剂形成的胶层必须准确迅速地将被测试件的应变传到敏感栅上。黏合剂的性能及粘贴工艺的质量直接影响着应变片的工作特性,如零漂、蠕变、滞后、灵敏系数、线性以及它们受温度影响的程度。可见,选择黏合剂和正确的黏结工艺与应变片的测量精度有着极其重要的关系。

选择黏合剂必须适合应变片材料和被测试件材料,不仅要求黏接力强,黏合后机械性能可靠,而且黏合层要有足够大的剪切弹性模量,良好的电绝缘性,蠕变和滞后小,耐湿、耐油、耐老化,动态应力测量时耐疲劳等。此外,还要考虑到应变片的工作条件,如温度、相对湿度、稳定性要求以及贴片固化时热加压的可能性等。

常用的黏合剂类型有硝化纤维素型、氰基丙烯酸型、聚酯树脂型、环氧树脂类和酚醛树脂类等。粘贴工艺包括被测试件表面处理、贴片位置的确定、粘片、干燥固化、贴片质量检查、引线的焊接与固定以及防护与屏蔽等。

2. 温度误差及其补偿

(1) 温度误差

作为测量用的应变片,希望它的电阻只随应变而变,而不受其他因素的影响。实际上,应变片的电阻受环境温度(包括试件的温度)的影响很大。因环境温度改变引起电阻变化的主要因素有两方面:一方面是应变片电阻丝的温度系数;另一方面是电阻丝材料与试件材料的线膨胀系数不同。

温度变化引起的敏感栅电阻的相对变化为$(\Delta R/R)_1$,设温度变化为Δt,栅丝电阻温度系数为α_t,则

$$\left(\frac{\Delta R}{R}\right)_1=\alpha_t\Delta t$$

试件与电阻丝材料的线膨胀系数不同所引起的变形使电阻有相对变化。

$$\left(\frac{\Delta R}{R}\right)_2=K(\alpha_g-\alpha_s)\Delta t$$

式中,K——应变片灵敏系数;

α_g——试件材料膨胀系数;

α_s——应变片敏感栅材料的膨胀系数。

因此,由温度变化而引起总电阻相对变化为

$$\frac{\Delta R}{R}=\left(\frac{\Delta R}{R}\right)_1+\left(\frac{\Delta R}{R}\right)_2=\alpha_t\Delta t+K(\alpha_g-\alpha_s)\Delta t \tag{3.2.9}$$

（2）温度补偿

为了消除温度误差，可以采取许多补偿措施。最常用和最好的方法是电桥补偿法，如图3.2.4(a)所示。工作应变片 R_1 安装在被测试件上，另选一个特性与 R_1 相同的补偿片 R_b，安装在材料与试件相同的某补偿件上，温度与试件相同，但不承受应变。R_1 和 R_b 接入电桥相邻臂上，使 ΔR_{1t} 和 ΔR_{bt} 相同。根据电桥理论可知，当相邻桥臂有等量变化时，对输出没有影响，则上述输出电压与温度变化无关。当工作应变片感受应变时，电桥将产生相应的输出电压。

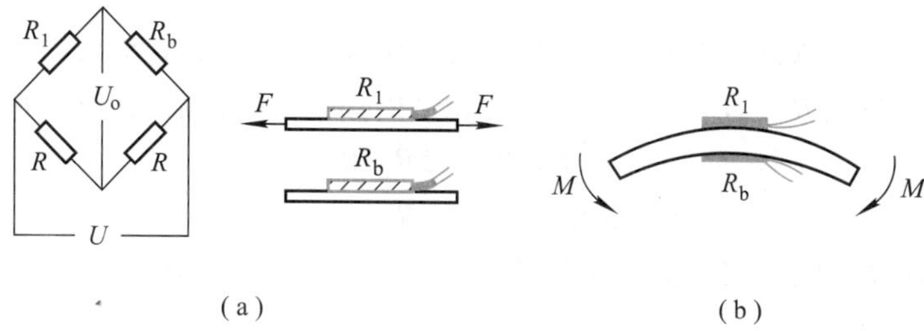

图 3.2.4 温度补偿措施

在某些测试条件下，可以巧妙地安装应变片而不需补偿件并兼得灵敏度的提高。如图3.2.4(b)所示，测量梁的弯曲应变时，将两个应变片分贴于梁上、下两面对称位置，R_1 和 R_b 特性相同，所以两个电阻变化值相同而符号相反。但当 R_1 和 R_b 按图 3.2.4(a)接入电桥时，电桥输出电压比单片时增加一倍。当梁上、下面温度一致时，R_1 和 R_b 可起温度补偿作用。电路补偿法简单易行，使用普通应变片可对各种试件材料在较大温度范围内进行补偿，因而最常用。

3.2.4 转换电路

应变片将被测试件的应变 ε 转换成电阻的相对变化 $\Delta R/R$，还需进一步转换成电压或电流信号才能用电测仪表进行测量。通常采用电桥电路实现这种转换。根据电源的不同，电桥分直流电桥和交流电桥。

下面以直流电桥为例分析说明（交流电桥的分析方法相似）。在图 3.2.5 所示的电桥电路中，U 是直流电桥电压，R_1、R_2、R_3、R_4 为四个桥臂电阻，当 $R_L=\infty$ 时，电桥输出电压为

$$U_O=U_{ab}=\frac{R_1R_4-R_2R_3}{(R_1+R_2)(R_3+R_4)}U \tag{3.2.10}$$

$U_O=0$ 时，有

$$R_1R_4-R_2R_3=0$$

或

$$\frac{R_1}{R_2}=\frac{R_3}{R_4} \tag{3.2.11}$$

上式称为直流电桥平衡条件。该式说明，欲使电桥达到平衡，其相邻两臂的电阻比值应该

相等。

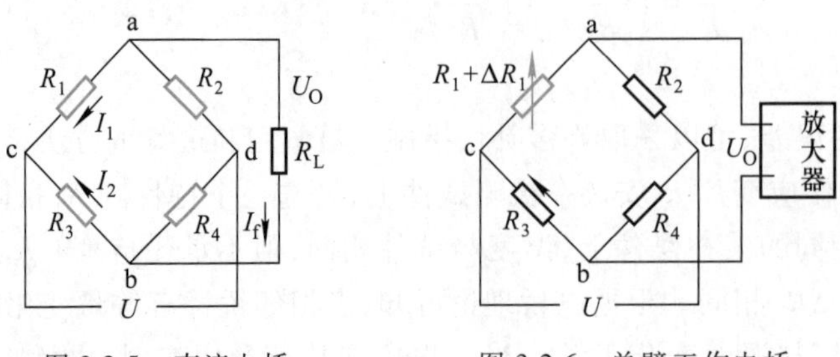

图 3.2.5 直流电桥　　图 3.2.6 单臂工作电桥

在单臂工作电桥（如图 3.2.6 所示）中，R_1为工作应变片，R_2、R_3、R_4为固定电阻，$U_O(U_{ab})$为电桥输出电压，负载 $R_L=\infty$，应变电阻 R_1变化 ΔR_1，此时，电桥输出电压为

$$U_O=\frac{(R_4/R_3)(\Delta R_1/R_1)}{[1+(\Delta R_1/R_1)+R_2/R_1](1+R_4/R_3)}U \tag{3.2.12}$$

设桥臂比 $n=R_2/R_1$，并考虑到电桥初始平衡条件 $R_2/R_1=R_4/R_3$，略去分母中的 $\Delta R_1/R_1$，可得

$$U_O=\frac{n}{(1+n)^2}\frac{\Delta R_1}{R_1}U \tag{3.2.13}$$

由电桥电压灵敏度 K_U定义可得

$$K_U=\frac{U_O}{\Delta R_1/R_1}=\frac{n}{(1+n)^2}U \tag{3.2.14}$$

可见提高电源电压 U 可以提高电压灵敏度 K_U，但 U 值的选取受应变片功耗的限制。在 U 值确定后，取 $\mathrm{d}K_U/\mathrm{d}n=0$，得$(1-n)^2/(1+n)^4=0$，可知 $n=1$，也就是 $R_1=R_2$，$R_3=R_4$时，电桥电压灵敏度最高，实际上多取 $R_1=R_2=R_3=R_4$。

$n=1$ 时，由式(3.2.13)和式(3.2.14)可得单臂工作电桥输出电压

$$U_O=\frac{U}{4}\frac{\Delta R_1}{R_1} \tag{3.2.15}$$

$$K_U=\frac{U}{4} \tag{3.2.16}$$

以上两式说明：当电源电压 U 及应变片电阻相对变化一定时，电桥的输出电压及电压灵敏度与各桥臂的阻值无关。

如果在电桥的相邻两臂同时接入工作应变片，使一片受拉，一片受压，如图 3.2.7(a)所示，并使 $R_1=R_2$，$\Delta R_1=\Delta R_2$，$R_3=R_4$，就构成差分电桥。可以导出，差分双臂工作电桥输出电压为

$$U_O=\frac{U}{2}\frac{\Delta R_1}{R_1} \tag{3.2.17}$$

如果在电桥的相对两臂同时接入工作应变片，使两片都受拉或都受压，如图 3.2.7(b)所

示,并使 $\Delta R_1 = \Delta R_4$,也可导出与上式相同的结果。

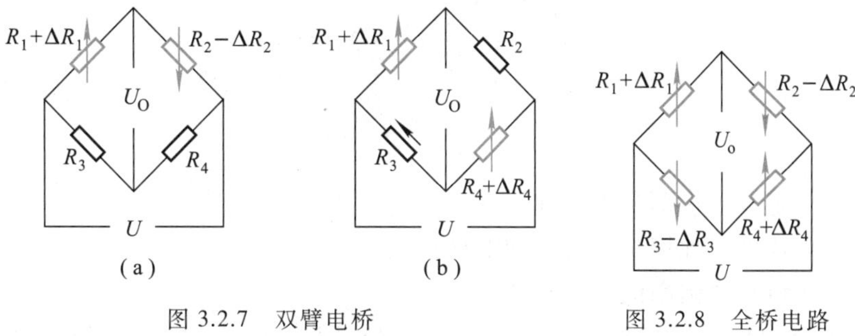

图 3.2.7 双臂电桥

图 3.2.8 全桥电路

如果电桥的四臂都为工作应变片,如图 3.2.8 所示,则称为全桥电路,可以导出全桥电路的输出电压为

$$U_O = U\frac{\Delta R_1}{R_1} \tag{3.2.18}$$

可见,全桥电路的电压灵敏度比单臂工作电桥提高 4 倍。全桥电路与相邻臂工作的半桥电路相比,不仅灵敏度高,而且当负载电阻 $R_L = \infty$ 时,没有非线性误差,同时还起到温度补偿作用。

3.2.5 应变式压力传感器

应变式压力传感器常设计成两种不同的形式,即膜式及测力计式。前者是应变片直接贴在感受被测压力的弹性膜上;后者则是把被测压力转换成集中力以后,再用应变测力计的原理测出压力的大小。

1. 膜式应变传感器

图 3.2.9 是一种简单的平膜式压力传感器。由膜片直接感受被测压力而产生变形,应变片贴在膜片的内表面,在膜片产生应变时,使应变片有一定的电阻变化输出。

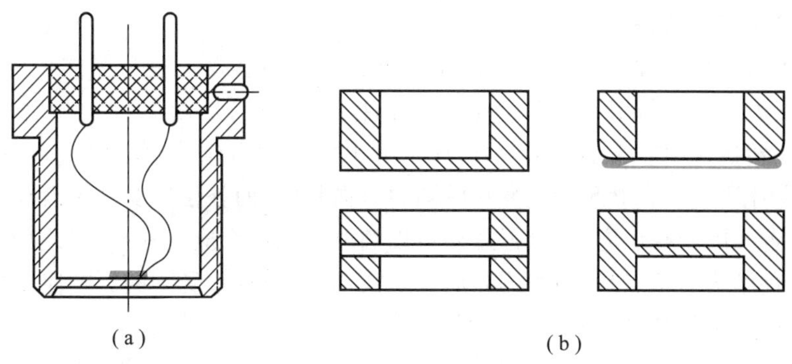

图 3.2.9 平膜式压力传感器

对于边缘固定的圆形膜片,在受到均匀分布的压力 p 后,膜片中一方面要产生径向应

力,同时还有切向应力,由此引起的径向应变 ε_r 和切向应变 ε_τ 分别为

$$\varepsilon_r=\frac{3p}{8h^2E}(1-\mu^2)(R^2-3x^2)\times10^{-4} \tag{3.2.19}$$

$$\varepsilon_\tau=\frac{3p}{8h^2E}(1-\mu^2)(R^2-x^2)\times10^{-4} \tag{3.2.20}$$

式中,R、h——平膜片工作部分半径和厚度;

E、μ——膜片的弹性模量和材料的泊松比;

x——任意点离圆心的径向距离。

由式(3.2.19)和式(3.2.20)可知,在膜片中心处,即 $x=0$,ε_r 和 ε_τ 均达到正的最大值,即

$$\varepsilon_{r\max}=\varepsilon_{\tau\max}=\frac{3p(1-\mu^2)R^2}{8Eh^2}\times10^{-4} \tag{3.2.21}$$

而在膜的边缘,即 $x=R$ 处,$\varepsilon_\tau=0$,而 ε_r 达到最小值

$$\varepsilon_{r\min}=-\frac{3p(1-\mu^2)R^2}{4Eh^2}\times10^{-4} \tag{3.2.22}$$

在 $x=R\sqrt{3}$ 处,$\varepsilon_\tau=0$。

由式(3.2.19)和式(3.2.20)可画出在均匀载荷下应变分布曲线,如图 3.2.10(a)所示。为充分利用膜片的工作压限,可以把两片应变片中的一片贴在正应变最大区(即膜片中心附近),另一片贴在负应变最大区(靠近边缘附近),这时可得到最大差分灵敏度,并且具有温度补偿特性。图 3.2.10(b)中的 R_1、R_2 所在位置以及将两片应变片接成相邻桥臂的半桥电路就是按上述特性设计的。图 3.2.10(c)是专用圆形的箔式应变片,在膜片 $R\sqrt{3}$ 范围内,两个承受切力处均加粗以减小变形的影响,引线位置在 $R\sqrt{3}$ 处。这种圆形箔式应变片能最大限度地利用膜片的应变形态,使传感器得到很大的输出信号。

平膜式压力传感器最大优点是结构简单、灵敏度高。但它不适于测量高温介质,输出线性差。

2. 测力式应变传感器

图 3.2.11 所示为一种带水冷的测力计式应变压力传感器。它与膜式传感器的最大区别在于被测压力不直接作用到贴有应变片的弹性元件上;而是传到一个测力应变筒上。被测压力经膜片转换成相应大小的集中力,这个力再传给测力应变筒。应变筒的应变由贴在它上面的应变片测量。一般测量应变片沿圆周方向粘贴,而补偿应变片则沿轴向粘贴,在承受压力时,后者实际受有压应力,根据需要可以贴两个或四个应变片,实现差分补偿测量。

显然,这种结构的特点是,当被测介质温度波动时,应变片受到的影响应小些。另外,由于应变片内、外都不与被测介质接触,便于冷却介质(水或风)的流通。图 3.2.11 所示的压力传感器采用水冷,冷却水由左边导管引入,直接通到应变筒内部,再从应变筒底端开孔流到应变筒外面,再经右边导管流出。这样,冷却介质可以直接冷却应变筒及与被测介质接触的膜片,所以能保证应变传感器在高温下工作。为了保证绝缘,浸在水中的应变筒及应变片必须密封好。因此,在应变筒贴上应变片之后,需在外层封一层环氧树脂,最后在外边再封

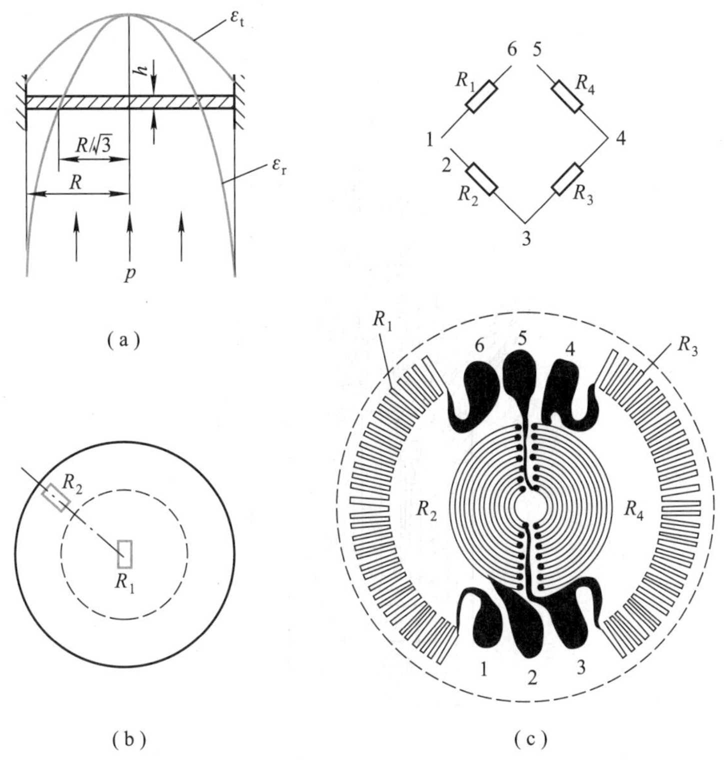

图 3.2.10 应变分布与应变片布置

上一层防水橡胶膜。

3. 扩散硅型压力传感器

当单晶硅材料受到压力作用产生微小应变时,其内部原子结构的电子能级状态会发生变化,从而导致电阻率的剧烈变化。用这种材料制成的电阻也就出现很大变化,这种物理效应称为压阻效应。扩散硅型压力传感器就是利用单晶硅的压阻效应制作而成,因此也称为压阻式压力传感器。

此种传感器采用单晶硅片为弹性元件,在单晶硅膜片上利用集成电路的工艺技术经过掺杂、扩散,沿单晶硅片的特定晶向,制成一组等值电阻。并将电阻接成电桥电路,整个单晶硅片置于传感器腔内,如图 3.2.12 所示。

当作用于单晶硅膜片上的压力发生变化时,单晶硅产生应变,使扩散在上面的电阻发生变化,于是电桥失去了原来的平衡状态,产生了与被测力变化相对应的电信号,电桥电路的作用是将电阻的变化转换为输出的电压信号。

扩散硅型压力传感器具有精度高、工作可靠、输出灵敏度高、结构简单、寿命长、体积小、重量轻和便于数字化等特点。不仅可以测量为,稍加改变还可以测量压差、速度、加速度等参数。

图 3.2.13 是一个扩散硅压阻式压力传感器的结构示意图。外加压力通过金属膜传递到充油的内腔,这个压力再使硅测量元件产生应变,扩散电阻通过引线与带有补偿电阻的桥

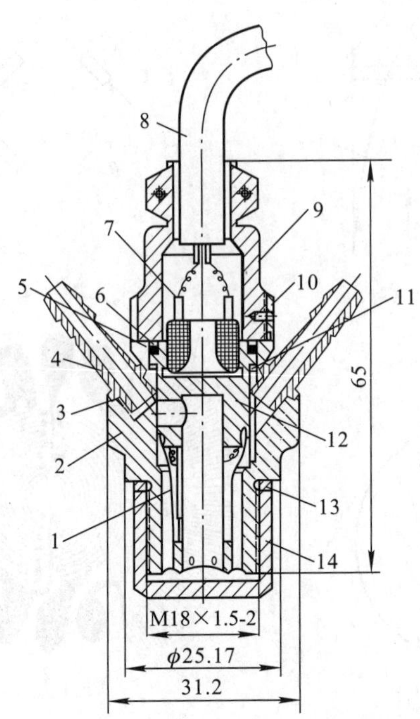

1—应变片;2—外壳;3、6、11、13—垫片;4—冷却水管;5—密封垫;7—接线柱;
8—电缆;9—压帽;10—定位销;12—应变筒;14—保护帽

图 3.2.11 水冷式应变压力传感器

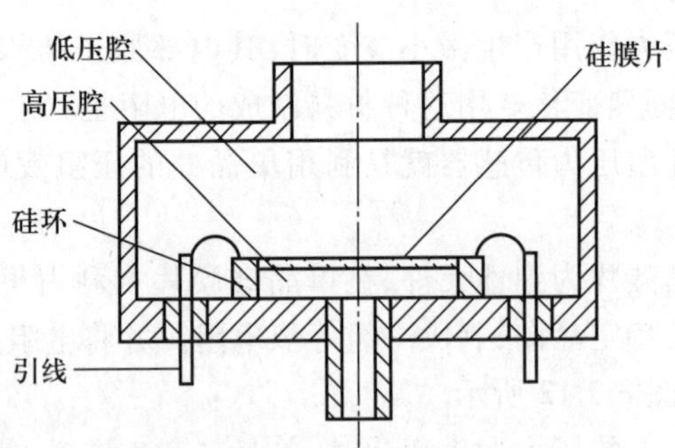

图 3.2.12 扩散硅型压力传感器工作原理图

路印制板连接,为了减小温度误差,一般以恒流源供电。

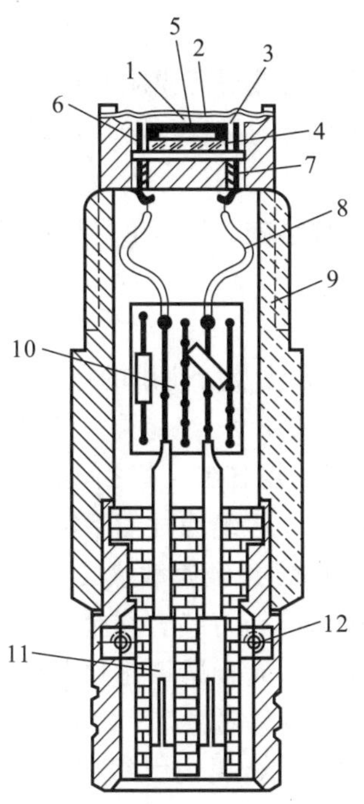

1—钢膜片；2—油；3—金引线；4—接线柱；5—N 型硅膜片；6—硅基底；7—玻璃绝缘；8—连线；9—外壳；10—带补偿电阻的电路板；11—插座；12—密封环

图 3.2.13 扩散硅型压力传感器

3.3 薄膜应变片

传统的应变片是采用金属丝粘贴或硅扩散的方法制作敏感栅的，其价格便宜、结构简单、使用方便。因此，在诸多类型的电阻应变片传感器中仍然是应用十分广泛的力敏感元件。不过，由于粘贴式应变片的敏感层与基片之间的形变传递性能不够好，存在诸如蠕变、机械滞后、零点漂移等问题，影响了它的测量精度。

薄膜应变片采用溅射或蒸发的方法，将半导体或金属敏感材料直接镀制于弹性基片上。相对于金属粘贴式应变片而言，薄膜应变片的应变传递性能大大地得到了改善，几乎无蠕变。并且具有稳定性好、可靠性高、尺寸小等优点，是一种很有发展前途的力敏传感器。与传统的应变片相比，薄膜应变片具有如下优点：

① 稳定性好。薄膜应变片的蠕变和滞后低，例如溅射合金薄膜应变片在温度高达 230 ℃ 时蠕变和滞后低于 0.1%，而金属丝和粘贴式应变片在 100 ℃ 以上的温度下，由于粘贴材料的性能，使得蠕变和滞后十分严重。

② 使用寿命长。能承受 10^6 次以上的重复加载，工作仍十分正常。

③ 灵敏度高。半导体 Ge、Si 薄膜应变片的阻值较大，灵敏度一般为 30 以上。

④ 温度系数小。Ge、Si 薄膜应变片的温度系数约为 10^{-5} ℃$^{-1}$ 数量级，多层结构的溅射

薄膜应变片的温度系数约为 0.018 %℃$^{-1}$。

⑤ 工作温度范围宽。多层结构的溅射薄膜应变片的工作温度达(-100~180) ℃。

⑥ 量程大。薄膜应变片具有较大的量程,例如多层结构的溅射薄膜应变式传感器的量程可从 0.02 N 到 30 kN。

⑦ 成本低。由于薄膜应变片的制造工艺简单、成品合格率高,因此成本较低。

3.3.1 薄膜应变片原理

薄膜应变片的结构随制作工艺方法及所使用的敏感材料的不同而略有差异,但基本结构大致相似,基本分为三层结构,即基片 - 绝缘层 - 敏感层,基片多为导电的金属弹性材料。为了使基片与敏感层之间电绝缘,需要在两者之间沉积一层绝缘介质(如 Si_3N_4薄膜)。为了防止绝缘介质层的结构缺陷和空洞引起绝缘性能下降,必要时可以采用双层(Ta_2O_5+SiO)或多层介质膜。这种“金属基片-绝缘层-金属敏感层”的结构简称为 MIM 结构。

图 3.3.1 为薄膜应变片结构示意图。首先,在金属弹性基片上沉积一层绝缘介质膜(如 Si_3N_4或金属氧化物薄膜),在绝缘层上溅射沉积一层金属或半导体敏感膜(如 NiCr 等材料),再在敏感膜表面局部溅射一层金属内引线层(Al 薄膜),然后用光刻工艺在敏感层刻蚀敏感栅和内引线图案。内引线的作用是将敏感面上的各个敏感栅连接起来构成电桥,并将电桥的电极用外引线引出。

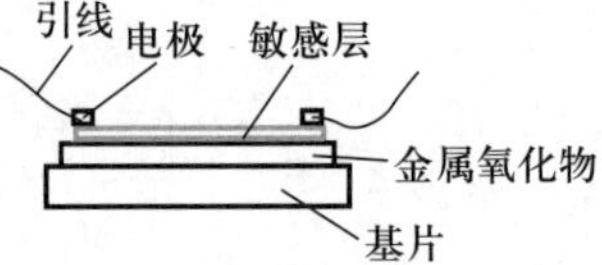

图 3.3.1 薄膜应变力结构

薄膜应变片测量应变的机理利用的是敏感材料的压阻效应,也就是说,在应变的作用下,一方面,材料发生几何形变,引起材料的电阻发生变化;另一方面,因材料晶格的变形等因素引起材料的电子自由程发生变化,导致材料的电阻率变化,从而使材料的电阻发生变化。

设材料电阻率为 ρ,薄膜宽为 d、长为 l、厚为 t,则薄膜的电阻为

$$R=\rho\frac{l}{t.d} \tag{3.3.1}$$

设薄膜承受的应变为 ε,推导可得薄膜电阻相对变化为

$$\frac{\mathrm{d}R}{R}=(1+2\mu)\varepsilon+\frac{\mathrm{d}\rho}{\rho} \tag{3.3.2}$$

式中,μ——薄膜材料的泊松比。

若考虑到薄膜应变片基片的弹性效应,薄膜电阻相对变化应为

$$\frac{\mathrm{d}R}{R}=\left(1+\mu_b+\frac{\mu(1-\mu_b)}{1-\mu}\right)\varepsilon+\frac{\mathrm{d}\rho}{\rho} \tag{3.3.3}$$

式中,μ_b——基片材料的泊松比。

对于使用半导体材料作为敏感材料的薄膜应变片,半导体的电阻变化($\mathrm{d}R/R$)数值(大于 100)上要远远大于材料泊松比的数值(小于 10)。实际上,薄膜应变片的电阻的相对变化$\left(\frac{\mathrm{d}R}{R}\right)$值的大小主要是由薄膜材料的电阻率变化($\mathrm{d}\rho/\rho$)决定的。因此,式(3.3.2)可改

写为

$$\frac{\mathrm{d}R}{R}=\frac{\mathrm{d}\rho}{\rho} \tag{3.3.4}$$

3.3.2 薄膜应变片的制作及应用

薄膜应变片的敏感膜是器件的关键部分,敏感薄膜的制作工艺有多种,如溅射、蒸发、沉积等工艺。

1. 溅射薄膜应变片

如图 3.3.1 所示,薄膜应变片的低层基片上首先溅射一层非导电介质层(如金属氧化物等),在介质层上再溅射一层敏感层,敏感层的材料各有不同,合金薄膜应变片使用的是金属合金如 Ni-Cr,半导体薄膜应变片的敏感材料则是 Ge、Si 等。敏感材料的两侧边沿生成电极并引出引线。薄膜应变片的主要成膜工艺有真空溅射(溅射薄膜)、真空蒸镀(蒸发薄膜)等。

真空溅射工艺的大致流程为:基片(如 Ti、不锈钢材料)预处理(如清洗、预热)→溅射介质层(Al_2O_3)→溅射敏感层→蒸发 Au→光刻电极→热压焊接引线(金丝)→形成电桥→激光修正电阻值→完成全部电连接→沉积钝化膜。

薄膜应变片的稳定性是指蠕变和零漂的大小。在恒定的温度条件下,一恒定的负载施加到薄膜应变片上,应变片的电阻随时间发生单方向变化的现象称为蠕变。在负载为零的情况下,应变片的电阻随时间发生单方向变化的现象称为零漂。蠕变和零漂是难以补偿的误差。

图 3.3.2 为三种类型应变片的蠕变和零漂曲线,图中 1、2、3 分别对应的是薄膜应变片、粘贴式应变片、非粘贴式应变片的输出曲线。从图中不难看出,薄膜应变片的稳定性受温度的影响非常大,温度升高时,蠕变和零漂都增大,但薄膜应变片的稳定性明显优于另外两种。

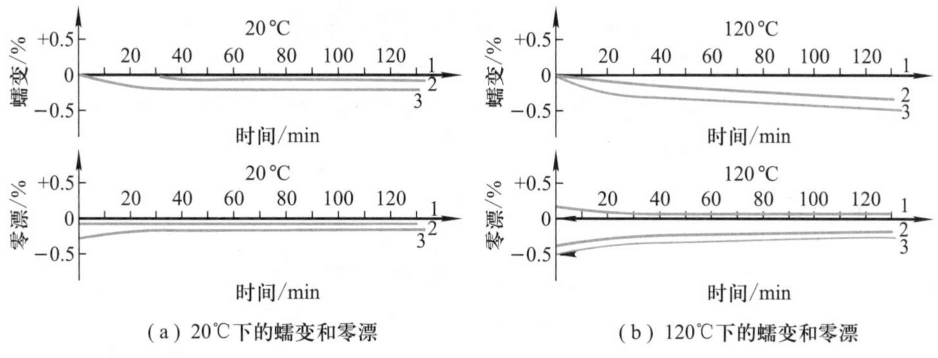

(a) 20℃下的蠕变和零漂　　(b) 120℃下的蠕变和零漂

图 3.3.2 应变片的蠕变和零漂

2. 蒸发薄膜应变片

利用真空蒸发工艺制作的薄膜应变片其结构同溅射应变片基本相同。例如蒸发 Ge 薄膜应变片,它以耐腐蚀性及耐疲劳性能都比较良好的 Ti 作基底,首先在其基底上涂敷一层数微米厚的聚酰亚胺胶绝缘层,然后在绝缘膜层上蒸镀一层厚为 1 μm 的 Ge 作为薄膜应变材料,所采用的 Ge 用约占总质量比例 5% 的纯金(99.99%)掺杂,应变膜层具有 50 Ω · cm 的电阻率。接着,在 Ge 膜上蒸镀一层 Cr 作为电极底层,然后蒸镀 Al 作为电极层。为使薄膜的电阻值性能稳定,还需在空气中加热老化。

Ge 薄膜应变片应变灵敏系数 $K=30$,电阻温度系数 $\alpha=2\times10^{-4}$ ℃$^{-1}$,灵敏度温度系数 $\beta=5\times10^{-4}$ ℃$^{-1}$。同传统的体型半导体应变片和金属应变片相比,Ge 薄膜应变片的 α/K 值及 β/K 值均较小,因此,温度对测量的影响要比传统的体型半导体应变片和金属丝应变片小。

蒸发薄膜应变片的敏感膜层材料也可以使用合金材料,例如康铜薄膜,它是由 60% 的 Cu 与 40% 的 Ni 均匀混合而成的。这种薄膜与基底间的绝缘电阻很高,即使在 300 ℃ 的环境下,薄膜依然可以承受 4 000 μm/m 的应变,而仍具有很高的绝缘电阻。薄膜的灵敏系数为 2.2,可接受 1 500 微应变的 10^6 次循环作用,非线性及滞后小于 0.5%。测定结果表明,在 200 ℃ 时,1 800 微应变下并不出现蠕变。

合金薄膜应变片以不锈钢为基底,在真空度为 1.33×10^{-3} Pa 的真空镀膜机中,将基底加热至 200 ℃,然后在基片附近引入分压为 1.33×10^{-5} Pa 的氧化流,以补充蒸发氧化物介质层时由于热分解作用而导致的氧气不足。在电子枪的轰击下,Al_2O_3 蒸发材料以一定的蒸发速率在基片上蒸镀一层厚度约为 1 μm 的膜层后,再在这一介质层上镀一层 SiO_2 层。SiO_2 层蒸镀完毕后,再在 200 ℃、133.3 Pa 的 O_2 条件下进行数小时的热处理,使介质稳定。随后,将带有介质层的基片置于另一镀膜机中,抽真空至 1.33×10^{-5} Pa 真空度后,进行双源蒸发,即同时蒸发 Cu 和 Ni。Cu 由 BeO 坩埚盛放,加热使其蒸发;Ni 则由电子枪加热蒸发。Ni 和 Cu 的蒸发速率用两个石英晶体振荡器监测,通过反馈系统调节轰击 Ni 电子枪的温度,以使 Cu 和 Ni 能保持设计所要求的比例。最后在真空室内 300 ℃ 下热处理 48 h,再缓慢降温,使其阻值稳定。

3.4　压电式压力传感器

压电式压力传感器以某些电介质的压电效应为基础,在外力作用下,电介质的表面上产生电荷,从而实现对压力电测的目的。

3.4.1　压电效应

某些电介质物体在沿一定方向受到压力或拉力作用时发生形变,并且在其表面上会产生电荷,若将外力去掉,它们又重新回到不带电状态,这种现象称为压电效应。具有压电效应的物质称为压电材料或压电元件,如天然的石英晶体,人工制造的压电陶瓷、锆钛酸铅等。现以石英晶体为例说明压电现象。

1. 石英晶体的压电效应

图 3.4.1 表示天然结构的石英晶体外形,它是个正六面体,在晶体学中可以把它用 3 根互相垂直的轴来表示,其中纵向轴 $Z-Z$ 称为光轴;经过正六面体棱线,并垂直于光轴的 $X-X$ 轴称为电轴;与 $X-X$ 轴和 $Z-Z$ 轴同时垂直的 $Y-Y$ 轴(垂直于正六面体的棱面)称为机械轴。

通常把沿电轴 X-X 方向的力作用下产生的电荷的压电效应称为纵向压电效应，把沿机械轴 Y-Y 方向的力作用下产生的电荷的压电效应称为横向压电效应，而沿光轴 Z-Z 方向受力时不产生压电效应。

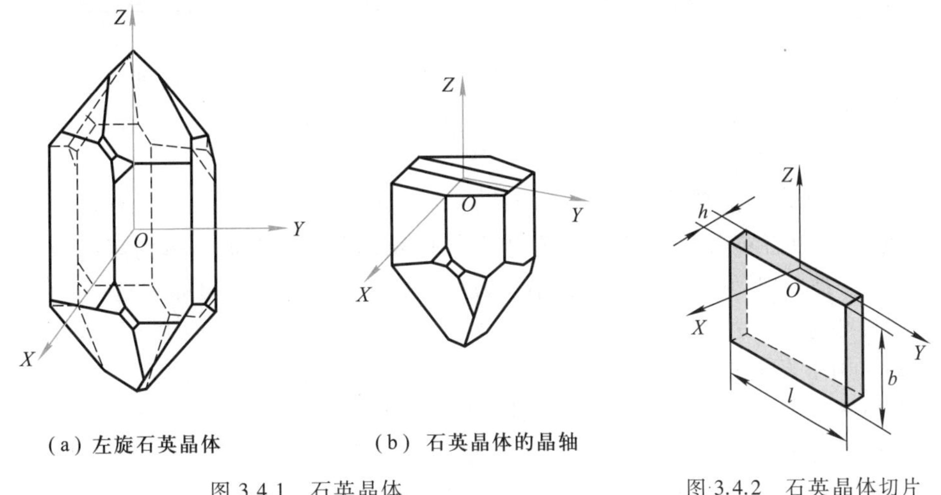

(a) 左旋石英晶体　　(b) 石英晶体的晶轴

图 3.4.1　石英晶体

图 3.4.2　石英晶体切片

从晶体上沿轴线切下的薄片称为晶体切片，如图 3.4.2 所示。当晶体切片在沿 X 轴的方向上受到压力 F_X 作用时，晶体切片将产生厚度变形，并在与 X 轴垂直的平面上产生电荷 Q_X，它的大小为

$$Q_X = d_{11} F_X \tag{3.4.1}$$

式中，d_{11}——压电系数，受力方向和变形不同时压电系数也不同。石英晶体的 $d_{11} = 2.3 \times 10^{-12}$ C/N。

电荷 Q_X 的符号由 F_X 是压力还是拉力决定，从式(3.4.1)可以看出，当晶体切片受到 X 方向的压力作用时，Q_X 与作用力 F_X 成正比，而与晶体切片的几何尺寸无关。电荷的极性如图 3.4.3 所示。

如果在同一晶体切片上作用力是沿着机械轴的方向，其电荷仍在与 X 轴垂直平面上出现，其极性如图 3.4.3(c)、(d)所示，此时电荷的大小为

$$Q_Y = -d_{11} \frac{l}{h} F_Y \tag{3.4.2}$$

式中，l 和 h——晶体切片的长度和厚度；

d_{11}——石英晶体在 Y 轴方向上受力的压电系数。

由式(3.4.2)可见，沿机械轴方向的力作用在晶体上时产生的电荷与晶体切片的尺寸有关。负号表示沿 Y 轴的压缩力产生的电荷与沿 X 轴施加的压缩力所产生的电荷极性相反。

在片状压电材料的两个电极面上，如果加以交流电压，那么压电片能产生机械振动，使压电片在电极方向上有伸缩现象。压电材料的这种现象称为电致伸缩效应。因为这种效应与压电效应相反，也称为逆压电效应。

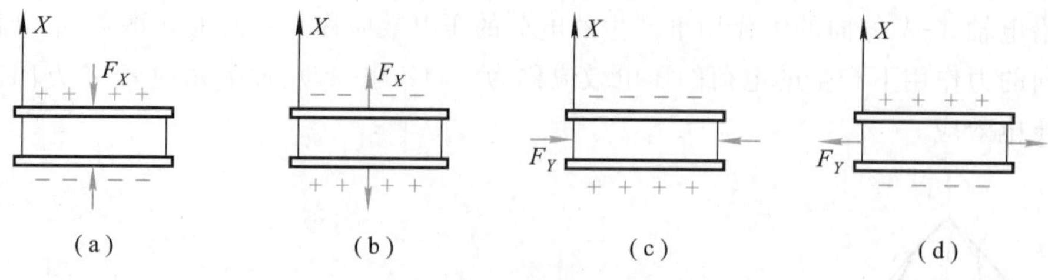

图 3.4.3 晶体切片上的电荷符号与受力方向的关系

2. 压电效应的物理解释

为方便起见,以石英晶体为例阐述压电效应的微观机制。石英晶体的压电效应早在100多年前就已被发现,它之所以至今仍不失为最好的和最重要的压电晶体之一的原因,一方面是它的性能稳定,另一方面是频率温度系数低。压电晶体压电效应的产生,是由于晶格在机械力的作用下发生的形变所引起的。

石英晶体的化学式为 SiO_2,在每一个晶体单元中,它有3个硅离子和6个氧离子,后者是成对的。硅离子有4个正电荷,氧离子有2个负电荷,1个硅离子和2个氧离子交替排列。

石英晶体所以能够产生压电效应,是与它的内部结构分不开的。为了讨论方便,这里,将硅、氧离子的排列等效为图3.4.4(a)中的正六边形排列。图中“⊕”代表 Si^{4+},“⊖”代表 $2O^{2-}$。

当外作用力为0时,正、负离子(即 Si^{4+},$2O^{2-}$)正好分布在正六边形的顶角上,形成3个互成120°夹角的电偶极距 p_1、p_2 和 p_3,如图3.4.4所示。因为 $p=ql$,此时正、负电荷中心重合,电偶极距的矢量和等于0,即 $p_1+p_2+p_3=0$。

当晶体受到沿 X 轴方向 F_X 作用时,晶体沿 X 方向将产生压缩,正、负离子的相对位置也随之发生变化,如图3.4.4(b)虚线所示。此时正、负电荷中心不再重合,电偶极距在 X 方向上的分矢量由于 p_1 减小和 p_2、p_3 的增大而不等于0,即 $(p_1+p_2+p_3)>0$。在 X 轴的正向出现正电荷,电偶极距在 Y 方向上的分矢量仍为0(因为 p_2、p_3 在 Y 方向上的分量大小相等而方向相反),不出现电荷。由于 p_1、p_2 和 p_3 在 Z 轴方向上的分量都为0,不受外作用力的影响,所以在 Z 轴方向上也不出现电荷。

当晶体受到沿 Y 轴方向作用力时,晶体的形变如图3.4.4(c)中虚线所示,与图3.4.4(b)的情况相似,p_1 增大,p_2 和 p_3 减小,在 X 轴的方向出现电荷,它的极性与图3.4.4(b)的情况相反,而在 Y 轴和 Z 轴方向上则不出现电荷。

如果沿 Z 轴方向(即与纸面垂直的方向)上施加作用力,因为晶体在 X 方向和 Y 方向所产生的形变完全相同,所以正、负电荷中心保持重合,电偶极距矢量和等于0。这就表明,沿 Z 轴(光轴)方向施加作用力,晶体不会产生压电效应。

很显然,当作用力 F_X 或 F_Y 的方向相反时,电荷的极性也随之改变。如果对石英晶体的各个方向同时施加相等的力(如液体压力、热应力等),石英晶体也将保持不变。

3.4.2 压电材料

目前,在测压传感器中常用的压电材料有压电晶体、压电陶瓷和压电半导体等,它们各

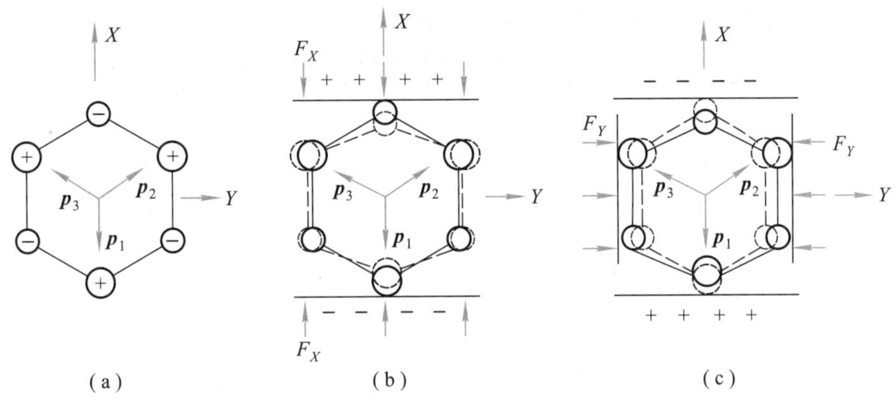

图 3.4.4 石英晶体的压电效应示意图

自有自己的特点。

1. 压电晶体

(1) 石英晶体

石英晶体即二氧化硅(SiO_2),有天然的和人工培育的两种。它的压电系数 $d_{11}=2.31\times10^{-12}$ C/N,在几百摄氏度的温度范围内,压电系数几乎不随温度而变。到 575 ℃时,它完全失去了压电性质,这就是它的居里点。石英的熔点为 1 750 ℃,密度为 2.65×10^3 kg/m^3,有很大的机械强度和稳定的机械性质,可承受高达 $6.8\times10^7\sim9.8\times10^7$ Pa 的应力,在冲击力作用下漂移较小。鉴于上述性质及灵敏度低,没有热释电效应(由于温度变化导致电荷释放的效应)等特性,石英晶体主要用来测量大量值的力或用于准确度、稳定性要求高的场合和制作标准传感器。

(2) 水溶性压电晶体

最早发现的是酒石酸钾钠($NaKC_4H_4O_6\cdot4H_2O$),它有很大的压电灵敏度和高的介电常数,压电系数 $d_{11}=3\times10^{-9}$ C/N。但是酒石酸钾钠易于受潮,它的机械强度低,电阻率也低,因此,只限于在室温(<45 ℃)和湿度低的环境下应用。自从酒石酸钾钠被发现以后,人工已培育出一系列水溶性压电晶体,并且在实际中应用。

(3) 铌酸锂晶体

1965 年,通过人工提拉法制成了铌酸锂的大晶块。铌酸锂($LiNbO_2$)压电晶体和石英相似,也是一种单晶体,它的色泽为无色或浅黄色。由于它是单晶体,所以时间稳定性远比多晶体的压电陶瓷好。它是一种压电性能良好的电-声换能材料,它的居里温度为 1 200 ℃左右,远比石英和压电陶瓷高,所以在耐高温的传感器上有广泛的应用前景。在力学性能方面其各向异性很明显,与石英晶体相比很脆弱,而且热冲击性很差,所以在加工装配和使用中必须小心谨慎,避免用力过猛和急冷急热。

2. 压电陶瓷

压电陶瓷是人工制备的压电材料,它需经外加电场极化处理后才具有很强的压电效应。其种类很多,目前在传感器中应用较多的是钛酸钡和锆钛酸铅,尤其是锆钛酸铅的应用更为广泛。常用压电晶体和压电陶瓷材料性能见表3.4.1。

表3.4.1 常用压电晶体和压电陶瓷材料性能

压电材料			压电陶瓷					压电晶体	
			钛酸钡 $BaTiO_3$	锆钛酸铅系列			铌镁酸铅 DMN	铌酸锂 $LiNbO_3$	石英 SiO_2
				PZT-4	PZT-5	PZT-8			
性能参数	压电系数/(C/N)	d_{15}	260	410	670	410		2 220	$d_{11}=2.31$
		d_{31}	-78	-100	-185	-90	-230	-25.9	$d_{14}=0.73$
		d_{33}	190	200	4.5	200	700	487	
	相对介电常数 ε_r		1 200	1 050	2 100	1 000	2 500	3.9	4.5
	居里点温度/℃		115	310	260	300	260	1 210	573
	密度/($10^3 kg/m^3$)		5.5	7.45	7.5	7.45	7.6	4.64	2.65
	弹性模量/($10^3 Pa$)		110	83.3	117	123		24.5	80
	机械品质因数		300	2 500	80	≥800		105	105~106
	最大安全应力/($10^6 N/m^2$)		81	76	76	83			95~100
	体电阻率/(Ω·m)		10^{10}	10^{10}	10^{10}				$>10^{12}$
	最高允许温度/℃		80	250	250				550

(1) 钛酸钡压电陶瓷

钛酸钡($BaTiO_3$)是由$BaCO_3$和TiO_2两者在高温下合成的,具有较高的压电系数(107×10^{-12} C/N)和介电常数(1 000~5 000),但它的居里点较低,约为120 ℃。此外,强度也不及石英,由于它的压电系数高(约为石英的50倍),因而在传感器中得到了广泛应用。

(2) 锆钛酸铅系压电陶瓷(PZT)

锆钛酸铅是$PbTiO_2$和$PbZrO_3$组成的固溶体$Pb(Zr,Ti)O_3$,它的压电系数(200×10^{-12}~500×10^{-12} C/N)和居里点(300 ℃)较高,各项机电参数随温度、时间等外界条件的变化较小,是目前经常采用的一种压电材料。在锆钛酸铅中的基本配方中,添加1种或2种微量的其他元素如铌(Nb)、锑(Sb)、锡(Sn)、锰(Mn)、钨(W)等,可获得不同性能的PZT材料。

(3) 铌酸盐系压电陶瓷

这一系列是以铁电体铌酸钾($KNbO_3$)和铌酸铅($PbNb_2O_3$)为基础的,铌酸铅具有很高的居里点(570 ℃)和低的介电常数,它的密度为10 kg/cm^3。在铌酸铅中用钡或锶替代一部分铅,可引起性能的根本变化,从而得到具有较高机械品质的铌酸盐系压电陶瓷。

铌酸钾是通过热压过程制成的,它的居里点(435 ℃)也较高,特别适于做10~40 MHz的高频换能器。近年来,铌酸盐系压电陶瓷在水声传感器方面受到了重视,由于它的性能比较稳定,适用于深海水听器。

(4) 铌镁酸铅压电陶瓷(PMN)

铌镁酸铅压电陶瓷是由 $Pb(Mg_{1/3}Nb_{2/3})O_3-PbTiO_3-PbZrO_3$ 三种化合物组成，它是在 $PbTiO_3-PbZrO_3$ 基础上加一定量的 $Pb(Mg_{1/3}Nb_{2/3})O_3$ 而成的，具有较高的压电系数（$d_{33}=800\times10^{-12}\sim900\times10^{-12}$ C/N）和居里点（260 ℃），能承受 7×10^7 Pa 的压力。因此可作为工作在高温下的测力传感器的压电元件。

3. 压电半导体

近年来出现了多种压电半导体如硫化锌（ZnS）、碲化镉（CdTe）、氧化锌（ZnO）、硫化镉（CdS）、碲化锌（ZnTe）和砷化镓（CaAs）等。这些材料的显著特点是：既具有压电特性，又具有半导体特性，有利于将元件和线路集成于一体，从而研制出新型的集成压电传感器的测试系统。

3.4.3 测量电路

当压电式传感器的压电元件受到外作用力时，在两个表面上分别出现等量的正电荷和负电荷 Q，相当于一个以压电材料为介质的有源电容器，其电容量为 C_a。因此，可以把传感器等效成 1 个电荷源与电容相并联的等效电路。由于电容器上的电压 U_a、电荷量 Q 与电容 C_a 的关系为 $U_a=Q/C_a$，故压电式传感器也可以等效为一个电压源和一个电容器 C_a 的串联电路。

实际传感器的输出信号很微弱，而且内阻很高，一般不能直接显示和记录，需要采用低噪声电缆把信号送到具有高输入阻抗的前置放大器。前置放大器有两个作用：一是放大压电传感器微弱的输出信号；二是把传感器的高阻抗输出变换成低阻抗输出。

根据压电传感器的等效电路，它的输出信号可以是电压也可以是电荷，因此，前置放大器也有两种形式：一种是电压放大器，其输出电压与输入电压（传感器的输出电压）成正比；另一种是电荷放大器，其输出电压与输入电荷成正比。

1. 电压放大器

压电传感器接到电压放大器的等效电路，如图 3.4.5(a) 所示。图 3.4.5(b) 是 3.4.5(a) 的等效简化电路。

在图 3.4.5(b) 中，等效电阻 R 和等效电容 C 各为

$$R=\frac{R_aR_i}{R_a+R_i},\ C=C_c+C_i$$

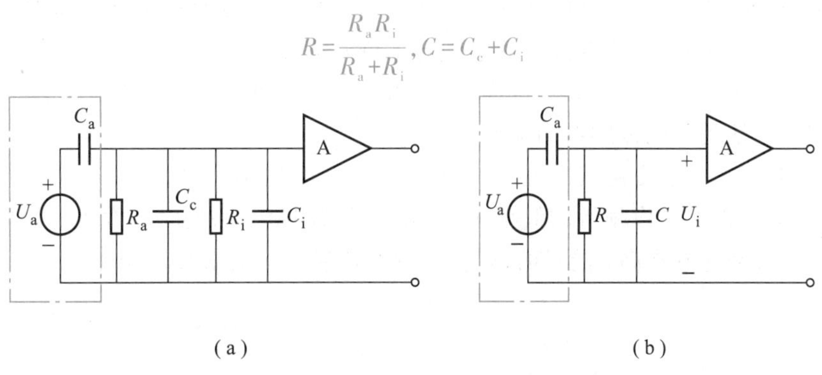

图 3.4.5 压电传感器接至电压放大器的等效图

式中，R_a——压电传感器的泄漏电阻；

R_i——放大器的输入电阻；

C_c、C_i——电缆电容、输入电容。

而

$$U_a=\frac{Q}{C_a}$$

如果压电元件上受到角频率为 ω 的力 F，则可写成

$$F=F_m\sin\omega t \tag{3.4.3}$$

式中，F_m——作用力的幅值。

假设压电元件的材料为压电陶瓷，其压电系数为 d，则在外力作用下压电元件产生的电压值为

$$U_a=\frac{dF_m}{C_a}\sin\omega t \quad 或 \quad U_a=U_m\sin\omega t$$

式中，U_m——电压幅值；$U_m=dF_m/C_a$

由图 3.4.5(b)可得送到放大器输入端的电压

$$U_i=dF\frac{j\omega R}{1+j\omega R(C+C_a)} \tag{3.4.4}$$

由式(3.4.4)可得放大器输入电压的幅值 U_{im} 为

$$U_{im}=\frac{dF_m\omega R}{\sqrt{1+\omega^2R^2(C_a+C_c+C_i)^2}} \tag{3.4.5}$$

输入电压与作用力之间的相位差 φ 为

$$\varphi=\frac{\pi}{2}-\arctan[\omega(C_a+C_c+C_i)R] \tag{3.4.6}$$

令 $\tau=R(C_a+C_c+C_i)$，τ 为测量回路的时间常数，并令 $\omega_0=1/\tau$，则可得

$$U_{im}=\frac{dF_m\omega R}{\sqrt{1+(\omega/\omega_0)^2}}\approx\frac{dF_m}{C_a+C_c+C_i} \tag{3.4.7}$$

由式(3.4.7)可知，如果 $\omega/\omega_0>>1$(即 $\omega\tau>>1$)，也就是作用力的变化频率与测量回路时间常数的乘积远大于1时，前置放大器的输入电压与频率无关。一般认为 $\omega/\omega_0\geqslant 3$，可近似认为输入电压与作用力的频率无关。这说明，在测量回路时间常数一定的条件下，压电传感器高频响应很好。这是压电传感器的优点之一。

但是，当被测动态量变化缓慢，而测量回路时间常数也不大时，就会造成传感器灵敏度下降。因此，为了扩大工作频带的低频端，就必须提高测量回路的时间常数。如果要靠增大测量回路的电容来达到提高 τ 的目的，就会影响到传感器的灵敏度。根据电压灵敏度 K_U 的定义

$$K_U=\frac{U_{im}}{F_m}=\frac{d}{\sqrt{\frac{1}{(\omega R)^2}+(C_a+C_c+C_i)^2}} \tag{3.4.8}$$

因为 $\omega R>>1$,故传感器电压灵敏度 K_U 近似为

$$K_U \approx \frac{d}{C_a+C_c+C_i} \tag{3.4.9}$$

由式(3.4.9)可以看出,传感器电压灵敏度 K_U 是与电容成反比的,若增加回路的电容,必然使传感器的灵敏度下降。为此,常常做成 R_i 很大的前置放大器,放大器输入内阻越大,测量回路时间常数越大,传感器的低频响应也就越好。

当 $(\omega R)^2 \cdot (C_a+C_c+C_i)^2>>1$ 时,放大器的输入电压幅值 U_{im} 近似为

$$U_{im} \approx \frac{dF_m}{C_a+C_c+C_i} \tag{3.4.10}$$

由上式可见,当改变连接传感器与前置放大器的电缆长度时,C_c 将改变,U_{im} 也随之变化,从而使前置放大器的输出电压 $U_o=AU_{im}$ 也发生变化(A 为前置放大器增益),因此,传感器与前置放大器的组合系统输出电压与电缆电容有关。在设计时,常常把电缆长度定为一常值。使用时,如果要改变电缆长度,必须重新校正灵敏度值,否则,由于电缆电容 C_c 的改变将会引入测量误差。

2. 电荷放大器

电荷放大器是一个有反馈电容 C_f 的高增益运算放大器电路。它的输入信号为压电传感器产生的电荷。当略去泄漏电阻,并认为放大器输入电阻 R_i 趋于无穷大时,它的等效电路可用图 3.4.6 来表示。

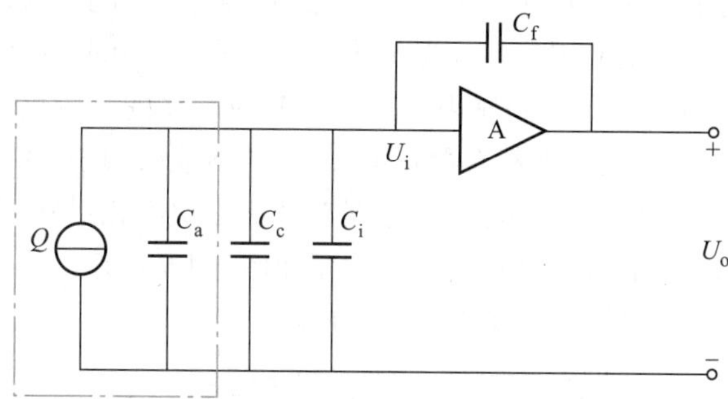

图 3.4.6 电荷放大器原理图

根据运算放大器的基本特性,可以求得电荷放大器的输出电压

$$U_o = \frac{-QA}{C_a+C_c+C_i-C_f(A-1)} = -U_iA \tag{3.4.11}$$

式中,A——放大器的电压放大系数。

当 $A>>1, C_fA>>C_a+C_c+C_i$ 时,则

$$U_o = \left|\frac{Q}{C_f}\right|, \quad U_i \approx \left|\frac{Q}{C_fA}\right| \tag{3.4.12}$$

可见,在电荷放大器中输出电压 U_o 与电缆电容 C_c 无关,而与 Q 成正比,这是电荷放大器的突出优点。

3.4.4 压电式压力及力传感器

利用压电元件做成力-电转换元件的关键是选择合适的压电材料、变形方式、串联或并联的晶片数、晶片的几何形状和合理的传力机构。压电元件的变形方式以利用纵向压电效应的厚度变形为最方便,压电材料的选择取决于被测力的大小、测量精度和工作环境等。结构上大多数采用机械串联,因为机械上并联的片数增加会给加工、安装带来困难。下面介绍几种测力传感器的实例。

1. 压电式三维测力传感器

图 3.4.7 所示是一种压电式三维测力传感器的三组晶体切片的组合情况,可同时测量三个互相垂直的 F_X、F_Y、F_Z力分量。其中上、下两对晶片具有切变压电效应,用来测量水平方向的力 F_X和 F_Y;中间那对为与 X 轴方向成 0°的切片,具有纵向压电效应,用来检测 F_Z,压电元件的接地端用导电片与传感器基座相连。为保证电极接触良好和防止 F_X、F_Y产生的剪切力造成滑移,对压电晶体片要加有足够大的预紧力。

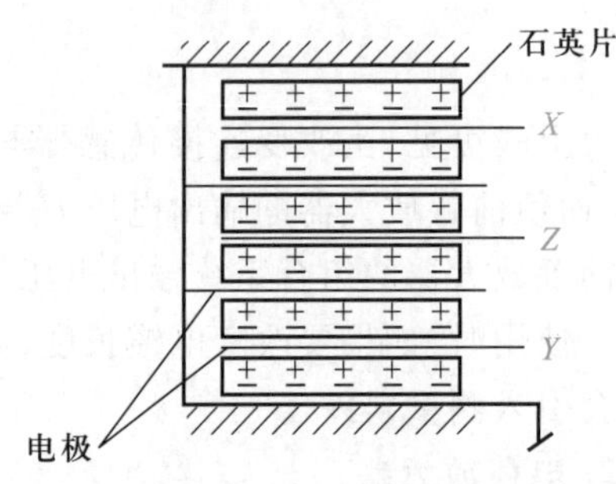

图 3.4.7 压电式三维测力传感器的结构形式

2. 压电式单向测力传感器

图 3.4.8 是压电式单向测力传感器的结构图,这种传感器用于机床动态切削力的测量,晶体片为与 X 轴方向成 0°的切片,上盖为传力元件,厚度为 0.1~0.5 mm,晶片的尺寸为 8 mm×1 mm,最大测力为 500 kg。基座内外底面对其中心线的垂直度,上盖以及晶片、电极的上下底面的平行度与表面光洁度都有严格的要求,否则会使横向灵敏度增加或使晶片因应力集中而过早破碎。为提高绝缘阻抗,传感器部件经多次净化后在超净环境下装配,加盖之后用电子束封焊。LC05 系列压电石英力传感器如图 3.4.9 所示。

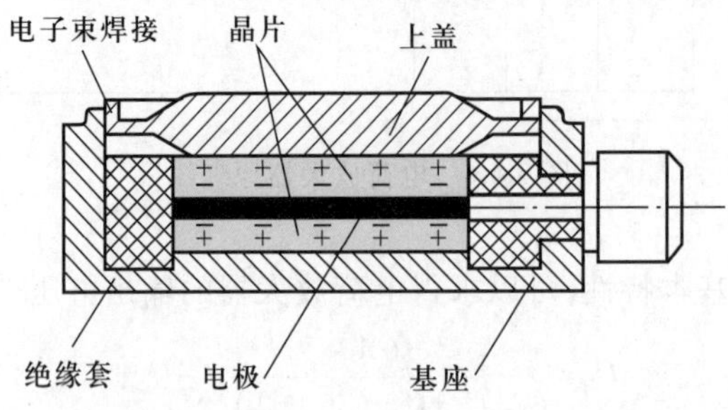

图 3.4.8 压电式单向测力传感器的结构

3. 压电式测量均匀压力传感器

图 3.4.10 是一种测量均匀压力的传感器结构。拉紧的薄壁管对晶体切片施一预载力,而感受外部压力的是由挠性材料做成的很薄的膜片。预载筒外的空腔与冷却系统相连,以保证传感器工作在一定的环境温度条件下,这样就避免了因温度变化造成的预载力变化引

图 3.4.9 LC05 系列压电石英力传感器

起的测量误差。

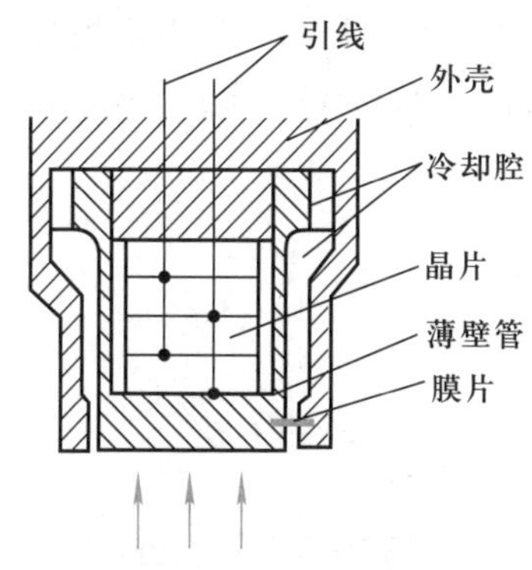

图 3.4.10 压电式测量均匀压力传感器的结构

图 3.4.11 消除振动加速度影响的压力传感器结构

4. 消除振动加速度影响的压力传感器

图 3.4.11 是另一种压力传感器的结构，它采用两个相同的膜片对晶片施加预载力，从而可以消除由于振动加速度引起的附加输出。

这种传感器具有体积小、重量轻、结构简单、工作可靠、测量频率范围宽等优点。合理的设计能使它有较强的抗干扰能力，所以是一种应用较为广泛的测力传感器。但它不能测量频率太低的被测量，特别是不能测量静态参数。因此，目前多用来测量加速度和动态力或动态压力。

3.5 电容式压力传感器

电容式压力及力传感器是将被测量（如尺寸、压力等）的变化转换成电容量的变化的一种传感器。实际上，它本身就是一个可变电容器。目前，从工业生产过程自动化应用来说，有压力、差压、绝对压力、带开方的差压（用于测流量）等品种及高差压、微差压、高静压等规格。

3.5.1 电容式传感器的工作原理

考虑两平行板组成的电容器，忽略边缘效应，其电容量为

$$C=\frac{\varepsilon A}{d} \tag{3.5.1}$$

式中，ε——极板间介质的介电常数，$\varepsilon=\varepsilon_0\varepsilon_r$；

A——极板的遮盖面积；

d——极板间的距离。

当被测量的变化使式中的 d、A 或 ε 任一参数发生变化时，电容量 C 也就随之变化。因此，电容式传感器有三种基本类型，即变极距(d)型、变面积(A)型、变介电常数(ε)型。它们的电极形状有平板形、圆柱形和球面形三种。

1. 变极距型电容式传感器

图 3.5.1 是变极距型电容式传感器的结构原理图。图 3.5.1 中 1、3 为固定极板，2 为可动极板。当可动极板因被测量变化而向上移动 Δd 时，图 3.5.1(a)、(b)结构的电容量增量为

$$\Delta C=\frac{\varepsilon A}{d-\Delta d}-\frac{\varepsilon A}{d}=C_0\frac{\Delta d}{d-\Delta d} \tag{3.5.2}$$

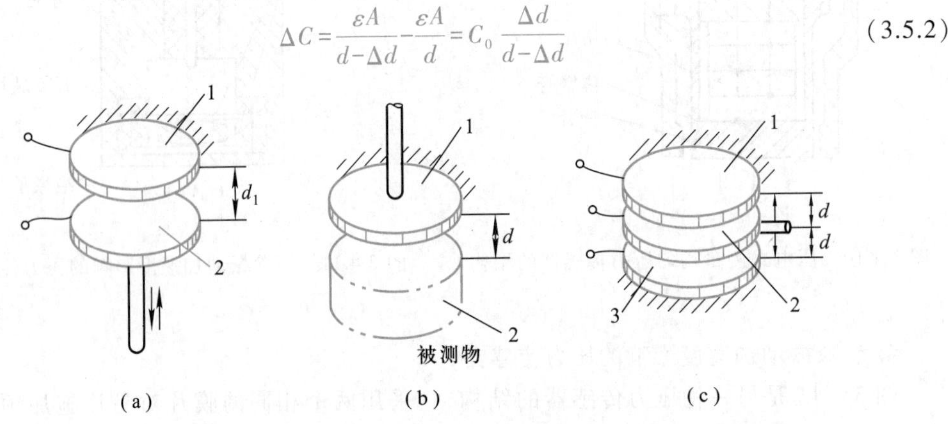

图 3.5.1 变极距型电容式传感器结构原理图

式中，C_0——极距为 d 时的初始电容量。

在实际应用中，为了改善非线性，提高灵敏度和减少外界因素(如电源电压、环境温度等)的影响，电容式传感器常常做成差动形式。

2. 变面积型电容式传感器

图 3.5.2 是变面积型电容式传感器的一些结构示意图，图 3.5.2(a)、(b)、(c)所示为单边式，图(d)所示为差动式，图 3.5.2(a)、(b)所示结构也可做成差动式。与变极距型相比，它们的测量范围大，可测较大的线位移和角位移。图 3.5.2(d)中 1、3 为固定极，2 为可动极。一般情况下，变面积型电容式传感器常做成圆柱形，如图 3.5.2(c)、(d)所示。忽略边缘效应，圆柱形电容器的电容量为

$$C=\frac{2\pi\varepsilon l}{\ln(r_2/r_1)} \tag{3.5.3}$$

式中，l——外圆筒与内圆柱覆盖部分的长度；

r_2、r_1——外圆筒内半径和内圆柱(或圆筒)外半径。

对于单边圆柱形线位移，如图 3.5.2(c)所示，当可动极 2 位移 Δl 时，电容变化量为

$$\Delta C=\left|\frac{2\pi\varepsilon l}{\ln(r_2/r_1)}-\frac{2\pi\varepsilon(l-\Delta l)}{\ln(r_2/r_1)}\right|=\frac{2\pi\varepsilon\Delta l}{\ln(r_2/r_1)}=C_0\frac{\Delta l}{l} \tag{3.5.4}$$

变面积型和变极距型电容式传感器一般采用空气作电介质。空气的介电常数 ε_0 在极宽的频率范围内几乎不变，温度稳定性好，介质的电导率极小，损耗极小。

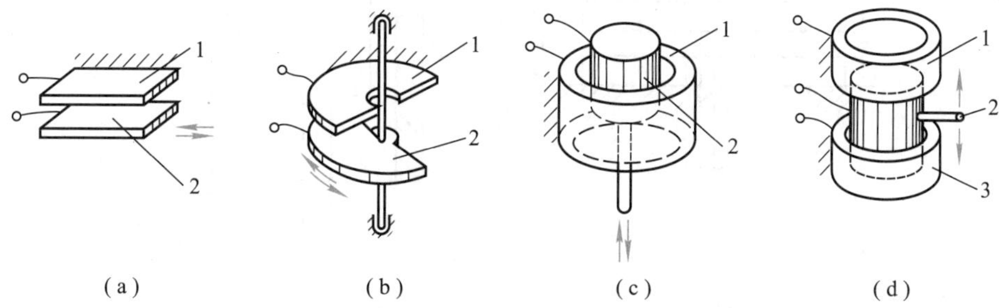

图 3.5.2　变面积型电容式传感器结构原理图

3. 变介电常数型电容式传感器

变介电常数型电容式传感器的结构原理如图 3.5.3 所示。这种传感器多用来测量电介质的厚度，如图 3.5.3(a)所示，测量位移如图 3.5.3(b)所示，测量液位如图 3.5.3(c)所示，还可根据极间介质的介电常数随温度、湿度、容量改变而改变来测量温度、湿度、容量，如图 3.5.3(d)所示。

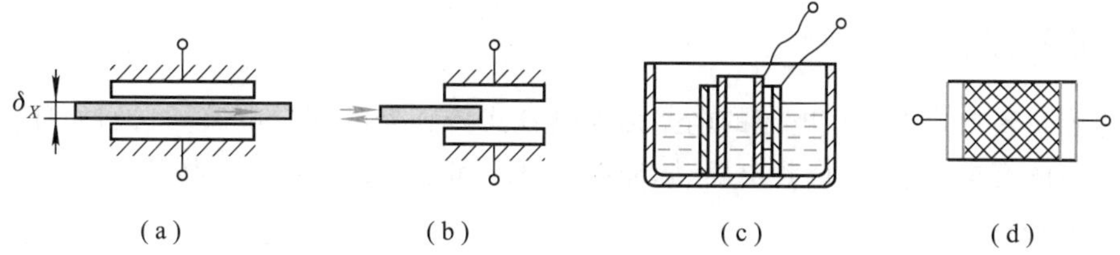

图 3.5.3　变介电常数型电容式传感器结构原理图

3.5.2　差动电容式传感器

在实际压力测量中，常使用差动电容式传感器，不但提高了灵敏度，同时也改善了非线性。图 3.5.4(a)是改变极板间距离的差动电容式传感器原理图，中间一片为动片，两边的两片为定片，当动片移动 x 距离后，一边的间隙为 $d-x$，另一边则变为 $d+x$，输出电容为两者之差，即

$$\Delta C=C_0\frac{d}{d-x}-C_0\frac{d}{d+x}=2C_0\frac{x}{d}\left[1+\left(\frac{x}{d}\right)^2+\cdots\right] \tag{3.5.5}$$

式中，C_0——平衡时初始电容。

由式(3.5.5)可看出，与单个电容输出相比，非线性得到了很大改善，灵敏度也提高了一倍。图 3.5.4(b)是改变极板间遮盖面积的差动电容式传感器的原理图。上、下两个圆筒是定极片，而中间的为动片，当动片向上移动时，与上极片的遮盖面积增加，而与下极片的遮盖

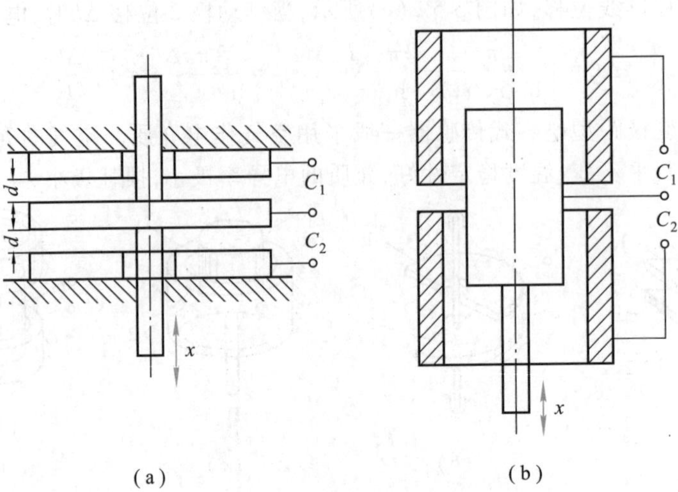

图 3.5.4 差动电容式传感器原理图

面积减小，两者变化的数值相等，传感器输出为两电容之差，由式(3.5.3)可得

$$\Delta C=\frac{2\pi\varepsilon(l+\Delta l)}{\ln(r_2/r_1)}-\frac{2\pi\varepsilon(l-\Delta l)}{\ln(r_2/r_1)}=2C_0\frac{\Delta l}{l} \tag{3.5.6}$$

比较式(3.5.6)和式(3.5.4)可以看出，差动电容式传感器的灵敏度比单边式的提高了一倍。

3.5.3 测量电路

将电容量转换成电压或电流的电路称为电容式传感器的测量电路。它们的种类很多，目前较常用的有电桥电路、调频电路、脉冲调宽电路和运算放大器式电路等。

1. 桥式电路

图 3.5.5(a)、(b)所示为桥式测量电路的单臂接法和差动接法。在图 3.5.5(a)中，高频电源经变压器接到电容桥的一条对角线上，电容 C_1、C_2、C_3、C_x 构成电容桥的四臂，C_x 为电容式传感器，交流电桥平衡时

$$\frac{C_1}{C_2}=\frac{C_x}{C_3} \qquad U_o=0$$

当 C_x 改变时，$U_o\neq 0$ 有电压输出。此种电路常用于液位检测仪中。

在图 3.5.5(b)所示的电路中，接有差动电容式传感器，其输出电压为

$$U_o=\frac{(C_0-\Delta C)-(C_0+\Delta C)}{(C_0-\Delta C)+(C_0+\Delta C)}U=-\frac{\Delta C}{C_0}U \tag{3.5.7}$$

式中，U——工作电压；

C_0——电容式传感器平衡状态的电容值。

2. 紧耦合电桥电路

图 3.5.6 为用于电容测量的紧耦合电桥电路。由紧耦合电桥理论可得在此状态下输出

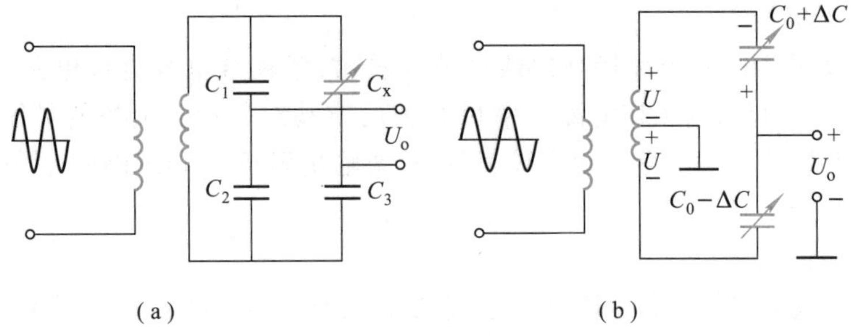

图 3.5.5 电容式传感器的桥式电路

电压 U_o 为

$$U_o=-\frac{\Delta C}{C}U\frac{4\omega_0^2L_0C}{2\omega^2L_0C-1} \tag{3.5.8}$$

式中，ω——电源角频率；

L_0——线圈电感。

在两个 L_0 完全不耦合即非耦合情况下，输出电压 U_o 为

$$U_o=\frac{\Delta C}{C}U\frac{2\omega^2L_0C}{(\omega^2L_0C-1)^2} \tag{3.5.9}$$

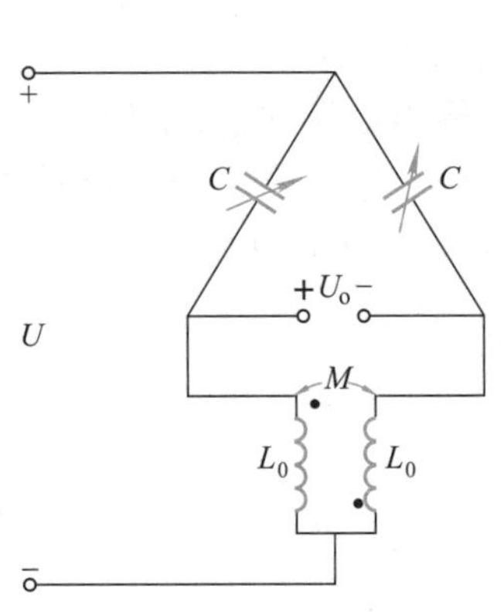

图 3.5.6 紧耦合电桥电路

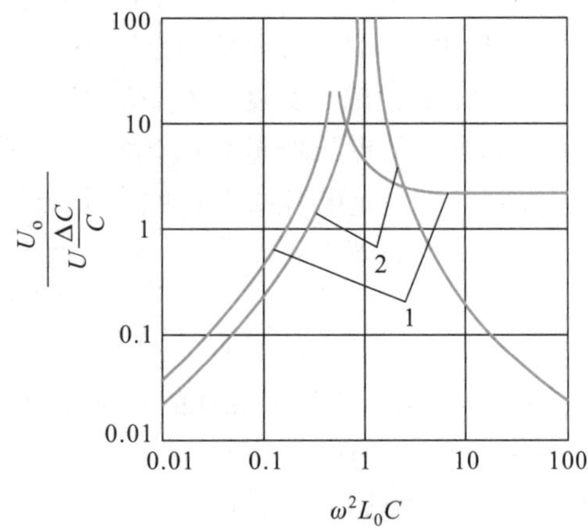

图 3.5.7 差动电容式传感器电桥灵敏度曲线

将上两式电桥灵敏度 $\frac{U_o}{U(\Delta C/C)}$ 随 ω^2L_0C 变化的曲线绘在同一坐标系中，如图 3.5.7 所示，其中曲线 1 是紧耦合电桥，曲线 2 是非耦合电桥。

由图 3.5.7 可以看出，非耦合电桥的谐振发生在 $\omega^2L_0C=1$ 时，其灵敏度最大，随 ω^2L_0C 离开 1 而逐渐减小；紧耦合电桥发生在 $\omega^2L_0C=1/2$ 处，这时灵敏度为最大，随 ω^2L_0C 的减小，灵敏度亦减小。但是当 ω^2L_0C 值大于 1 后，开始时随 ω^2L_0C 增大而减小；当 ω^2L_0C 大于

2后，灵敏度趋于恒值2。

由 $\omega^2L_0C>2$ 的两段灵敏度特性曲线可清楚看出：紧耦合电容电桥电路比非耦合时优越。前者灵敏度为恒值，即工作电源频率和 L_0 值的波动对紧耦合电桥的灵敏度没有影响。上述结论是在理想情况下获得的。实践表明：只要输出阻抗 L_0 和线圈的 Q 值足够大，就可以得到良好的近似。

3. 差分脉冲调宽电路

差分脉冲调宽电路也称脉冲调制电路，它是利用对传感器电容充、放电使电路输出脉冲的宽度随电容式传感器的电容量变化而变化，然后通过低通滤波器就能得到对应被测量变化的直流信号。

图3.5.8为差分脉冲调宽电路原理图，图中 C_1、C_2 为差分式传感器的2个电容，初始电容值相等；A_1、A_2 是2个比较器，U_R 为其参考电压。当接通电源时，双稳态触发器的 Q（即A点）为高电位，$\bar{Q}$ 为低电位。因此，A点通过 R_1 对 C_1 充电，直至F点的电位等于参考电压 U_R 时，比较器 A_1 输出脉冲，使双稳态触发器翻转，Q 变为低电位，$\bar{Q}$（即B点）变为高电位。此时F点电位 U_R 经二极管 VD_1 迅速放电至0，同时B点高电位经 R_2 向 C_2 充电，当G点电位充至 U_R 时，比较器 A_2 输出脉冲，使双稳态触发器再一次翻转，Q 又变为高电位。如此周而复始，则在A、B两点分别输出宽度受 C_1、C_2 调制的矩形脉冲。

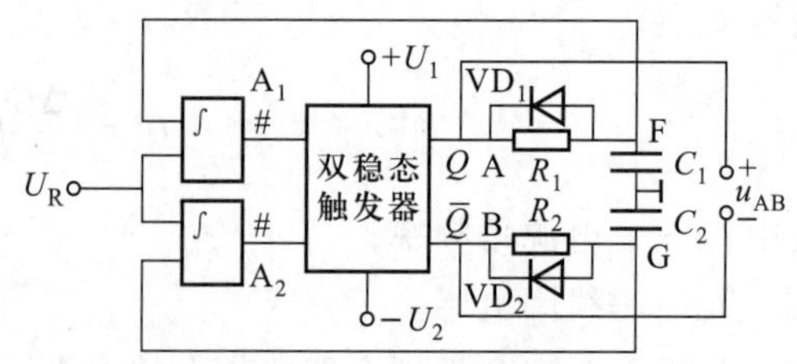

图3.5.8 差分脉冲调宽电路原理图

当 $C_1=C_2$ 时，各点的电压波形如图3.5.9（a）所示，输出电压 u_{AB} 的平均值为零。但当 C_1、C_2 值不相等时，C_1、C_2 充电时间常数就发生变化，若 $C_1>C_2$，则各点电压波形如图3.5.9（b）所示，输出电压 u_{AB} 的平均值不为0。u_{AB} 经低通滤波后，就可得到一直流电压 U_O 为

$$U_O=U_A-U_B=\frac{T_1-T_2}{T_1+T_2}U_1 \tag{3.5.10}$$

式中，U_A、U_B——A点和B点矩形脉冲的直流分量；

T_1、T_2——C_1 和 C_2 的充电时间；

U_1——触发器输出的高电位。

电容 C_1 和 C_2 的充电时间为

$$T_1=R_1C_1\ln\frac{U_1}{U_1-U_R} \qquad T_2=R_2C_2\ln\frac{U_1}{U_1-U_R}$$

设 $R_1=R_2=R$，则得

$$U_O=\frac{C_1-C_2}{C_1+C_2}U_1 \tag{3.5.11}$$

因此，输出的直流电压与传感器两电容差值成正比。

差分脉冲调宽电路与电桥电路相比，只采用直流电源，无需振荡器，也就不存在对载波波形纯度等的要求。输出信号一般为100 kHz~1 MHz的矩形波，只要配置一个低通滤波器

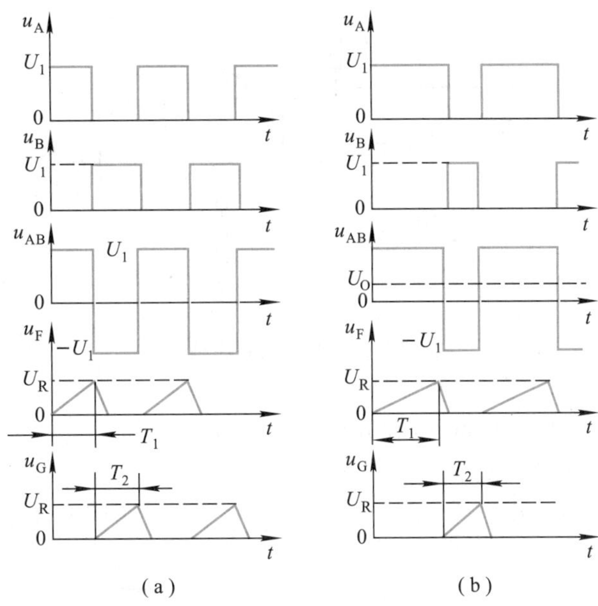

图 3.5.9 差分脉冲调宽电路各点电压波形

就能得到直流信号,对矩形波的纯度要求不高,也不需要相敏检波器,从而避免了伴随而来的线性问题。虽然对直流电源的电压稳定度要求较高,但比高稳定度的稳频稳幅交流电源易于做到。

4. 调频电路

将电容式传感器接入高频振荡器的 LC 谐振回路中,作为回路的一部分,当被测量使电容变化时,就使振荡频率产生相应变化。由于振荡器的频率受电容式传感器的电容调制,故称调频电路。

图 3.5.10 所示为调频电路原理图,图中 C_1 为固定电容,C_2 为寄生电容,C_0 为传感器初始电容,ΔC 为由被测量变化引起的电容,则调谐回路的电容 $C=C_1+C_i+C_0\pm\Delta C$,而且外接电容 $C_2=C_3>>C$,则

$$f=\frac{1}{2\pi\sqrt{LC}}=\frac{1}{2\pi\sqrt{L(C_1+C_2+C_0+\Delta C)}} \tag{3.5.12}$$

调频电路的灵敏度较高,可测至 0.01 μm 级位移变化量;频率输出易于得到数字输出而不需用 A/D 转换器;能获得高电平(伏特级)直流信号,抗干扰能力强,可以发送、接收实现遥测遥控。但调频电路的频率受温度和电缆电容影响较大,需采取稳频措施,电路较为复杂,频率稳定度也不可能很高,约为 10^{-5},因此精度为 0.1%~1%。调频电路输出非线性较大,需用线性化电路进行补偿。

5. 运算放大器电路

将电容式传感器接入运算放大器电路中,作为电路的反馈元件而构成的测量电路如图 3.5.11 所示。图中,U 是交流电源电压,C 是固定电容,C_x 是传感器电容,U_o 是输出信号电

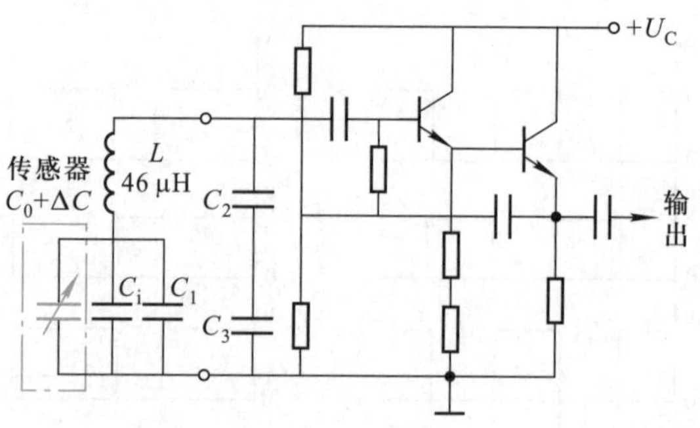

图 3.5.10 调频电路原理图

压。由运算放大器的工作原理可知，在开环放大倍数为 A 和输入阻抗 Z_i 较大的情况下

$$U_o=-\frac{1/(\mathrm{j}\omega C_x)}{1/(\mathrm{j}\omega C)}U=-\frac{C}{C_x}U \tag{3.5.13}$$

以 $C_x=\varepsilon A/d$ 代入，可得

$$U_o=-\frac{UC}{\varepsilon A}d \tag{3.5.14}$$

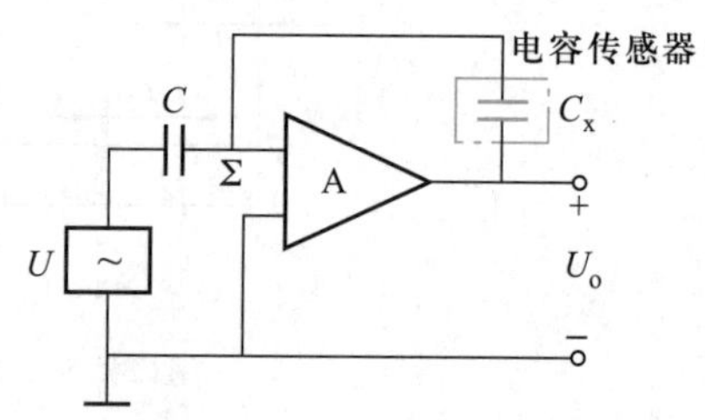

图 3.5.11 运算放大器电路原理图

式中，负号表示输出电压 U_o 与 U 的相位相反。

式(3.5.14)说明，U_o 与 d 是线性关系，它表明运算放大器电路能克服变极距型电容式传感器 C 与 d 的非线性关系，但要求 A 和 Z_i 足够大。为保证测量精度，还要求电源电压 U 的幅值和固定电容 C 的容量稳定。

3.5.4 电容式压力传感器

电容式传感器不但应用于压力、差压力、液压、料位、成分含量等热工参数测量，也广泛应用于位移、振动、加速度、荷重等机械量的测量。

1. 电容式差压传感器

电容式差压传感器的核心部分如图 3.5.12 所示。将左右对称的不锈钢基座 2 和 3 的外侧加工成环状波纹沟槽，并焊上波纹隔离膜片 1 和 4。基座内侧有玻璃层 5，基座和玻璃层中央都有孔。玻璃内表面磨成凹球面，球面除边缘部分外镀以金属膜 6，此金属膜层为电容的定极板并有导线通往外部。左右对称的上述结构中央夹入并焊接弹性平膜片，即测量膜片 7 为电容的中央动极板。测量膜片左右空间被分隔成两个室，故有两室之称。

在测量膜片左右两室中充满硅油，当左右隔离膜片分别承受高压 P_H 和低压 P_L 时，硅油的不可压缩性和流动性便能将差压 $\Delta P=P_H-P_L$ 传递到测量膜片的左右面上。因为测量膜片在焊接前加有预张力，所以，当 $\Delta P=0$ 时处于中间平衡位置并十分平整，此时定极板左右两电容的电容值完全相等，即 $C_H=C_L$，电容量的差值等于 0。当有差压作用时，测量膜片发生变形，也就是动极板向低压侧定极板靠近，同时远离高压侧定极板，使得电容 $C_L>C_H$。这就是差动电容式传感器对压力或差压的测量工作过程。

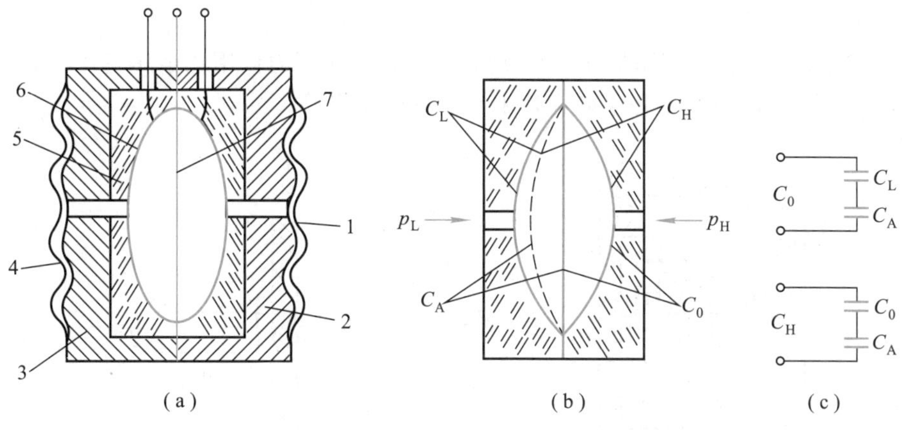

图 3.5.12 两室结构的电容式差压传感器

此种电容式差压传感器的特点是:灵敏度高,线性好,并减少了由于介电常数 ε 受温度影响引起的不稳定性。

下面介绍在实际测量中使用该传感器测量压力(表压力和绝对压力)的两种方式,如图 3.5.13 所示。表压测量采用以大气压为基准测容器内压力的方法;绝对压力的测量是采用以绝对真空为基准而测容器内压力的方法。二者基本原理相同,所不同的是表压传感器将低压侧制成对应大气压开口的结构;而绝对压力测量则把低压侧设计成真空室的结构。该传感器能实现高可靠性的简单盒式结构,测量范围为$(-1\sim5)\times10^{7}$ Pa,可在$-40\sim+100$ ℃的环境温度下工作。

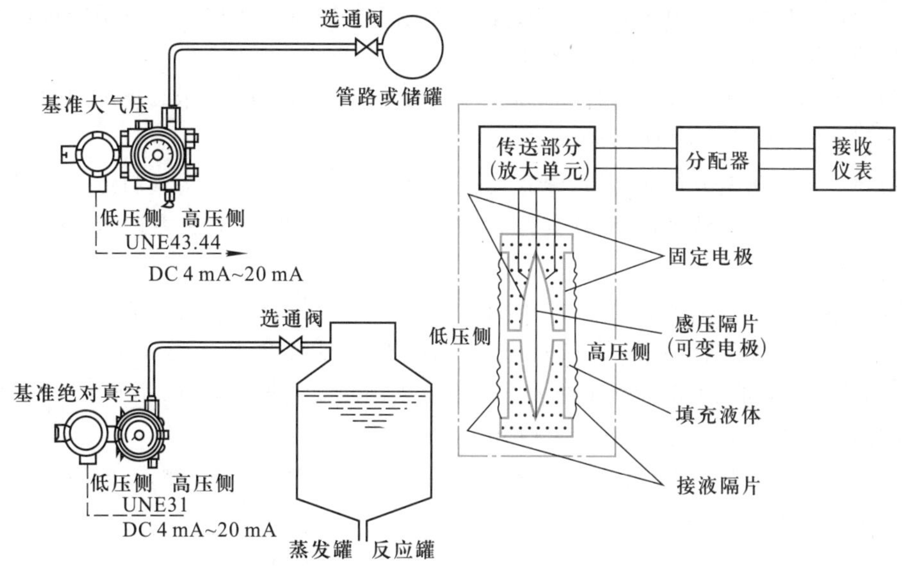

图 3.5.13 表压力和绝对压力测量

2. 变面积电容式压力传感器

这种传感器的结构原理图如图 3.5.14(a)所示。被测压力作用在金属膜片 1 上,通过中心柱 2、支撑簧片 3 使可动电极 4 随膜片中心位移而动作。

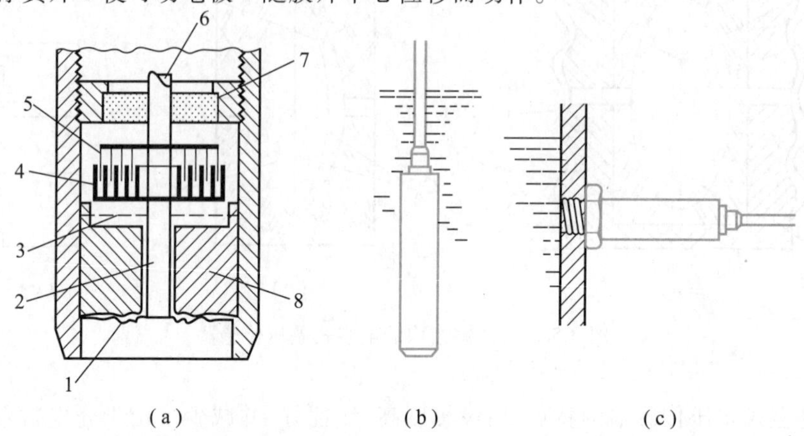

1—金属膜片;2—中心柱;3—支撑簧片;4—可动电极;5—固定电极;
6—固定电极的中心柱;7—绝缘支架;8—挡块

图 3.5.14 变面积电容式压力传感器

可动电极 4 和固定电极 5 都是由金属材质切削成的同心环形槽构成的,有套筒状突起,断面呈梳齿形,两电极交错重叠部分的面积决定电容量。

固定电极 5 的中心柱 6 与外壳间有绝缘支架 7,可动电极 4 则与外壳连通。压力引起的极间电容变化由中心柱 6 引至电子线路,变为直流信号 4~20 mA 输出。电子线路与上述可变电容安装在同一外壳中,整体小巧紧凑。

此种传感器可利用软导线悬挂在被测介质中,如图 3.5.14(b)所示。也可用螺纹或法兰安装在容器壁上,如图 3.5.14(c)所示。

金属膜片为不锈钢或加镀金层,使其具有一定的防腐能力,外壳为塑料或不锈钢。为保护膜片在过大压力下不致被损坏,在其背面有带波纹表面的挡块 8,压力过高时膜片与挡块贴紧可避免变形过大。

这种传感器的测量范围是固定的,不能随意迁移,而且因其膜片背面为无防腐能力的封闭空间,不可与被测介质接触,故只限于测量压力,不能测压差。膜片中心位移不超过 0.3 mm,其背面无硅油,可视为恒定的大气压力。采用两线制连接方式,由直流 12~36 V 供电,精度为 0.25~0.5 级。允许在-10~+150 ℃环境中工作。

除用于一般压力测量之外,这种传感器还常用于开口容器的液位测量,即使介质有腐蚀性或粘稠不易流动,也可使用。

3.6 霍尔式压力计

霍尔式压力计是利用霍尔元件测量弹性元件变形的一种电测压力计,它结构简单,体积小,频率响应宽,动态范围(输出电动势的变化)大,可靠性高,易于微型化和集成电路化。但信号转换效率低,温度影响大,使用于要求转换精度高的场合必须进行温度补偿。

3.6.1　霍尔效应

能够产生霍尔效应的器件称为霍尔元件,它是由半导体材料制成的薄片,常用的材料有锗、锑化铟和砷化铟。如图 3.6.1 所示的霍尔元件,若在它的两端通过控制电流 I,并在薄片的垂直方向上施加磁感应强度为 B 的磁场,那么在垂直于电流和磁场的方向上(即霍尔元件输出端之间)将产生电动势 U_H(霍尔电动势),这种现象称为霍尔效应。

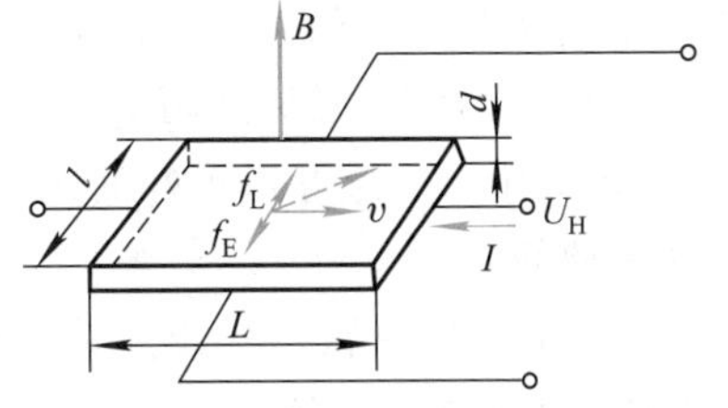

图 3.6.1　霍尔效应原理图

霍尔效应的产生是由于运动电荷受磁场中洛伦兹力作用的结果。假设在 N 型半导体薄片中通以控制电流 I,那么半导体中的载流子(电子)将沿着和电流相反方向运动。若在垂直于半导体薄片平面的方向加以磁场 B,则由于洛伦兹力的作用,电子向一边偏转(见图中虚线方向),并使该边积累电子;而另一边则积累正电荷,于是产生电场。该电场阻止运动电子的继续偏转。当作用在电子上的电场力与洛伦兹力相等时,电子的积累达到动态平衡。这时,在薄片两横端面之间建立的电场称为霍尔电场,相应的电动势就称为霍尔电动势 U_H,其大小为

$$U_H = \frac{R_H IB}{d} \tag{3.6.1}$$

式中,R_H——霍尔常数;

I——控制电流;

B——磁感应强度;

d——霍尔元件的厚度。

霍尔元件的特性经常用灵敏度 K_H 表示,即

$$K_H = \frac{R_H}{d} \tag{3.6.2}$$

此时

$$U_H = K_H IB \tag{3.6.3}$$

式(3.6.3)表明,霍尔电动势的大小正比于控制电流 I 和磁感应强度 B 的乘积及灵敏度 K_H。灵敏度 K_H 表示霍尔元件在单位磁感应强度和单位控制电流下输出霍尔电动势的大小,一般要求它越大越好。霍尔元件的灵敏度 K_H 大小与元件材料的性质和几何尺寸有关。由于半导体(尤其是 N 型半导体)的霍尔常数 R_H 要比金属的大得多,实际应用中都是采用半导体材料制作的霍尔元件。此外,元件的厚度 d 对灵敏度的影响也很大,元件的厚度越薄,灵敏度就越高,所以霍尔元件一般都比较薄。

由式(3.6.3)还可以看出,当控制电流的方向或磁场的方向改变时,输出电动势的方向也将改变。但当磁场与电流同时改变方向时,霍尔电动势并不改变原来的方向。

3.6.2 霍尔式压力计工作原理

由式(3.6.3)可见,在控制电流不变的情况下,霍尔电动势 U_H 与磁感应强度 B 成正比。如果设法形成一个线性不均匀磁场,并且使霍尔元件在这个磁场中移动,这时将输出一个与位移大小成正比的霍尔电动势。采用两个相同的磁铁,如图 3.6.2 所示布置,就可以得到一个线性的不均匀磁场。两个磁极间的磁感应强度分布曲线如图3.6.2所示。为得到较好的线性分布,磁极端面做成特殊形状的磁靴。

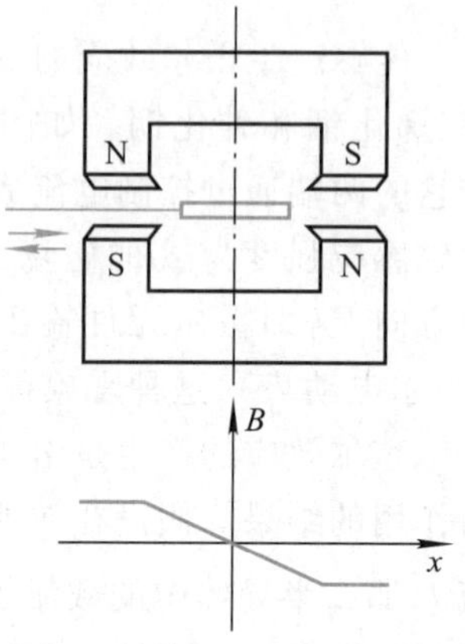

图 3.6.2 产生线性磁场的磁极

图 3.6.3 是一霍尔式压力计结构原理图。霍尔元件直接与弹性元件(弹簧或膜盒等)的位移输出端相连接,弹性元件是一个膜盒。当被测压力发生变化时,膜盒顶端芯杆将产生位移,推动带有霍尔片的杠杆,霍尔片在由四个磁极构成的线性不均匀磁场中运动,使作用在霍尔元件上的磁场变化。因此,输出的霍尔电动势也随之变化。当霍尔片处于两对磁极中间对称位置时,由于在霍尔片两部分通过的磁通量大小相等、方向相反,所以总的输出电动势等于 0。当在压力的作用下使霍尔元件偏离中心平衡位置时,由于非均匀磁场,这时霍尔元件的输出电动势就不再是 0,而是与压力大小有关的某一数值。由于磁场是线性分布,所以霍尔元件的输出随位移(压力)的变化也是线性的。由图 3.6.3 中可见,被测压力等于 0 时,霍尔元件平衡,当输入压力是正压时,霍尔元件向上运动;当输入压力是负压时,霍尔元件向下运动,此时输出的霍尔电动势符号也发生变化。

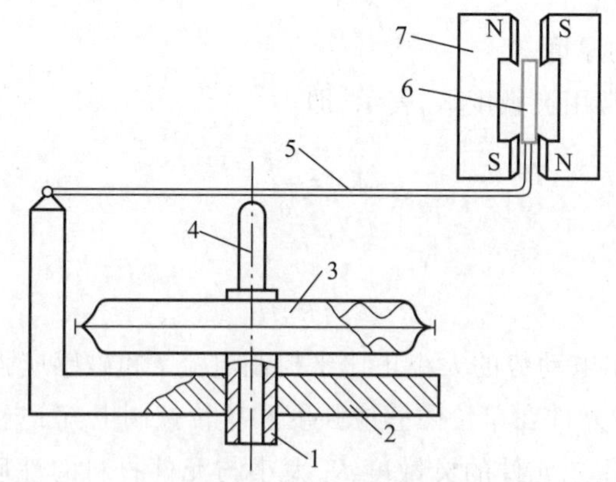

1—管接头;2—基座;3—膜盒;4—芯杆;5—杠杆;6—霍尔元件;7—磁铁

图 3.6.3 霍尔式压力计

3.6.3 霍尔式压力计的误差及补偿

霍尔式压力计的误差主要由两部分组成,第一部分是弹性元件的变换误差;第二部分是霍尔元件的变换误差。下面重点分析由于霍尔元件某些特性引起的误差及修正措施。

1. 不等位电动势及其补偿

如图 3.6.4 所示,霍尔电动势是从电极 c、d 上引出的,在制作中,工艺上不可能保证霍尔电极 c、d 完全位于同一个等位面上,如图 3.6.4(a)所示,虽然 a、b 极间通以控制电流后,得到均匀平行的等位线,但由于引出电极不在同一等位线上,或者如图 3.6.4(b)所示,由于制造霍尔片的材料不均匀,造成等位线不均匀,也使引出电极不在同一等位线上。由于以上两种原因,霍尔片中只要通以电流,就会在 c、d 两电极间出现电位差,这个电位差就称为不等位电动势。

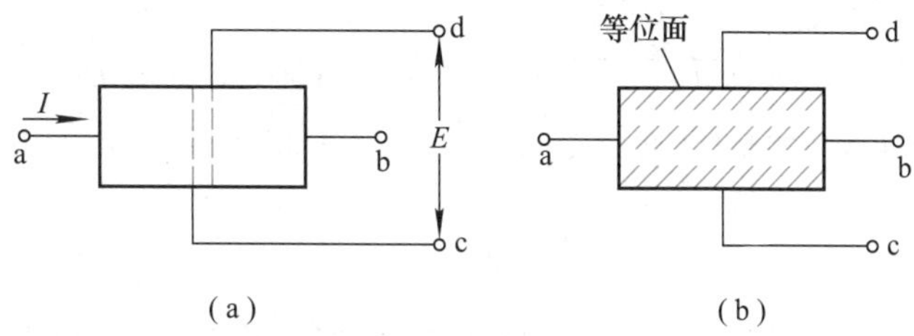

图 3.6.4 不等位电动势产生示意图

在使用中为了克服不等位电动势,可以应用桥路原理对不等位电动势进行补偿,图 3.6.5给出了几种常用的不等位电动势的补偿电路。

2. 霍尔电动势的温度系数

引起霍尔电动势随温度变化的因素很多,主要包括温差电动势和灵敏度系数随温度变化两种情况。霍尔片与引出电极一般都是由不同性质的材料制成,当各接点温度不同时,将产生热电动势。在实际应用中,由于接触电阻不同、材料不均匀、散热条件不同都可能造成霍尔元件温度场的不均匀,这就是产生温差电动势的根源。

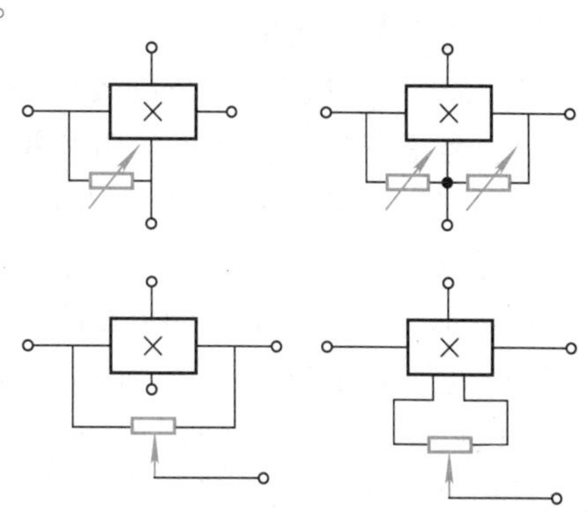

图 3.6.5 霍尔元件几种不等位电动势的补偿电路

为减小温差电动势,除制作工艺应予以保证外,使用中还应保持良好的散热条件。

另一个引起霍尔电动势随温度变化的因素就是温度对灵敏系数的影响。由于霍尔元件材料的电阻率、载流子浓度都随温度变化,所以,霍尔元件的一些性能也随温度变化。图 3.6.6给出了各种材料霍尔电动势随温度变化的曲线,图中 U_{Ht} 和 U_{H0} 分别表示在温度为 t 和 0 ℃时的霍尔电动势。由图可见,锑化铟(InSb)受温度影响最明显,而硅(Si)受温度影响最小。

3. 温度对内阻的影响

霍尔片是由半导体材料制成的，所以温度变化对霍尔元件的内阻影响很大。不同材料霍尔元件的内阻与温度的关系曲线示于图 3.6.7 中，图中，R_t和 R_0分别表示温度为 t 和 0 ℃时的内阻。由图可知，温度对内阻的影响与对霍尔电动势的影响有相近的趋势。锑化铟(InSb)对温度最敏感，而砷化铟(InAs)的温度敏感度最小。

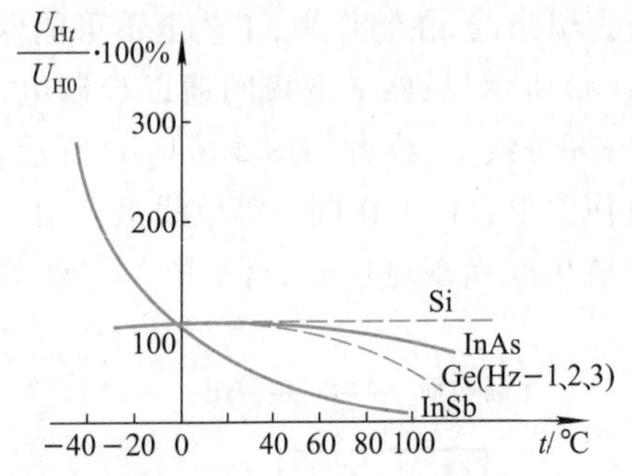

图 3.6.6 霍尔电动势随温度变化的关系曲线

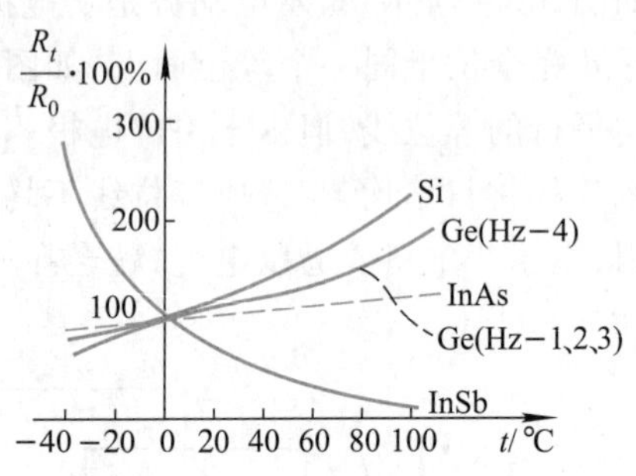

图 3.6.7 霍尔元件内阻与温度关系

4. 温度补偿

由前述可知，温度不但影响霍尔电动势的输出，还影响输入、输出电阻的大小，也就是说，温度是霍尔元件最主要的误差来源。

温度对输入阻抗的影响最好是采用恒流源供电的方法加以补偿。由于采用了恒流源供电，尽管输入阻抗发生了变化，但是控制电流 I 不变化。这样就可以保证输入阻抗的变化不会影响霍尔电动势的输出。

图 3.6.8 是一种既简单、补偿效果又好的补偿线路的等效电路。考虑霍尔元件输入电阻和霍尔电动势两个温度系数都为正的补偿问题，图中 R_L为负载电阻，U_L是输出电压。当温度升高时，霍尔元件输入阻抗 R_i将增加，显然由于 R_i的增加将导致在 R_L上的电压降 U_L相应地减小。另外，由于 U_H也具有正温度系数，即温度升高时 U_H也将增加，这样又会使 U_L增加。这两个温度影响因素在 R_L上的影响正好相反，如果适当选择 R_L的大小，影响可以互相抵消。

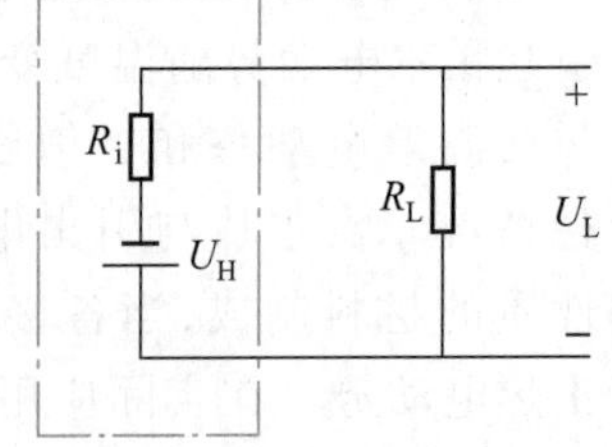

图 3.6.8 霍尔元件输出等效电路

在 0 ℃时输出回路的电流为

$$I_0=\frac{U_H}{R_i+R_L} \tag{3.6.4}$$

负载上的压降为

$$U_L=R_LI_0=\frac{R_L}{R_i+R_L}U_H \tag{3.6.5}$$

当温度为 t 时，输出回路电流将为

$$I_t=\frac{U_{Ht}}{R_{it}+R_L}=\frac{U_H(1+\alpha t)}{R_i(1+\beta t)+R_L} \tag{3.6.6}$$

式中,α——霍尔电动势温度系数;

β——霍尔片输出阻抗温度系数。

此时相应的输出电压为

$$U_{Lt}=R_LI_t=R_L\frac{U_H(1+\alpha t)}{R_i(1+\beta t)+R_L} \tag{3.6.7}$$

如果要求完全补偿,应满足

$$U_L=U_{Lt} \tag{3.6.8}$$

将式(3.6.5)、式(3.6.7)代入式(3.6.8),则有

$$\frac{R_L}{R_i+R_L}U_H=\frac{R_LU_H(1+\alpha t)}{R_i(1+\beta t)+R_L} \tag{3.6.9}$$

将式(3.6.9)简化,则得

$$R_L=R_i\frac{\beta}{\alpha} \tag{3.6.10}$$

对于某一选定的霍尔元件,R_i、α、β 都是已知的,所以正确地选用负载电阻即可对温度影响实现自动补偿。例如,对于 HZ-4 型霍尔元件,输入电阻 $R_i=40\ \Omega$,$\alpha=0.03\%$,$\beta=0.3\%$,则负载电阻选为

$$R_L=40\times\frac{0.3\%}{0.03\%}\ \Omega=400\ \Omega$$

实际测量中,在要求较高时,有时采用恒温的方法,它不但解决了霍尔元件的温度误差问题,同时也解决了弹性元件的温度误差问题。

3.6.4 霍尔式压力计

图 3.6.9 所示的霍尔式压力计由两部分组成:一部分是弹性元件,用它来感受压力,并把压力转换成位移量;另一部分是霍尔元件与磁体系统。通常把霍尔元件固定在弹性元件上,这样当弹性元件产生位移时,将带动霍尔元件在具有均匀梯度的磁场中运动。从而产生霍尔电动势,完成将压力或压差变换为电量的任务。图 3.6.9 所示的霍尔式压力计的磁路系统由两块宽度为 11 mm 的半环形五类磁钢组成,两端都是由工业纯铁构成极靴,极靴工作端尺寸为 9 mm×11 mm,气隙宽度为 3 mm,极间间隙为 4.5 mm,采用 HZ-3 型锗霍尔元件,励磁电流为 10 mA,小于额定电流的原因是为了降低元件的温升。其位移量在±1.5 mm 范围内输出的霍尔电动势值约为±20 mV。

一般来说,任何非电量只要能转换成位移量的变化,均可利用霍尔式位移传感器的原理变换成霍尔电动势。

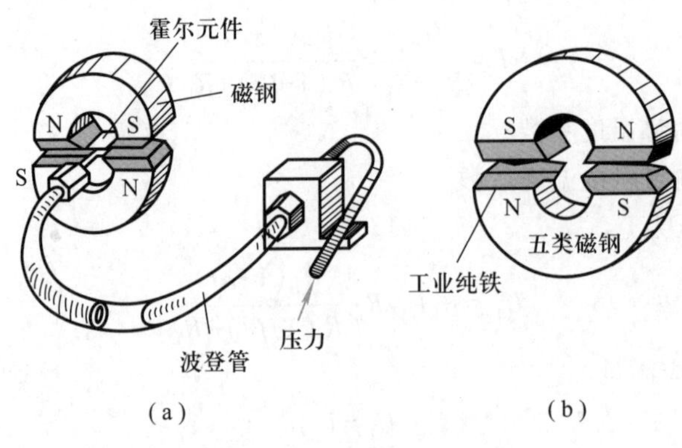

图 3.6.9　霍尔式压力计及磁钢外形

3.7　电　子　秤

电子秤作为各种工业过程中物料流动的在线控制工具显得越来越重要。电子秤既能在产品制造过程中起到优化生产和提高产品质量的作用，又能把有关生产过程中物料流动的数据加以采集并传送到数据处理中心，作为在线库存控制和财务结算之用。因此有很好的应用前景，具有广泛的市场。下面简述其原理及简单应用。

3.7.1　电子秤的原理

在许多机械秤中，一般的工作原理是用已知质量的砝码去平衡未知的质量，这种质量对质量的比较使这类秤与地球引力无关。因此，这类秤移到引力不同的地方时不需要改变校准值。

采用秤重传感器的电子秤，基本上是测量质量受到地球引力的作用而产生的力。由于引力随海拔高度而变化，当电子秤移到引力不同的地方时，必须对该秤重新校准。

设计机械秤首要的是杠杆放大系统，系统中载重架上比较小的垂直偏移经放大后在秤的刻度盘上形成很大的指针偏转。然而载重架的偏移通常很大，所以不允许机械秤装在工业过程的设备中。

相反，用于电子秤的秤重传感器的压缩量通常可以忽略不计，因而在实践中可以安装在工业过程中的任何地方。

如上所述，秤重传感器把机械力转换成一个电学量，如电阻的变化、磁性的变化或频率的变化等。由秤重传感器来的电信号经放大处理后，在模拟指针仪表或记录器上给出偏转量，或通过模数转换后在数字显示器上显示，或同时输入到电子数据处理系统。

微处理机在秤重电子线路中被广泛使用之前，所有这些问题必须通过硬件来解决。最终的准确度取决于对所用器件、电源和放大器的要求，尤其是直接影响准确度的传感器供桥电源必须稳定。大多数系统中电桥电路采用直流供电，放大器的长期稳定性就成为很大的问题。图 3.7.1 所示为一个比较简单的秤重系统框图。

秤重传感器(LC)通过接线盒(J)连接到供桥电源单元(BS)。从秤重传感器来的模拟

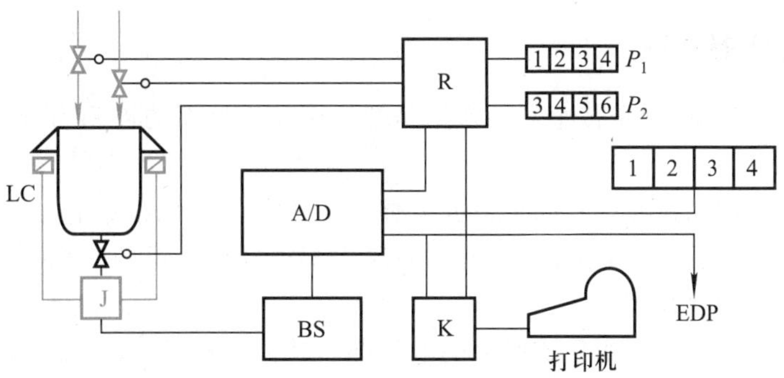

图 3.7.1 简单的称重系统框图

信号在模数转换器(A/D)中进行转换,重量值在数字显示器(D)上显示出来。打印机通过键盘和顺序单元(K)与系统连接,通过编程和继电器单元(R)实现配料,设定值(P_1)和(P_2)与 A/D 转换器输出的数字重量值也在继电器单元(R)中比较。当重量值达到设定值时,继电器单元(R)使阀门关闭,带有原料编号的重量值在打印机上被打印出来,并传输到电子数据处理系统(EDP)中。

在现代微处理机系统中,所有这些都由软件来实现,并使顺序控制、数据处理等具有不同级别的灵活性。当然,输出信号去控制阀门、电动机的起动器、给料器等仍然需要通过继电器或通过大功率晶体管或晶闸管。但整个系统的价格自从使用微处理机以来,已有了相当大的下降。

图 3.7.2 示出了采用微型计算机与上述相类似的秤重系统。重量值可通过键盘(K)或从卡片读入器(PR)或从电子数据处理系统(EDP)送入微型计算机。设定值和实际值的比较在微型计算机中进行,阀门通过联锁单元(IL)开启和关闭。这种系统的灵活性实际上是不受限制的,仅取决于软件设计。

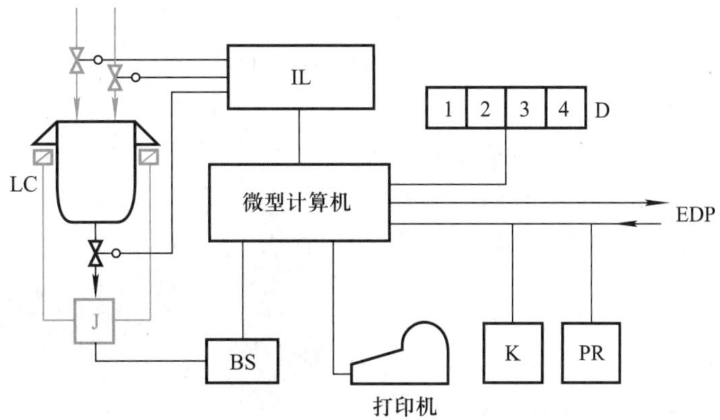

图 3.7.2 微型计算机秤重系统

不仅有许多电子秤重设备制造厂制作它们自己的电子装置和秤重传感器,而且还有许多公司专门制造非常先进的电子秤重传感器或专做高质量的秤重传感器。

3.7.2 秤重传感器原理

在电子秤重系统中,秤重传感器的作用是把作用在它上面的被测力准确地转换成相应的电信号。

秤重传感器根据制作原理不同可以分为感应式、电容式、压磁式、振弦式和应变式等,而压磁式、振弦式和应变式传感器在电子秤重系统中都得到了广泛的应用。下面以振弦式秤重传感器为例进行简要介绍。

目前振弦式传感器主要用于实验室的电子秤和其他小秤,以及工业上的平台秤和皮带秤等,图 3.7.3 是它的工作原理图。振弦放在两个永久磁铁的气隙内,每根振弦都与使振弦按固有频率振荡的电子振荡回路相连。用参考质量对两根振弦预加负荷,当未知负荷通过角度为 θ 的弦线施加于负荷连接点 D 时,左弦将受到增强的张力作用,从而增大了该弦的固有频率;反之,右弦由于张力减弱降低其固有频率。

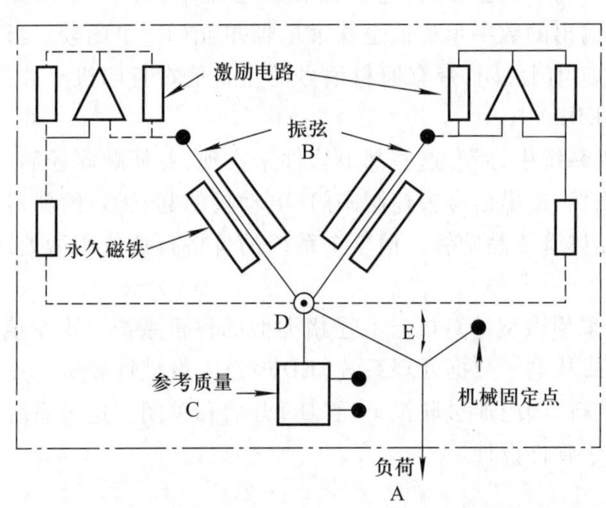

图 3.7.3 振弦式传感器的工作原理图

左、右弦的频率之差正比于所施加的负荷 A,传感器的输出与将频率差变成脉冲串的电子线路相连。通过一个预设定时间的脉冲计数器对该脉冲采样,即可直接读出重量值。

3.7.3 电子秤的应用

电子秤的应用极其广泛,图 3.7.4 所示为 ICS-XXX C-T 系列电子皮带配料秤,适用于陶瓷、精细化工、烟草等对配料精度要求较高的场所。其主要分类与应用如表 3.7.1 所示。

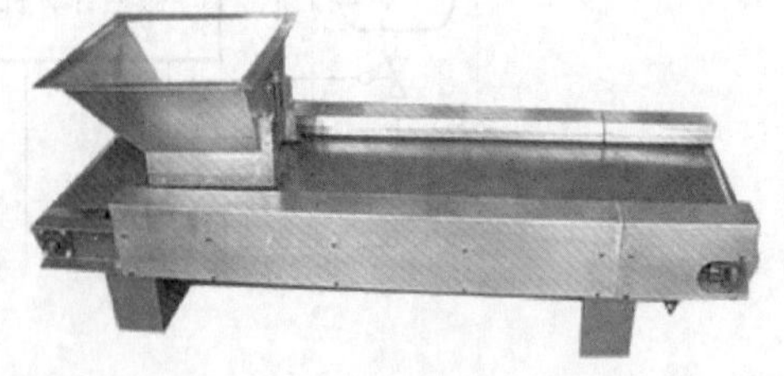

图 3.7.4 ICS-XXX C-T 系列电子皮带配料秤

表 3.7.1 电子秤的分类与应用

	类别	应用
静态秤重系统	汽车衡、轨道衡、废钢秤、吊车秤	汽车、火车、飞机等的重量，货物重量以及确定板坯、钢锭的重量
动态秤重系统	轨道衡、驼峰秤重、轨道液体罐车、双秤台系统	铁路车辆、卡车、拖车等在运动状态下秤重
配料秤重系统	多种原料组分装入一个秤重斗的微机配料系统 多种原料组分装入几个秤重斗的微机配料系统	塑料工业、洗涤剂生产、食品工业、铸造工业、玻璃生产、炼钢等方面
其他秤重系统	皮带秤、重量检验秤、计数秤	控制物料流量、检验欠重、超重以及对库房中的零件、元件的进货和发货等进行计数

3.8 集成压敏传感器

集成压敏传感器依照敏感元件的不同可分为两类，硅电容式集成压敏传感器和扩散硅集成压敏传感器，硅电容式集成压敏传感器的敏感元件是电容式压敏元件，扩散硅集成压敏传感器采用的是电阻式压敏元件。

3.8.1 硅电容式集成传感器

硅电容式集成传感器大体上由硅压力敏感电容器、转换电路和辅助电路三部分构成，其中压力敏感的电容器是核心部件，敏感电容器所传感的电容量信号经转换电路转换成电压信号，再由后继信号调理电路处理后输出。

1. 硅敏感电容器的工作原理

硅材料构成的压力敏感电容器的原理如图 3.8.1 所示。在厚的基底材料（如玻璃）上镀制一层金属薄膜（如 Al 膜），作为电容器的一个极板，另一个极板处在硅片的薄膜上。硅薄膜是由腐蚀硅片的正面和反面形成的厚约十几微米的膜。硅片边缘与基底材料键合在一起。

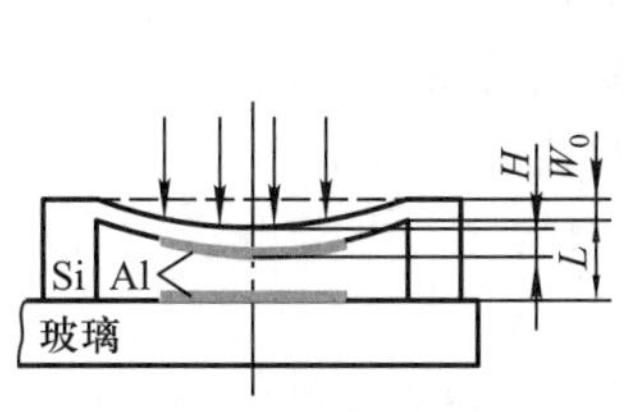

图 3.8.1 硅压敏电容器结构

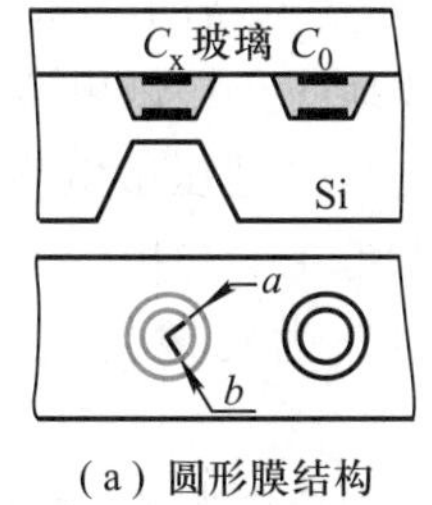

(a) 圆形膜结构

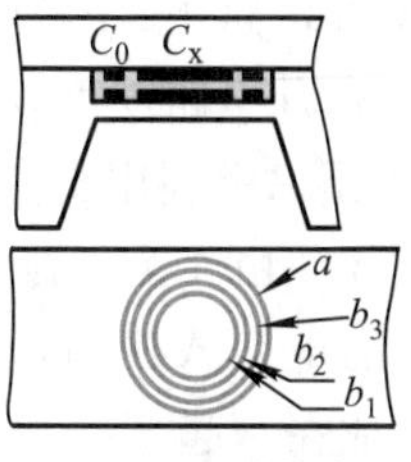

(b) 环形膜结构

图 3.8.2 两种不同的膜结构

电容器的电容量由电容器的面积和两个电极间的间距决定,电容极板之间的介质是空气,当硅膜受到外部压力作用时,硅膜发生形变而引起电容的变化,电容的变化量与压力差的大小有关。从工作原理上讲,硅压敏电容器与传统的结构型压敏电容器没有差别,不过由于它是采用集成电路工艺技术制作而成的,电容的几何尺寸很小,因而可以与信号处理电路集成在一起。

硅压敏电容器有两种极板结构,如图 3.8.2 所示。一种是圆形膜,如图 3.8.2(a)所示;另一种为环形膜,如图 3.8.2(b)所示。两种不同结构的极板对应的有不同的电容值和不同的特性。

硅压敏电容器在结构中有两个电容器,一个是受外部压力作用的敏感电容器,其两个极板中的一个制于硅膜上,其电容值用 C_x表示;另一个是不受外力作用的,它起到参考电容的作用,主要是为了补偿温度的影响,用 C_0表示。圆形膜结构的压敏电容器将敏感电容和参考电容分开,两个电容的硅膜半径均为 a,电容极板的半径为 b,如图 3.8.2(a)所示。而环形膜则将两种电容器合二为一,它在半径为 a 的硅膜上镀制半径为 b_1的圆形电极板,作为测量电容;在测量电容极板的外围镀制内、外径分别为 b_2和 b_3的同心圆环,作为参考电容,如图 3.8.2(b)所示。利用圆膜的边沿在压力作用下形变很小的特点而将参考电容器制作在硅膜的边沿,这样可以减小整个传感器的体积。

由于扩散硅电容器的电容值很小,其受压力作用而产生的电容值变化(0.1~10 pF)也是很小的,这就要求测量电路必须具有相当高的灵敏度和很低的零点漂移。一般分立元件构成的电路,由于引线和连接导线形成的分布电容本身可能就有几十皮法,远大于压敏电容器的电容值,因此,采用分立元件构成的电路测量硅膜电容器的电容变化是不可能的,必须采用集成电路。

2. 硅敏感电容器的测量电路

一般来讲,将硅压力敏感电容的电容变化转变成电信号的电路有两类,一类是采用交流信号进行激励,并通过某种整流电路来检出电容的变化,得到与电容有关的电压信号,用电压反映外部压力的变化;另一类是把压力敏感电容作为某种形式振荡电路的电容元件,电容的变化引起该电路振荡频率的变化,这样就可以用频率信号的形式反映外部压力的变化。

不管采用哪种电路,都要求把压敏电容与传输线隔离开来,以减少因杂散电容或寄生电容对压敏电容的干扰而影响测量的精度。其解决办法是把压敏电容和适当的电路集成在一起,如果在集成电路中,压敏电容器是电路的内部元件,它与任何输入或输出引线之间都是隔离的,那么这种电路就可以有效地防止压敏电容受外引线杂散电容的影响。

图 3.8.3 是一个利用交流驱动信号把压敏电容的变化转换成直流输出电压的电路。图中的压敏电容 C_x由 4 个二极管隔离,4 个二极管之外的杂散电容不会对它发生影响。构成一个较理想的电容式压力敏感电路的关键是把压敏电容 C_x、参考电容 C_0和 4 个二极管 $VD_1 \sim VD_4$集成在一起。

电路采用交流激励电源,通过耦合电容 C_c为电路供电,交流激励电源可以是方波、正弦波或其他波形。设电源电压峰值为 U_P,电路中 A 点和 B 点的交流信号是共模的(相位相差 180°),若 C_c较大,则 A 点和 B 点的交流信号的幅度基本上就是 U_P。

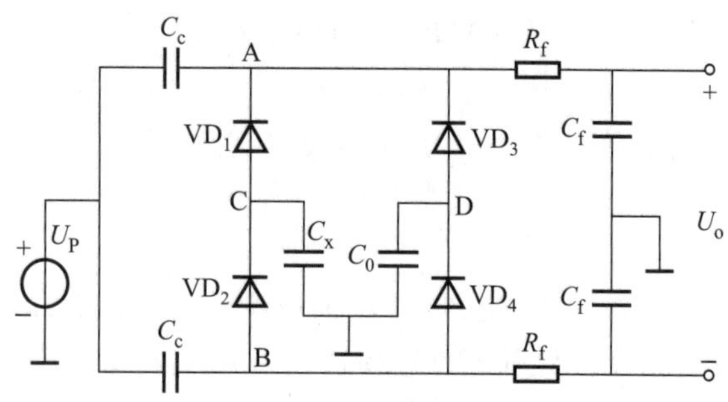

图 3.8.3　典型的测量电路

无外力作用时,压敏电容 C_x 与参考电容 C_0 的电容值相等。在激励信号的正半周,有电荷从 B 点通过二极管 VD_2 对压敏电容 C_x 充电,同时也有电荷从 A 点经二极管 VD_3 对参考电容 C_0 充电。在激励信号的负半周,C_x 上的电荷要经过二极管 VD_1 向 A 点放电,同时 C_0 上的电荷也要经二极管 VD_4 向 B 点放电。也即在激励信号的一个周期内,有一定数量的电荷从 B 点经电容 C_x 转移到 A 点,同时也有一定数量的电荷从 A 点转移到 B 点。在桥路完全对称的情况下(即二极管 $VD_1 \sim VD_4$ 的特性完全一致,压敏电容 C_x 与参考电容 C_0 相等时),一个周期内从 B 点转移到 A 点的电荷量与从 A 点转移到 B 点的电荷量是相等的。也就是说,在无外力作用的情况下,激励信号并不引起 A 点和 B 点之间净的电荷转移。

有外力作用的情况下,压敏电容 C_x 与参考电容 C_0 的电容值不相等。设 C_x 比 C_0 大,那么在激励信号的作用下,从 B 点转移到 A 点的电荷量将大于从 A 点转移到 B 点的电荷量,这样 A 点和 B 点有净的电荷积累出现。另一方面,这一电荷积累使 A 点的直流电位上升而 B 点的直流电位下降,“A 点电位的上升和 B 点电位的下降”这样的变动,减小了从 B 点向 A 点电荷的转移量,同时增加从 A 点向 B 点的电荷转移量,这样一来,经过若干的激励周期后,当 A 点和 B 点之间建立起的电位差平衡了电容的差别(即 $\Delta C = C_x - C_0$)引起的效应时,一个周期内 B 点通过 C_x 转移到 A 点的电荷量正好与从 A 点通过 C_0 转移到 B 点的电荷量相等,这时电荷转移就又达到了动态平衡。

在达到平衡以后,设 A 点、B 点的直流电位差为 U_0,那么 A 点就有一个直流电位 $U_0/2$ 和叠加在它上面的交流的激励信号,而 B 点有一个直流电压 $-U_0/2$,也叠加有一个同样的交流激励信号。用由 R_f、C_f 构成的低通滤波器滤去交流的激励的高频电压成分后,输出端就只留下一个直流信号 U_0。

因为在达到稳定后,一个周期内从 B 点转移到 A 点的电荷量为

$$\Delta Q_{AB} = (U_P - 0.5U_0 - U_a)C_x \tag{3.8.1}$$

式中,U_P——激励信号的振幅;

U_a——二极管 VD 的正向压降(设四个二极管的 U_a 相同)。

同样在一个周期内,从 A 点转移到 B 点的电荷量为

$$\Delta Q_{AB} = (U_P + 0.5U_0 - U_a)C_0 \tag{3.8.2}$$

平衡时二者相等,可以得到直流输出信号

$$U_0=\frac{2(U_P-U_a)(C_x-C_0)}{C_x+C_0} \tag{3.8.3}$$

在考虑到C点和D点存在的寄生电容（设都是 C_P）时，有

$$U_0=\frac{2(U_P-U_a)(C_x-C_0)}{C_x+C_0+2C_P} \tag{3.8.4}$$

在集成电路中，C_P数值较小而稳定，它对 U_a的影响小而且稳定，即 C_x可以做得比较小而仍能获得较大的信号和分辨率。此外通过选择适当的 C_0使它与零压力时 C_x值相等，在初始状态的输出 U_a就等于零。

设 $U_P=2$ V，$U_a=0.6$ V，$C_P=2$ pF，$C_0=1.7$ pF，在一个大气压下 $C_x=2.1$ pF，计算得到，在一个大气压（即 1.33×10^{-3} Pa）下的输出直流电压 $U_0=144$ mV。

通过上述分析可知，这种电路的性能是比较优越的，但二极管的正向压降不仅对灵敏度有影响，对激励信号的幅度也提出了较高的要求。改进的一种方法是，把四个二极管换成为四个MOS晶体管，适当控制四个晶体管的导通和截止可以使它们像二极管一样起到整流作用。由于MOS晶体管导通时的压降很小，可以在一定程度上减小二极管正向压降引起的损失。图3.8.3所示的测量电路实际上已经是一个独立的功能电路，CP7型集成压敏传感器采用的就是这种电路。除此之外，还有将驱动源、放大电路以及阻抗匹配电路合二为一的CP8型集成压敏传感器。

3.8.2 扩散硅集成压敏传感器

采用硅半导体材料作为压力敏感元件具有灵敏度高、体积小、可靠性大的优点，但同其他的半导体材料一样，硅半导体对温度十分敏感，此种压敏元件不可避免地要受到环境温度的影响。扩散硅压敏传感器的主要任务是将补偿电路与硅压敏元件构成的全桥电路集成在一起，集成之后的传感器不仅体积小、成本低，更主要的是补偿电路中起补偿作用的元件与压敏元件完全处于同一温度中，因此能够得到较好的补偿效果。

图3.8.4是一个带温度补偿电路的集成压力敏感器件。电阻 R_5、R_6和晶体管VT构成的温度补偿网络与由压敏电阻 R_1～R_4构成的电桥集成在一起，当晶体管VT的基极电流比流过电阻 R_5、R_6的电流小得多时，晶体管的集电极-发射极电压为

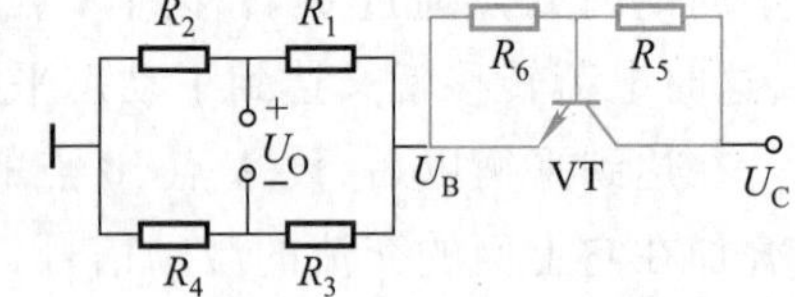

图3.8.4 温度补偿电路

$$U_{ce}=U_{be}\frac{R_5+R_6}{R_6} \tag{3.8.5}$$

电桥的实际供电电压 U_B为

$$U_B=U_C-U_{be}\frac{R_5+R_6}{R_6} \tag{3.8.6}$$

温度升高，U_{be}下降，引起 U_{ce}下降。U_{ce}的下降使电桥的实际供电电压 U_B增大，以补偿压敏电阻灵敏度随温度升高的下降。

若设压敏电阻的灵敏度为 K，又设 $R_1=R_3=R_0+KpR_0$、$R_2=R_{34}=R_0-KpR_0$，则

$$U_0=U_BKp \tag{3.8.7}$$

将式(3.8.6)代入,电桥输出电压为

$$U_0=\left(U_C-U_{be}\frac{R_5+R_6}{R_6}\right)Kp \tag{3.8.8}$$

电桥输出电压 U_0与外加压力 p 呈线性关系,其灵敏度由压敏电阻的灵敏度 K 以及电路的参数共同决定。而压敏电阻的灵敏度 K 和晶体管的基极-射极电压 U_{be}随温度而变化,所以可以推导出电桥输出电压的温度系数为

$$\frac{1}{U_0}\frac{dU_0}{dT}=\frac{1}{K}\frac{dK}{dT}-\frac{1+\frac{R_5}{R_6}}{U_C-U_{be}\left(1+\frac{R_5}{R_6}\right)}\frac{dU_{be}}{dT} \tag{3.8.9}$$

由式(3.8.9)可见,通过适当选取 R_5、R_6的比值可以使输出电压的温度系数为零,也就是说通过电路参数的设定可以补偿电路的温度误差。这样的温度补偿电路既简单,效果又比较好。因此得到了相当广泛的实际应用,国内外许多公司的集成压敏传感器都采用图3.8.4所示的简单电路。

思考题与习题三

1. 什么是金属导体的应变效应?电阻应变片由哪几部分组成?各部分的作用是什么?

2. 试举例说明电阻应变式测力传感器的应用。

3. 用压电敏感元件和电荷放大器组成的压力测量系统能否用于静态测量?对被测力信号的变化速度有何限制?这种限制由哪些因素组成?

4. 分析压磁效应与压电陶瓷产生压电效应的相似性。

5. 霍尔式压力计有何特点?可以测量哪些对象?

6. 简述差动电容式传感器测力时的特点。

第 4 章　物位及厚度检测

物位是液位、料位和相界面的统称。用来对物位进行测量的传感器称为物位传感器，由此制成的仪表称为物位计。物位计是液位计、料位计、界面计的统称。液位是指开口容器或密封容器中液体介质液面的高低，用来测量液位的仪表称为液位计；料位是指固体粉状或颗粒物在容器中堆积的高度，用来测量料位的仪表称为料位计；相界面是指两种液体介质的分界面。用来测量分界面的仪表称为界面计。

物位检测在现代工业生产过程中具有重要地位。一方面通过物位检测可确定容器里的原料、半成品或成品的数量，以保证能连续供应生产中各个环节所需的物料或进行经济核算；另一方面是通过检测，连续监视或调节容器内流入和流出物料的平衡，使之保持在一定的高度，使生产正常进行，以保证产品的质量、产量和安全。一旦物位超出允许的上、下限则报警，以便采取应急措施。为满足生产过程物位检测的要求，目前已建立起各种各样的物位检测方法，如直读法、浮力法、静压法、电容法、核辐射法、超声波法以及激光法、微波法等。本章只介绍应用较为广泛的电容式、微波式、核辐射式、超声波式物位计的结构、原理及应用。

在机械、零件以及原材料的设计、加工制造过程中，经常遇到厚度的检测，并将其作为保证产品质量、提高生产效益的重要参数。由于被测对象的不同，厚度的检测方法很多，根据不同的转换原理，则有各种不同类型的测厚仪，如超声波测厚仪、核辐射式测厚仪、红外线测厚仪、激光测厚仪、微波测厚仪等。本章以电涡流式、超声波式、微波式、核辐射式测厚仪为例，介绍其结构、原理及应用。

4.1　电涡流传感器及厚度检测

电涡流式传感器是基于电涡流效应原理制成的传感器。涡流传感器不但具有测量范围宽、灵敏度高、抗干扰能力强、不受油污等介质的影响、结构简单、安装方便等特点，而且还具有非接触测量的优点。因此可广泛应用于工业生产和科学研究的各个领域。近几年来，以测量位移、振幅、厚度等参数的电涡流传感器，在国内外各个生产和科研部门已广泛受到重视和应用，本节着重介绍电涡流传感器的工作原理及厚度检测方法。

4.1.1　涡流效应

金属导体置于变化着的磁场中，导体内就会产生感应电流，这种电流像水中旋涡那样在导体内转圈，所以称之为电涡流或涡流。这种现象就称为涡流效应。电涡流的产生必然要

消耗一部分磁场能量,从而使产生磁场的线圈阻抗发生变化,要形成涡流必须具备下列两个条件:

① 存在交变磁场。

② 导电体处于交变磁场中。

因此,涡流式传感器主要由产生交变磁场的通电线圈和置于线圈附近处于交变磁场中的金属导体两部分组成。金属导体也可以是被测对象本身。

涡流的大小与金属导体的电阻率 ρ、磁导率 μ、厚度 h 以及线圈与金属体的距离 x、线圈的激磁电流角频率 ω 等参数有关。固定其中若干参数,就能按涡流大小测量出另外一些参数,从而做成位移、振幅、厚度等传感器。

涡流传感器在金属导体上产生的涡流,其渗透深度是与传感器线圈激磁电流的频率有关,所以涡流传感器主要可分为高频反射式和低频透射式两类。

4.1.2 高频反射式涡流传感器

1. 工作原理

高频反射式涡流传感器的工作原理如图 4.1.1 所示。如果把一个半径为 r 的线圈置于一块电阻率为 ρ、磁导率为 μ、厚度为 h、温度为 T 的金属板附近,当线圈中通以正弦交变电流时,线圈的周围空间就产生了正弦交变磁场 H_1,处于此交变磁场中的金属导体内就会产生涡流,此涡流也将产生交变磁场 H_2,H_2的方向与 H_1的方向相反。由于交变磁场 H_2的作用,涡流要消耗一部分能量,从而使产生磁场的线圈阻抗发生变化。

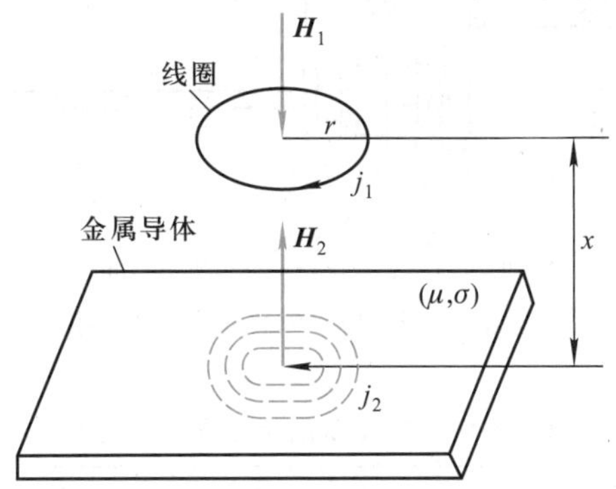

图 4.1.1 高频反射式涡流传感器的工作原理

由物理学原理可知,线圈阻抗 Z 发生的变化不仅与电涡流效应有关,而且与静磁学效应有关。即与金属导体的电阻率 ρ、磁导率 μ、励磁频率 f 以及传感器与被测导体间的距离 x 有关,可用如下函数表示

$$Z=F(\rho、\mu、x、f) \tag{4.1.1}$$

当金属导体的电阻率 ρ、磁导率 μ、励磁频率 f 保持不变时,上式可写成

$$Z=F(x) \tag{4.1.2}$$

由此可见,当传感器与被测导体间的距离 x 发生变化时,通过测量电路,可将 Z 的变化

转换为电压 U 的变化，这样就达到了把位移（或振幅）转换为电量的目的。

输出电压 U 与位移 x 间的关系曲线如图 4.1.2 所示，在中间一般呈线性关系，其范围为平面线圈外径的 1/3～1/5（线性误差为 3%～4%）。传感器的灵敏度与线圈的形状和大小有关。线圈的形状最好是尽可能窄而扁平，当线圈的直径增大时，线性范围也相应增大，但灵敏度相应地降低。

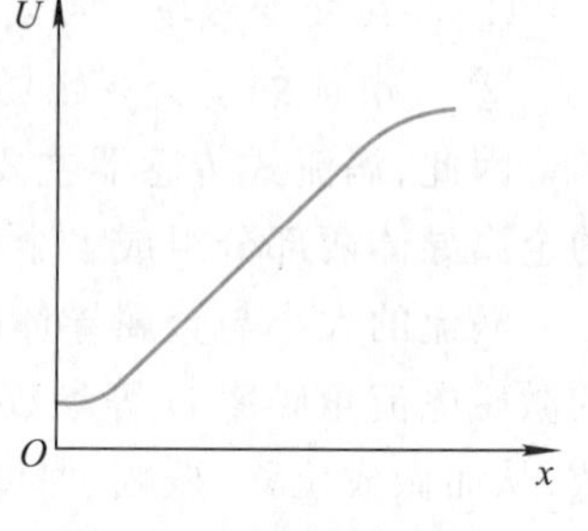

图 4.1.2 输出电压 U 与位移 x 间的关系曲线

2. 结构形式

高频反射式涡流传感器的结构很简单，主要是一个安装在框架上的线圈，线圈可以绕成一个扁平圆形，粘贴在框架上，也可以在框架上开一个槽，导线绕制在槽内而形成一个线圈。线圈的导线一般采用高强度漆包铜线，如要求高一些，可用银或银合金线；在较高温度的条件下，需用高温漆包线。

图 4.1.3 为 CZF1 型涡流传感器的结构图，它是采用把导线绕制在框架上形成的，框架采用聚四氟乙烯，CZF1 型涡流传感器的性能如表 4.1.1 所示。

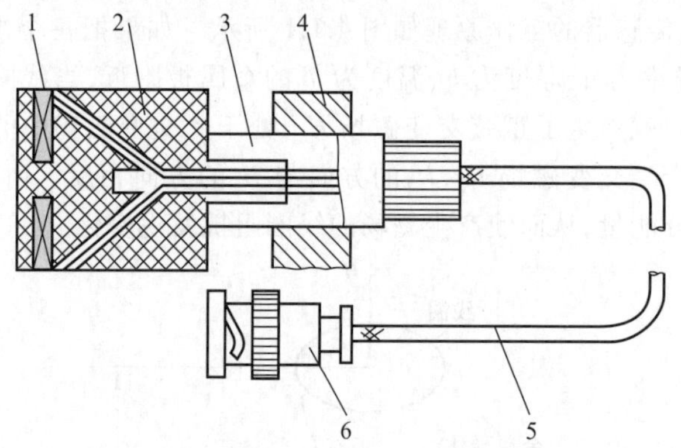

1—线圈；2—框架；3—框架衬套；4—支架；5—电缆；6—插头

图 4.1.3 CZF1 型涡流传感器的结构图

表 4.1.1 CZF1 型涡流传感器的性能

型号	线性范围/μm	线圈外径/mm	分辨率/μm	线性误差/%	使用温度范围/℃
CZF1-1000	1 000	7	1	<3	-15～+80
CZF1-3000	3 000	15	3	<3	-15～+80
CZF1-5000	5 000	28	5	<3	-15～+80

应该指出，由于这种传感器的线圈与被测金属之间是磁性耦合的，并利用这种耦合程度的变化作为测试值，所以作为传感器的线圈装置仅为“实际传感器的一半”，而另一半是被测体，无论是被测体的物理性质，还是它的尺寸和形状都与测量装置的特性有关。所以，在电涡流式传感器的设计和使用中，必须同时考虑被测物体的物理性质和几何形状及尺寸。

3. 测量电路

由工作原理可知，被测参数的变化可以转化为传感器线圈阻抗 Z 的变化。转换电路的作用是把线圈阻抗 Z 的变化转换为电压或电流输出。

(1) 电桥电路

电桥电路的原理如图 4.1.4 所示，图中 A、B 为传感器线圈，它们与 C_1、C_2，电阻 R_1、R_2 组成电桥的四个臂。电桥电路的电源由振荡器供给，振荡频率根据涡流传感器的需要选择，当传感器线圈的阻抗变化时，电桥失去平衡。电桥的不平衡输出经线性放大和检波，就可以得到与被测量(距离)成比例的电压输出。这种方法电路简单，主要用在差动式电涡流传感器中。

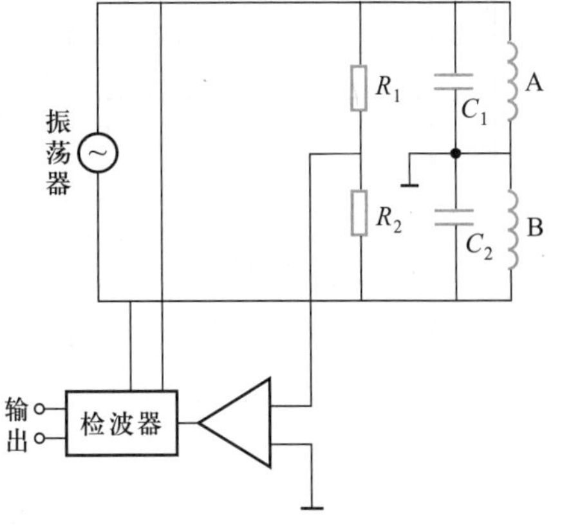

图 4.1.4　电桥电路原理图

(2) 谐振幅值电路

谐振幅值电路是把传感器线圈与电容并联组成 LC 并联谐振回路。并联谐振回路的谐振频率为

$$f_0=\frac{1}{2\pi\sqrt{LC}} \tag{4.1.3}$$

谐振时回路的等效阻抗最大，为

$$Z_0=\frac{1}{R'C} \tag{4.1.4}$$

式中，R'——回路的等效损耗电阻。

当电感 L 发生变化时，回路的等效阻抗和谐振频率将随着 L 的变化而变化，由此可以利用测量回路阻抗的方法间接反映出传感器的被测值，即所谓的调幅法。图 4.1.5(a)是调幅法的原理图。传感器线圈与电容组成 LC 并联谐振回路。它由石英振荡器输出的高频信号激励，它的输出电压为

$$u=i_0F(Z) \tag{4.1.5}$$

式中，i_0——高频激励电流；

Z——LC 回路的阻抗。

由图 4.1.5 和式(4.1.5)可知，Z 越大，则输出电压 u 越大。

当传感器远离被测导体时，调整 LC 回路使其谐振频率等于激励振荡器的振荡频率。当传感器接近被测导体时，线圈的等效电感发生变化，致使回路失谐而偏离激励频率，回路的谐振峰将向左右移动，如图 4.1.5(b)所示。若被测导体为非磁性材料，传感器线圈的等效电感减小，回路的谐振频率提高，谐振峰右移，回路所呈现的阻抗减小为 Z'_1 或 Z'_2，输出电压就将由 u 降为 u'_1 或 u'_2。当被测导体为磁性材料时，由于磁路的等效磁导率增大使传感器线圈的等效电感增大，回路的谐振频率降低，谐振峰左移。阻抗和输出电压分别减小为 Z_1 或 Z_2 和 u_1 或 u_2。因此，可以由输出电压的变化来表示传感器与被测导体间距离的变化，如图 4.1.5(c)所示。

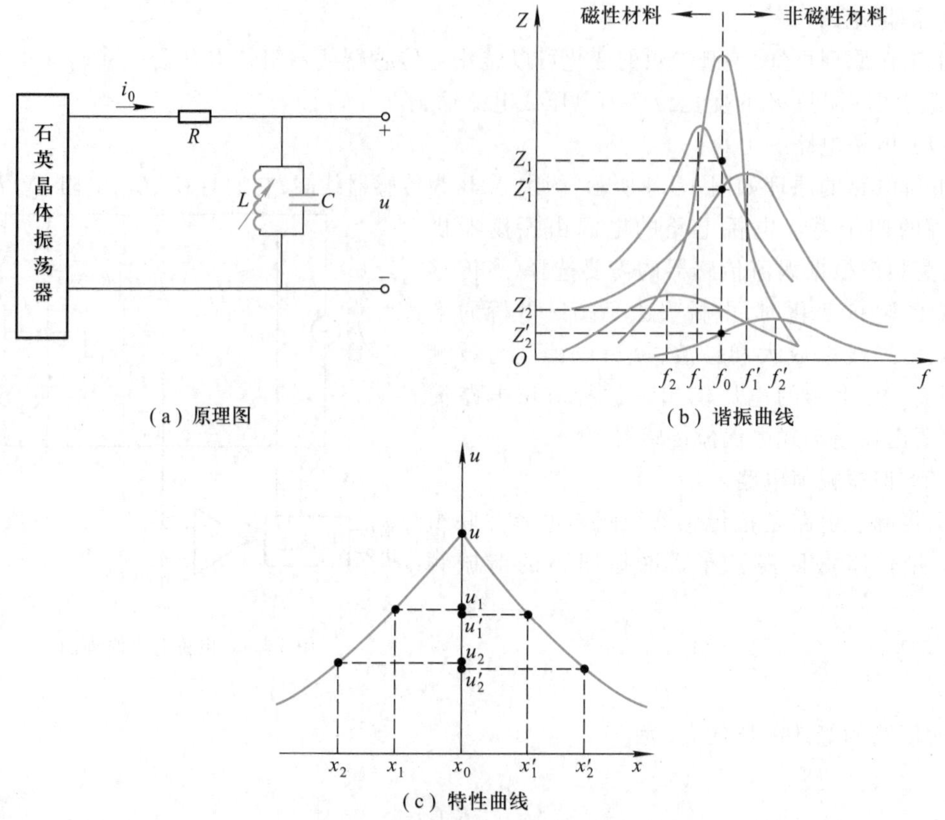

图 4.1.5 调幅线路原理图和特性曲线

图 4.1.5(a)中的电阻 R 是用来降低传感器对振荡器工作状态的影响。它的数值大小与测量电路的灵敏度有关,阻值的选择应综合考虑。

4. 高频反射式涡流传感器测厚应用举例

涡流传感器可无接触地测量金属板厚度和非金属板的镀层厚度,如图 4.1.6(a)所示。当金属板的厚度变化时,传感器与金属板间距离改变,从而引起输出电压的变化,由于在工作过程中金属板会上下波动,这将影响其测量精度,因此常用比较的方法测量,在板的上下各安装一涡流传感器,如图 4.1.6(b)所示,其距离为 D,而它们与板的上下表面分别相距为 d_1 和 d_2,这样板厚 h 为

$$h=D-(d_1+d_2) \tag{4.1.6}$$

当两个传感器在工作时分别测得 d_1 和 d_2,转换成电压值后送加法器,相加后的电压值再与两传感器间距离 D 相应地设定电压相减,就得到与板厚相对应的电压值。

4.1.3 低频透射式涡流传感器

1. 低频透射式涡流传感器测厚原理

低频透射式涡流传感器工作原理如图 4.1.7 所示,图中的发射线圈 L_1 和接收线圈 L_2 是

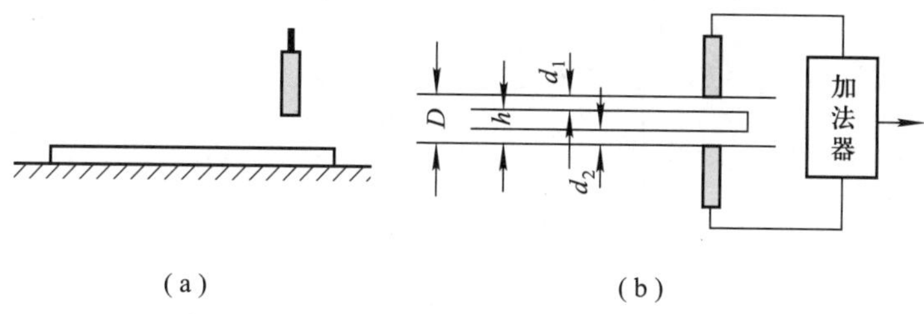

图 4.1.6　厚度检测

两个绕于胶木棒上的线圈，分别位于被测材料 M 的上、下方。由振荡器产生的音频电压 u 加到 L_1 的两端后，线圈中即流过一个同频率的交流电流，并在其周围产生一交变磁场。下面分两种情况进行讨论。

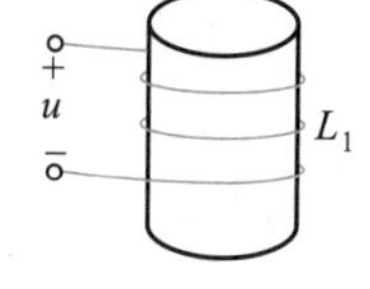

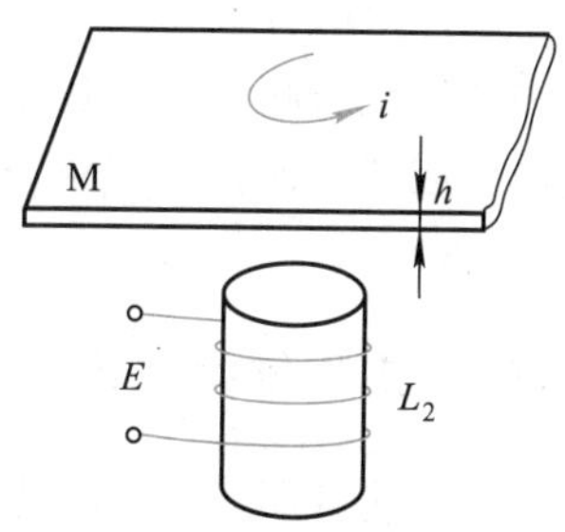

图 4.1.7　低频透射式涡流传感器原理图

（1）两线圈之间不存在被测材料 M

如果两线圈之间不存在被测材料 M，L_1 的磁场就能直接贯穿 L_2，于是 L_2 的两端会感生出一交变电动势 E。E 的大小与 u 的幅值、频率以及 L_1 和 L_2 线圈数、结构和两者间的相对位置有关。如果这些参数都确定不变，那么 E 就是一个恒定值。

（2）两线圈之间存在被测材料 M

如果在 L_1 和 L_2 之间放置一金属板 M 后，情况就不同了，L_1 产生的磁力线必然切割 M（M 可以看作是一匝短路线圈），并在其中产生涡流 i。这个涡流损耗了部分磁场能量，使到达 L_2 的磁力线减少，从而引起 E 的下降。M 的厚度 h 越大，涡流损耗也越大，E 就越小。由此可知，E 的大小间接反映了 M 的厚度 h，这就是低频透射式涡流传感器测厚原理。

2. 低频透射式涡流传感器测厚应注意的问题

① 实际上，M 中的涡流 i 的大小不仅取决于 h，且与金属板 M 的电阻率 ρ 有关。而 ρ 又与金属材料的化学成分和物理状态（特别是与温度）有关，于是引起相应的测试误差，并限制了这种传感器的测厚范围。

② 为了使交变电动势 E 与厚度 h 得到较好的线性关系，即使传感器具有较宽的测量范围，应选用较低的测试频率 f，通常选 1 kHz，但这时灵敏度较低。不同频率下对同一种材料的 $E=f(h)$ 的关系曲线如图 4.1.8 所示。

③ 对于一定的测试频率 f，当被测材料的电阻率 ρ 不同时，引起了 $E=f(h)$ 曲线形状的变化。为使测量不同 ρ 的材料时所得曲线形状相近，就需在 ρ 变动时同时改变 f，即测 ρ 较小的材料（如紫铜）时，选用较低的 f（500 Hz），而测 ρ 较大的材料（如黄铜、铝）时，则选用较高的 f（2 kHz），从而保证传感器在测量不同材料时的线性度和灵敏度。

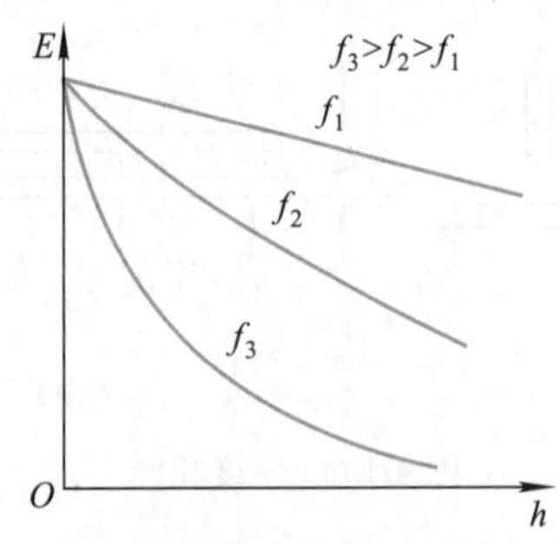

图 4.1.8 线圈感应电动势与厚度关系曲线

4.2 电容式物位计

电容式物位传感器是利用被测物的介电常数与空气(或真空)不同的特点进行检测的，电容式物位计由电容式物位传感器和检测电容的测量线路组成。它适用于各种导电、非导电液体的液位或粉状料位的远距离连续测量和指示，也可以和电动单元组合仪表配套使用，以实现液位或料位的自动记录、控制和调节。由于它的传感器结构简单，没有可动部分，因此应用范围较广。

4.2.1 电容式物位计原理

电容式物位计原理是通过电容传感器把物位转换成电容量的变化。然后再用测量电容量的方法求得物位的数值。关于电容式传感器的原理、结构及特性在第3章3.5节中已讲述，这里不再赘述。

电容式物位计是根据圆筒电容器原理进行工作的，其结构形式如图4.2.1所示。由两个长度为 L、半径分别为 R 和 r 的圆筒形金属导体，中间隔以绝缘物质便构成圆筒形电容器。当中间所充介质是介电常数为 ε_1 的气体时，则两圆筒间的电容量为

$$C_1=\frac{2\pi\varepsilon_1 l}{\ln\frac{R}{r}} \tag{4.2.1}$$

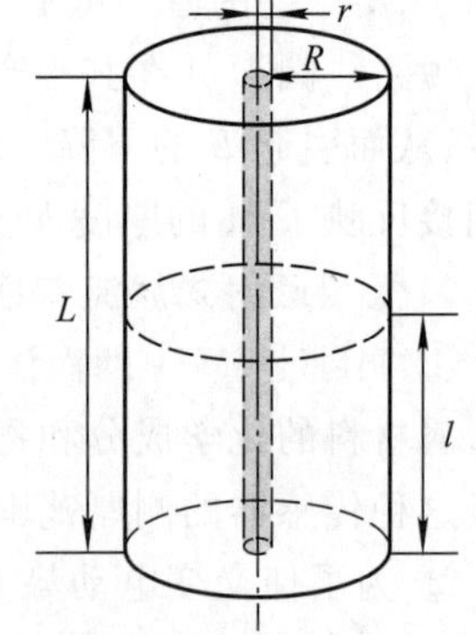

图 4.2.1 电容式物位计原理图

如果两圆筒形电极间的一部分被介电常数为 ε_2 的液体(非导电性的)所浸没时，则必然会有电容量的增量 ΔC 产生(因 $\varepsilon_2>\varepsilon_1$)，此时两极间的电容量为

$$C=C_1+\Delta C \tag{4.2.2}$$

假如电极被浸没的长度为 l，则电容量的数值为

$$\Delta C=\frac{2\pi(\varepsilon_2-\varepsilon_1)l}{\ln\frac{R}{r}} \tag{4.2.3}$$

从式(4.2.3)可知,当 ε_2、ε_1、R、r 不变时,电容量 ΔC 与电极浸没的长度 l 成正比关系,因此测出电容增量的数值便可知道液位的高度。

如果被测介质为导电性液体时,电极要用绝缘物(如聚四氟乙烯)覆盖作为中间介质;而液体和外圆筒一起作为外电极。假如中间介质的介电常数 ε_3,电极被导电液体浸没的长度为 l,则此时电容器具有的电容量可用下式表示

$$C=\frac{2\pi\varepsilon_3 l}{\ln\frac{R}{r}} \tag{4.2.4}$$

式中,R——绝缘覆盖层外半径;

r——内电极的外半径。

由于上式中的 ε_3 为常数,所以 C 与 l 成正比。由 C 的大小便可知道 l 的数值。

4.2.2 电容式物位传感器

由于被测介质的不同,电容式物位传感器也有不同的形式,现以测量导电液体的电容式物位传感器和测量非导电液体的电容式物位传感器为例对电容式物位传感器进行简介。

1. 测量导电液体的电容式物位传感器

该电容式物位传感器如图 4.2.2 所示,在液体中插入一根带绝缘套的电极。由于液体是导电的,容器和液体可看作为电容器的一个电极,插入的金属电极作为另一电极,绝缘套管为中间介质,三者组成圆筒电容器。

当液位变化时,就改变了电容器两极覆盖面积的大小,液位越高,覆盖面积就越大,由式(4.2.4)可知,容器的电容量就越大。当容器为非导电体时,必须引入一辅助电极(金属棒),其下端浸至被测容器底部,上端与电极的安装法兰有可靠的导线连接,以使两个电极中有一个与大地及仪表地线相连,保证仪表的正常测量。应注意,如液体是黏滞介质,当液体下降时,由于电极套管上仍粘附一层被测介质,会造成虚假的液位示值,使仪表所显示的液位比实际液位高。

2. 测量非导电液体的电容式物位传感器

当测量非导电液体,如轻油、某些有机液体以及液态气体的液位时,可采用一个内电极,外部套上一根金属管(如不锈钢),两者彼此绝缘,以被测介质为中间绝缘物质构成同轴套管筒形电容器,如图 4.2.3 所示,绝缘垫上有小孔,外套管上也有孔和槽,以便被测液体自由地流进或流出。由式(4.2.3)可知,电极浸没的长度 l 与电容量 ΔC 成正比关系,因此测出电容增量的数值便可知道液位的高度。

当测量粉状导电固体料位和黏滞非导电液体液位时,可采用内电极直接插入圆筒形容器的中央,将仪表地线与容器相连,将容器作为外电极,物料或液体作为绝缘物质构成圆筒形电容器,其测量原理与上述相同。

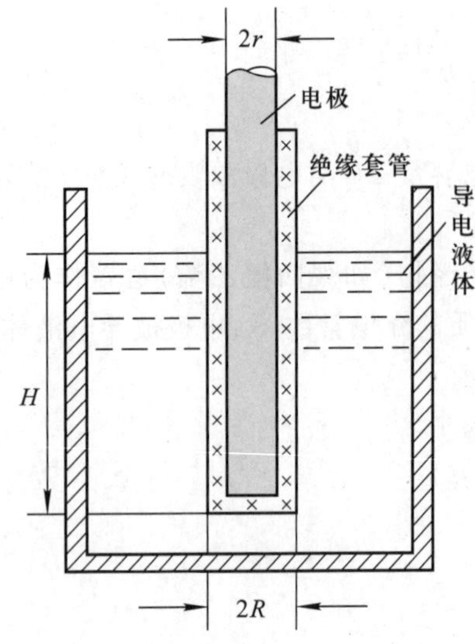

图 4.2.2 导电液体的电容式物位传感器原理示意图

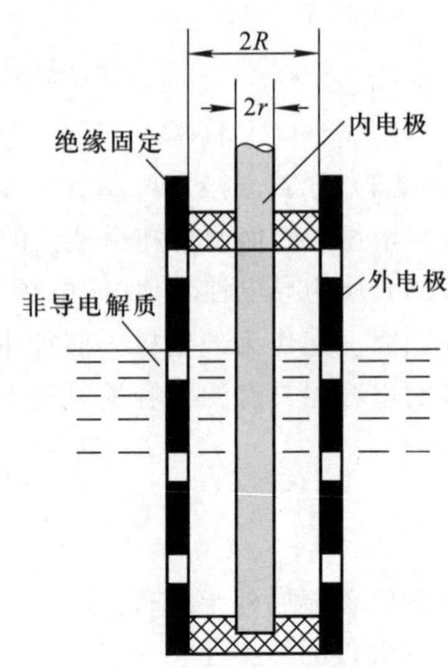

图 4.2.3 非导电液体的电容式物位传感器原理示意图

电容物位传感器主要由电极(敏感元件)和电容检测电路组成。可用于导电和非导电液体之间及两种介电常数不同的非导电液体之间的界面测量。因测量过程中电容的变化都很小,因此准确地检测电容量的大小是物位检测的关键。

4.2.3 电容式物位传感器应用举例

现以晶体管电容料位指示仪为例进行简述。

晶体管电容料位指示仪是用来监视密封料仓内导电性不良的松散物质的料位,并能对加料系统进行自动控制。在仪器的面板上装有指示灯:红灯指示“料位上限”,绿灯指示“料位下限”。当红灯亮时表示料面已经达到上限,此时应停止加料;当红灯熄灭,绿灯仍然亮时,表示料面在上、下限之间;当绿灯熄灭时,表示料面低于下限,这时应加料。

晶体管电容料位指示仪的电路原理如图 4.2.4 所示,电容传感器是悬挂在料仓里的金属探头,利用它对大地的分布电容进行检测。在料仓中上、下限各设有一个金属探头。整个电路由信号转换电路和控制电路两部分组成。

信号转换电路是通过阻抗平衡电桥来实现的,当 $C_2C_4=C_xC_3$ 时,电桥平衡。由于 $C_2=C_3$,则调整 C_4,使 $C_4=C_x$ 时电桥平衡,C_x 是探头对地的分布电容,它直接和料面有关,当料面增加时,C_x 值将随着增加,使电桥失去平衡,按其大小可判断料面情况。电桥电压由 VT_1 和 LC 回路组成的振荡器供电,其振荡频率约为 70 kHz,其幅值约为 250 mV。电桥平衡时,无输出信号;当料面变化引起 C_x 变化,使电桥失去平衡,电桥输出交流信号。此交流信号经 VT_2 放大后,由 VD 检波变成直流信号。

控制电路是由 VT_3 和 VT_4 组成的射极耦合触发器(施密特触发器)和它所带动的继电器 K 组成,由信号转换电路送来的直流信号,当其幅值达到一定值后,使触发器翻转,此时,

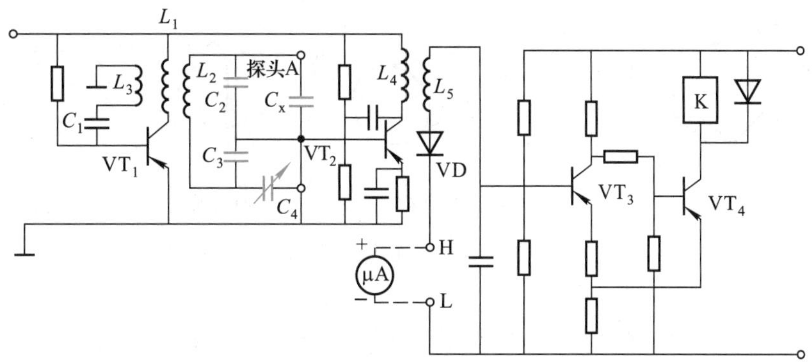

图 4.2.4 晶体管电容料位指示仪原理图

VT_4由截止状态转换为饱和状态，使继电器 K 吸合，其触点去控制相应的电路和指示灯，指示料面已达到某一定值。

4.3 微波物位及厚度检测

微波传感器是根据微波特性来检测一些物理量的器件或装置，它广泛应用于液位、物位、厚度及含水量的测量。

4.3.1 微波传感器的组成及工作原理

1. 微波振荡器及微波天线

微波振荡器和微波天线是微波传感器的重要组成部分。微波振荡器是产生微波的装置。由于微波很短，频率很高(300 MHz~300 GHz)，要求振荡回路有非常小的电感与电容，因此不能用普通晶体管构成微波振荡器。构成微波振荡器的器件有速调管、磁控管或某些固体器件。

由微波振荡器产生的振荡信号需要用波导管(波长在 10 cm 以上可用同轴电缆)传输，并通过天线发射出去。为了使发射的微波具有一致的方向性，天线应具有特殊的结构和形状。常用的天线有喇叭形天线、抛物面式天线等，如图 4.3.1 所示。喇叭形天线具有圆形或矩形截面，根据它的形状，可有扇形、圆锥形、角锥形等，它可以看作是波导管的延续。喇叭形天线在波导管与敞开的空间之间起匹配作用，以获得最大能量输出。抛物面式天线犹如凹面镜产生平行光一样，能使微波发射的方向性得到改善。图 4.3.1(c)为抛物面式微波反射镜，图 4.3.1(d)为抛物柱面式微波反射镜。

2. 微波传感器工作原理

微波传感器具有检测速度快、灵敏度高、适应环境能力强及非接触测量等优点。其原理是由发射天线发出的微波，遇到被测物体时将被吸收或反射，使功率发生变化。若利用接收天线通过被测物或由被测物反射回来的微波，并将它转换成电信号，再由测量电路处理后，即显示出被测量，就实现了微波检测。

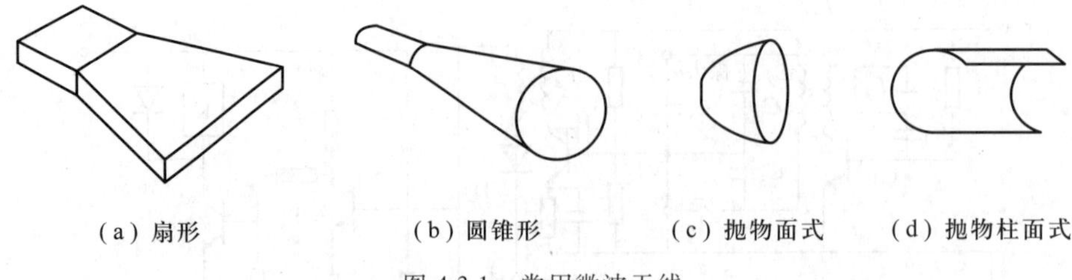

（a）扇形　（b）圆锥形　（c）抛物面式　（d）抛物柱面式

图 4.3.1　常用微波天线

与一般传感器不同，微波传感器的敏感元件可认为是一个微波场，它的其他部分可视为一个转换器和接收器，如图 4.3.2 所示。图中，MS 是微波源，T 是转换器，R 是接收器。转换器可以是一个微波场的有限空间，被测物即处于其中。如果 MS 与 T 合二为一，称之为有源微波传感器；如果 MS 与 R 合二为一，则称其为自振荡式微波传感器。

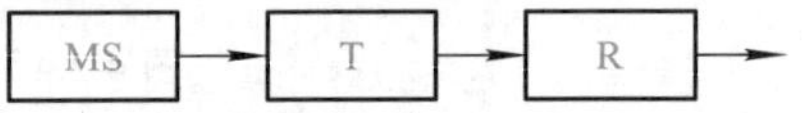

MS → T → R →

图 4.3.2　微波传感器构成

微波传感器可分为反射式与遮断式两种。

（1）反射式微波传感器

反射式微波传感器是通过检测被测物反射回来的微波功率或经过的时间间隔来测量被测物的位置、厚度等参数。

（2）遮断式微波传感器

遮断式微波传感器是通过检测接收天线接收到的微波功率大小，来判断发射天线与接收天线之间有无被测物或被测物的位置与含水量等参数。

4.3.2　微波传感器测物位与液位

1. 微波物位计

微波物位计原理如图 4.3.3 所示。当被测物位较低时，发射天线发出的微波束全部由接收天线接收，经检波、放大与给定电压比较后，发出正常工作信号；当被测物位升高到天线所在高度时，微波束部分被物体吸收，部分被反射，接收天线接收到的微波功率相应减弱，经检波、放大与给定电压比较，低于给定电压值，微波计就发出被测物位位置高出设定物位的信号。

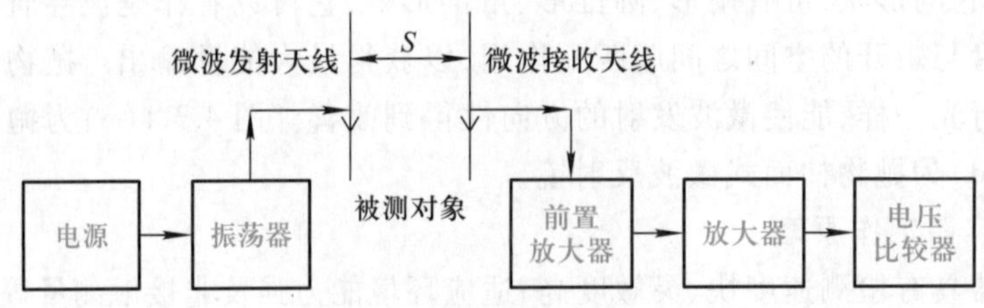

图 4.3.3　微波开关式物位计

当被测物位低于设定物位时，接收天线接收的功率为

$$P_0=\left(\frac{\lambda}{4\pi S}\right)^2 P_t G_t G_r \tag{4.3.1}$$

式中，P_t——发射天线的发射功率；

G_t——发射天线的增益；

G_r——接收天线的增益；

S——两天线间的水平距离；

λ——微波的波长。

当被测物位升高到天线所在高度时，接收天线接收的功率为

$$P_r=\eta P_0 \tag{4.3.2}$$

式中，η——由被测物形状、材料性质、电磁性能及高度所决定的系数。

2. 微波液位计

微波液位计原理如图 4.3.4 所示。相距为 S 的发射天线与接收天线间构成一定角度，波长为 λ 的微波从被测液面反射后进入接收天线，接收天线接收到的功率将随着被测液面的高低不同而异，接收天线接收到的功率 P_r 为

$$P_r=\left(\frac{\lambda}{4\pi}\right)^2 \frac{P_t G_t G_r}{S^2+4h^2} \tag{4.3.3}$$

式中，P_t——发射天线的发射功率；

G_t——发射天线的增益；

G_r——接收天线的增益；

S——两天线间的水平距离；

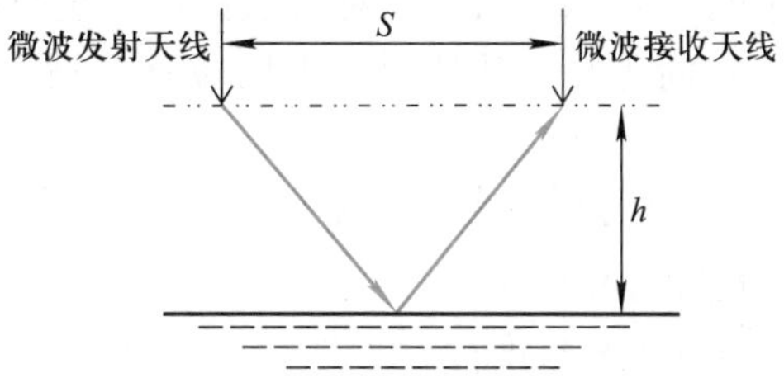

图 4.3.4 微波液位计

h——两天线与被测液面间的垂直距离。

由式(4.3.3)可知，当发射功率、波长、增益均为恒定时，只要测得接收功率 P_r 就可获得被测液面的高度 d。

4.3.3 微波传感器测厚度

微波测厚度原理如图 4.3.5 所示。这种测厚仪是利用微波在传播过程中遇到被测物金属表面被反射，且反射波的波长与速度都不变的特性进行厚度测量。

如图 4.3.5 所示，在被测金属物体上、下两个表面各安装一个终端器，微波信号源发出的微波，经过环形器 A 由上传输波导管传输到上终端器，由上终端器发射到被测物上表面，

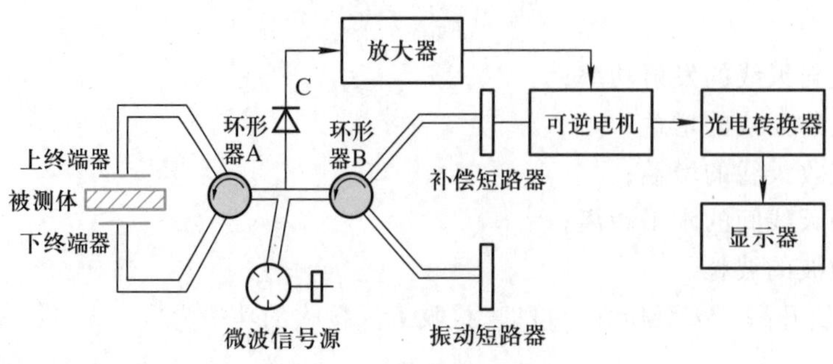

图 4.3.5 微波测厚仪原理图

微波在被测物上表面全反射后又回到上终端器，再经传输导管、环形器 A、下传输波导管传输到下终端器。由于终端器发射到被测物下表面的微波，经全反射后又回到下终端器，再经过传输波导管回到环形器 A，因此，被测物的厚度与微波传输过程中的行程长度有密切关系，当被测物厚度增加时，微波传输的行程长度便减小。

一般情况，微波传输过程的行程长度的变化非常微小，为了精确地测量出这一微小行程的变化，通常采用微波自动平衡电桥法。前面讨论的微波传输行程作为测量臂，而完全模拟测量臂微波的传输过程设置一个参考臂（图 4.3.5 右部）。若测量臂与参考臂行程完全相同，则反相叠加的微波经检波器 C 检波后，输出为零；若两臂行程长度不同，则反射回来的微波的相位角不同，经反射叠加后不互相抵消，经检波器检波后便有不平衡信号输出，此差值信号经过放大器后控制可逆电机旋转，带动补偿短路器产生位移，改变补偿短路器的长度，直到两臂行程长度完全相同为止。补偿短路器的位移与被测物厚度增加量之间的关系为

$$\Delta S=L_B-(L_A-\Delta L_A)=\Delta h \tag{4.3.4}$$

式中，L_A——电桥平衡时测量臂行程长度；

L_B——电桥平衡时参考臂行程长度；

ΔL_A——被测物厚度变化 Δh 后引起测量臂行程长度变化的值；

Δh——被测物厚度变化值。

由式(4.3.4)可知，补偿短路器位移值 ΔS 即为被测量变化值 Δh。

4.4 超声波物位及厚度检测

超声波跟声音一样，是一种机械振动波，是机械振动在弹性介质中的传播过程。超声波检测是利用不同介质的不同声学特性对超声波传播的影响来探查物体和进行测量的一门技术。近几十年来，超声波检测技术在工业领域中的应用，与其他无损检测的手段比较，都有着颇为广泛的发展前途。目前世界各国，尤其是在一些工业发达的部门，都对超声检测的研究和应用极为关注，广泛地应用在物位检测、厚度检测和金属探伤等方面。

4.4.1 超声波检测原理

1. 超声波及其波型

人耳所能听到的声波在20~20 000 Hz之间,频率超过20 000 Hz,人耳不能听到的声波称为超声波。声波的频率越高,越与光学的某些特性如反射定律、折射定律相似。

由于声源在介质中施力方向与波在介质中传播方向不同,声波的波型也不同。一般有以下几种。

(1) 纵波

质点振动方向与传播方向一致的波,称为纵波。它能在固体、液体和气体中传播。

(2) 横波

质点振动方向与传播方向相垂直的波,称为横波。它只能在固体中传播。

(3) 表面波

质点的振动介于纵波和横波之间,沿着表面传播,振幅随着深度的增加而迅速地衰减,称为表面波。表面波只在固体的表面传播。

2. 超声波的传播速度

超声波可以在气体、液体及固体中传播,并有各自的传播速度,纵波、横波及表面波的传播速度取决于介质的弹性常数及介质的密度。例如,在常温下空气中的声速约为334 m/s。在水中的声速约为1 440 m/s。而在钢铁中的声速约为5 000 m/s。声速不仅与介质有关,而且还与介质所处的状态有关。例如,理想气体的声速与绝对温度 T 的平方根成正比,对于空气来说,影响声速的主要原因是温度,与温度之间的近似关系为

$$v=20.067T^{\frac{1}{2}} \tag{4.4.1}$$

3. 扩散角

声波为一点源时,声波从声源向四面八方辐射,如果声源的尺寸比波长大时,声源集中成一波束,以某一角度扩散出去,在声源的中心轴线上声压(或声强)最大,偏离中心轴线一角度时,声压减小,形成声波的主瓣(主波束),离声源近处声压交替出现最大与最小点,形成声波的副瓣。以极坐标表示角度(与传感器轴线的夹角)与声波能量的关系时,如图4.4.1所示。图中传感器附近的副瓣是由于声波的干涉现象形成的。θ 角称为半扩散角,如果声源为圆板形时,半扩散角的大小可用下式表示

$$\sin\theta=k\frac{\lambda}{D} \tag{4.4.2}$$

式中,λ——声波在介质中的波长;

D——声源直径;

k——常数,一般取 $k=1.22$,即波束边缘声压为零时的 k 值。

4. 反射与折射

当声波从一种介质传播到另一种介质时,在两介质的分界面上,一部分能量反射回原介质的波称为反射波;另一部分则透过分界面,在另一介质内继续传播的波称为折射波,如图4.4.2所示。其反射与折射满足如下规律:

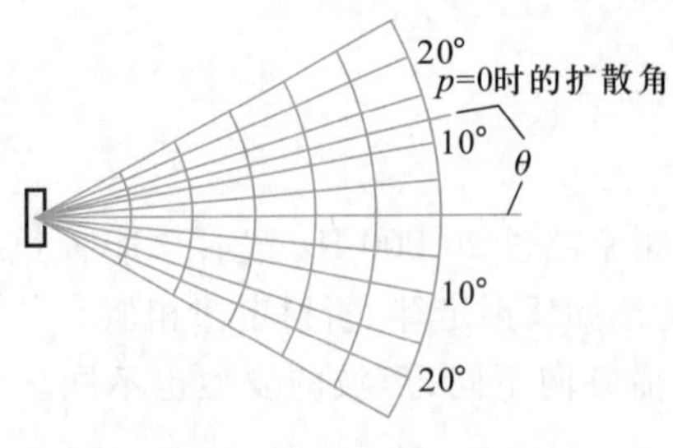

图 4.4.1 声波的扩散

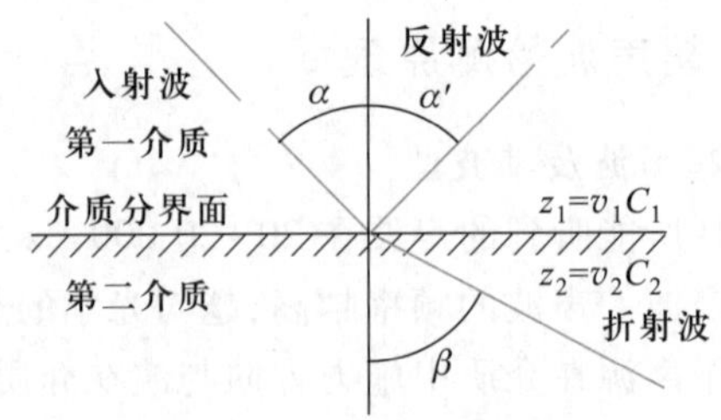

图 4.4.2 波的反射与折射

(1) 反射定律

入射角 α 的正弦与反射角 α'的正弦之比，等于波束之比。当入射波和反射波的波型一样、波速一样时，入射角 α 即等于反射角 α'。

(2) 折射定律

入射角 α 的正弦与折射角 β 的正弦之比，等于入射波中介质的波速 v_1与折射波中介质的波速 v_2之比，即

$$\frac{\sin\alpha}{\sin\beta}=\frac{v_1}{v_2} \tag{4.4.3}$$

(3) 反射系数

当声波从一种介质向另一种介质传播时，因为两种介质的密度不同和声波在其中传播的速度不同，在分界面上声波会产生反射和折射，反射声强 I_R与 入射声强 I_0之比，称为反射系数，反射系数 R 的大小为

$$R=\frac{I_R}{I_0}=\left(\frac{Z_2\cos\alpha-Z_1\cos\beta}{Z_2\cos\alpha+Z_1\cos\beta}\right)^2 \tag{4.4.4}$$

式中，I_R——反射声强；

I_0——入射声强；

Z_1——第一介质的声阻抗；

Z_2——第二介质的声阻抗。

在声波垂直入射时，$\alpha=\beta=0$，上式可化简为

$$R=\left(\frac{Z_2-Z_1}{Z_2+Z_1}\right)^2 \tag{4.4.5}$$

若声波从水中传播到空气，在常温下它们的声阻抗约为 $Z_1=1.44\times10^6$，$Z_2=4\times10^2$，代入上式则得 $R=0.999$。这说明当声波从液体或固体传播到气体，或相反的情况下，由于两种介质的声阻抗相差悬殊，声波几乎全部被反射。

5. 声波的衰减

声波在介质中传播时会被吸收而衰减，气体吸收最强而衰减最大，液体其次，固体吸收最小而衰减最小，因此，对于一给定强度的声波，在气体中传播的距离会明显比在液体和固体中传播的距离短。另外，声波在介质中传播时衰减的程度还与声波的频率有关，频率越高，声波的衰减也越大，因此，超声波比其他声波在传播时的衰减更明显。

衰减的大小用衰减系数 α 表示，其单位为 dB/cm，通常用 10^{-3} dB/mm 表示。在一般探测频率上，材料的衰减系数在 1 到几百之间，如水及其他衰减材料的 α 为(1～4)×10^{-3} dB/mm。假如 α 为 1 dB/mm，则声波穿透 1 mm 距离时，衰减为 10%；穿透 20 mm 距离时，衰减为 90%。

4.4.2　超声波传感器

在超声波检测技术中主要是利用它的反射、折射、衰减等物理性质。不管哪一种超声波仪器，都必须把超声波发射出去，然后再把超声波接收回来，变换成电信号，完成这一部分工作的装置，就是超声波传感器，但是习惯上，把这个发射部分和接受部分均称为超声波换能器，有时也称为超声波探头。

超声波换能器根据其工作原理，有压电式、磁致伸缩式、电磁式等多种，在检测技术中主要是采用压电式。

压电式换能器的原理是以压电效应为基础的，关于压电效应已在第 3 章 3.3 节中讲过，这里不再赘述。作为发射超声波的换能器是利用压电材料的逆压电效应，而接收用的换能器则利用其压电效应。在实际使用中，由于压电效应的可逆性，有时将换能器作为“发射”与“接收”兼用，亦即将脉冲交流电压加到压电元件上，使其向介质发射超声波，同时又利用它作为接收元件，接收从介质中反射回来的超声波，并将反射波转换为电信号送到后面的放大器。因此，压电式超声波换能器，实质上是压电式传感器。

在压电式超声换能器中，常用的压电材料有石英(SiO_2)、钛酸钡($BaTiO_3$)、锆钛酸铅(PZT)、偏铌酸铅($PbNb_2O_6$)等。

换能器由于其结构不同，可分为直探头式、斜探头式、双探头式等多种。下面以直探头式为例进行简要介绍。

直探头式换能器也称直探头或平探头，它可以发射和接收纵波。直探头主要由压电元件、阻尼块(吸收块)及保护膜组成，其基本结构原理如图 4.4.3 所示。

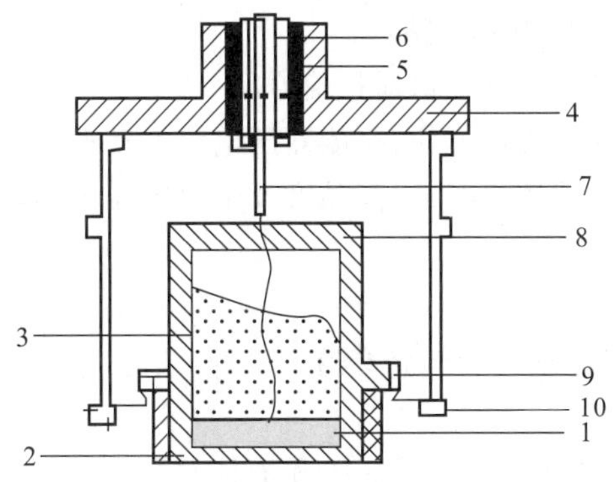

1—压电片；2—保护膜；3—吸收块；4—盖；5—绝缘柱；6—接能片；7—导线螺杆；8—接线片；9—压电片座；10—外壳

图 4.4.3　直探头式换能器结构

压电片 1 是换能器中的主要元件,大多做成圆板形。压电片的厚度与超声波频率成反比。例如,锆钛酸铅的频率厚度常数为 1 890 kHz/mm,压电片的厚度为 1 mm 时,固有振动频率为 1.89 MHz。压电片的直径与扩散角成反比。压电片的两面敷有银层,作为导电的极板,压电片的底面接地线,上面接导线引至电路中。

为了避免压电片与被测体直接接触而磨损压电片,在压电片下粘贴一层保护膜 2。保护膜有软性保护膜和硬性保护膜两种。软性的可用薄塑料(厚约 0.3 mm),它与表面粗糙的工件接触较好。硬性的可用不锈钢或陶瓷片,保护膜的厚度为二分之一波长的整倍数时(在保护膜中波长),声波穿透率最大;厚度为四分之一波长的奇数倍时,穿透率最小。保护膜材料性质要注意声阻抗的匹配,设保护膜的声阻抗为 Z,晶体的声阻抗为 Z_1,被测工件的声阻抗为 Z_2,则最佳条件为 $Z=(Z_1Z_2)^{1/2}$。压电片与保护膜黏合后,谐振频率将降低。阻抗块又称吸收块(图 4.4.3 中的零件 3),它作为降低压电片的机械品质因数 Q,吸收声能量。如果没有阻尼块,电振荡脉冲停止时,压电片因惯性作用,仍继续振动,加长了超声波的脉冲宽度,使盲区扩大,分辨力差。当吸收块的声阻抗等于晶体的声阻抗时,效果最佳。

4.4.3 超声波传感器测物位

超声波物位传感器根据使用特点可分为定点式物位计和连续式物位计两大类。

定点式物位计用来测量被测物位是否达到预定高度(通常是安装测量探头的位置),并发出相应的开关信号。根据不同的工作原理及换能器结构,可以分别用来测量液位、固体料位、固-液分界面、液-液分界面以及检测液体的有无。其特点是简单、可靠,使用方便,适用范围广,广泛应用于化工、石油、食品及医药等工业部门。

连续式物位计大都采用回波测距法(即声呐法)连续测量液位、固体料位或液 -液分界面位置。根据不同应用场合所使用的传声媒质不同,又可分为液体、气体和固体介质导波式三种。

1. 超声式物位传感器的特点

超声式物位传感器具有以下几个特点:

① 能定点及连续测量物位,并提供遥控信号。

② 无机械可动部分,安装维修方便,换能器压电体振动振幅很小,寿命长。

③ 能实现非接触测量,适用于有毒、高黏度及密封容器内的液位测量。

④ 能实现安全火花型防爆。

2. 定点式超声物位计

常用的有声阻式、液介穿透式和气介穿透式三种。

(1) 声阻式液位计

如图 4.4.4 所示,声阻式液位计利用气体和液体对超声振动的阻尼有显著差别这一特性来判断测量对象是液体还是气体,从而测定是否到达检测探头的安装高度。

由于气体对压电陶瓷前面的不锈钢辐射面振动的阻尼小,压电陶瓷振幅较大,足够大的正反馈使放大器处于振荡状态。当不锈钢辐射面和液体接触时,由于液体的阻尼较大,压电陶瓷 Q 值降低,反馈量减小,导致振荡停止,消耗电流增大。根据换能器消耗电流的大小判

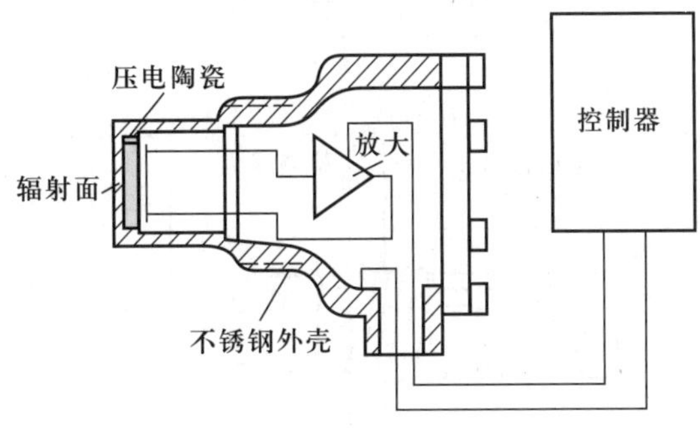

图 4.4.4 声阻式液位计原理

断被测液面是否上升到辐射面高度,使控制器内继电器动作,发出相应控制信号。工作频率约为 40 kHz。

声阻式液位计结构简单,使用方便。换能器上有螺纹,使用时可从容器顶部将换能器安装在预定高度即可。它适用于化工、石油、食品等工业中各种液面的测量,也用于检测管道中有无液体存在,重复性可达 1 mm。该传感器不适用于黏滞液体。因有部分液体粘附在换能器上,不随液面下降而消失,故而容易产生误动作。同时也不适用于溶有气体的液体。避免气泡附在换能器上而形成辐射面上的一层空气隙,减小了液体对换能器的阻尼,并导致误动作。

(2) 液介穿透式超声液位计

液介穿透式超声液位计的工作原理是利用超声换能器在液体和气体中的发射系数显著差别来判断被测液面是否到达换能器安装高度。其结构如图 4.4.5 所示。由相隔一定距离平行放置的发射压电陶瓷与接收压电陶瓷组成。它被封装在不锈钢外壳中或用环氧树脂铸成一体。在发射与接收陶瓷片之间留有一定间隙(12 mm)。控制器内有放大器及继电器驱动线路,发射压电体和接收压电体分别被接到放大器的输出端和输入端。当间隙内充满液体时,由于固体与液体的声阻抗率接近,超声波穿透时界面损耗较小,从发射到接收,使放大器由于声反馈而连续振荡。当间隙内是气体时,由于固体与气体声阻抗率差别极大,在固、气分界面上声波穿透时的衰减极大,所以声反馈中断,振荡停止。可根据放大器振荡与否来判断换能器间隙是空气还是液体,从而判断液面是否到达预定高度,继电器发出相应信号。该液位计结构简单,不受被测介质物理性质的影响,工作安全可靠。

(3) 气介穿透式超声物位计

发射换能器中压电陶瓷和放大器接成正反馈振荡回路,振荡在发射换能器的谐振频率上。接收换能器同发射换能器采用相同的结构,使用时,将两换能器相对安装在预定高度的一直线上,使其声路保持畅通。当被测料位升高遮断声路时,接收换能器收不到超声波,控制器内继电器动作,发出相应的控制信号。

由于超声波在空气中传播,故频率选择得较低(20~40 kHz)。这种物位计适用于检测粉状、颗粒状、块状或其他固体料位。结构简单,安全可靠,不受被测介质物理性质的影响,适用范围广。如可用于比重小、介电率小、电容式物位计难以测量的塑料粉末、羽兽毛等的

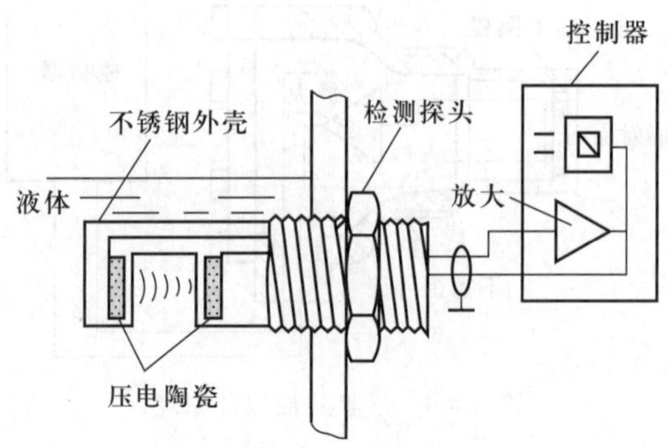

图 4.4.5　液介穿透式超声液位计

物位测量。

3. 连续式超声物位计

(1) 液介超声液位计

此液位计是以被测液体为导声介质,利用回波测距方法来测量液面高度。它由超声换能器和电子装置组成,用高频电缆连接如图4.4.6所示。时钟定时触发发射电路发出电脉冲,激励换能器发射超声脉冲。脉冲穿过外壳和容器壁进入被测液体,在被测液体表面上反射回来,再由换能器转换成电信号送回电子装置。液面高度 H 与液体中声速 v 及被测液体中来回传播时间 Δt 成正比

$$H=\frac{1}{2}v\Delta t \tag{4.4.6}$$

若计数振荡器的频率为 f_0,则上式可表示为

$$H=\frac{nv}{2f_0} \tag{4.4.7}$$

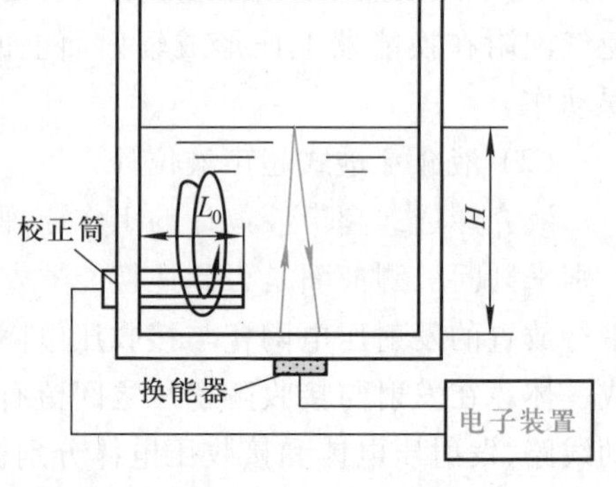

图 4.4.6　液介超声液位计

式中,n——计数器的显示数,n 值与液面高度成比例。

这种液面计适用于测量如油罐、液化石油气罐之类容器的液位。具有安装使用方便、可多点检测、精度高、直接用数字显示液面高度等优点。同时存在着当被测介质温度、成分经常变动时,由于声速随之变化,测量精度降低等缺点。

(2) 气介超声物位计

它以被测介质上方的气体为导声介质,利用回波测距测量物位。原理与液介相似。

利用被测介质上方的气体导声,被测介质不受限制,可测量有悬浮物的液体、高黏度液体与粉体、块体等,使用维护方便。除了能测各种密封、敞开容器中的液位外,还可以用于测塑料粉粒、沙子、煤、矿石、岩石等固体料位,以及测沥青、焦油等黏糊液体及纸浆等介质料位。

4.4.4 超声波传感器测厚度

用超声波测量金属零件、钢管等的厚度,具有测量精度高、测试仪器轻便、操作安全简单、易于读数或实现连续自动检测等一些优点。但是对于声衰减很大的材料以及表面凹凸不平或形状很不规格的零件,超声波法测厚较困难。

超声波法测厚常用脉冲回波法。测厚的原理如图 4.4.7 所示,主控制器产生一定重复频率的脉冲信号,送往发射电路,经电流放大激励压电式探头,以产生重复的超声脉冲,并耦合到被测工件中,脉冲波传到工件另一面被反射回来,被同一探头接收,如果超声波在工件中的声速 v 是已知的,设工件厚度为 d,脉冲波从发射到接收的时间间隔 t 可以测量,因此可求出工件的厚度为

$$d=\frac{1}{2}vt \tag{4.4.8}$$

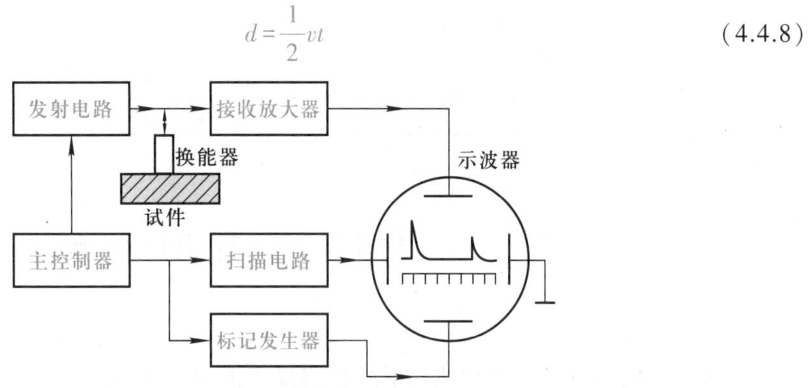

图 4.4.7 脉冲回波法测厚方框图

为测量时间间隔 t,可用图 4.4.7 所示的方法,将发射和回波反射脉冲加至示波器垂直偏转板上,标记发生器输出已知时间间隔的脉冲,也加在示波器垂直偏转板上,线性扫描电压加在水平偏转板上。因此可以从显示器上直接观察发射和回波反射脉冲,并求出时间间隔 t。当然也可用稳频晶振产生的时间标准信号来测量时间间隔 t,从而做成厚度数字显示仪表。

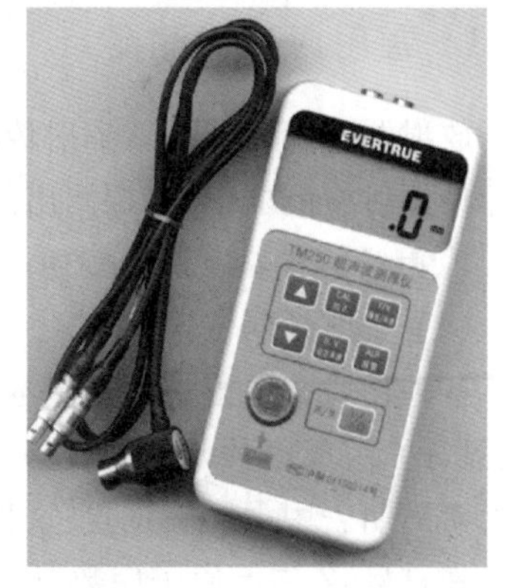

图 4.4.8 TM250 超声波测厚仪

图 4.4.8 为 TM250 超声波测厚仪。该仪器是根据超声波脉冲反射原理而研制的新型智能化测厚仪。该仪器采用单片微处理器来进行非线性校准和自动零位校准,在功能和技术性能方面比一般超声波测厚仪有较大突破,因而应用范围广泛,使用方便,测量更准确。专为厚度检验方面的应用而设计的上、下限报警功能将给使用者带来更大的便利。对于能传播超声波的材料均可以测厚。如金属、陶瓷、塑料、玻璃等。对于表面腐蚀粗糙的被测件,也是有较强的探测能力。表 4.4.1 列出了几种超声波测厚仪

的主要性能。

表 4.4.1 几种超声波测厚仪的主要性能

性能 \ 型号	CCH-J-1	UTM_{110}(日本)	T_1(日本)
测量方法	脉冲回波法	脉冲回波法	脉冲回波法
测量范围/mm	4~40	1.2~200	1~100
测量精度	±0.25 mm	±(测量值×1%+0.1 mm)	±0.1 mm
声速设定范围	-	(1 000~9 999) m/s	(2 500~6 500) m/s
测量频率	重复频率(8±1) kHz≤0.4 μs	5 MHz	—
电源	12 V电池组及9 V电池组	1.5 V干碱电池单三型	可充电式Ni-Cd电池单三型 1.2 V 450 mA · h×4
外形尺寸	—	主体(26×63×110) mm	(47×80×150) mm
重量	—	主体250 g,探头45 g	380 g(带电池)

4.5 核辐射物位及厚度检测

核辐射传感器是根据被测物质对射线的吸收、反散射或射线对被测物质的电离激发作用而工作的。核辐射传感器是核辐射式检测仪表的重要组成部分,它是利用放射性同位素来进行测量的。

核辐射一般由放射源、探测器以及电信号转换电路所组成。它可以检测厚度、液位、物位等参数。随着核辐射技术的发展,核辐射传感器的应用越来越广泛。

4.5.1 放射源和探测器

放射源和探测器是核辐射传感器的重要组成部分。放射源由放射性同位素组成。探测器即核辐射检测器,可以探测出射线的强弱及变化。

1. 射线的种类及衰变规律

(1) 放射性同位素

各种物质都是由一些最基本的物质所组成。人们把这些最基本的物质称为元素,如碳、氢、氧等。组成每种元素的最基本单元就是原子。凡原子序数相同而原子质量不同的元素,在元素周期表中占同一位置,这种元素称为同位素。同位素一般用式子$^{A}_{Z}X$表示,其中X表示元素符号,Z表示原子序数,A为原子质量数,它等于原子和中子的总和。

原子如果不是由于外界的原因,而是自发的发生核结构的变化,则称为核衰变,具有这种核衰变性质的同位素称为放射性同位素。

放射性同位素的核衰变,是原子核的“本征”特性,根据实验可得放射性同位素的基本规律为

$$I=I_0e^{-\lambda t} \tag{4.5.1}$$

式中，I_0——开始时（$t=0$）的放射源强度；

I——经过时间 t 秒后的放射源强度；

λ——放射性衰变常数。

式（4.5.1）表明，放射性元素的放射源强度，是按照指数规律随时间减少的，元素衰减的速度决定于 λ 的量值，λ 越大则衰变越快。

（2）核辐射的种类及性质

放射性同位素在衰变过程中放出一种特殊的、带有一定能量的粒子或射线，这种现象称为放射性或核辐射。根据其性质的不同，放出的粒子或射线有 α 粒子、β 粒子、γ 射线等。

① α 粒子　α 粒子一般具有 4～10 Mev 能量。用 α 粒子来使气体电离比用其他辐射强得多，因此在检测中，α 辐射主要用于气体分析，用来测量气体压力、流量等参数。

② β 粒子　β 粒子实际上是高速运动的电子，它在气体中的射程可达 20 m，在自动检测仪表中，主要是根据 β 辐射吸收来测量材料的厚度、密度或重量；根据辐射的反散射来测量覆盖层的厚度，利用 β 粒子很大的电离能力来测量气体流。

③ γ 射线　是一种从原子核内发射出来的电磁辐射，它在物质中的穿透能力比较强，在气体中的射程为数百米，能穿过几十厘米厚的固体物质。它广泛应用在各种检测仪表中，特别是需要辐射穿透力强的，如金属探伤、厚度检测以及物体密度检测等。

2. 射线与物质的相互作用

核辐射与物质的相互作用是探测带电粒子或射线存在与否及其强弱的基础，也是设计和研究放射性检测与防护的基础。

（1）带电粒子和物质的相互作用

具有一定能量的带电粒子如 α 粒子、β 粒子在它们穿过物质时，由于电离作用，在它们路径上生成许多离子对，所以常称 α 和 β 粒子为电离性辐射。电离作用是带电粒子与物质相互作用的主要形式，一个粒子在每厘米路径上生成离子对数目称为比电离，带电粒子在物质中穿行，其能量逐渐耗尽而停止，其穿行的一段直线距离称为粒子的射程。

α 粒子质量数较高，电荷量也较大，因而它在物质中引起很强的比电离，射程较短。

β 粒子的能量是连续的，质量很轻，运动速度比 α 粒子快得多，由于 β 粒子的质量小，其比电离远小于同样能量的 α 粒子的比电离，同时容易散射和改变运动方向。

β 和 γ 射线比 α 射线的穿透能力强，当它们穿过物质时，由于物质的吸收作用，而损失一部分能量，辐射在穿过物质层后，其通量强度按指数规律衰减，可表示为

$$I=I_0e^{-\mu h} \tag{4.5.2}$$

式中，I_0——入射到吸收体的辐射通量的强度；

I——穿过厚度为 h（单位为 cm）吸收层后的辐射通量强度；

μ——线性吸收系数。

实验证明，比值 μ/ρ（ρ 是密度）几乎与吸收体的化学成分无关，这个比值称为质量吸收系数，常用 μ_ρ 表示，此时式（4.5.2）可改写成

$$I=I_0e^{-\mu_\rho \rho h} \tag{4.5.3}$$

上式为核辐射检测的理论基础。

(2) γ射线和物质的相互作用

γ射线通过物质后的强度将逐渐减弱。γ射线与物质作用主要是光电效应、康普顿效应和电子对效应三种。γ射线在通过物质时,γ光子不断被吸收,强度也是按指数下降,仍然服从式(4.5.3)。这里的吸收系数μ是上述三种效应的结果,故可用下式表示

$$\mu=\tau+\sigma+k \tag{4.5.4}$$

式中,τ——光电吸收系数;

σ——康普顿散射吸收系数;

k——电子对生成吸收系数。

设质量厚度$\eta=\rho h$,则式(4.5.3)可写成

$$I=I_0 e^{-\mu_\rho \eta} \tag{4.5.5}$$

不同物质对同一能量光子的质量吸收系数μ_ρ可视为大致相同的,特别在较轻的元素和光子能量在0.5~2 MeV范围内更是这样。因为在这种情况下,起主要作用的是康普顿效应。其概率只与物质的电子数有关,而能量相同、质量不同的物质,它们的电子数目大致是相同的,所以质量吸收系数μ_ρ也大致相同。

3. 常用探测器

探测器就是核辐射的接收器,它是核辐射传感器的重要组成部分。其用途就是将核辐射信号转换成电信号,从而探测出射线的强弱和变化,在现有的核辐射检测中,用于检测仪表上的主要有电离室、闪烁计数器和盖格计数等。下面以电离室、闪烁计数器为例加以介绍。

(1) 电离室

电离室是一种基本上以气体为介质的射线探测器,它可以用来探测α粒子、β粒子和γ射线,它能把这些带电粒子或射线的能量转化为电信号。电离室具有坚固、稳定、寿命长、成本低等特点,但输出电流小。

图4.5.1为电离室基本工作原理示意图,它是在空气中设置一个平行极板电容器,加上几百伏的极化电压,使在电容器的极板间产生电场,这时,如果有核辐射照射极板之间的空气,则核辐射将电离空气分子而使其产生正离子和电子,它在极化电压的作用下,正离子趋向负极,而电子趋向正极,于是便产生了电流,这种由于核辐射线引起的电流就是电离电流。电离电流在外电路的电阻R上形成电压降,这样利用核辐射的电离性质,就可以从外电路R上的电压降来衡量核辐射中的粒子数目和能量,辐射强度越大,产生正离子和电子越多,电离电流越大,R上的压降也越大,通过一定的设计和对电离室配置以恰当的电压,就能使辐射强度与R上的电压降成正比。这就是电离室的基本工作原理。

电离室的结构有各种不同类型,现以圆筒形β电离室为例来说明其结构,如图4.5.2所示。图中1和2分别为收集极和高压极,收集极必须绝缘良好,如果绝缘不良,极微小的电离电流就要漏掉,就可能测不到信号,在收集极和高压极之间配有保护环,保护环与收集极和高压极之间是绝缘的,保护环要接地,这是为了使高压不致漏到收集极去干扰有用信号。

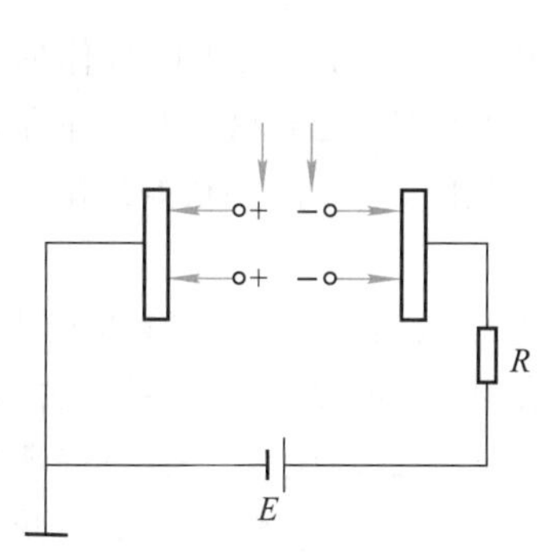

图 4.5.1 电离室工作原理图

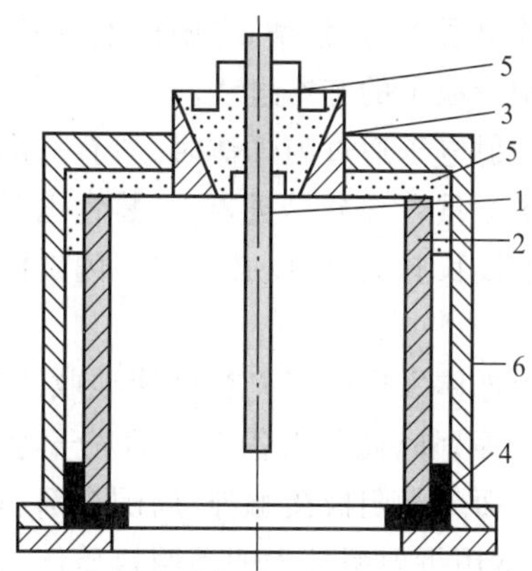

1—收集极；2—高压极；3—保护环；4—镀铝薄膜；5—绝缘物；6—外壳

图 4.5.2 圆筒形电离室结构示意图

电离室除了空气式外，还有密封充气的，一般充 Ar 等惰性气体，气压可稍大于大气压，这有助于增大电离电流，同时密封也可以维护内部气压的恒定，减少外界气压波动带来的影响。电离室的入射窗口通常用铝箔或其他塑料薄膜，它的密度要尽可能小，以减小射线入射时在上面造成的能量损失，同时又要有足够的强度，以承受内部的气压。

电离室的结构必须非常牢固，尤其是电极结构更要牢固，否则会由于周围的振动引起信号的波动而无法测量。

由于 α 粒子、β 粒子、γ 射线性质各不相同，能量也不一样，所以用来探测的电离室也互不相同，不能互相通同。

(2) 闪烁计数器

闪烁计数器先将辐射能变为光能，然后再将光能变为电能而进行探测，它不仅能探测 γ 射线，而且能探测各种带电和不带电的粒子，不仅能探测它们的存在，且能鉴别其能量的大小，闪烁计数器与电离室相比，具有效率高及分辨时间短等特点，广泛地应用于各种检测仪表中。

闪烁计数器由闪烁体、光电倍增管和输出电路组成，如图 4.5.3 所示。

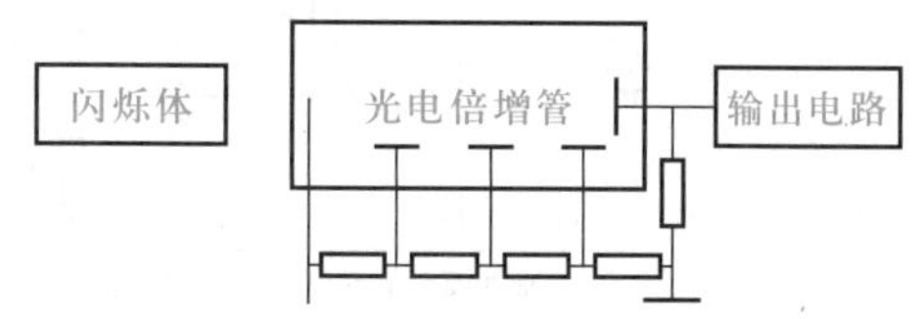

图 4.5.3 闪烁计数器示意图

闪烁体是一种受激发光物质，可分为无机和有机两大类，其形态有固态、液态、气态三种。无机闪烁体的特点是：对入射粒子的阻止本领大，发光效率也大，因此有很高的探测效率。例如，碘化钠（铊激活）用来探测 γ 射线的效率就很高，为 20%～30%。有机闪烁体的特点是：发光时间很短，只有用分辨性能高的光电倍增管相配合，才能获得 10^{-10} s 的分辨时间，而且容易制成比较大的体积，常用的有液体有机闪烁体、塑料闪烁体和气体闪烁体等。在探测 β 粒子时，常用这种有机闪烁体。

当核辐射进入闪烁体时，闪烁体的原子受激发光，光透过闪烁体射到光电倍增管的光阴极上打出光电子，经过倍增，在阳极上形成电流脉冲，最后可用电子仪器记录下来，这就是闪烁计数器记录粒子的基本过程。

由于发射电子通过闪烁体时，会有一部分被吸收和散射，因此，要求闪烁体的发射光谱和吸收光谱的重合部分尽量要小，装置也要有利于光子的吸收，光阴极上打出电子的效率与入射光子的波长有关，所以必须选择闪烁体发光的光谱范围，使其能够很好地配合光阴极的光谱响应。

要使闪烁体发出的荧光尽可能地收集到光阴极上去，除了对闪烁体本身的要求（如光学性质均匀等）外，还要求各方面的光子通过有效的漫反射，把光子集中到光阴极上，碘化钠晶体除一面与光阴极接触外，周围全部用氧化镁粉敷上一层，为减少晶体和光阴极之间产生全反射，常用折射率较大的透明媒质作为晶体与光电倍增管的接触媒质，为了更有效地将光导入光阴极，常在闪烁体和光阴极之间接入一定形状的光导，有机玻璃等为常用的光导材料。

4.5.2 测量电路

核辐射传感器测量电路的种类很多，并随着所用探测器的不同而不同，但不管对哪一种结构的探测器，前置放大电路都是必不可少的。其性能的好坏对仪表的影响很大。常用的测量电路有电离室前置放大电路和闪烁计数器的前置放大电路，现以电离室前置放大电路为例进行讲述。

一个电离粒子每损失 1 MeV 的能量，约产生 3 万个电子或 5×10^{-15} C（即 A · S）电荷。当电离室的积分电容取 20 pF 典型数值时，其脉冲幅度也只有 0.25 mV/MeV，因此所得脉冲必须放大，放大电路中系统的噪声限制了仪表的分辨率及灵敏度。

一般情况下，放大过程由低噪声前置放大器和主放大器两部分承担。而低噪声前置放大器是基本输入电路。图 4.5.4 中给出了两种典型前置放大电路。增益为 A 的差分放大器有一个反相输入端（-）和一个同相输入端（+）。

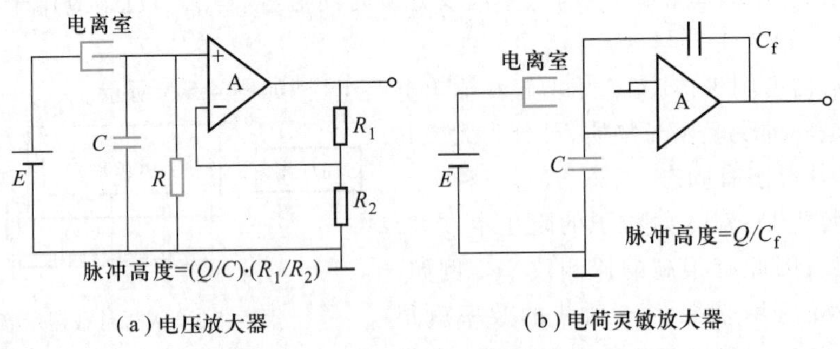

（a）电压放大器　　（b）电荷灵敏放大器

图 4.5.4 前置放大器的电路图

从图 4.5.4（a）可以看出，电容 C 两端的电压脉冲被放大。C 代表电离室输出端的总电容，它等于电离室电容，即为：从电离室到前置放大器输入的电缆电容及前置放大器输入电容的总和。分压器 R_1 及 R_2 组成反馈回路，当 $R_2<<R_1$ 和 $AR_2>>R_1$ 时，使增益稳定在近似 $R_1/$

R_2值上。脉冲形状一方面由电离室几何形状决定,另一方面由输入网络的时间常数 RC 决定。前置放大器的输入阻抗包括在 R 内。通常选择$\tau_c >> t_{电子}$(电子收集时间),同时在主放大器的第一级进行微分,因为这样可以得到比较好的信号噪声比。

由于回路增益较高,这类前置放大器的电压增益能保持恒定,并与元件的寿命无关。但是由于最后还是要从总的脉冲电荷 Q 来得知能量信息,而电压脉冲幅度又由 Q/C 决定,所以系统增益的稳定性最终还要依赖于电容 C 的稳定性。在电离室中,从结构上讲电容是不变化的,除非发生撞击或是振动。如果采用图 4.5.4(b)所示的电路,可以避免这种影响。电路中加一个反馈电容,这时前置放大器就变成电荷灵敏型前置放大器,具有反馈电容 C_f的电荷灵敏放大器,其输出脉冲幅度为 Q/C_f。当回路增益很高即 $A\to\infty$ 时,系统增益的稳定性不依赖于 C。

4.5.3 核辐射厚度计

图 4.5.5 所示为核辐射厚度计方框图。辐射源在容器内以一定的立体角放出射线,其强度在设计时已选定,当射线穿过被测体后,辐射强度被探测器接收。在 β 辐射厚度计中,探测器常用电离室,根据电离室的工作原理,这时电离室就输出一电流,其大小与进入电离室的辐射强度成正比。前面已指出,核辐射的衰减规律为 $I=I_0e^{-\mu x}$,从测得的 I 值可获得质量厚度 x,也就可得到厚度 h 的大小。在实际的 β 辐射厚度中,常用已知厚度 h 的标准片对仪器进行标定,在测量时,可根据校正曲线指示出被测体的厚度。

测量线路常用振动电容器调制的高输入阻抗静电放大器。振动电容器把直流调制成交流,并维持高输入阻抗,这样可以解决漂移问题。有的测量线路采用变容二极管调制器来代替静电放大器。

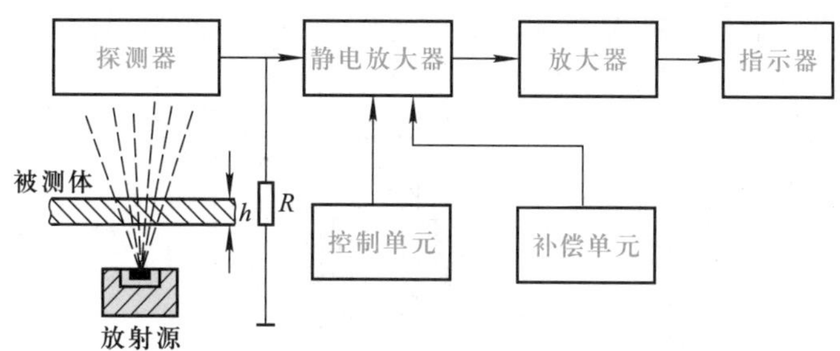

图 4.5.5 核辐射厚度计原理方框图

4.5.4 核辐射液位计

图 4.5.6 是核辐射液位计的原理图。它是一种基于物质对射线的吸收程度的变化对液位进行测量的物位计。当液面变化时,液体对射线的吸收也改变,从而就可以用探测器的输出信号的大小来表示液位的高低。

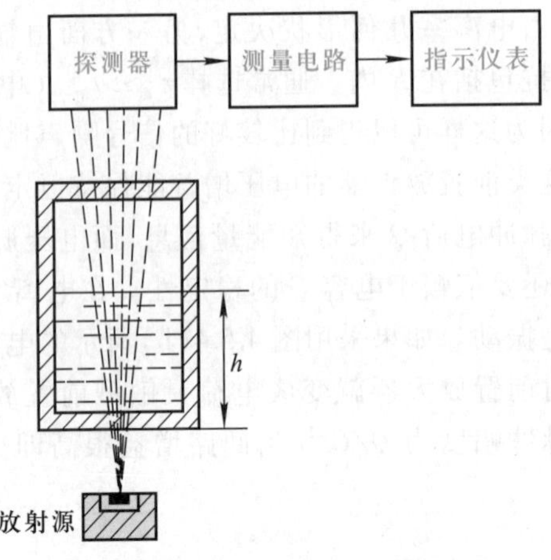

图 4.5.6　核辐射液位计原理图

思考题与习题四

1. 什么是物位？为什么要进行物位测量？物位测量的特点是什么？

2. 超声波物位计和超声波厚度计各有什么特点？

3. 电涡流测厚度的原理是什么？具有哪些特点？

4. 习题图 4.1 是电容式液位计示意图。内圆管的外径为 10 mm，外圆管的内径为 20 mm，管的高度为 $h_1 = 3$ m，$h_0 = 0.5$ m，被测介质为油，它的 $\varepsilon_r = 23$，电容器总电容量为 400 pF，求液位。若容器的直径为 3 m，油的密度 0.8 t/m^3，求容器内油的重量。

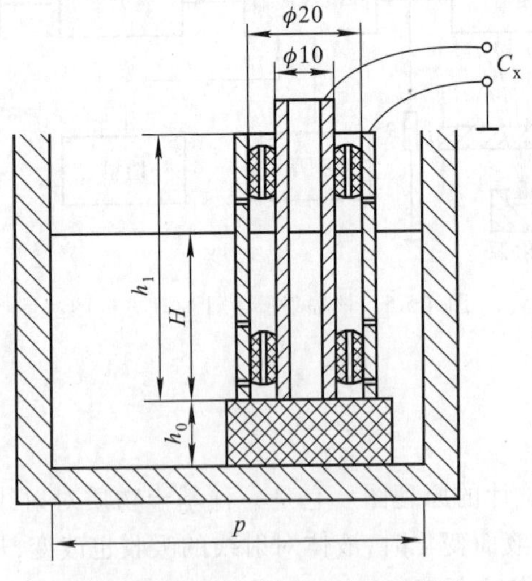

习题图 4.1　电容式液位计示意图

5. 在下述检测液位的仪表中,受被测液位密度影响的有哪几种?并说出原因。

(1) 电容式液位计;

(2) 超声波液位计;

(3) 射线式液位计;

(4) 微波液位计。

第5章　流量检测

流量是指单位时间内流过管道某截面流体的体积或质量。前者称为体积流量,后者称为质量流量。在一段时间内流过的流体量就是流体的总量,即瞬时流量对时间的累积。流体的总量对于计量物质的损耗与储存等都具有重要的意义。测量总量的仪表一般称为流体计量表或流量计。

流体的性质各不相同,例如液体和气体在可压缩性上差别很大,其密度受温度、压力的影响也相差悬殊。况且各种流体的黏度、腐蚀性、导电性等也不一样,很难用同一种方法测量其流量。尤其是工业生产过程情况复杂,某些场合的流体伴随着高压、高温,甚至是气液两相或液固两相的混合流体流动。

为满足各种状况流量测量,目前已出现一百多种流量计,它们适用于不同的测量对象和场合。本章将以常见的差压式、容积式、速度式、振动式、超声波式和电磁式等流量计为例进行讲述。

5.1　流量的检测方法

液体和气体统称为流体。如果用 q_V 表示体积流量,用 q_m 表示质量流量,ρ 表示流体的密度,则二者之间的关系为

$$q_m = q_V \rho \tag{5.1.1}$$

在时间 t 内,流体流过管道某截面的总体积流量 q'_V 和总质量流量 q'_m 分别为

$$q'_V = \int_0^t q_V \mathrm{d}t \tag{5.1.2}$$

$$q'_m = \int_0^t q_m \mathrm{d}t \tag{5.1.3}$$

5.1.1　节流差压法

在管道中安装一个直径比管径小的节流件,如孔板、喷嘴、文丘利管等,当充满管道的单向流体流经节流件时,由于流道截面突然缩小,流束将在节流件处形成局部收缩,使流速加快。由能量守恒定律可知,动压能和静压能在一定条件下可以相互转换,流速加快必然导致静压力降低,于是在节流件前后产生静压差,而静压差的大小和流过的流体流量有一定的函数关系,所以通过流量节流件前后的压差即可求得流量。

5.1.2 容积法

应用容积法可连续地测量密闭管道中流体的流量,它是由壳体和活动壁构成流体计量室。当流体流经该测量装置时,在其入口、出口之间产生压力差,此流体压力差推动活动壁旋转,将流体一份一份地排出,记录总的排出份数,则可得出一段时间内的累计流量。容积式流量计有椭圆齿轮流量计、腰轮(罗茨式)流量计、刮板式流量计、膜式煤气表及旋转叶轮式水表等。

5.1.3 速度法

测出流体的流速,再乘以管道截面积即可得出流量。显然,对于给定的管道,其截面积是个常数。流量的大小仅与流体流速大小有关,流速大流量大,流速小流量小。由于该方法是根据流速而来的,故称为速度法。根据测量流速方法的不同,有不同的流量计,如动压管式、热量式、电磁式和超声式等。

5.1.4 流体阻力法

它是利用流体流动给设置在管道中的阻力体以作用力,而作用力大小和流量大小有关,以此原理测流体流量,故称为流体阻力法。常用的靶式流量计其阻力体是靶,由力平衡传感器把靶的受力转换为电量,实现测量流量的目的。转子流量计是利用设置在锥形测量管中可以自由运动的转子(浮子)作为阻力体,它受流体自下而上的作用力而悬浮在锥型管道中某个位置,其位置高低和流量大小有关。

5.1.5 流体振动法

这种方法是在管道中设置特定的流体流动条件,使流体流过后产生振动,而振动的频率与流量有确定的函数关系,从而实现对流体流量的测量。它分为流体强迫振动的旋进式和自然振动的卡门涡街式两种。

1. 旋进式

在测管入口处装一组固定的螺旋叶片,使流体流入后产生旋转运动。叶片后面是一个先缩后扩的管段,旋转流被收缩段加速,在管道轴线上形成一条高速旋转的涡线。该涡线进入扩张段后,受到从扩张段后返回的回流部分流体的作用,使其偏离管道中心,涡线发生进动运动,而进动频率与流量成正比。利用灵敏的压力或速度检测元件将其频率测出,即可测出流体流量。

2. 卡门涡街式

在被测流体的管道中插入一个断面为非流线型的柱状体,如三角柱体或圆柱体,称为漩涡发生体。当流体流过柱体两侧时,会产生两列交替出现而又有规则的漩涡列。漩涡分离的频率与流速成正比,通过测量漩涡分离频率可测出流体的流速和瞬时流量。

由于漩涡在柱体后部两侧产生压力脉动,在柱体后面尾流中安装测压元件,则能测出压力的脉动频率,经信号变换即可输出流量信号。

5.1.6 质量流量测量

质量流量测量分为间接式和直接式。间接式质量流量测量是在直接测出体积流量的同时,再测出被测流体的密度或测出压力、温度等参数求出流体的密度。因此,测量系统的构成将由测量体积流量的流量计(如节流差压式、涡轮式等)和密度计或带有温度、压力等的补偿环节组成,其中还有相应的计算环节。直接式质量流量测量是直接利用热、差压或动量来检测,如双涡轮质量流量计,它是一根轴上装有两个涡轮,两涡轮间由弹簧联系。当流体由导流器进入涡轮后,推动涡轮转动,涡轮受到的转矩和质量流量成正比。由于涡轮叶片倾角不同,受到的转矩是不同的。因此,使弹簧受到扭转,产生扭角,扭角的大小正比于两个转矩之差,即正比于质量流量,通过两个磁电式传感器分别把涡轮转矩变换成交变电动势,两个电动势的相位差即是扭角。如科里奥利力质量流量计就是利用动量来检测质量流量。

5.2 差压式流量计

差压式流量计也称为节流式流量计,它是利用流体流经节流装置时产生压力差的原理来实现流量测量的。这种流量计是目前工业中测量气体、液体和蒸汽流量最常用的仪表。差压式流量计主要由两大部分组成:一部分是节流式变换元件,即节流装置如孔板、喷嘴、文丘利管等;另一部分是用来测量节流元件前后静压差的差压计,根据压差和流量的关系可直接指示流量。

5.2.1 节流装置的工作原理

流体流经节流装置(如孔板)时的节流现象如图 5.2.1 所示。

当连续流动的流体遇到安插在管道内的节流装置时,由于节流的截面积比管道的截面积小,形成流体流通面积突然缩小,在压头作用下流体的流速增大,挤过节流孔,形成流束收缩。在挤过节流孔后,流速又由于流通面积的变大和流束的扩张而降低。与此同时,在节流装置前后的管壁处的流体静压力产生差异,形成静压力差 $\Delta p=p_1-p_2$,并且 $p_1>p_2$,此即节流现象。也就是节流装置的作用在于造成流束的局部收缩,从而产生压差。并且流过的流量越大,在节流装置前后所产生的压差也就越大,因此可通过测量压差来衡量流体流量的大小。

图 5.2.2 所示为在装有标准孔板的水平管道中,当流体流经孔板时的流束及压力分布情况。图中管道截面Ⅰ-Ⅰ、Ⅱ-Ⅱ、Ⅲ-Ⅲ处流体的绝对压力分别为 p'_1、p'_2、p'_3,各截面流体的平均流速分别为 v_1、v_2、v_3,孔板入口侧和出口侧流体的绝对压力为 p_1、p_2。从图中分析可得如下两点结论。

1. 流束收缩

沿管道轴向连续向前流动的流体,当遇到节流装置的阻挡时,近管壁处的流体受到节流装置的阻挡最大,促使流体一部分动压头转换为静压头,使节流装置入口端面近管壁处的流体静压力 p_1 升高(即图中 $p_1>p'_1$),并且比管道中心处的静压力要大,即形成节流装置入口端面处产生径向压差。这一径向压差使流体产生径向附加速度,从而改变流体原来的流向。

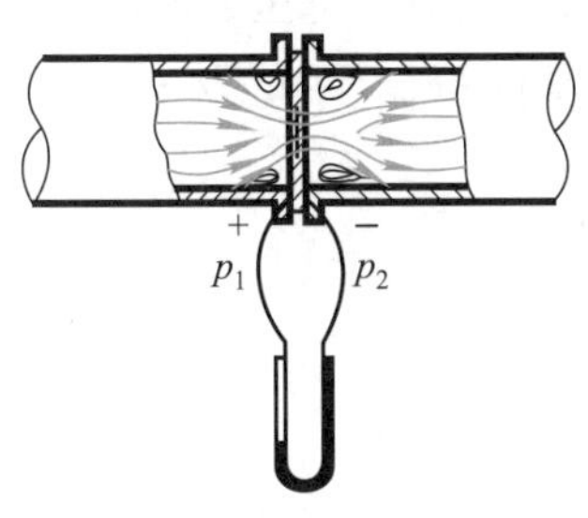

图 5.2.1 孔板附近的流动图

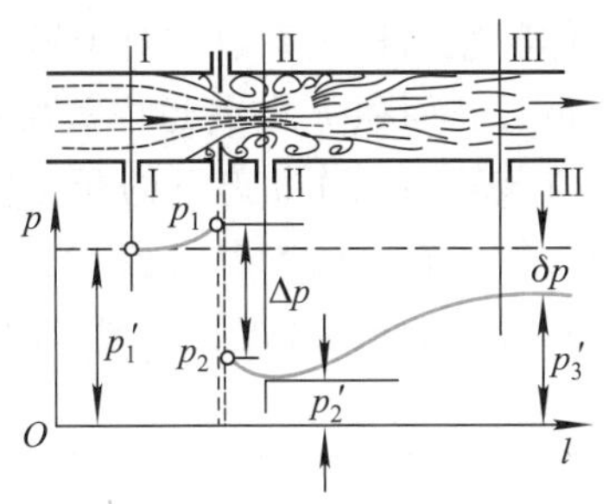

图 5.2.2 孔板附近流束及压力分布

在径向附加速度的影响下,近管壁处的流体质点的流向就与管的中心轴线相倾斜,形成了流束的收缩运动。同时,由于流体运动的惯性,使得流束收缩最小截面的位置不在节流孔中,而位于节流孔之后,并随着流量大小而变。

2. 静压差 Δp 的产生

由于节流装置造成流束的局部收缩,同时流体又保持连续流动状态,因此在流束截面积最小处的流速达到最大。由流体力学理论可知,在流束截面积最小处的流体静压力最低。同理,在孔板出口端面处,由于流速已比原来增大,因此静压力也比原来低($p_2<p'_1$)。故节流装置入口侧的静压力 p_1 比其出口侧的静压力 p_2 大。并且流量愈大,节流装置两端压差 Δp 也愈大,利用差压计测出压差即可得到流体流过的流量,此即节流装置的工作原理。

5.2.2 流量方程

根据节流现象及原理,流量方程式以伯努利方程式和流体流动的连续性方程为依据。为简化问题,先假设流体是理想的,求出理想流体的流量基本方程式,然后再考虑到实际流体与理想流体的差别,加以适当的修正,获得适用于实际流体的流量基本方程式。对于不可压缩流体的体积流量,其基本方程式为

$$q_V=\alpha F_0\sqrt{\frac{2}{\rho}(p_1-p_2)} \tag{5.2.1}$$

质量流量基本方程式为

$$q_m=\alpha F_0\sqrt{2\rho(p_1-p_2)} \tag{5.2.2}$$

式(5.2.1)、式(5.2.2)中,F_0——节流件的工作开孔面积;

ρ——流体的密度;

$\Delta p=p_1-p_2$——节流件前后的压力差;

α——流量系数,它和节流件的面积以及流体的黏性、密度、取压方式等多种因素有关,是一个用实验确定的系数。

对上述方程处理后,可得到工程上实用的流量方程式

$$q_V=0.012\ 52\alpha\varepsilon d^2\sqrt{\frac{\Delta p}{\gamma}}=0.012\ 52\alpha\varepsilon mD^2\sqrt{\frac{\Delta p}{\gamma}} \tag{5.2.3}$$

$$q_m=0.012\ 52\alpha\varepsilon d^2\sqrt{\gamma\Delta p}=0.012\ 52\alpha\varepsilon mD^2\sqrt{\gamma\Delta p} \tag{5.2.4}$$

式中，ε——流体膨胀的校正系数。对于不可压缩流体 $\varepsilon=1$，对于可压缩流体 $\varepsilon<1$；

m——孔板开孔面积 F_0与管道内截面积 F 之比，即 $m=F_0/F=d^2/D^2$；

d——节流装置在工作状态下的开孔直径；

D——在工作状态下的管道内径；

γ——被测流体的重度（现在一般采用密度）。

5.2.3 流量系数的确定

从上述流量方程式可看出，如果测得压差 $\Delta p=p_1-p_2$，要求得流量，必须使流量与差压之间成一一对应关系，而其他各系数应保持为恒定值。虽然 F_0、α、ε、γ 等各系数实际上都与某些因素有关，但最主要的还是流量系数。它是一个影响因素复杂、变化范围大的重要系数。如果在测量过程中不能保持 α 为恒定值，则其流量误差将会较大。因此，正确处理流量方程中各系数是十分重要的。

流量系数与节流装置的形式、取压方式、雷诺数、节流装置开口截面比和管道内壁粗糙度等有关。但是当流束在几何上和流体动力学上相似时，其流量系数是相等的。

目前我国节流装置的取压形式采用角接取压法，并定为标准节流装置。角接取压法的特点是容易实现环室取压，当雷诺数大于界限值时，流量系数恒定，因此测量精度高。下面根据角接取压法的实验数据介绍流量系数的确定。

当节流装置形式和取压方式确定之后，流量系数就取决于雷诺数和开孔截面比。实验表明：在一定形式的节流装置和一定的截面比值条件下，当管道中的雷诺数大于某一界限雷诺数时，流量系数不再随雷诺数变化，而趋向定值。图 5.2.3 是标准孔板的流量系数 α_0，流体雷诺数 Re 和孔板截面比 m 的实验关系曲线。从图中可知，对 m 值相等的同类型节流装置，当流体沿光滑管道流动时，其流量系数只是雷诺数的函数。并且，当 Re 大于某一界限值 Re_K 时，流量系数 α_0 趋向定值，它的数值仅随 m 而定，同时，Re_K 值则随 m 减小而降低。根据相似性原理，两个几何上相似的流束，如果它们的雷诺数相等，则流速在流体动力学上也是相似的，即其流量系数也相等。因此，对于同一类型的节流装置，只要 m 值相等，则流量系数只是雷诺数的函数。所以，上述的实验数据根据相似原理可以应用于各种不同管径和各种不同介质的流量测量中。

在图 5.2.3 上，Re_K 线右边为 α_0 定值区域。在应用标准节流装置测量流量时，只有当 α_0 值在所需测量的范围内都保持常数的条件下，压差和流量才有恒定的对应关系。因此，在使用差压式流量计时必须注意到这一点。

图 5.2.4 是标准孔板在雷诺数大于界限雷诺数 Re_K 时的流量系数随 m 值变化的关系。这些流量系数是在光滑管道中当 $Re>Re_K$ 时，用实验方法测得的，称为原始流量系数。并用 α_0 表示。实际工程中的测量条件没有这样理想，所以实际流量系数 α 是在原始流量系数 α_0 基础上乘以修正系数而得。

5.2.4 标准节流装置

人们对节流装置做了大量的研究工作，一些节流装置已经标准化了。对于标准化的节流装置，只要按照规定进行设计、安装和使用，不必进行标定就能准确地得到其精确的流量

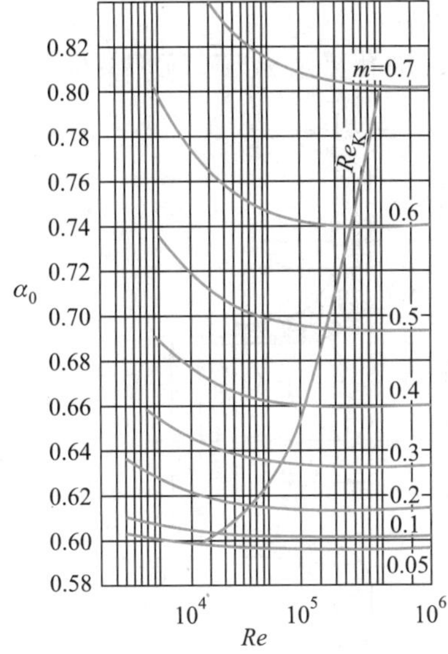

图 5.2.3 标准孔板的原始流量系数与雷诺数的关系

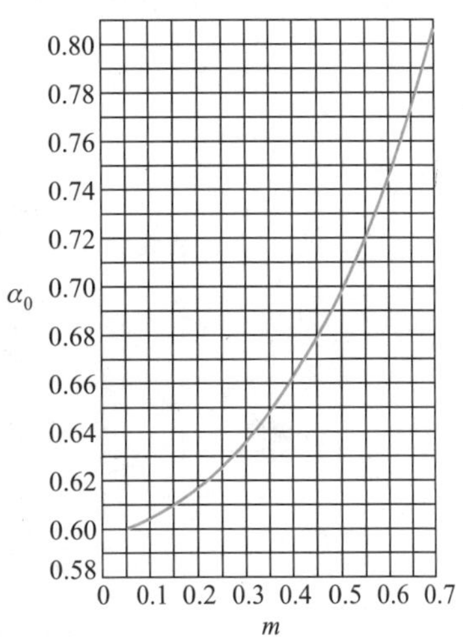

图 5.2.4 标准孔板的原始流量系数

系数,从而进行准确的流量测量。图 5.2.5 为全套标准节流装置。

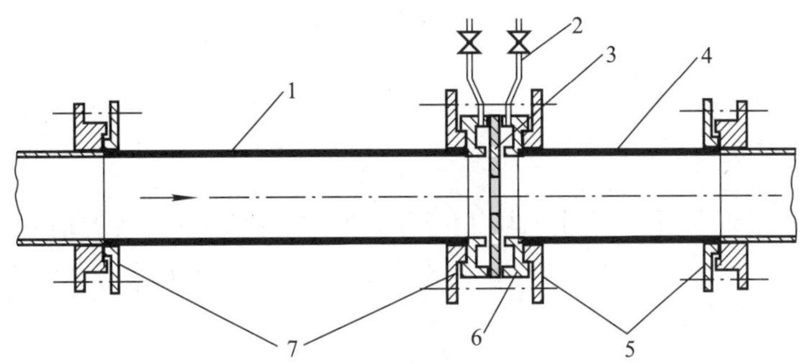

1—上游直管段;2—导压管;3—孔板;4—下游直管段;5、7—法兰;6—取压环室

图 5.2.5 全套标准节流装置

标准节流装置的使用条件:

① 被测介质应充满全部管道截面并连续地流动。

② 管道内的流束(流动状态)是稳定的。

③ 在节流装置前后要有足够长的直管段,并且要求节流装置前后长度为二倍管道直径,管道的内表面上不能有凸出物和明显的粗糙不平现象。

④ 各种标准节流装置的使用管径 D 的最小值规定如下:

孔板:$0.05 \leqslant m \leqslant 0.70$ 时,$D \geqslant 50$ mm;

喷嘴:$0.05 \leqslant m \leqslant 0.65$ 时,$D \geqslant 50$ mm;

文丘利管：$0.20 \leqslant m \leqslant 0.50$ 时，$100\ \text{mm} \leqslant D \leqslant 800\ \text{mm}$。

标准节流装置的结构已做统一规定，图 5.2.6 为标准孔板及标准喷嘴的结构图。

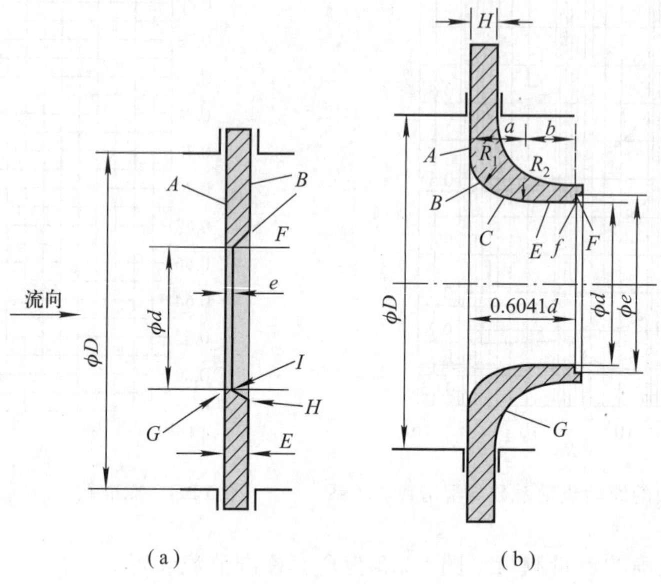

图 5.2.6 标准孔板和标准喷嘴的结构图

5.2.5 取压方式

目前，对各种节流装置取压的方式均有不同，即取压孔在节流装置前后的位置不同，即使在同一位置上，为了达到压力均衡，也采用不同的方法。对标准节流装置的每种节流元件的取压方式都有明确规定。

以孔板为例，通常采用的取压方式有：角接取压法、理论取压法、径距取压法、法兰取压法和管接取压法五种。各种取压方式的取压孔位置如图 5.2.7 所示。

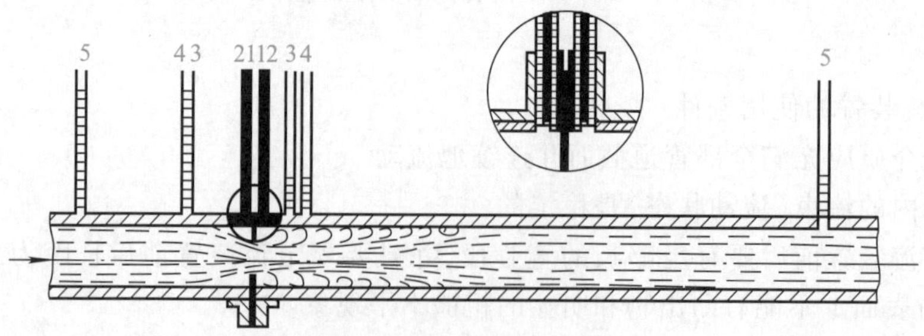

图 5.2.7 各种取压位置图

1. 角接取压法

上、下游的取压管位于孔板前后端面处，如图 5.2.7 中 1-1 所示。通常用环室或夹紧环取压。环室取压是在紧贴孔板的上、下游形成两个环室，通过取压管测量两个环室的压力差。夹紧环取压是在紧靠孔板上、下游两侧钻孔，直接取出管道压力进行测量。两种方法相比，环室取压均匀，测量误差小，对直管段长度要求较短，多用于直径小于 400 mm 管道，而夹紧环取压多用于管道直径大于 200 mm。

2. 法兰取压法

不论管道直径大小，上、下游取压管的中心均位于距离孔板两侧相应端面 25.4 mm 处，如图 5.2.7 中 2-2 所示。

3. 理论取压法

上游取压管的中心位于距孔板前端面一倍管道直径 D 处，下游取压管的中心位于流速最大的最小收缩断面处，如图 5.2.7 中 3-3 所示。通常最小收缩断面位置和面积比 m 有关，而且有时因为法兰很厚，取压管的中心不一定能准确地放置在该位置上。这就需要对差压流量计的示值进行修正。特别是由于孔板流束的最小断面位置随着流量的变化也在变化，而取压点不变。因此，在流量的整个测量范围内，流量系数不能保持恒定。通常这种取压方法应用于管道内径 $D>100$ mm 的情况，对于小直径管道，因为法兰的相对厚度较大，不易采用该法。

4. 径距取压法

上游取压管的中心位于距离孔板前端一倍管道直径 D 处，下游取压管的中心位于距孔板前端面 $D/2$ 处，如图 5.2.7 中 5-4 所示。径距取压法和理论取压法的差别仅为其下游取压点的不同。

5. 管接取压法

上游取压管的中心位于距孔板前端面 $2.5D$ 处，下游取压管的中心位于距孔板后端面 $8D$ 处，如图 5.2.7 中 5-5 所示。这种取压方式测得的压差值，即为流体流经孔板的压力损失值，所以也称为损失压降法。

5.2.6 差压计

节流装置前后的压差测量是应用各种差压计实现的。差压计的种类很多，如膜片差压变送器、双波纹管差压计和力平衡式差压计等。

1. 双波纹管差压计

双波纹管差压计主要由两个波纹管、量程弹簧、扭力管及外壳等部分组成，如图 5.2.8 所示。

当被测流体的压力 p_1 和 p_2 分别由导压管引入高、低压室后，在压差 $\Delta p=p_1-p_2>0$ 的作用下，高压室的波纹管 B_1 被压缩，容积减小，内部充填的不可压缩液体将流向 B_2，使低压侧的波纹管 B_2 伸长，容积增大，从而带动连接轴自左向右运动。当连接轴移动时，将带动量程弹簧伸长，直至其弹性变形与差压值产生的测量力平衡为止。而连接中心上的挡板将推动扭管转动，通过扭管的中心轴将连接轴的位移传给指针或显示单元，指示差压值。

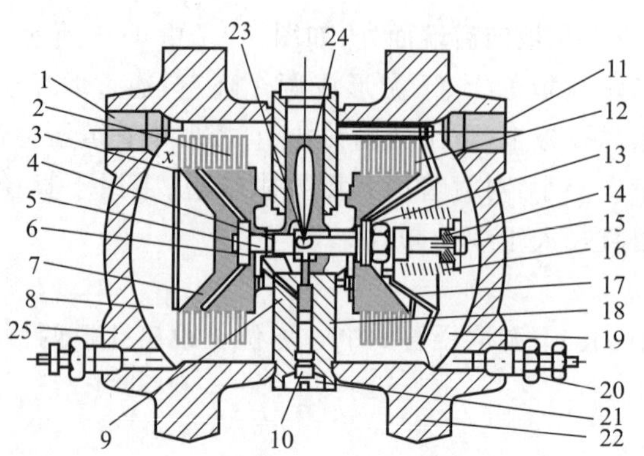

1—高压引入口;2—高压室波纹管 B_1;3—温度补偿波纹管;4—阻压环;5—连接轴;6—单向保护阀;7—填充液;8—高压室;9—阻尼旁路;10—阻尼阀;11—低压引入口;12—低压室波纹管 B_2;13—单向保护阀;14—微调量程螺母;15—螺杆;16—量程弹簧;17—量程弹簧支撑板;18—中心基座;19—低压室;20—排液(气)针阀;21—阻尼保护;22—低压室壳体;23—挡板;24—摆杆;25—高压室壳体

图 5.2.8　双波纹管差压计结构图

2. 膜片式差压计

膜片式差压计主要由差压测量室(高压和低压室)、三通导压阀和差动变压器三大部件组成,如图 5.2.9 所示。

当高压 p_1 和低压 p_2 分别导入高、低压室后,在压差 $\Delta p=p_1-p_2$ 的作用下,膜片向低压室方向产生位移,从而带动不锈钢连杆及其端部的软铁在差动变压器线圈内移动,通过电磁感应将膜片的位移行程转化为电信号,再通过显示仪表显示。

5.2.7　标准节流装置的安装要求

流量计安装的正确和可靠与否,对能否保证将节流装置输出的差压信号准确地传送到差压计或差压变送器上,是十分重要的。因此,流量计的安装必须符合以下要求:

① 安装时,必须保证节流件的开孔和管道同心,节流装置端面与管道的轴线垂直。

② 导压管尽量按最短距离敷设在 3~50 m 之内。为了不致在此管路中积聚气体和水分,导压管应垂直安装。水平安装时,其倾斜率不应小于 1∶10,导压管为 10~12 mm 的铜、铝或钢管。

③ 测量液体流量时,应将差压计安装在低于节流装置处。如一定要装在上方时,应在连接管路的最高点处安装带阀门的集气器,在最低点处安装带阀门的沉降器,以便排出导压管内的气体和沉积物,如图 5.2.10 所示。

④ 测量气体流量时,最好将差压计安装在高于节流装置处。如一定要安装在下面,在连接导管的最低处安装沉降器,以便排出冷凝液和污物,如图 5.2.11 所示。

⑤ 测量黏性的、腐蚀性的或易燃的流体流量时,应安装隔离器,如图 5.2.12 所示。

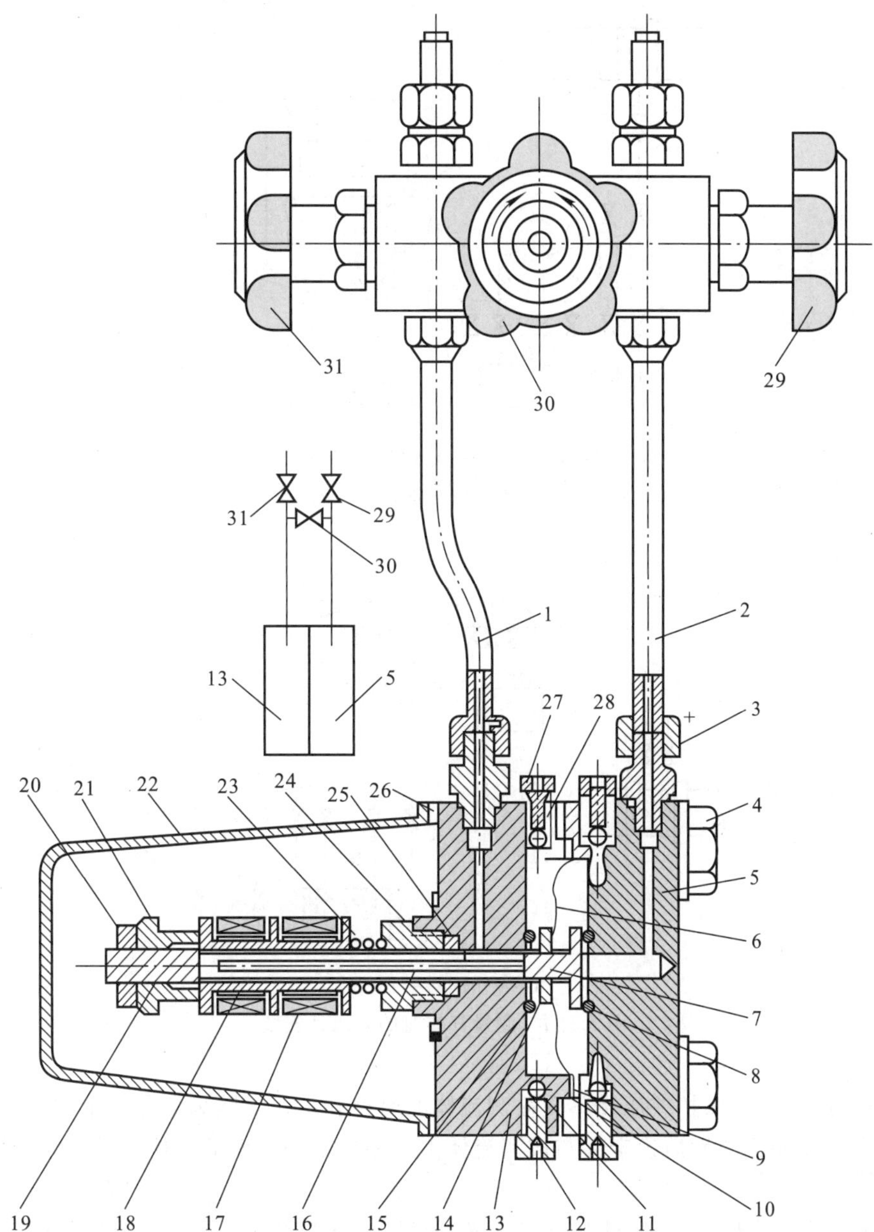

1—低压导管；2—高压导管；3—连接螺母；4—螺栓；5—高压容室；6—膜片；7—挡板；8、15—密封环；9—密封垫圈；10、11、28—滚珠；12、27—螺钉；13—低压容室；14—挡板；16—连杆；17—差动变压器；18—铁心；19—套管；20—紧固螺母；21—调整螺母；22—罩壳；23—弹簧；24—空心螺栓；25—密封垫圈；26—垫片；29—高压阀；30—平衡阀；31—低压阀

图 5.2.9　膜片式差压计结构图

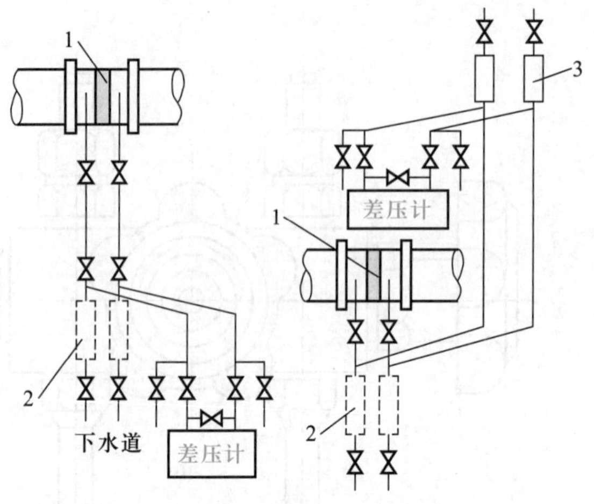

1—节流装置;2—沉降器;3—集气器

图 5.2.10 测量液体时的差压计安装

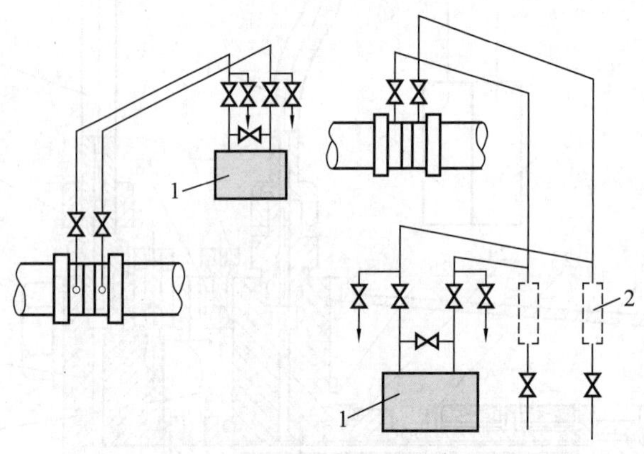

1—差压计;2—沉降器

图 5.2.11 测量气体时的差压计安装

隔离器的用途是保护差压计不受被测流体的腐蚀和玷污。隔离器是两个相同的金属容器,容器内部充灌化学性质稳定并与被测流体不互相作用和溶解的液体,差压计同时充灌隔离液。

⑥ 测量蒸汽流量时,差压计和节流装置之间的相对配置和测量液体流量相同。为保证两导压管中的冷凝水处于同一水平面上,在靠近节流装置处安装冷凝器。冷凝器是为了使差压计不受70℃以上高温流体的影响,并能使蒸汽的冷凝液处于同一水平面上,以保证测量精度,如图 5.2.13 所示。

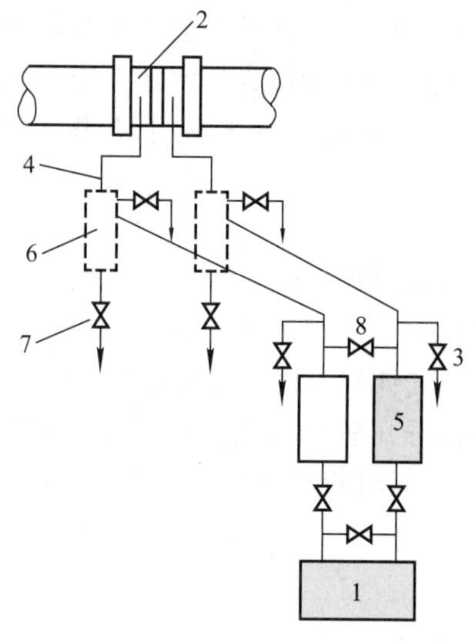

1—差压计;2—节流装置;3—冲洗阀;4—导压管;
5—隔离器;6—沉降器;7—排水阀;8—平衡阀

图 5.2.12 测量腐蚀性液体的仪表低于节流装置

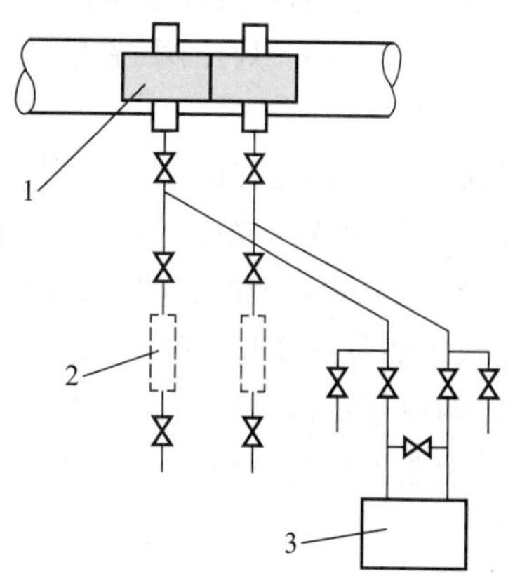

1—冷凝器;2—沉降器;3—差压计

图 5.2.13 测量蒸汽流量差压计安装布置图

5.2.8 差压式流量计的使用

1. 测量液体流量

在连接差压计前,打开节流装置处的两个导压阀和导压管上的冲洗阀,用被测液体冲洗导压管,以免管锈和污物进入差压计,此时差压计上的两个导压阀处于关闭状态。待导压管充满液体后,先打开差压计上的平衡阀,然后微微打开差压计上的正压(p_1)导压阀,使液体慢慢进入差压计的测压室,同时将空气从差压计的排气针阀排尽,关闭排气针阀,接着关上平衡阀,并骤然打开负压(p_2)导压阀门,仪表投入正常测量。

在必须装配隔离器时,在运行前应充满隔离液体。步骤如下:首先关闭节流装置上的两个导压阀门,然后打开差压计的三个导压阀和上端的两个排气针阀,再打开两个隔离器的中间螺塞。从一个隔离器慢慢注入隔离液体,直到另一个隔离器溢流为止,旋紧中间螺塞,打开隔离器上端的平衡阀,关闭差压计上面的平衡阀,然后打开隔离器上端的正压导压阀(p_1),待被测流体充满导压管和隔离器后,先关闭隔离器上端的平衡阀,并骤然打开负压导压阀,流量计投入正常工作。

测量具有腐蚀性的流体时,操作要特别小心,在未关闭差压计的两个导压阀前,不许先打开差压计上端的平衡阀门,也不准在平衡阀打开时,将两个导压阀打开。如果因某种原因发现腐蚀性流体进入测量室,应停止工作,进行彻底清洗。

2. 测量气体流量

在将差压计与节流装置接通之前,先打开节流装置上的两个导压阀和导压管上的两个吹洗阀,用管道气体吹洗导压管,以免管道上的锈片和杂物进入差压计(此时差压计的两导压阀应关闭)。使用时,首先缓慢打开节流装置上的两个导压阀,使被测管道的气体流入导压管。然后打开平衡阀,并微微打开仪表上端的正压(p_1)导压阀,测量室逐渐充满测量气体,同时将差压计内的液体从排液针阀排掉。最后,关上差压计上的平衡阀,并骤然打开差压计上面的负压(p_2)导压阀,流量计投入正常工作。

3. 测量蒸汽

冲洗导压管的过程同上。使用时,先关闭节流装置处的两个导压阀,将冷凝器和导压管内的冷凝水从冲洗阀放掉,然后打开差压计的排气针阀和三个导压阀。向一个冷凝器内注入冷凝液,直至另一个冷凝器上有凝液流出为止。当排气针阀不再有气泡后关上排气针阀。为避免仪表的零点变化,必须注意冷凝器与仪表之间的导压管以及表内的测量室都应充满冷凝液,两冷凝器内的液面必须处于同一水平面。最后,同时骤然打开节流装置上的两个导压阀,关上差压计的平衡阀,仪表即投入正常的工作。

5.3 容积式流量计

容积式流量计是一种很早就使用的流量测量仪表,用来测量各种液体和气体的体积流量。由于它是使被测流体充满具有一定容积的空间,然后再把这部分流体从出口排出,所以称为容积式流量计。它的优点是测量精度高,被测流体的黏度影响小,不要求前后直管段等。但要求被测流体干净,不含有固体颗粒,否则应在流量计前加过滤器。

5.3.1 椭圆齿轮流量计

椭圆齿轮流量计的工作原理如图 5.3.1 所示。互相啮合的一对椭圆形齿轮在被测流体压力的推动下产生旋转运动。在图 5.3.1(a)中,椭圆齿轮 1 的两端分别处于被测流体入口侧和出口侧。由于流体经过流量计有压力降,故入口侧和出口侧压力不等,所以椭圆齿轮 1 将产生旋转,而椭圆齿轮 2 已是从动轮,被齿轮 1 带着转动。当转至图 5.3.1(b)状态时,齿轮 2 已是主动轮,齿轮 1 变成从动轮。由图可见,由于两齿轮的旋转,它们把齿轮与壳体之间所形成的新月形空腔中的流体从入口侧推至出口侧。每个齿轮旋转 1 周,就有 4 个这样容积的流体从入口推至出口。因此,只要计量齿轮的转数即可得知有多少体积的被测流体通过仪表。椭圆齿轮流量计就是将齿轮的转动通过一套减速齿轮传动、传递给仪表指针,指示被测流体的体积流量。

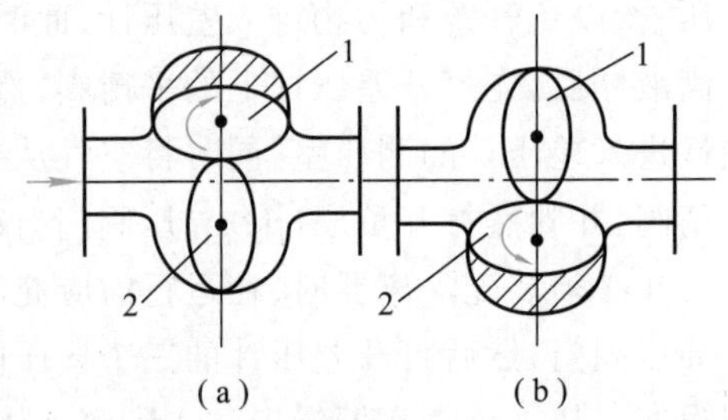

图 5.3.1 椭圆齿轮流量计原理图

椭圆齿轮流量计适合于测量中小流量,其最大口径为 250 mm。除上述直接指示外,还有发电脉冲远传式。

5.3.2 腰轮流量计

如图 5.3.2 所示，其工作原理与椭圆齿轮流量计相同，只是转子形状不同。腰轮流量计的两个轮子是两个摆线齿轮，故它们的传动比恒为常数。为减小两转子的磨损，在壳体外装有一对渐开线齿轮作为传递转动之用。每个渐开线齿轮与每个转子同轴。为了使大口径的腰轮流量计转动平稳，每个腰轮均做成上、下两层，而且两层错开 45°角，称为组合式结构。

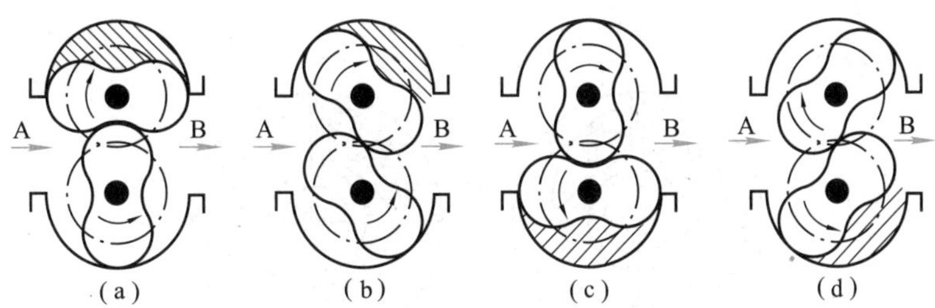

图 5.3.2 腰轮流量计原理图

腰轮流量计有测量液体的，也有测量气体的，测液体的口径为 10～600 mm；测气体的口径为 15～250 mm，可见腰轮流量计即可测量小流量也可测量大流量。

5.3.3 旋转活塞式流量计

旋转活塞式流量计适合测量小流量液体的流量。它具有结构简单、工作可靠、精度高和受黏度影响小等优点。由于零部件不耐腐蚀，故只能测量无腐蚀性的液体，如重油或其他油类。现多用于小口径的管路上测量各种油类的流量。

流量计工作原理如图 5.3.3 所示，被测液体从进口处进入计量室，被测流体进、出口的压力差推动旋转活塞按图中箭头方向旋转。当转至图 5.3.3(b)所示位置时，活塞内腔新月形容积 V_1 中充满了被测液体。当转至图 5.3.3(c)所示位置时，这一容积中的液体已与出口相通，活塞继续转动便将这一容积的液体由出口排出。当转至图 5.3.3(d)所示位置时，在活塞外面与测量室内壁之间形成了一个充满被测液体的容积 V_2。活塞继续旋转又转至图 5.3.3(a)位置，这时容积 V_2 中的液体又与出口相通，活塞继续旋转又将这一容积的液体由出口排出。如此周而复始，活塞每转一周，便有 V_1+V_2 容积的被测液体从流量计排出。活塞转数既可由机械计数机构计出，也可转换为电脉冲由电路计出。

5.3.4 刮板式流量计

刮板式流量计的工作原理如图 5.3.4 所示。图(a)为凸轮式刮板流量计，图(b)为凹线式刮板流量计。流量计的转子中开有 4 个两两互相垂直的槽，槽中装有可以伸出缩进的刮板，伸出的刮板在被测流体的推动下带动转子旋转。伸出的两个刮板与壳体内腔之间形成计量容积，转子每旋转一周便有 4 个这样容积的被测流体通过流量计。因此计量转子的转数即可测得流过流体的体积。凸轮式刮板式流量计的转子是一个空心圆筒，中间固定一个

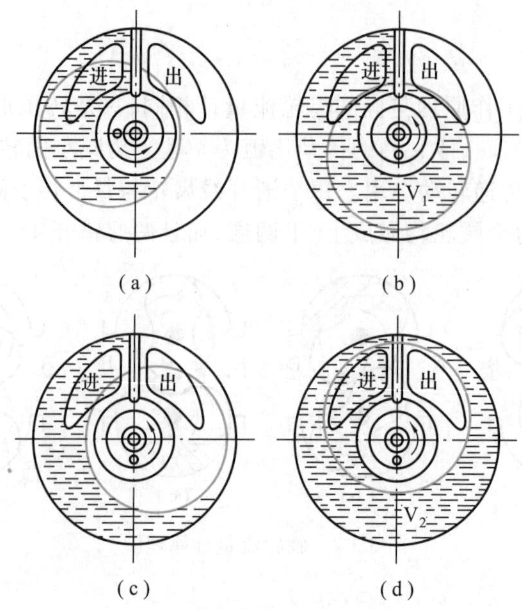

图 5.3.3 旋转活塞式流量计原理图

不动的凸轮,刮板一端的转子压在凸轮上,刮板在与转子一起运动的过程中还要按凸轮外廓曲线形状从转子中伸出和缩进。凹线式刮板式流量计的转子是实心的,中间有槽,槽中安装刮板,刮板从转子中伸出和缩进是由壳体内腔的轮廓线决定的。

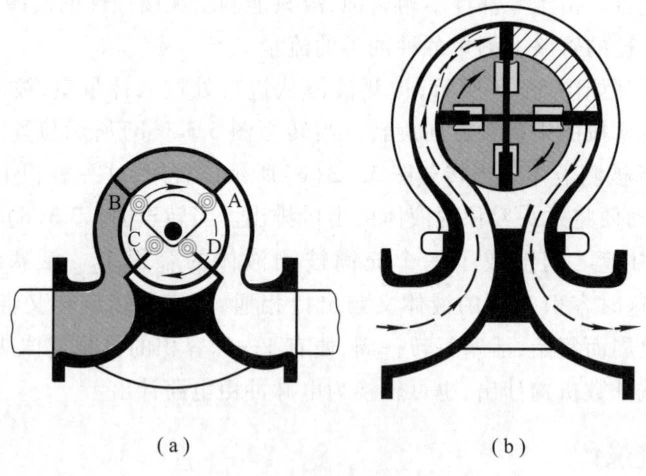

图 5.3.4 刮板式流量计原理图

刮板式流量计具有测量精度高、量程比大、受流体黏度影响小等优点,而且运转平稳,振动和噪声均小,适合测量中等到较大的流量。

LC11 系列椭圆齿轮流量计、LS 系列旋转活塞式流量计如图 5.3.5 和图 5.3.6 所示。

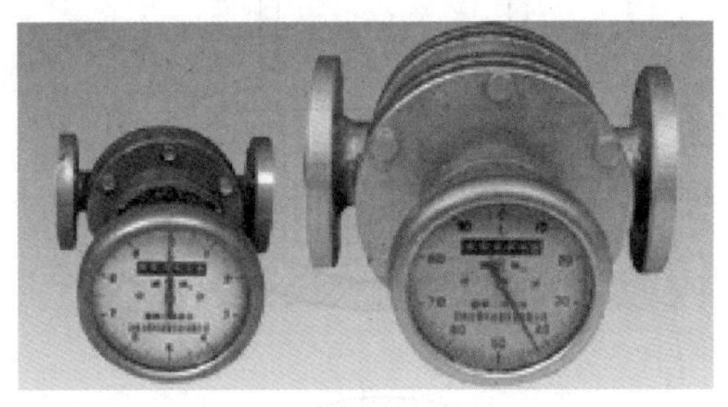

图 5.3.5 LC11 系列椭圆齿轮流量计

图 5.3.6 LS 系列旋转活塞式流量计

5.4 速度式流量计

速度式流量计的原理和水轮机相似,流体冲击叶轮或涡轮旋转,瞬时流量与转速成正比,一段时间内的转数与该时间段的累积总流量成正比。由于靠流体的流速工作,故有速度式流量计之称。

5.4.1 叶轮式流量计

家用自来水表就是典型的叶轮式流量计,其用途只在于提供总用水量,以便按量收费,其结构如图 5.4.1 所示。自进水口 1 流入的水经筒状部件 2 周围的斜孔,沿切线方向冲击叶轮。叶轮轴经过齿轮逐级减速,带动各个十进位指针以指示累积总流量,齿轮装在图中 4 处。此后,水流再经筒状部件上排孔 5,汇至总出水口 6。

为了减少磨损和避免锈蚀,叶轮及各个齿轮都采用轻而耐磨的塑料制造。

叶轮式流量计也可以测量气体流量,国家 QBJ-A 高压力燃气表就是叶轮式。

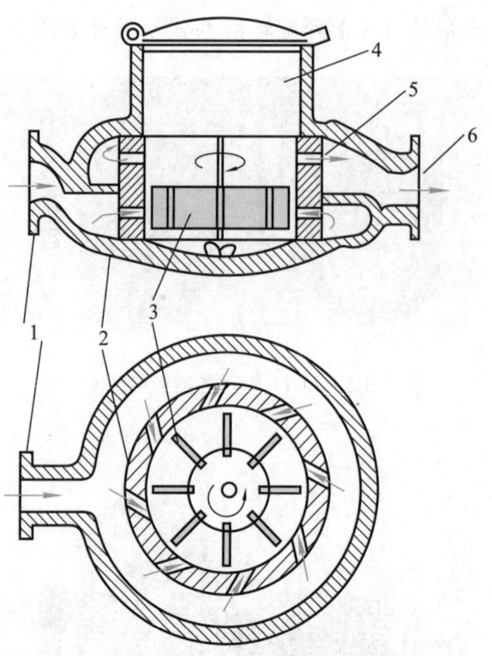

1—进水口;2—筒状部件;3—叶轮;4—安装齿轮处;5—上排孔;6—出水口

图 5.4.1　叶轮式流量计

5.4.2　涡轮式流量计

涡轮式流量计的结构如图 5.4.2 所示。在管形壳体 1 的内壁上装有导流器 2,一方面促使流体沿轴线方向平行流动,另一方面支撑了涡轮的前后轴承 3 和 6。涡轮 4 上装有螺旋桨形的叶片,在流体冲击下旋转。为了测出涡轮的转速,管壁外装有带线圈的永久磁铁 5,并将线圈两端引出。由于涡轮具有一定的铁磁性,当叶片在永久磁铁前扫过时,会引起磁通的变化,因而在线圈两端产生感应电动势,此感应交流电信号的频率与被测流体的体积流量成正比。如将该频率信号送入脉冲计数器即可得到累积总流量。

假设涡轮流量计的仪表常数为 K(它完全取决于结构参数),则输出的体积流量 q_V 与信号频率 f 的关系为

$$q_V = f/K \tag{5.4.1}$$

理想情况下,仪表结构常数 K 恒定不变,则 q_V 与 f 成线性关系。但实际情况是涡轮有轴承摩擦力矩、电磁阻力矩、流体对涡轮的黏性摩擦阻力等因素,所以 K 并不严格保持常数。特别是在流量很小的情况下,由于阻力矩的影响相对较大,K 也不稳定。所以最好应用在量程上限为 5%以上的情况,这时有比较好的线性关系。

涡轮流量计具有测量精度高,可以达到 0.5 级以上;反应迅速,可测脉动流量;耐高压等特点。适用于清洁液体、气体的测量。

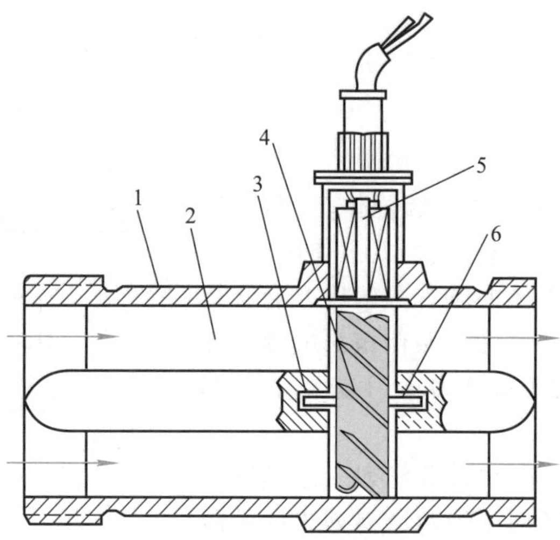

1—管形壳体;2—导流架;3—前轴承;4—涡轮;5—永久磁铁;6—后轴承

图 5.4.2　涡轮式流量计

上海安锐自动化仪表有限公司生产的 LWGY 型涡轮流量计如图 5.4.3 所示。

图 5.4.3　LWGY 型涡轮流量计

5.5　振动式流量计

振动式流量计是一种新型的流量计。输出信号是与流量成正比的脉冲频率信号,可远距离传输,不受流体的温度、压力、黏度等因素的影响。它主要分为漩涡式和旋进式两种。

5.5.1 漩涡流量计

1. 工作原理

漩涡式流量计是利用流体力学中卡门涡街的原理制作的一种仪表，它是把一个称为漩涡发生体的对称形状的物体（如圆柱体、三角柱体等）垂直插在管道中，流体绕过漩涡发生体时，出现附面层分离，在漩涡发生体的左右两侧后方会交替产生漩涡，如图 5.5.1 所示，左右两侧漩涡的旋转方向相反。这种漩涡列通常被称为卡门漩涡列，也称为卡门涡街。

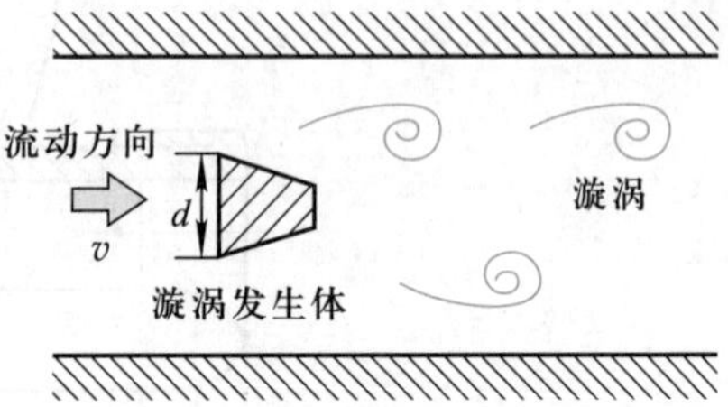

流动方向
d
v
漩涡发生体
漩涡

图 5.5.1 漩涡发生原理

由于漩涡之间的相互影响，漩涡列一般是不稳定的，但卡门从理论上证明了当两漩涡列之间的距离 h 和同列的两个漩涡之间的距离 L 满足公式 $h/L=0.281$ 时，非对称的漩涡列就能保持稳定，此时漩涡的频率 f 与流体的流速 v 及漩涡发生体的宽度 d 有如下关系

$$f=S_t\frac{v}{d} \tag{5.5.1}$$

式中，S_t——斯特劳哈尔数。

实验证明，当载流的管道内径 D 和漩涡发生体的宽度 d 的值确定时，流量计仪表结构常数 K 值也随之确定。由 $q_V=f/K$ 的关系式可知：在一定雷诺数 Re 范围内，流量 q_V 与漩涡频率 f 成线性关系，如图 5.5.2 所示。因此，只要测出漩涡的频率 f 就能求得流过流量计管道的流体的体积流量 q_V。

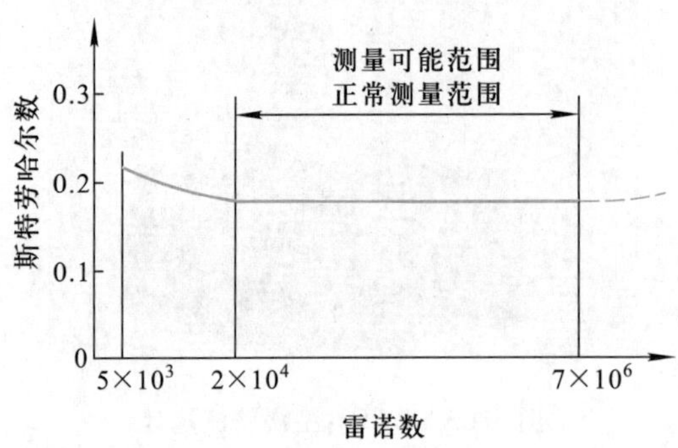

图 5.5.2 正常范围与雷诺数的关系

2. 漩涡频率的检测

漩涡频率的检测是通过漩涡检测器来实现的。漩涡检测器的任务是一方面使流体绕过检测器时，在其后能形成稳定的涡列，另一方面能准确地测出漩涡产生的频率。目前使用的漩涡检测器主要有两种形式：一种是圆柱形，另一种是三棱柱形。

圆柱形检测器如图 5.5.3 所示，它是一根中空的长管，管中空腔由隔板分成两部分。管的两侧开两排小孔，隔板中间开孔，孔上贴有铂电阻丝。铂丝通常被通电加热到高于流体温度 10℃左右。当流体绕过圆柱时，如在下侧产生漩涡，由于漩涡的作用使圆柱体的下部压力高于上部压力，部分流体从下孔被吸入，从上部小孔吹出。结果将使下部漩涡被吸在圆柱表面，越转越大。而没有漩涡的一侧，由于流体的吹出作用，将使漩涡不易发生。下侧漩涡生成之后，它将离开圆柱表面向下运动，这时柱体的上侧将重复上述过程生成漩涡。如此，柱体的上、下两侧交替地生成并放出漩涡。与此同时，在柱体的内腔自下而上或自上而下产生的脉冲流通过被加热的电阻丝。空腔内流体的运动，交替对电阻丝产生冷却作用，电阻丝的阻值发生变化，从而产生和漩涡的生成频率一致的脉冲信号，通过频率检测器即可完成对流量的测量。

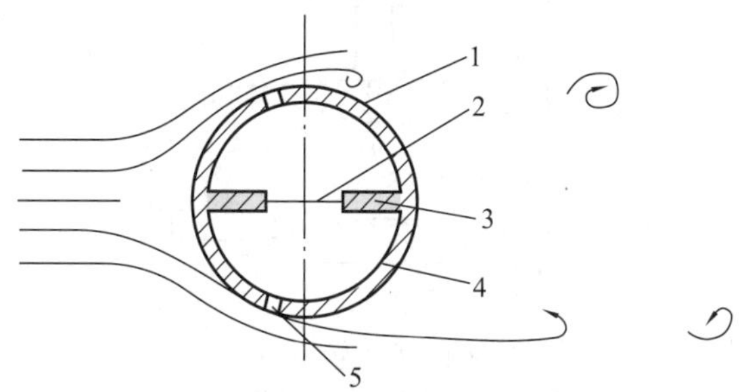

1—圆柱形漩涡检测器；2—铂电阻丝；3—中间隔板；4—空腔；5—导压孔

图 5.5.3　圆柱形漩涡检测器

如图 5.5.4 所示的三棱柱形检测器可以得到更稳定、更强烈的漩涡。埋在三棱柱体正面的两个热敏电阻组成电桥的两臂，并以恒流供以微弱的电流进行加热。在产生漩涡的一侧，因流速变低，使热敏电阻的温度升高，阻值减小，因此，电桥失去平衡，产生不平衡输出。随着漩涡的交替形成，电桥将输出一个与漩涡频率相等的交变电压信号，该信号送至累积器积算就可给出流体流过的流量。

使用时要求在漩涡检测器前有 15D，检测器后有 5D 长的直管段，并要求直管段内部光滑。此外，热敏元件表面应保持清洁无垢，所以需要经常清洗，以保证其特性稳定。

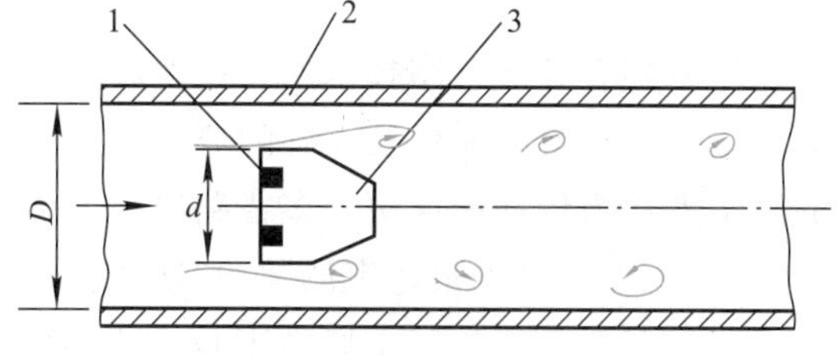

1—热敏电阻；2—圆管道；3—三棱柱

图 5.5.4　三棱柱形检测器

5.5.2 旋进式旋涡流量计

旋进式旋涡流量计如图5.5.5所示。流体从流量计入口进入，通过一组固定的螺旋叶片后被强制旋转，在中心的速度很高。流体进入先收后扩的管段，首先被加速，漩涡的中心和轴线一致。流体进入扩张段后，将围绕流量计的轴线作螺旋状进动，并且逐渐向管壁靠近。出口前装有导流叶片，叶片是直的，其平面与轴线平行，目的是使漩涡流整流成平直运动，以免下游管件对测量产生影响。

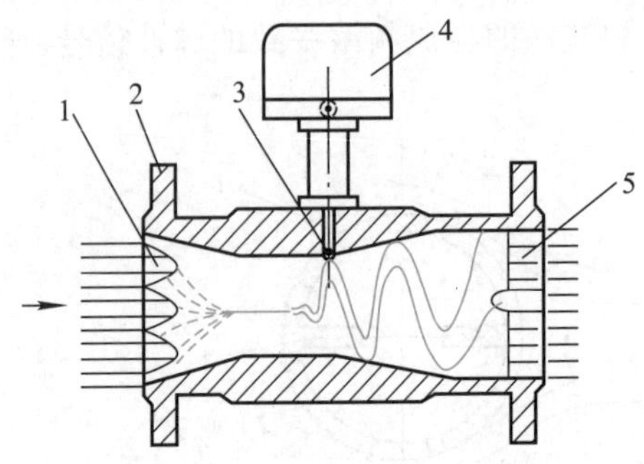

1—漩涡发生器；2—频率检测器探头；3—放大器；4—消除旋涡器；5—导流叶片

图5.5.5 旋进式旋涡流量计

进动频率可采用热敏元件或压敏元件检测。为了使元件不被污染、腐蚀和振动，元件表面挂有薄玻璃层，一般多采用珠状热敏电阻，并用恒流源加热，通常其温度高于被测流体的温度。当进动涡流扫过时，将使热敏电阻冷却。这样，便将进动频率转变为热敏电阻阻值的交替变化，其变化频率和进动频率相等。

通常将热敏电阻作为电桥的一个臂使用，由恒流源加热。然后，当电阻的变化变成电桥的不平衡输出后，送至放大器放大，以后的处理与卡门涡街流量计相同。

5.6 超声波流量计

超声波流量计是近十几年来随着集成电路技术的飞速发展而发展起来的一种非接触式的仪表。它适用于测量不易接触和观察的流体及大管的流量。

超声波流量计常用的测量方法为传播速度法和多普勒法等。传播速度法又包括直接时差法、相差法和频差法。其基本原理都是测量超声波脉冲“顺水流”和“逆水流”的速度差来反映流体的流速，从而测出流量；多普勒法的基本原理则是应用声波的多普勒效应测得“顺水流”和“逆水流”的频率差来反映流体的流速，从而得出流体的流量。

5.6.1 超声波流量计的工作原理

下面以时差法为例讲述超声波流量计的工作原理。

图5.6.1中 v 为被测流体的平均流速，c 为超声波在静止流体中的传播速度，θ 为超声波

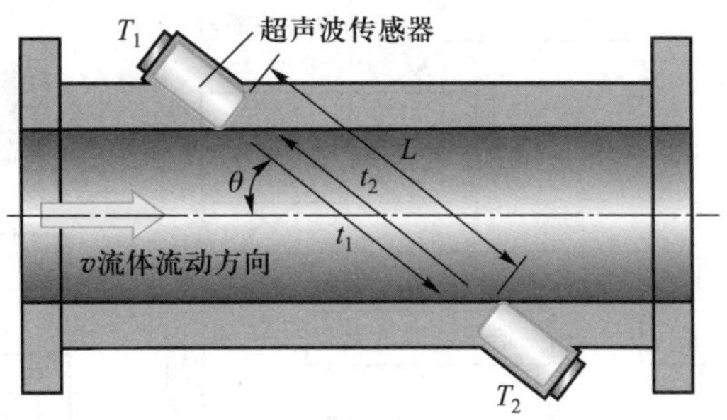

图 5.6.1　超声波测量流体流量的工作原理图

传播方向与流体运动方向的夹角（θ 不等于 90°），在被测流体管道两侧置于上游传感器 T_1 和下游传感器 T_2，L 为两者之间的距离，管道的直径是 D。

当上游传感器为超声波发射器，下游传感器为超声波接收器时，超声波为顺流方向传播，传播速度为 $c+v\cos\theta$，所以顺流传播时间为

$$t_1=\frac{L}{c+v\cos\theta} \tag{5.6.1}$$

当下游传感器为超声波发射器，上游传感器为超声波接收器时，超声波为逆流方向传播，传播速度为 $c-v\cos\theta$，所以逆流传播时间为

$$t_2=\frac{L}{c-v\cos\theta} \tag{5.6.2}$$

因此，超声波的逆流和顺流的传播时间差为

$$\Delta t=t_2-t_1=\frac{L}{c-v\cos\theta}-\frac{L}{c+v\cos\theta}=\frac{2Lv\cos\theta}{c^2-v^2\cos^2\theta} \tag{5.6.3}$$

一般情况下，超声波在流体中的传播速度远大于流体的流速，即 $c\gg v$
所以，式（5.6.3）可近似为

$$\Delta t\approx\frac{2Lv\cos\theta}{c^2} \tag{5.6.4}$$

因此，被测流体的平均流速为

$$v\approx\frac{c^2}{2L\cos\theta}\Delta t \tag{5.6.5}$$

测得时间差 Δt，由式（5.6.5）计算出流体的流速，再根据管道流体的截面积 A，即可求得被测流体的体积流量为

$$q_v=Av=\frac{\pi D^2}{4}\frac{c^2}{2L\cos\theta}\Delta t=\frac{\pi D^2c^2}{8L\cos\theta}\Delta t \tag{5.6.6}$$

5.6.2　超声波流量计的结构

超声波流量计由超声波换能器（包括发射器和接收器），电子线路及流量显示和累积系统等几大部分构成，结构框图如图 5.6.2 所示。

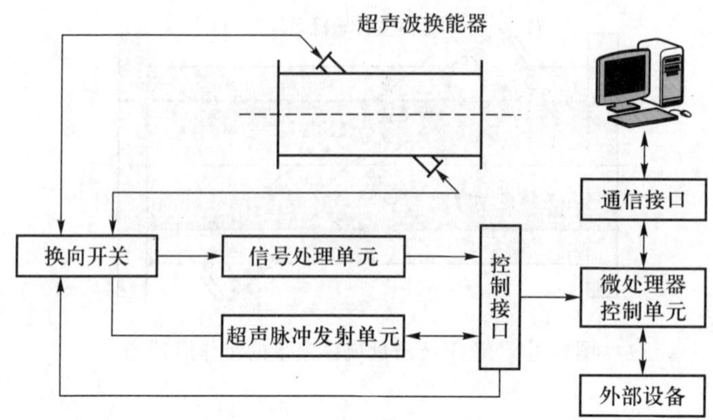

图 5.6.2 超声波流量计的结构框图

超声波发射器将电能转换为超声波能量，并将其发射到被测流体中，接收器接收到来自流体的超声波信号，经电子线路放大、转换等处理后，以电信号的形式将流量传给显示屏，并将结果显示出来，累积系统则完成流量累积计算。

超声波流量计常用的压电换能器有压电晶体和压电陶瓷。它利用压电材料的压电效应，采用高频发射电路把电能加到发射器的压电元件上，使其产生超声振动，这种振动在介质中传播就是超声波。超声波以某一角度射入流体中传播，然后由接收器接收，并经压电元件变为电信号以便检测。发射器利用压电元件的逆压电效应，而接收器利用的是压电效应。

超声波流量计因未在被测流体的管道内设置任何阻件，属于无阻碍流量计。特别是在大口径流量测量方面有突出的优点。

5.6.3 管道泄漏的定位

基于管道泄漏点的信号检测和定位方法，主要有声波法、负压波法、压力梯度法和应力法等。下面主要介绍声波法。

当管道发生泄漏时，管道内的流体在管道压力作用下，迅速涌向泄漏处，从泄漏点喷射而出。喷射出的介质与破损的管壁高速摩擦在泄漏处产生振动，该振动以声波的形式向管道两端传播，此声波包含有次声波、超声波等。其中的次声波受管道内的杂波影响极小，且传播稳定，此时在泄漏点的两端安装次声波传感器，就能够捕获该次声波信号。对该信号进行分析处理，就能够确定管道是否发生泄漏，并准确地计算泄漏点的位置。

如图 5.6.3 所示，在管道泄漏处两端安置次声波传感器 T_1、T_2，管道内介质流动速度为 v，泄漏处次声波的传播速度为 c（注：无论是次声波还是超声波同属于声波，传播速度只取决于介质），泄漏点到管道上游端传感器 T_1，的距离为 X，上下端两个次声波传感器间的距离为 L，从泄漏点发出的同一次声波在到达上、下游传感器 T_1、T_2 被捕获的时间分别为 t_1、t_2，则有

$$t_1=\frac{X}{c-v},t_2=\frac{L-X}{c+v} \tag{5.6.7}$$

$$\Delta t=t_1-t_2=\frac{X}{c-v}-\frac{L-X}{c+v}=\frac{2Xc-L(c-v)}{c^2-v^2} \tag{5.6.8}$$

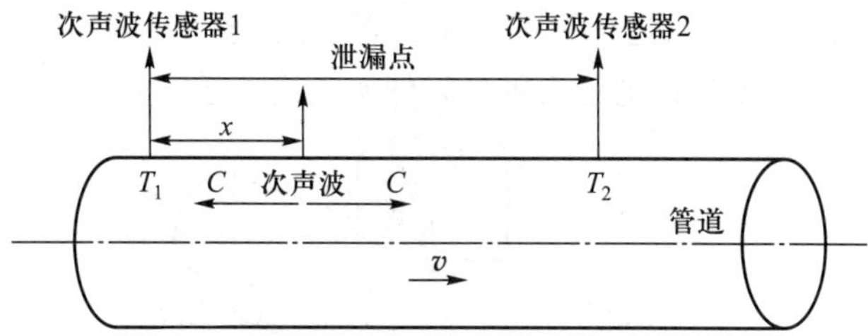

图 5.6.3 次声波定位泄漏点原理图

由于 $c \gg v$ 则

$$\Delta t \approx \frac{2X-L}{c} \tag{5.6.9}$$

则管道泄漏点距 T_1 的位置为

$$X \approx \frac{L+c\Delta t}{2} \tag{5.6.10}$$

可见,只要测得两个传感器接收到的次声波信号时间差,根据式(5.6.10)就能准确计算泄漏点位置。

5.7 电磁流量计

电磁流量计是基于电磁感应原理工作的流量测量仪表。它能测量具有一定电导率的液体的体积流量。由于它的测量精度不受被测液体的黏度、密度及温度等因素变化的影响,且测量管道中没有任何阻碍液体流体的部件,所以几乎没有压力损失。适当选用测量管中绝缘内衬和测量电极的材料,就可以测量各种腐蚀性(酸、碱、盐)溶液的流量,尤其在测量含有固体颗粒的液体,如泥浆、纸浆、矿浆等的流量时,更显示出其优越性。

5.7.1 电磁流量计的工作原理

图 5.7.1 为电磁流量计原理图。在磁铁 N-S 形成的均匀磁场中,垂直于磁场方向有一个直径为 D 的管道,管道由不导磁材料制成,管道内表面衬挂绝缘衬里。当导电的液体在导管中流动时,导电液体切割磁力线,于是在和磁场及其流动方向垂直的方向上产生感应电动势,如安装一对电极,则电极间产生和流速成比例的电位差 U

$$U = BDv \tag{5.7.1}$$

式中,D——管道内径;

B——磁场磁感应强度;

v——液体在管道中的平均速度。

由式(5.7.1)可得到 $v = U/BD$,则体积流量为

$$q_V = \frac{\pi D^2}{4} \cdot v = \frac{\pi D}{4B} U \tag{5.7.2}$$

从式(5.7.2)可见，流体在管道中流过的体积流量和感应电动势成正比，欲求出 q_V 值，应进行除法运算 U/B。电磁流量计是运用霍尔元件实现这一运算的。

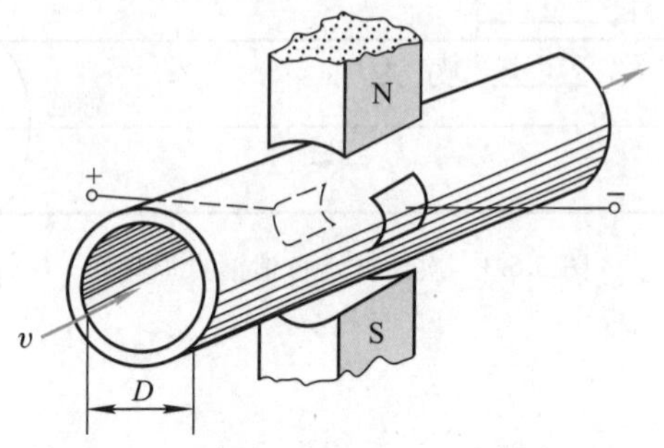

图 5.7.1　电磁流量计原理图

采用交变磁场后，感应电动势也是交变的。这不但可以消除液体极化的影响，而且便于后面环节的信号放大，但增加了感应误差。

5.7.2　电磁流量计的结构

电磁流量计由外壳、励磁线圈及磁轭、电极和测量导管四部分组成，内部结构如图5.7.2所示。

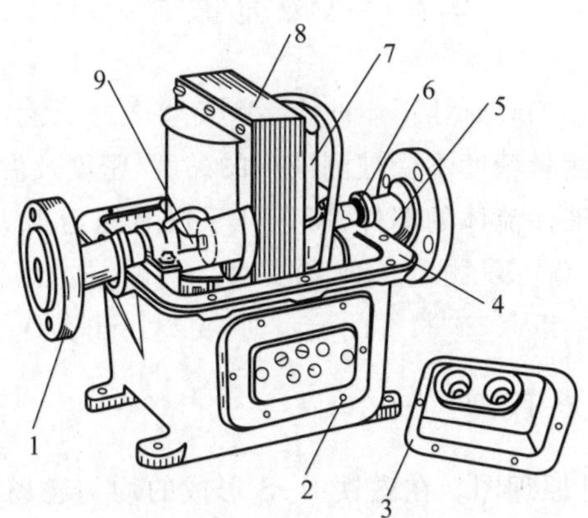

1—法兰盘；2—外壳；3—接线盒；4—密封橡皮；5—导管；6—密封垫圈；7—励磁线圈；8—铁心；9—调零电位器

图 5.7.2　电磁流量计内部结构图

磁场是用 50 Hz 电源励磁产生，励磁线圈有三种绕制方法：

① 变压器铁心型，适用于直径 25 mm 以下的小口径变送器。

② 集中绕组型，适用于中等口径，它有上、下两个马鞍形线圈，为了保证磁场均匀，一般加极靴，在线圈的外面加一层磁轭。

③ 分段绕制型，适用于大于 100 mm 口径的变送器，分段绕制可减小体积，并使磁场均匀。

电极与被测液体接触，一般使用耐腐蚀的不锈钢和耐酸钢等非磁性材料制造，通常加工成矩形或圆形。

为了能让磁力线穿过，使用非磁性材料制造测量导管，以免造成磁分流。中小口径电磁流量计的导管用不导磁的不锈钢或玻璃钢等制造；大口径的导管用离心浇铸的方法把橡胶和线圈、电极浇铸在一起，可减小因涡流引起的误差。金属管的内壁挂一层绝缘衬里，防止两个电极被金属导管短路，同时还可以防腐蚀，衬里一般使用天然橡胶（60℃）、氯丁橡胶（70℃）、聚四氟乙烯（120℃）等。

5.8 质量流量的测量

前面介绍的流量计都是流体的体积流量的测量。然而，在实际生产过程参数的检测和控制中，常常需要直接测量质量流量值。目前质量流量计主要分为推导式、直接式和补偿式三大类。本节讲述推导式质量流量测量和直接式质量流量测量。

5.8.1 推导式质量流量测量

推导式质量流量计是采用测量体积的流量计与密度计的结合，并加以运算得出质量流量信号的测量仪表。体积流量计可以是差压式，也可以是速度式；密度计可以是核辐射式、超声波式，也可以是振动管式。

1. ρq_V^2检测器与密度计组合的形式

利用节流流量计或差压流量计与连续测量密度的密度计组合测量质量流量的组成原理如图 5.8.1 所示。流量计检测出与管道中流体的 ρq_V^2成正比的信号 x，由密度计检测出与 ρ 成正比的信号 y。

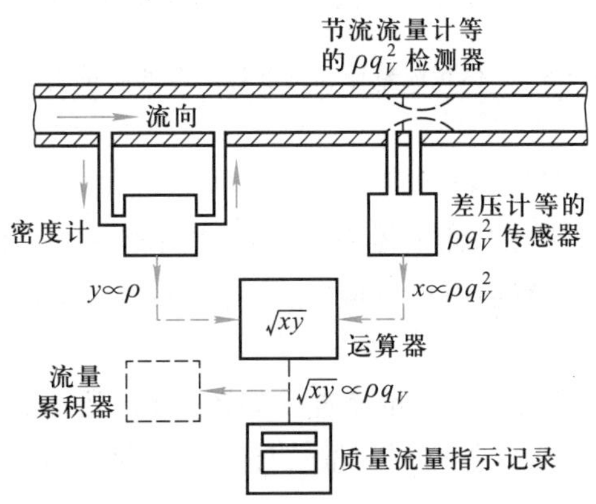

图 5.8.1 ρq_V^2 检测器与密度计组合的质量流量计

由于差压式流量计测得的信号 x 正比于介质的差压 Δp，密度计测量的信号 y 正比于测量介质的密度。将 x、y 同时送到乘法器运算，可得到 $xy \propto \rho^2 q_V^2$，再将其送至开平方运算器后

得质量流量。质量流量表达式为

$$q_m=\sqrt{xy}=K\sqrt{\rho^2q_V^2}=K\rho q_V \tag{5.8.1}$$

将 q_m 信号送至流量累积器即可得到总质量流量。

2. 体积流量计与密度计的组合形式

容积、漩涡、电磁式等流量计可测量管道中的体积流量 q_V，将它与密度计组合可构成质量流量计。目前，实际使用的种类很多，如由体积流量计和浮子式密度计组合、涡轮流量计和浮子式密度计组合、电磁流量计与核辐射密度计组合等。

现以涡轮流量计与密度计组合而成的质量流量计为例来说明此类流量计的工作原理，如图 5.8.2 所示。涡轮流量计检测出与管道内流体的体积流量 q_V 成正比的信号 x，由密度计检测出与流体的密度 ρ 成正比的信号 y，经乘法器后得质量流量 $q_m=xy=K\rho q_V$，若求 t 时间内流过的总质量流量，需将 q_m 信号送至流量累积器即得累积流量

$$q_{m总}=\int_0^t q_m\mathrm{d}t \tag{5.8.2}$$

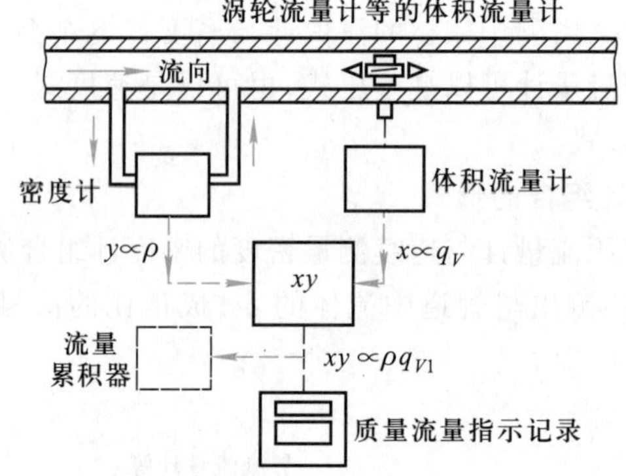

图 5.8.2 体积流量计和密度计组合的质量流量计

3. ρq_V^2 检测器与体积流量计组合的形式

将测量 ρq_V^2 的差压式流量计与测量体积流量 q_V 的涡轮、电磁、容积或漩涡式等流量计组合，通过乘除器进行 $\rho q_V^2/q_V$ 运算而得出质量流量，现以涡轮流量计与差压式流量计组合为例来说明其工作原理。

ρq_V^2 检测器与体积流量计组合的质量流量计如图 5.8.3 所示，从差压式流量计检测到的量 x 与 ρq_V^2 成正比，从涡轮流量计检测到的量 y 与 q_V 成正比。两者之比为质量流量，即得

$$q_m=\frac{x}{y}=K\frac{\rho q_V^2}{q_V}=K\rho q_V \tag{5.8.3}$$

输出信号一路送指示器或记录器显示质量流量，一路送流量累积器得累积流量。

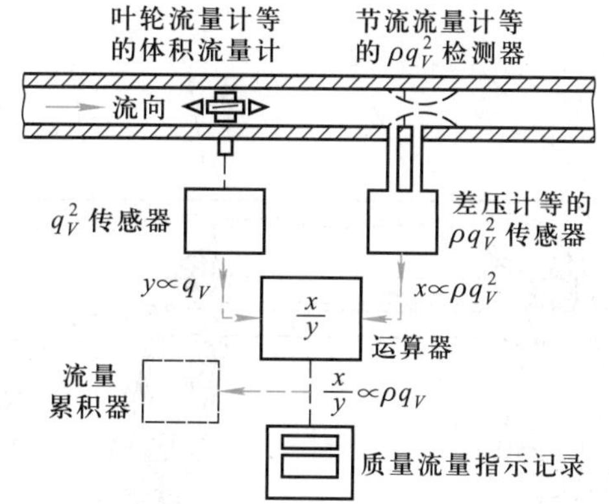

图 5.8.3 ρq_V^2检测器与体积流量计组合的质量流量计

5.8.2 直接式质量流量测量

在质量流量测量中有时需直接测出质量流量,以提高测量精度和反应速度。科里奥利力(简称科氏)质量流量计就是一种直接式质量流量计。它是根据牛顿第二定律建立的力、加速度和质量的关系,来实现对质量流量的测量。

科氏质量流量计结构如图 5.8.4 所示。两根几何形状和尺寸完全相同的 U 形检测管 2,平行、牢固地焊接在支承管 1 上,构成一个音叉,以消除外界振动的影响。两检测管在电磁励磁器 4 的激励下,以其固有的振动频率振动,两检测管的振动相位相反。由于检测管的振动,在管内流动的每一流体微团都得到一科氏加速度,U 形管受到一个与此加速度相反的科氏力。由于 U 形管的进、出侧所受的科氏力方向相反,而使 U 形管发生扭转,其扭转程度与 U 形管框架的扭转刚性成反比,而与管内瞬时的质量流量成正比。在音叉每振动一周过程中,位于检测管的进流侧和出流侧的两个电磁检测器各检测一次,输出一个脉冲,其脉冲宽度与检测管的扭摆度即瞬时质量流量成正比。利用一个振动计数器使脉冲宽度数字化,并将质量流量用数字显示出来,再用数字积分器累积脉冲的数量,即可获得一定时间内质量流量的总量。检测管受力及运动如图 5.8.5 所示。

整个传感器置入不锈钢外壳之中,外壳焊接密封,其内充以氮气,以保护内部元器件,防止外部气体进入而在检测管外壁冷凝结霜,提高测量精度。

适合科氏流量计的流体宜有较大密度,否则不够灵敏。因此,常用于测量液体流量。气体密度太小,可用其他质量流量计测量。

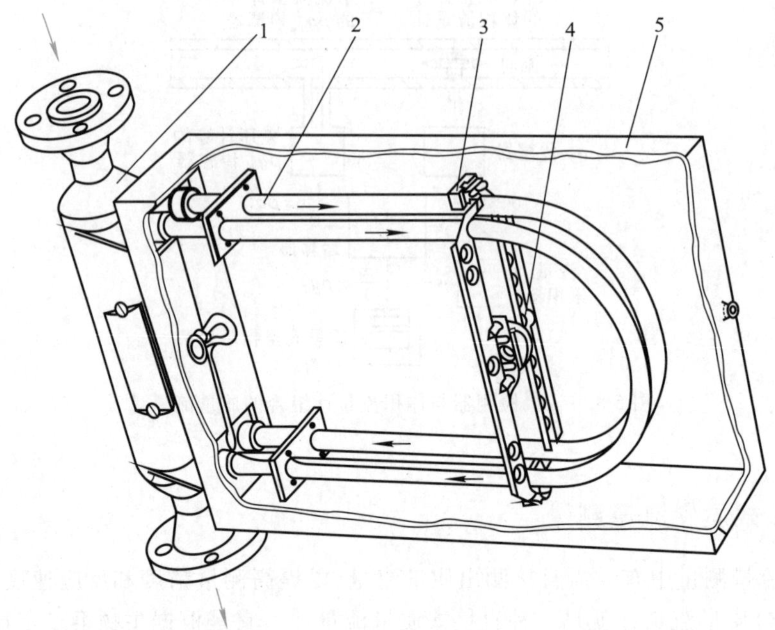

1—支承管；2—检测管；3—电磁检测器；4—电磁励磁器；5—壳体

图 5.8.4 U 形科氏质量流量计结构图

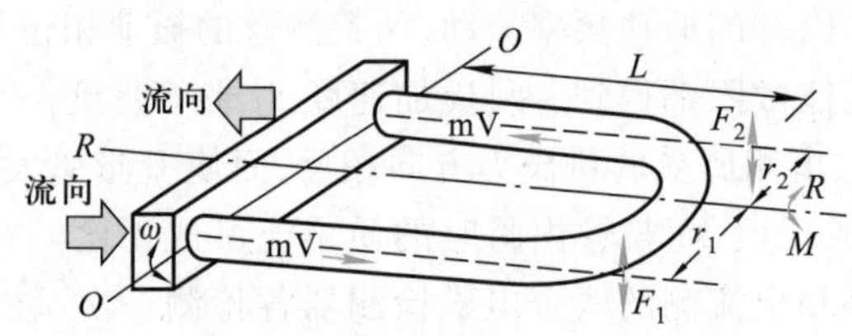

图 5.8.5 检测管受力及运动图

思考题与习题五

1. 简述差压式流量计的基本构成及使用特点。
2. 差压流量计有几种取压方式？各有何特点？
3. 简述容积式流量计的工作原理及椭圆齿轮流量计的基本结构。
4. 简述超声波流量计工作原理及其特点。
5. 简述电磁流量计的工作原理及其特点。
6. 简述推导式质量流量计的基本组合形式及各自工作原理。

第6章 位移、速度及加速度检测

位移、速度及加速度是机械运动的重要参数，对这三个参数的检测不仅为机械加工、机械设计、安全生产以及提高产品质量提供了重要数据，同时也为其他参数检测，如转子测流量、浮子测液位等提供了基础。

位移可分为线位移和角位移。线位移是指物体沿某一直线移动的距离，一般称线位移的检测为长度检测。角位移是指物体绕着某一点转动的角度，一般称角位移的检测为角度检测。根据传感器的转换结果，可分为两类，一类是将位移量转换为模拟量，如电感式位移传感器、差动变压器式位移传感器、电涡流传感器、电容传感器、霍尔传感器等；另一类是将位移量转换成数字量，如光栅式位移传感器、光电码盘、感应同步器、磁栅等。

物体运动的速度可分为线速度和角速度（转速）。随着生产过程自动化程度的提高，开发出了各种各样的检测线速度和角速度的方法，如磁电式速度计、光电转速计、电磁转速计、测速发电机、离心转速表、差动变压器测速仪等。加速度传感器主要有压电式、电阻应变片式、压阻式和力平衡式等多种加速度传感器。

本章仅对目前应用最广的电感式位移计、差动变压式位移计、电位器式位移计、光栅、光电码盘、电涡流位移计、电容式位移计、激光干涉测长、磁电式速度计、光电式转速计、电磁式转速计、加速度传感器等的原理、结构、特性及应用做简要介绍。

6.1 电感式传感器

将被测量转换成电感（或互感）变化的传感器，称为电感式传感器。电感式传感器是建立在电磁感应定律基础上的，它把被测位移转换为自感系数 L 的变化。然后将 L 接入一定的转换电路，位移变化便可变成电信号。

6.1.1 电感式传感器的工作原理及分类

电感式传感器亦称自感式传感器或称可变磁阻式传感器。图 6.1.1 是电感式传感器的原理图，它是由铁心 1、线圈 2 和衔铁 3 所组成。线圈是套在铁心上的。在铁心与衔铁之间有一个空气隙，空气隙厚度为 δ。传感器的运动部分与衔铁相连，运动部分产生位移时，空气隙厚度 δ 产生变化，从而使电感值发生变化。

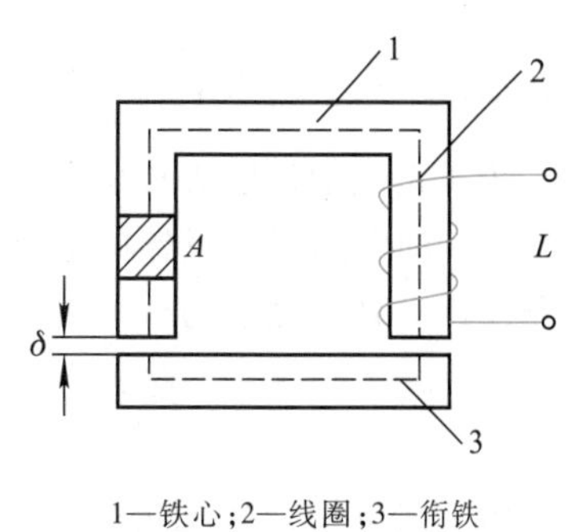

1—铁心；2—线圈；3—衔铁

图 6.1.1 铁心线圈

由电工学可知，线圈的电感值可按下式计算

$$L=\frac{N^2}{R_m} \tag{6.1.1}$$

式中，N——线圈的匝数；

R_m——磁路的总磁阻。

如不考虑铁损，且气隙 δ 较小时，其总磁阻由铁心与衔铁的磁阻 R_c 和空气隙的磁阻 R_δ 两部分组成，即

$$R_m=R_c+R_\delta=\frac{l}{\mu A}+\frac{2\delta}{\mu_0 A_0} \tag{6.1.2}$$

式中，l——铁心和衔铁的磁路长度(m)；

μ——铁心和衔铁的磁导率(H/m)；

A——铁心和衔铁的横截面积(m^2)；

A_0——空气隙的导磁横截面积(m^2)；

δ——气隙长度(m)；

μ_0——空气隙的磁导率(H/m)。

由于铁心和衔铁通常是用高磁导率的材料，如电工纯铁、镍铁合金或硅铁合金等制成，而且工作在非饱和状态下，其磁导率远大于空气隙的磁导率，即 $\mu \gg \mu_0$，故 R_c 可以忽略，即

$$R_m=R_\delta=\frac{2\delta}{\mu_0 A_0} \tag{6.1.3}$$

将式(6.1.3)代入式(6.1.1)可得

$$L=\frac{N^2}{R_m}=\frac{N^2\mu_0 A_0}{2\delta} \tag{6.1.4}$$

由式(6.1.4)可知，当铁心材料和线圈匝数确定后，电感 L 与导磁横截面 A_0 成正比，与气隙长度 δ 成反比。如通过被测量改变 A_0 和 δ(即移动衔铁位置)，则可实现位移与电感间的转换，这就是电感式传感器的工作原理。

根据式(6.1.4)可知，电感式传感器分为三种类型，如图 6.1.2 所示。

① 改变气隙厚度 δ 的电感式传感器，称为变间隙式电感传感器，如图(a)所示。

② 改变气隙截面 A 的电感式传感器，称为变截面式电感传感器，如图(b)所示。

③ 螺管式(同时改变 δ 和 A_0)的电感式传感器，称为螺管式电感传感器，如图(c)所示。

6.1.2　电感式传感器输出特性

为了正确使用这类传感器，下面讨论电感式传感器的输出特性。由式(6.1.4)可知，改变气隙 δ 的电感式传感器的输出特性如图 6.1.3 所示，其 L 与 δ 呈双曲线关系，即输出特性为非线性。其灵敏度为

$$k=\frac{dL}{d\delta}=-\frac{N^2\mu_0 A_0}{2\delta^2}=\frac{L}{\delta} \tag{6.1.5}$$

由上式可知，在 δ 小的情况下，具有很高的灵敏度，故传感器的初始间隙 δ_0 之值不能过大，但太小装配又比较困难，通常 $\delta_0=0.1\sim0.5$ mm。为了使传感器有较好的线性输出特性，

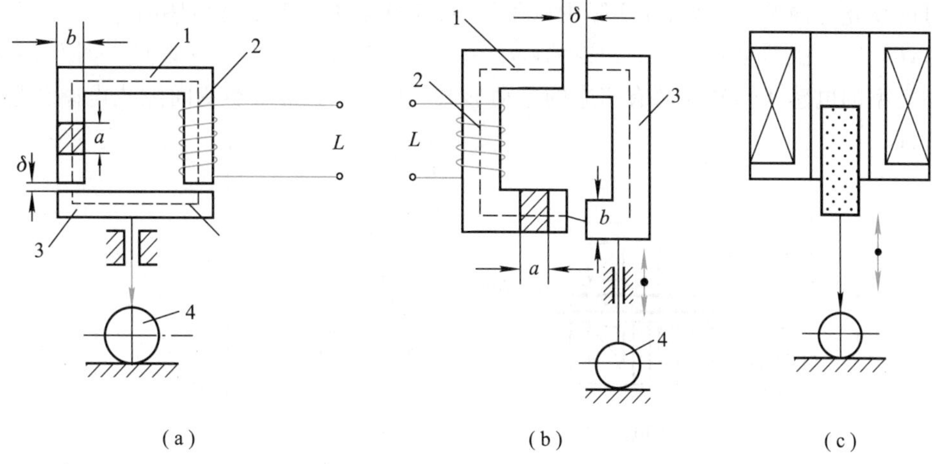

1—铁心;2—线圈;3—衔铁;4—被测件

图 6.1.2 电感式传感器

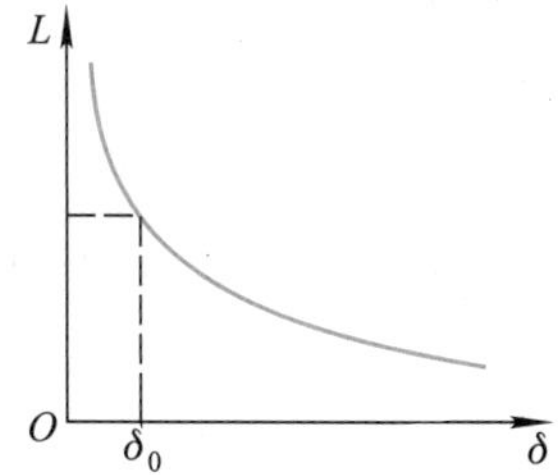

图 6.1.3 变间隙式电感传感器的输出特性

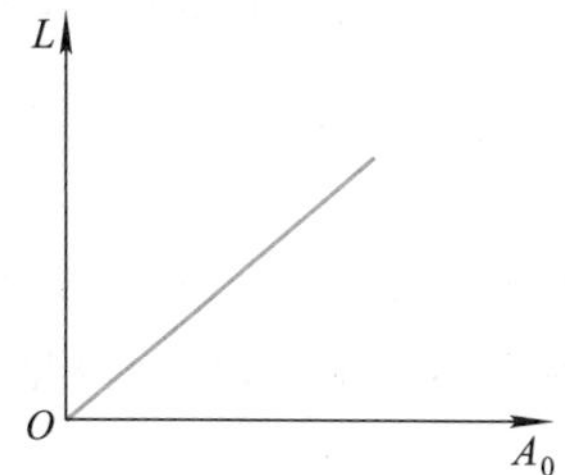

图 6.1.4 变截面式电感传感器的输出特性

必须限制测量范围,衔铁的位移一般不能超过(0.1~0.2)δ_0,故这种传感器多用于微小位移测量。

由式(6.1.4)可知,改变气隙截面积 A 的电感式传感器输出特性如图 6.1.4 所示,其 L 与 A_0为线性关系,灵敏度为

$$k=\frac{\mathrm{d}L}{\mathrm{d}A_0}=\frac{N^2\mu_0}{2\delta}=\text{常数} \tag{6.1.6}$$

这种传感器在改变截面积时,其衔铁行程受到的限制小,故测量范围较大。又因衔铁易做成转动式,故多用于角位移测量。

螺管式电感传感器,由于磁场分布不均匀,故从理论上来分析较困难。由实验可知,其输出特性为非线性关系,且灵敏度较前两种形式低,但测量范围广,且结构简单,装配容易,又因螺管可以做得较长,故宜于测量较大的位移。

6.1.3 差动电感传感器原理

上述三种类型的电感式传感器,虽然结构简单、运用方便,但存在着缺点,如自线圈流往负载的电流不可能等于 0,衔铁永远受到吸力,线圈电阻受温度影响,有温度误差,不能反映

被测量的变化方向等。因此，在实际中应用较少，而常采用差动电感传感器。

差动电感传感器是将有公共衔铁的两个相同电感传感器结合在一起的一种传感器，上述三种类型的电感式传感器都有相应的差动形式。图 6.1.5 为差动变间隙式电感传感器结构及特性。

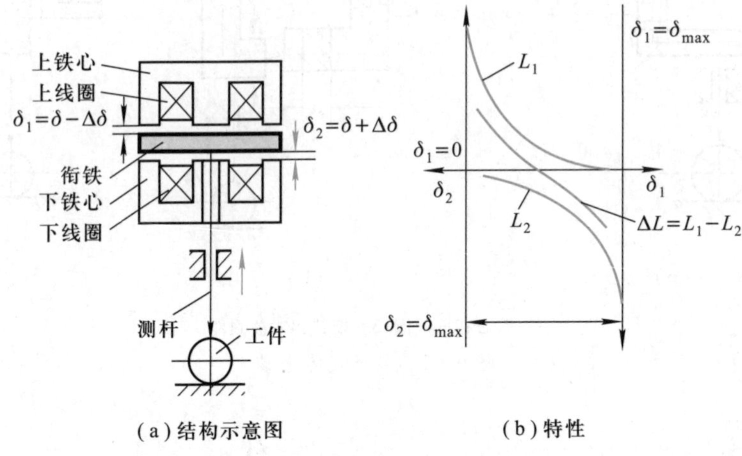

(a) 结构示意图　　(b) 特性

图 6.1.5　差动变间隙式电感传感器

假设衔铁的初始位置在气隙的中央，即 $\delta_1=\delta_2=\delta_0$。这时，上、下两个线圈的电感量相等，即 $L_1=L_2=L_0$，由式(6.1.4)可得此时的电感

$$L_0=\frac{N^2\mu_0A_0}{2\delta_0} \tag{6.1.7}$$

当衔铁有位移时，假设向上移动 $\Delta\delta$，则上气隙减小 $\Delta\delta$，下气隙 δ_0 增加 $\Delta\delta$，此时上线圈的电感 L_1 增加，下线圈的电感 L_2 减小，即

$$L_1=\frac{N^2\mu_0A_0}{2(\delta_0-\Delta\delta)}$$

$$L_2=\frac{N^2\mu_0A_0}{2(\delta_0+\Delta\delta)}$$

因 L_1、L_2 总是接成差动形式，故总的电感变化量为

$$\Delta L=L_1-L_2=\frac{N^2\mu_0A_0\Delta\delta}{\delta_0^2-\Delta\delta^2} \tag{6.1.8}$$

式(6.1.8)是差动变间隙式电感传感器输出特性的数学表达式，其特性如图 6.1.5(b)所示。当衔铁在中间位置，且 $\delta_0>>\Delta\delta$ 时，略去高阶小量 $\Delta\delta^2$，则

$$\Delta L=\frac{N^2\mu_0A_0\Delta\delta}{\delta_0^2}=2L\frac{\Delta\delta}{\delta_0} \tag{6.1.9}$$

由式(6.1.9)可知，当位移 $\Delta\delta$ 较小时，其输出特性为线性关系，且灵敏度

$$k=\frac{\Delta L}{\Delta \delta}=\frac{2L_0}{\delta_0} \tag{6.1.10}$$

为便于比较，将图6.1.5(a)中的下铁心和线圈去掉不用，使其单边工作，则在相同的初始气隙δ_0下，测杆移动相同的$\Delta\delta$时，其电感变化量为

$$\Delta L=L_1-L_2=\frac{N^2\mu_0A_0\Delta\delta}{2\delta_0(\delta_0-\Delta\delta)} \tag{6.1.11}$$

当$\delta_0>>\Delta\delta$时，则

$$\Delta L\approx\frac{N^2\mu_0A_0\Delta\delta}{2\delta_0^2}=L_0\frac{\Delta\delta}{\delta_0} \tag{6.1.12}$$

其灵敏度

$$k=\frac{\Delta L}{\Delta\delta}=\frac{L_0}{\delta_0} \tag{6.1.13}$$

通过以上讨论可知，差动方式工作比相同情况下单边方式工作有如下优点：

① 由式(6.1.11)和式(6.1.13)可知，衔铁在中间位置附近，差动方式比单边方式的灵敏度高一倍。

② 差动方式工作实际上是将L_1和L_2接在电桥的相邻臂上，故有温度自动补偿作用和抗外磁场干扰能力较强的优点。

③ 差动方式工作由于结构对称，故衔铁受到的电磁吸力为上、下两部分电磁吸力之差，这在某种程度上可以得到补偿，且线性度高。

6.1.4 电感式位移计

电感传感器种类较多，应用较广。下面以轴向电感式位移计为例说明其结构及应用。

1. 轴向电感式位移计的结构

图6.1.6为轴向电感式位移计结构图。可换测头10连接测杆8，测杆受力后钢球导轨7做轴向移动，带动上端的衔铁3在线圈4中移动。两个线圈接成差动形式，通过导线1接入测量电路。测杆的复位靠弹簧5，端部装有密封套9，以防止灰尘等脏物进入传感器。这种电感式传感器的自由行程较大，且结构简单，安装容易，缺点是灵敏度低，且不宜测量快速变化的位移。

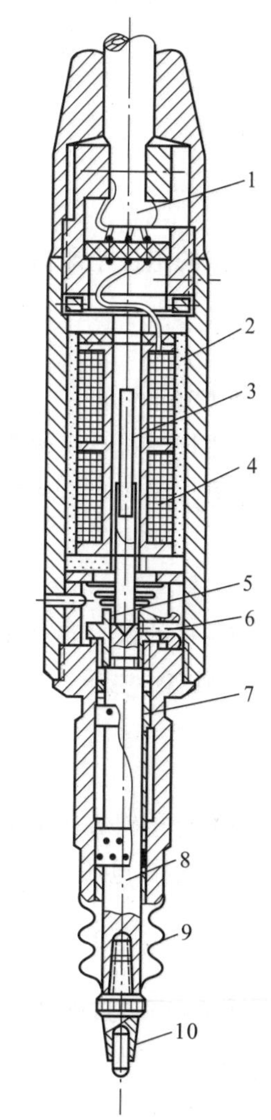

1—导线；2—固定磁筒；3—衔铁；4—线圈；5—弹簧；6—防转销；7—钢球导轨；8—测杆；9—密封套；10—可换测头

图6.1.6 轴向电感式位移计的结构

2. 电感式位移计的测量电路

电感式位移计测量电路将电感量的变化转换成电压或电流变化，送入放大器，再由指示仪表或记录仪表

指示或记录。测量电路的形式很多,通常都采用电桥电路,如图6.1.7所示。电桥的两臂 Z_1 和 Z_2 是电路位移计两个线圈的阻抗(因为线圈的导线具有电阻 R,所以阻抗可看作电阻 R 和电感 L 的串联,即 $Z_1=R_1+\mathrm{j}\omega L_1$, $Z_2=R_2+\mathrm{j}\omega L_2$)。电桥的另外两个桥臂为电源变压器二次绕组的两个半绕组,半绕组的电压为 $U_0/2$。电桥对角A、B两点的电位差为电桥的输出电压。

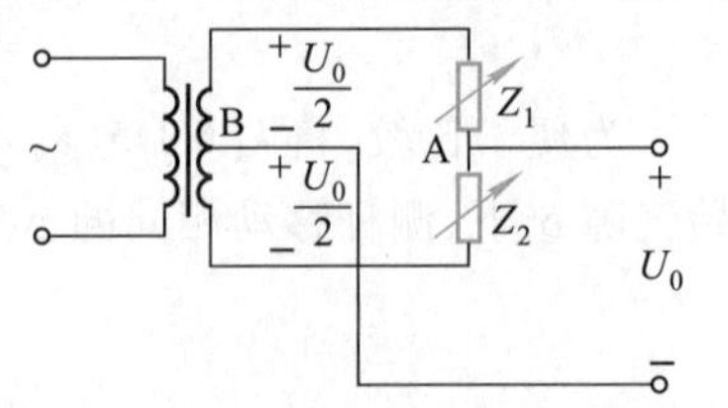

图6.1.7 电感式位移计测量电路

假设阻抗 Z_1 上端点处的电位为0,则A点的电位

$$V_A=\frac{Z_1}{Z_1+Z_2}U_0 \tag{6.1.14}$$

B点的电位

$$V_B=\frac{1}{2}U_0 \tag{6.1.15}$$

A、B两点的电位差即输出电压

$$U=V_A-V_B=\left(\frac{Z_1}{Z_1+Z_2}-\frac{1}{2}\right)U_0 \tag{6.1.16}$$

由式(6.1.16)可知:

(1)当测杆的铁心或衔铁处于中间位置时,两线圈的电感相等。如果两线圈绕制对称,则阻抗也相等。因 $Z_1=Z_2=Z_0$,则输出电压

$$U=\left(\frac{Z_0}{2Z_0}-\frac{1}{2}\right)U_0=0 \tag{6.1.17}$$

(2)当测杆的铁心向上移动时,上线圈的阻抗增加,下线圈的阻抗减小,即 $Z_1=Z_0+\Delta Z$, $Z_2=Z_0-\Delta Z$,则输出电压

$$U=\left(\frac{Z_1+\Delta Z}{2Z_0}-\frac{1}{2}\right)U_0=\frac{\Delta Z}{Z_0}\frac{U_0}{2} \tag{6.1.18}$$

(3)当测杆的铁心向下移动时,上线圈的阻抗减小,下线圈的阻抗增大,即 $Z_1=Z_0+\Delta Z$, $Z_2=Z_0-\Delta Z$,则输出电压

$$U=\left(\frac{Z_0+\Delta Z}{2Z_0}-\frac{1}{2}\right)U_0=-\frac{\Delta Z}{Z_0}\frac{U_0}{2} \tag{6.1.19}$$

由式(6.1.18)和式(6.1.19)可知,当测杆的铁心,由平衡位置上下移动相同的距离、产生相同电感增量时,电桥空载输出电压大小相等而符号相反,由此测得位移大小和方向。

6.2 差动变压器位移计

差动变压器是互感传感器,是把被测位移转换为传感器线圈的互感系数变化量,由于这种传感器通常做成差动的,故称为差动变压器,由于该类传感器具有结构简单、灵敏度高、测量范围广等优点,被广泛应用于位移量的测量。

6.2.1　差动变压器工作原理及特性

差动变压器主要由一个线框和一个铁心组成，在线框上绕有一组一次线圈作为输入线圈，在同一线框上另绕两组二次线圈作为输出线圈，并在线框中央圆柱孔中放入铁心，如图 6.2.1 所示，当一次线圈加以适当频率的电压激励时，根据变压器的工作原理，在两个二次线圈中就产生感应电动势。

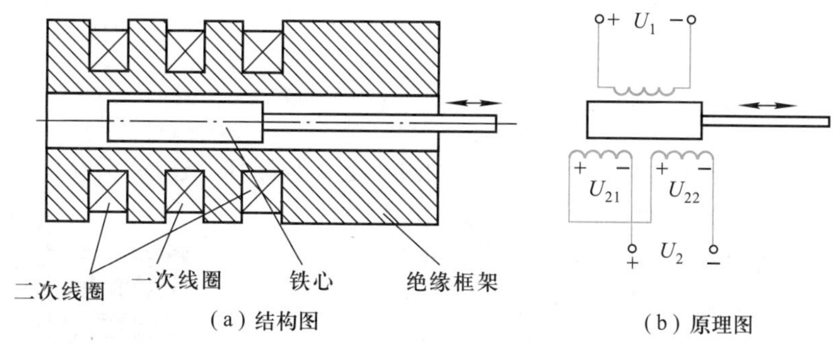

图 6.2.1　差动变压器

当铁心处于中间位置时，由于两个二次线圈完全相同，即两个二次线圈通过的磁力线相等，因而感应电动势 $U_{21}=U_{22}$，则输出电压

$$U_2=-U_{21}+U_{22}=0 \tag{6.2.1}$$

当铁心向右移动时，右边二次线圈内穿过的磁通要比左边二次线圈穿过的磁通多一些，所以互感也大些，感应电动势 U_{22} 也增大，而左边二次线圈中穿过的磁通减少，感应电动势 U_{21} 也减小，则输出电压

$$U_2=-U_{21}+U_{22}>0 \tag{6.2.2}$$

当铁心向左移动时，与上述情况恰好相反，则输出电压

$$U_2=-U_{21}+U_{22}<0 \tag{6.2.3}$$

由上述讨论可见，输出电压的方向反映了铁心的运动方向，输出电压的大小反映了铁心的位移大小。其输出特性如图 6.2.2(a)所示。在实际中使用的差动变压器，其特性如图 6.2.2(b)所示，当 $x=0$ 时，其输出电压 $U_2\neq0$，而是 U_δ，此值为 1 mV 至几十毫伏，并称为零位电压。产生零位电压的原因很多，首先是结构和电气参数不对称；其次是导磁材料的不均质，主要由电源电压波形失真及含有噪声等诸多因素所引起。零位电压是有害的，首先给测试结果带来误差，其次使零位附近变得不灵敏(因在 $x=0$ 附近曲线较平坦)，故在实际使用时，在测量电路中要采取补偿措施，才能加以应用。此外，这种传感器易受温度影响，其中影响最大的是一次线圈电阻温度系数。当温度升高时，电阻增大，在工作电压不变时电流将减小，从而引起输出电压减小。为克服此缺点，可采用恒流源供电或加热敏电阻补偿。

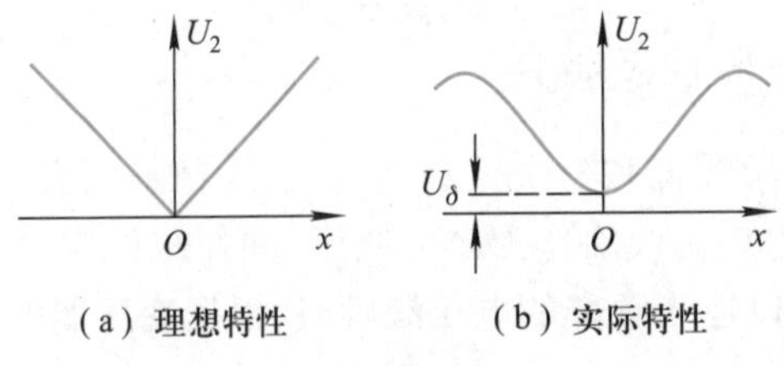

(a) 理想特性　　(b) 实际特性

图 6.2.2　差动变压器的输出特性

6.2.2　差动变压器位移计的结构

图 6.2.3 为差动变压器位移计。测头 1 通过轴套 2 与测杆 3 连接，活动铁心 4 固定在测杆上。线圈架 5 上绕有三组线圈，中间是一次线圈，两端是二次线圈，它们都是通过导线 6 与测量电路相接。线圈的外面有屏蔽筒 7，用以增加灵敏度和防止外磁场的干扰。测杆用圆片弹簧 8 作导轨，使弹簧 9 获得恢复力，为了防止灰尘侵入测杆，装有防尘罩 10。

此差动变压器位移计的测量范围为 ±0.5～±75 mm，分辨力可达 0.1～0.5 μm。差动变压器中间部分的线性比较好，非线性误差约为 0.5%，其灵敏度比差动电感式高。当测量电路输入阻抗高时，用电压灵敏度来表示；当测量电路输入阻抗低时，用电流灵敏度来表示。当用 400 Hz 以上高频励磁电源时，其电压灵敏度可达(0.5～2) V/(mm · V)。电流灵敏度可达 0.1 mA/(mm · V)。由于其灵敏度较高，测量大位移时可不用放大器，因此测量电路较为简单。

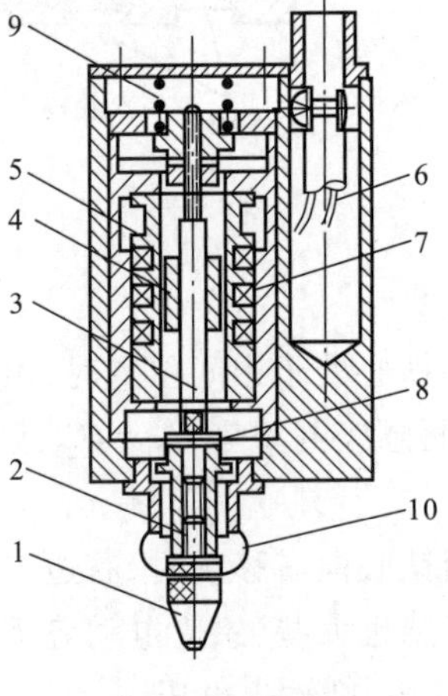

1—测头；2—轴套；3—测杆；
4—活动铁心；5—线圈架；6—导线；
7—屏蔽筒；8—圆片弹簧；
9—弹簧；10—防尘罩

图 6.2.3　差动变压器位移计的结构

6.2.3　差动变压器位移计的测量电路

差动变压器位移计的测量电路按输出电压信号及被测值的大小可分为大位移测量电路和小位移测量电路两种。

1. 大位移测量电路

大位移测量电路如图 6.2.4 所示。当只要求测量位移的大小，不要求分辨位移的方向，且测量精度要求不高的情况下，通常采用整流电路整流后送入直流电压表显示位移的大小，如图 6.2.4(a)、(b)所示。当既要求测量位移的大小，又要求分辨位移的方向，且希望消除零点电压的影响，测量精度较高时，通常采用相敏检波电路，如图 6.2.4(c)、(d)所示。通过其中的可调电位器，可在测量前将电路预调平衡，以消除零点电压。通过相敏检波电路可分辨位移信号方向，数值仍由电压表指示。

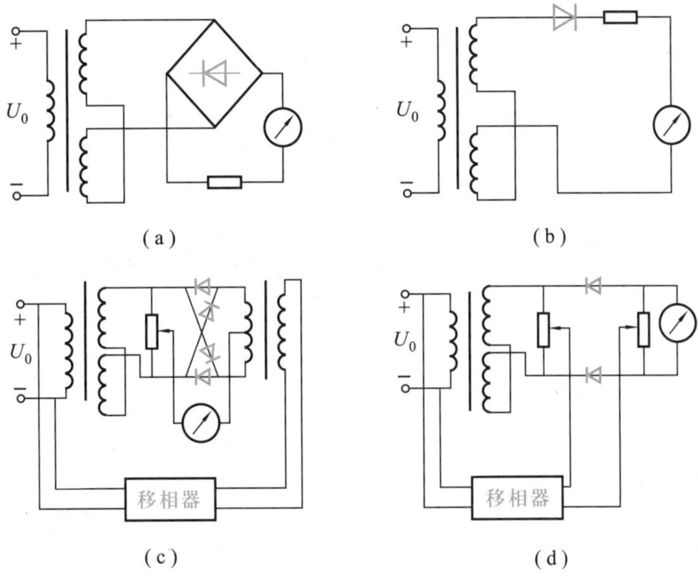

图 6.2.4 差动变压器位移计的测量电路

2. 微小位移测量电路

由于测量微小位移,所以输出电压很小,故应采用放大电路测微小位移。DGS-20C/A型测微仪的框图如图 6.2.5 所示。该测微仪由稳压电源、振荡器和指示仪表组成。位移计和测量电桥将位移转换成电压信号,电压信号经调制后送放大器放大,然后送相敏检波器检波,获得原始位移信号,最后送显示表显示或记录器记录。

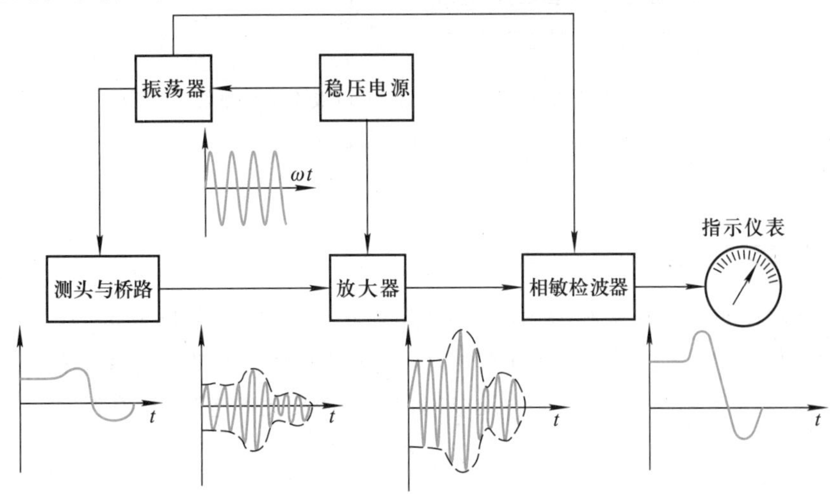

图 6.2.5 DGS-20C/A 测微仪的方框图

此位移传感器的测量范围一般为几毫米,分辨率可达 0.1~0.5 μm,工作可靠。缺点是动态性能差,只能用于静态测量。

6.3　电位器式位移传感器

被测量的变化导致电位器阻值变化的敏感元件称为电位器式传感器。

6.3.1　电位器式位移传感器基本工作原理

电位器式位移传感器的工作原理是基于均匀截面导体的电阻计算公式,即

$$R=\rho\frac{l}{A}\tag{6.3.1}$$

式中,ρ——导体的电阻率($\Omega\cdot\mathrm{m}$);

l——导体的长度(m);

A——导体的截面积(m^2)。

由式(6.3.1)可知,当ρ和A一定时,其电阻R与长度l成正比。如将上述电阻做成线性电位器,如图6.3.1所示,并通过被测量改变电阻丝的长度即移动电刷位置,则可实现位移与电阻间的线性转换,这就是电位器式电阻传感器的工作原理。

图6.3.1中,图(a)为直线式电位器,可测线位移;图(b)为旋转式电位器,可测角位移。为了正确使用这种传感器,下面讨论负载对传感器特性的影响。

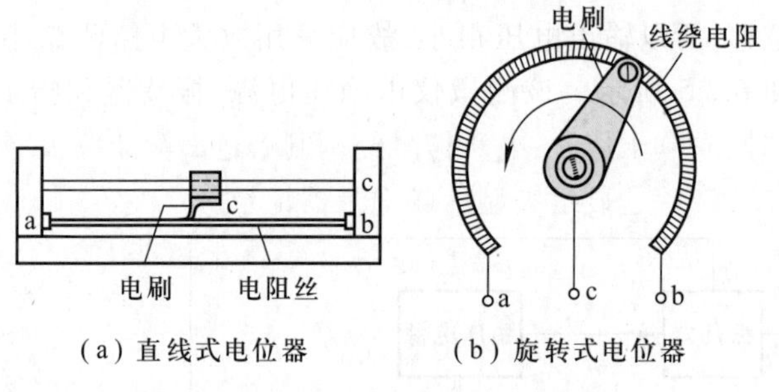

(a) 直线式电位器　　(b) 旋转式电位器

图6.3.1　电位器式电阻传感器

6.3.2　电位器式位移传感器输出特性

电位器式电阻传感器在实际使用时,其输出端是接负载的,如图6.3.2所示。图中,R_L是负载电阻,可理解为测量仪表的内阻或放大器的输入电阻;l为直线电位器的全长;R为电位器的总电阻;x为电刷的位移量;R_x为随电刷位移x而变化的电阻,其值为

$$R_x=\frac{R}{l}x\tag{6.3.2}$$

当电位器的工作电压为U时,其输出电压为

$$U_x=\frac{\dfrac{R_x\cdot R_L}{R_x+R_L}}{(R-R_x)+\dfrac{R_x\cdot R_L}{R_x+R_L}}\cdot U=\frac{1}{\dfrac{l}{x}+\dfrac{R}{R_L}\left(1-\dfrac{x}{l}\right)}\cdot U \tag{6.3.3}$$

由式(6.3.3)可知,当传感器接上负载后,其输出电压 U_x与位移 x 呈非线性关系;只有当 $R_L\to\infty$ 时,其输出电压才与位移成正比,即

$$U_x=\frac{R_x}{R}U=\frac{U}{l}\cdot x \tag{6.3.4}$$

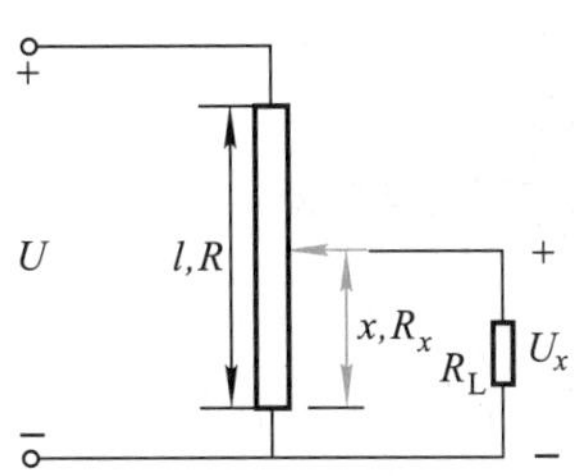

图 6.3.2　接上负载的电位器式位移传感器

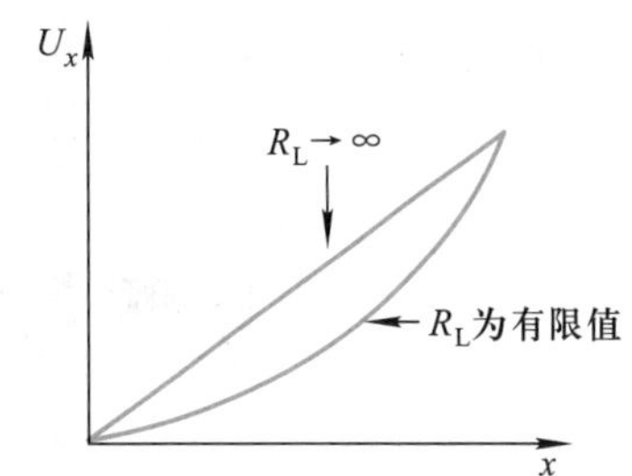

图 6.3.3　电位器式位移传感器的输出特性

由式(6.3.3)、式(6.3.4)可得电位器式位移传感器的输出特性,如图 6.3.3 所示。

为消除非线性误差的影响,在实际使用时,应使 $R_L>20R$,这时可保证非线性误差小于 1.5%,上述条件在一般情况下均能满足,如不能满足这一条件,则必须采取特殊补偿措施。

6.3.3　电位器式位移传感器结构

电位器式位移传感器由骨架、电阻丝和电刷(活动触点)等组成。电刷是由回转轴、滑动触点元件以及其他被测量相连接的机构所驱动。

1. 电阻丝

电位器式位移传感器对电阻丝的要求是:电阻系数大,温度系数小,对铜的热电动势应尽可能小,对于细丝的表面要有防腐蚀措施,柔软,强度高。此外,要求能方便地锡焊或点焊以及在端部易镀铜、镀银,且熔点要高,以免在高温下发生蠕变。

常用的材料有:铜镍合金类、铜锰合金类、铂铱合金类、镍铬丝、卡玛丝(镍铬铁铝合金)及银钯丝等。

裸丝绕制时,线间必须存在间隔,而涂漆或经氧化处理的电阻丝可以接触绕制,但电刷的轨道上需清除漆皮或氧化层。

2. 骨架

对骨架材料的要求是形状稳定(其热膨胀系数和电阻丝的相近)、表面绝缘电阻高,并希望有较好的散热能力。常用的有陶瓷、酚醛树脂和工程塑料等,也可用经绝缘处理的金属材料,这种骨架因传热性能良好,适用于大功率电位器。

3. 电刷

电刷结构往往反映出电位器的噪声电平。只有当电刷与电阻丝材料配合恰当、触点有

良好的抗氧化能力、接触电动势小,并有一定的接触压力时,才能使噪声降低。否则,电刷可能成为引起振动噪声的源。为了达到较好的效果,常采用高固有频率的电刷结构。

6.3.4 电位器式位移传感器举例

图 6.3.4 所示是 YHD 型电位器式位移传感器的结构。其测量轴 1 与内部被测物相接触,当有位移输入时,测量轴便沿导轨 5 移动,同时带动电刷 3 在滑线电阻上移动,因电刷的位置变化会有电压输出,据此可以判断位移的大小,如要求同时测出位移的大小和方向,可将图中的精密无感电阻 4 和滑线电阻 2 组成桥式测量电路。为便于测量,测量轴 1 可来回移动,在装置中加了一根拉紧弹簧 6。

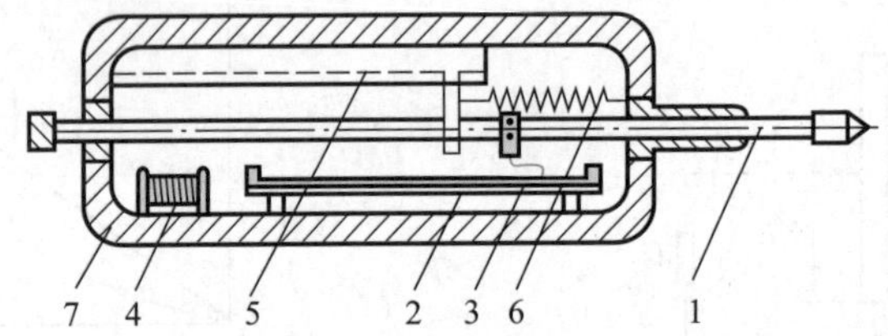

1—测量轴;2—滑线电阻;3—电刷;4—精密无感电阻;5—导轨;6—弹簧;7—壳体

图 6.3.4 YHD 型电位器式位移传感器

电位器式位移传感器具有结构简单、成本低、输出信号大、精度高、性能稳定等优点,虽然存在着电噪声大、寿命短等缺点,但仍被广泛应用于线位移或角位移的测量之中。

6.4 电容式位移传感器

关于电容式传感器原理在第 3 章 3.5 节中已进行了较详细的阐述,这里不再赘述。电容式传感器不仅应用于振动振幅、加速度、压力、液位、密度等量的测量,而且广泛应用于直线位移、角位移的测量,图 6.4.1 为常用的电容式位移传感器。在这里简述电容式位移传感器及其应用。

6.4.1 单电极的电容式位移传感器及其应用

单电极的电容式位移传感器如图 6.4.2 所示,这种传感器在使用时,常把被测对象作为一个电极使用,而将传感器本身的平面测端电极 1 作为电容器的另一极,通过电极座 5 由导线接入电路。金属壳体 3 与测端电极 1 间有绝缘衬套 2 使彼此绝缘。使用时壳体 3 为夹持部分,被夹持在标准台架或其他支承物上,壳体 3 接大地可起屏蔽作用。图 6.4.3 所示是这种传感器的几种应用情况,图 6.4.3(a)所示是振动位移测量,可测 0.05 μm 的位移。图 6.4.3(b)所示是转轴回转精度的测量,利用正交安放的两个电容式位移传感器,可测出转轴的轴心动态偏摆情况。

图 6.4.1 电容式位移传感器

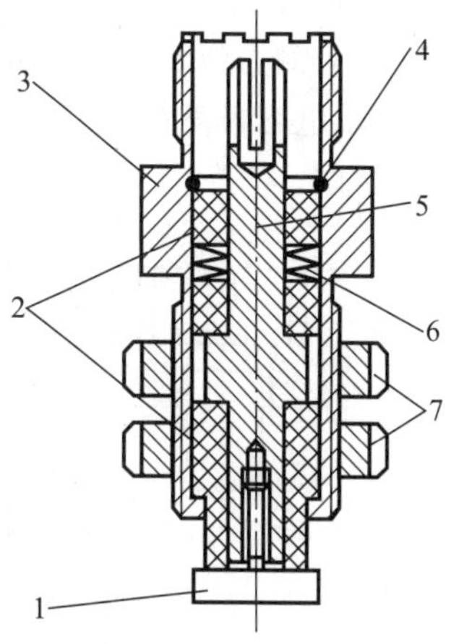

1—平面测端(电极);2—绝缘衬套;
3—壳体;4—弹簧卡圈;5—电极座;
6—盘形电容;7—螺母

图 6.4.2 单电极的电容式位移传感器

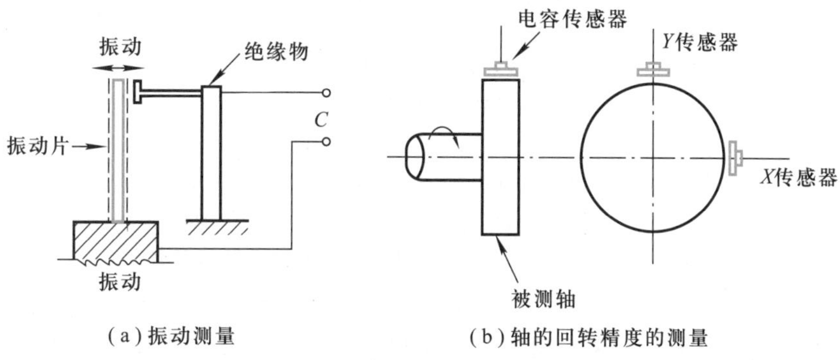

图 6.4.3 振动位移和回转精度的测量

以上两种测量均为非接触测量,故传感器特别适合于测量高频振动的微小位移。由于电容式传感器的电容量不易做得较大,一般仅为几皮法至几十皮法,这样小的电容量往往给测量带来许多困难。如易受外界电气干扰,对电缆的长度和状态变化很敏感,要求配套仪器的阻抗高等,故在一段相当长的时间内阻碍了电容式传感器的应用。随着电子技术的发展,这种缺点逐渐得到解决,并获得广泛的应用。

6.4.2 变面积差动电容式位移传感器及其应用

变极筒面积的差动电容式位移传感器结构如图 6.4.4 所示,它的固定极筒 10、11 与壳体绝缘,可动极筒 4 与测杆 1 固定在一起并彼此绝缘。当被测物移动,带动测杆 1 轴向移动时,可动极筒 4 与固定极筒 10、11 的覆盖面积随之改变,使电容量改变,一个变大、一个变小，它们的差值正比于位移。开槽弹簧片 3、5 为传感器的导向与支承物，无机械摩擦，灵敏性好，但行程小，测力弹簧 8 保证可动极筒 4 通过测杆 1 与被测物可靠接触，其测力可用调力螺钉 7 调节，电容极筒都由引线 9 接至插座 6，以供接入电路用，膜片 2 作密封用，防止尘土进入传感器内。

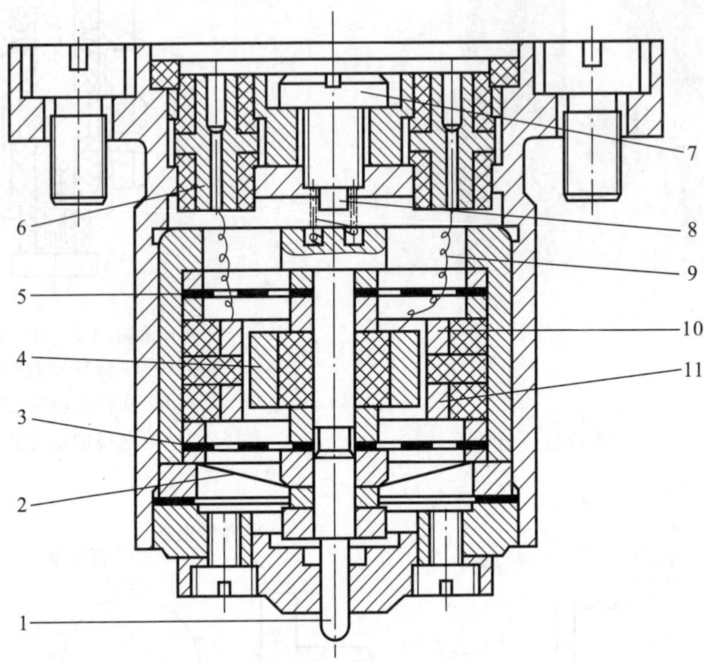

1—测杆；2—膜片；3、5—开槽弹簧片；4—可动极筒；6—插座；
7—调力螺钉；8—测力弹簧；9—引线；10、11—固定极筒

图 6.4.4　变极筒面积的差动电容式位移传感器结构图

图 6.4.5 所示是精密大位移测量用的变面积电容式传感器的原理图，它由一块长栅状的具有等间距的栅状电极和一对相对交叉放置的梳状电极组成。在工作时，栅状电极与梳状电极的相对位置状态如图 6.4.5(b)所示。它组成了电容值随电极间的相对位置 x 而变化的电容器对 C_1 和 C_2。电极采用分布、重复光刻方法制成，电极表面涂有一层薄薄的高绝缘的介电材料，以提高传感器的灵敏度。基底材料是玻璃。

电极间电容值可由电极对之间的电位差和电通量求得，它的最终表达式为

$$C_N = \frac{2\pi N l \varepsilon}{\ln\left\{\left(\frac{2w}{\pi a}\right)^2\left[\cos\left(h^2\frac{\pi a}{2w}\right) - \cos^2\left(\frac{\pi x}{2w}\right)\right]\right\}} \tag{6.4.1}$$

式中，N——电极对(栅状电极与梳状电极对)的总数；

w——电极的半栅距；

x——栅状电极与梳状电极间的相对位置状态；

a——电极的宽度；

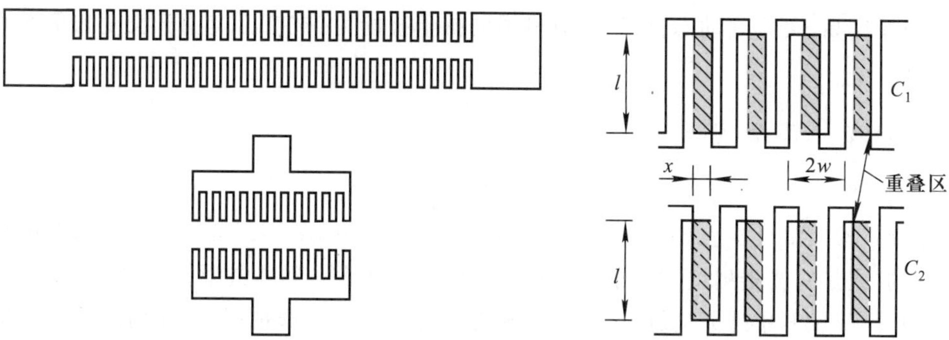

图 6.4.5　电容式精密位移传感器原理图

h——电极对之间的距离；

l——电极对之间的叠合长度；

ε——电极对之间的介电常数。

当传感器接有图 6.4.6 所示的测量电路时，传感器的输出信号可以近似地写成

$$\frac{U_o}{U_i}=K_0\cos\left(\frac{\pi x}{\omega}\right) \tag{6.4.2}$$

式中，K_0——传感器的传递系数。

上式表明，输出信号是传感器位置状态 x 的函数。这种电容式位移传感器的灵敏度为 2.56 mV/μm。

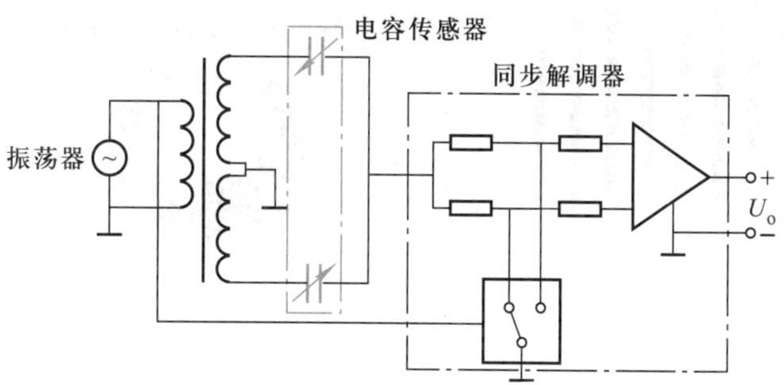

图 6.4.6　电容式位移传感器同步检测电路原理图

6.5　光栅式位移传感器

很早以前，人们就将光栅的衍射现象应用于光谱分析、测量光波波长等方面。直到 20 世纪50年代，才开始利用光栅的莫尔条纹现象把光栅作为测量长度的计量元件，从而出现了光栅式位移传感器，现在人们把这种光栅称为计量光栅，由于它的原理简单、装置也不十分

复杂、测量精度高、可实现动态测量、具有较强的抗干扰能力，被广泛应用于长度和角度的精密测量。

6.5.1　光栅的基本结构

1. 光栅

光栅是在透明的玻璃上刻有大量相互平行等宽而又等间距的刻线。这些刻线有透明的和不透明的，或是对光透射的和反射的。图6.5.1所示的是一个黑白型长光栅，平行等距的刻线称为栅线。设其中透光的缝宽为a，不透光的缝宽为b，一般情况下，光栅的透光缝宽等于不透光的缝宽，即$a=b$。图中$d=a+b$称为光栅栅距（也称光栅节距或称光栅常数）。光栅栅距是光栅的一个重要参数。对于圆光栅来说，除了光栅栅距之外，还经常使用栅距角。栅距角是指圆光栅上相邻两刻线所夹的角。

2. 光栅的分类

在几何量精密测量领域内，光栅按其用途分为长光栅和圆光栅两类。

刻画在玻璃尺上的光栅称为长光栅，也称光栅尺，如图6.5.2所示。用于测量长度或几何位移。根据栅线形式的不同，长光栅分为黑白光栅和闪烁光栅。黑白光栅是指只对入射光波的振幅或光强进行调制的光栅。闪烁光栅是指对入射光波的相位进行调制，也称相位光栅。根据光线的走向，长光栅还分为透射光栅和反射光栅。透射光栅是将栅线刻制在透明材料上，常用光学玻璃和制版玻璃。反射光栅的栅线刻制在具有强反射能力的金属上，如不锈钢或玻璃镀金属膜（如铝膜）上，光栅也可刻制在钢带上再黏合在尺基上。

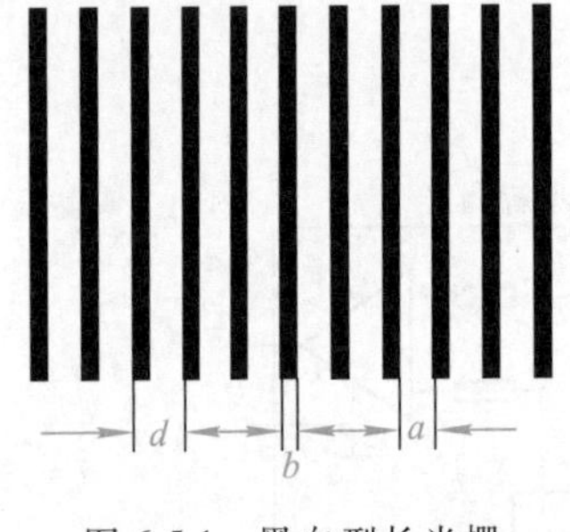

图6.5.1　黑白型长光栅

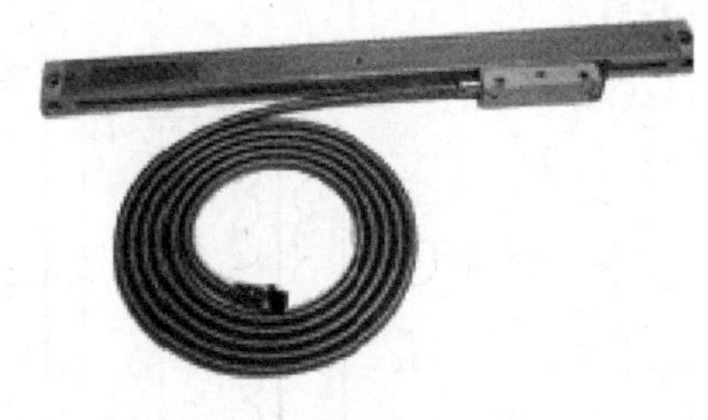

图6.5.2　光栅尺

刻画在玻璃盘上的光栅称为圆光栅，也称光栅盘，用来测量角度或角位移。根据栅线刻画的方向，圆光栅分两种：一种是径向光栅，其栅线的延长线全部通过光栅盘的圆心；另一种是切向光栅，其全部栅线与一个和光栅盘同心的小圆相切。按光线的走向，圆光栅只有透射光栅。计量光栅的分类可归纳为图6.5.3所示的方框图。

6.5.2　光栅传感器的工作原理

光栅传感器由光栅、光路、光电元件和转换电路等组成。下面以黑白透射光栅为例说明光栅传感器的工作原理。

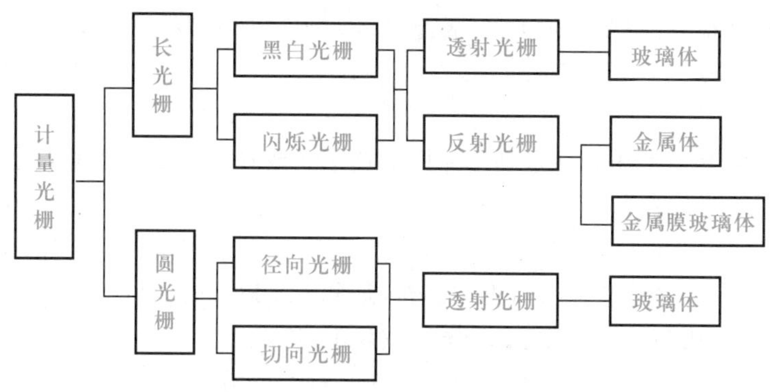

图 6.5.3 计量光栅的分类图

1. 光栅传感器的组成

如图 6.5.4 所示,主光栅比指示光栅长得多,主光栅与指示光栅之间的距离为 d,d 可根据光栅的栅距来选择,对于每毫米 25~100 线的黑白光栅,指示光栅应置于主光栅的"费涅耳第一焦面上",即

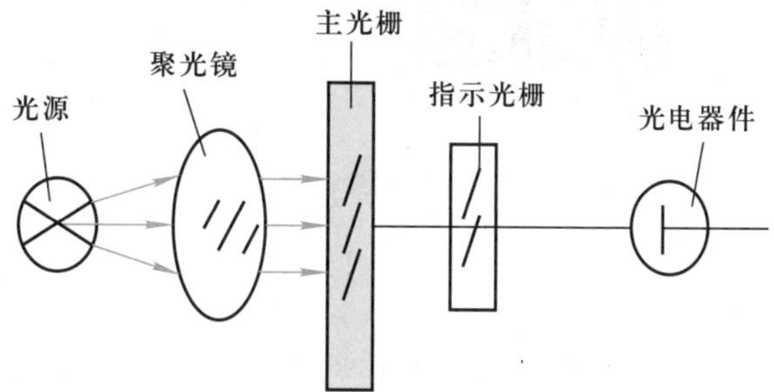

图 6.5.4 黑白透射光栅光路

$$d=\frac{W^2}{\lambda} \tag{6.5.1}$$

式中,W——光栅栅距;

λ——有效光的波长;

d——两光栅的距离。

主光栅和指示光栅在平行光的照射下,形成莫尔条纹。主光栅是光栅测量装置中的主要部件,整个测量装置的精度主要由主光栅的精度来决定。光源和聚光镜组成照明系统,光源放在聚光镜的焦平面上,光线经聚光镜成平行光投向光栅。光源主要有白炽灯的普通光源和砷化镓(GaAs)为主的固态光源。白炽灯的普通光源有较大的输出功率,较高的工作范围,而且价格便宜,但存在着辐射热量大、体积大不易小型化等弱点,故而应用越来越少。砷化镓发光二极管有很高的转换效率,而且功耗低、散热少、体积小,近年来应用较为普遍。光电器件主要有光电池和光电晶体管。它把由光栅形成的莫尔条纹的明暗强弱变化转换为电量输出。光电器件最好选用敏感波长与光源相接近的,以获得较大的输出,一般情况,光电

器件的输出都不是很大，需要同放大器、整型器一起将信号变为要求的输出波形。

2. 莫尔条纹

(1) 莫尔条纹

光栅传感器的基本工作原理是利用光栅的莫尔条纹现象来进行测量的。所谓莫尔条纹是指当指示光栅与主光栅的线纹相交一个微小的夹角，由于挡光效应或光的衍射，这时在与光栅线纹大致垂直的方向上，即两刻线交角的二等分线处，产生明暗相间的条纹，如图6.5.5所示。在刻线重合处，光从缝隙透过形成亮带，如图 6.5.5(a-a)所示，两块光栅的线纹彼此错开处，由于挡光作用而形成黑带，如图 6.5.5(b-b)所示。这时亮带、黑带之间就形成了明暗相间的条纹，即为莫尔条纹。莫尔条纹的方向与刻线的方向相垂直，故又称横向条纹。

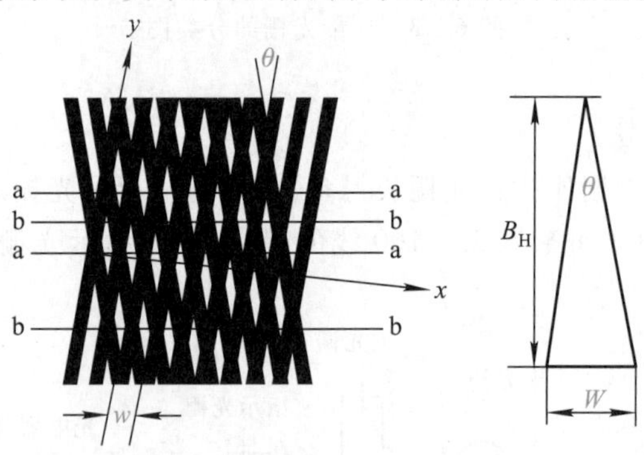

图 6.5.5　光栅和横向莫尔条纹

(2) 莫尔条纹的特征

① 运动对应关系　莫尔条纹的移动量和移动方向与主光栅相对于指示光栅的位移量和位移方向有着严格的对应关系。莫尔条纹通过光栅固定点(光电元件)的数量刚好与光栅所移动的刻线数量相等。光栅做反向移动时，莫尔条纹移动方向亦相反，从固定点观察到的莫尔条纹光强的变化近似于正弦波变化。光栅移动一个栅距，光强变化一个周期，如图 6.5.6所示。

② 减小误差　莫尔条纹是由光栅的大量栅线(常为数百条)共同形成的。对光栅的刻线误差有平均作用，从而能在很大程度上消除栅距的局部误差和短周期误差的影响。个别栅线的栅距或断线及疵病对莫尔条纹的影响很微小。若单根栅线位置的标准差为 σ，莫尔条纹由 n 条栅线形成，则条纹位置的标准差为 $\sigma_x=\sigma/n^{1/2}$。这说明莫尔条纹位置的可靠性大为提高，从而提高了光栅传感器的测量精度。

③ 位移放大　莫尔条纹的间距随着光栅线纹交角而改变，其关系如下

$$B=\frac{W}{2\sin\dfrac{\theta}{2}}\approx\frac{W}{\theta} \tag{6.5.2}$$

式中，B——相邻两根莫尔条纹之间的间距；

W——光栅栅距；

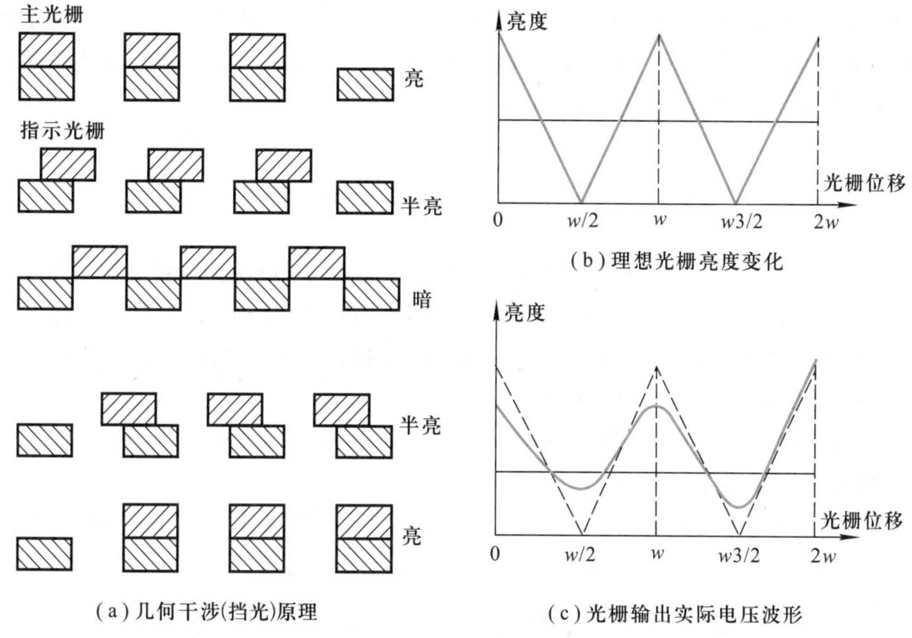

(a) 几何干涉(挡光)原理

(b) 理想光栅亮度变化

(c) 光栅输出实际电压波形

图 6.5.6　光栅输出原理图

θ——两光栅线纹夹角。

从式(6.5.2)中可知,θ越小,条纹间距B将变得越大,莫尔条纹有放大作用,其放大倍数为

$$k=\frac{B}{W}\approx\frac{1}{\theta} \tag{6.5.3}$$

例如,$W=0.02$ mm,$\theta=0.1°$,则$B=11.459\ 2$ mm,其k值约为573,用其他方法很难得到这样大的放大倍数。所以尽管栅距很小,难以观察到,但莫尔条纹却清晰可见。这非常有利于布置接收莫尔条纹信号的光电元件。从式(6.5.2)可以看出,调整夹角θ,可以改变莫尔条纹的宽度,得到所需要的B值。

3. 光栅的信号输出

通过前面分析可知,主光栅移动一个栅距W,莫尔条纹就变化一个周期2π,通过光电转换元件,可将莫尔条纹的变化变成近似的正弦波形的电信号。电压小的相应于暗条纹,电压大的相应于明条纹,它的波形看成是一个直流分量上叠加一个交流分量。

$$U=U_0+U_m\sin\left(\frac{x}{W}360°\right) \tag{6.5.4}$$

式中,W——栅距;

x——主光栅与指示光栅间瞬时位移;

U_0——直流电压分量;

U_m——交流电压分量幅值;

U——输出电压。

由上式可见,输出电压反映了瞬时位移的大小,当 x 从 0 变化到 W 时,相当于电信号变化了 360°,如采用 50 线/mm 的光栅时,若主光栅移动了 x mm,即 $50x$ 条。将此条数用计数器记录,就可知道移动的相对距离。

6.6 码盘式传感器

码盘又称角数字编码器,码盘式传感器是建立在编码器的基础上,它能够将角度转换为数字编码,是一种数字式传感器。只要编码器保证一定的制作精度,并配置合适的读出部件,这种传感器可以达到较高的精度。另外,它的结构简单、可靠性高。因此,在空间技术、数控机械系统等方面获得了广泛的应用。

编码器从原理上看,类型很多,如磁电式、电容式、光电式等,本节只讨论光电式,通常将光电式称之为光电编码器。

编码器包括码盘和码尺,码盘用于测量角度,码尺用于测量长度,由于测量长度的实际应用较少,测量角度应用较广,故这里只讨论光电码盘式传感器。

6.6.1 光电码盘式传感器的工作原理

光电码盘式传感器是用光电方法把被测角位移转换成以数字代码形式表示的电信号的转换部件。

图 6.6.1 为其工作原理示意图。由光源 1 发出的光线,经柱面镜 2 变成一束平行光或会聚光,照射到码盘 3 上,码盘由光学玻璃制成,其上刻有许多同心码道,每位码道上都有按一定规律排列着的若干透光和不透光部分,即亮区和暗区。通过亮区的光线经狭缝 4 后,形成一束很窄的光束照射在光电元件 5 上,光电元件的排列与码道一一对应。当有光照射时,对应于亮区和暗区的光电元件输出的信号相反,例如前者为“1”,后者为“0”。光电元件的各种信号组合,反映出按一定规律编码的数字量,代表了码盘轴的转角大小。由此可见,码盘在传感器中是将轴的转角转换成代码输出的主要元件。

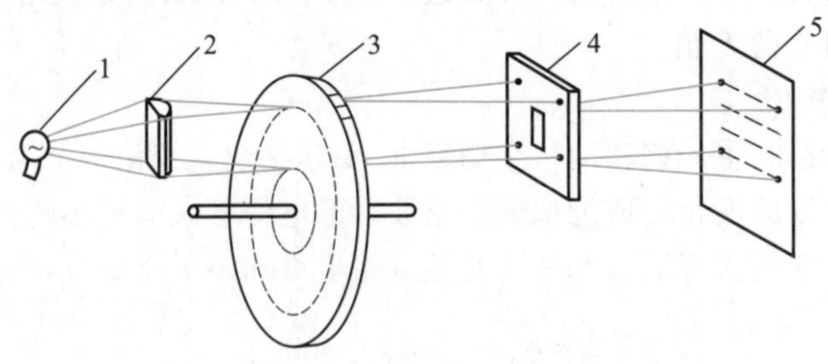

1—光源;2—柱面镜;3—码盘;4—狭缝;5—光电元件

图 6.6.1 光电码盘式传感器的工作原理示意图

6.6.2 光电码盘

码盘按其所用码制可分为二进制码、循环码、十进制码、六十进制码等。

1. 二进制码盘

图 6.6.2 所示是一个 4 位二进制码盘，涂黑部分为不透光部分即暗区，输出为 0，空白部分为透光部分，即亮区，输出为 1。共有 4 圈码道，最内圈称为 C_4 码道，一半透光，一半不透光，最外圈为 C_1 码道，一共分成 $2^4=16$ 个黑白间隔。每一个角度方位对应于不同的编码，如表 6.6.1 所示。例如，0 位对应于位置 A，编码为 0000（全黑），第 10 个方位对应于位置 K，编码为 1010（白黑白黑），测量时，当码盘处于不同角度时，光电转换器的输出就对应不同的数码，只要根据码盘的起始和终止位置就可以确定转角，与转动的中间过程无关。二进制码盘具有以下特点：

图 6.6.2 4 位二进制码盘

（1）n 位（n 个码道）的二进制码盘具有 2^n 种不同编码，称其容量为 2^n，则能分辨角度为

$$\alpha=\frac{360°}{2^n} \tag{6.6.1}$$

位数 n 越大，能分辨的角度越小，测量精度越高。例如 $n=20$ 时，其分辨力可达 1″左右。

（2）二进制码为有权码，编码 $C_nC_{n-1}\cdots C_1$ 对应于零位算起的转角为

$$\theta=\sum_{i=1}^{n}C_i2^{i-1}\alpha \tag{6.6.2}$$

例如，编码 1010 对应于零位算起的转角为 $\theta=2\alpha+8\alpha=10\alpha$，而 $\alpha=360°/2^4=22.5°$，即 $\theta=10\times22.5°=225°$。

表 6.6.1 转角与编码对应表

角度	对应位置	输出数码	对应十进制
0	A	0000	0
α	B	0001	1
2α	C	0010	2
3α	D	0011	3
4α	E	0100	4
5α	F	0101	5
6α	G	0110	6
7α	H	0111	7

续表

角度	对应位置	输出数码	对应十进制
8α	I	1000	8
9α	J	1001	9
10α	K	1010	10
11α	L	1011	11
12α	M	1100	12
13α	N	1101	13
14α	O	1110	14
15α	P	1111	15

二进制码盘很简单，但在实际应用中有一个需要注意的问题是信号检测元件不同步或者码道制作中的不精确引起的错码。例如，当读数狭缝处于 h 位置时，正确读数为 0111，为十进制数 7。若码道 C_4黑区做得太短，就会误读为 1111，为十进制数 15。反之，若 C_4的黑区太长，当狭缝处于 i 时，就会将 1000 读为 0000，即十进制数的 0，在这两种情况下都将产生粗误差（非单值性误差）。

为了消除非单值性误差，可以采用两种方法：一种方法是采用双读数头法，由于此法的读数头的个数需增加一倍，码道很多时，光电元件安放位置也有困难，故很少采用；另一种方法是用循环码代替二进制码。因为二进制码从一个码变为另一个码时存在着几位码需要同时改变状态，一旦这个同步要求不能得到满足，就会产生错误。循环码的特点是相邻的两个数码间只有一位是变化的。因此即使制作和安装不准，产生的误差最多也只是最低的一位数。

图 6.6.3 4 位循环码盘

2. 循环码盘

图 6.6.3 是一个 4 位的循环码盘，表 6.6.2 是十进制数、二进制数及 4 位循环码的对照表。

表 6.6.2 十进制数、二进制码和循环码对照表

十进制数	二进制数(C)	循环码(R)	十进制数	二进制数(C)	循环码(R)
0	0000	0000	8	1000	1100
1	0001	0001	9	1001	1101
2	0010	0011	10	1010	1111
3	0011	0010	11	1011	1110
4	0100	0110	12	1010	1010
5	0101	0111	13	1011	1011
6	0110	0101	14	1110	1001
7	0111	0100	15	1111	1000

二进制码是有权代码，每一位码代表一固定的十进制数，而循环码是变权代码，每一位码不代表固定的十进制数，因此需要把它转换成二进制码。

用 R 表示循环码，用 C 表示二进制码，二进制码转换成循环码的法则是：将二进制码与其本身右移一位后并舍去末位的数码作不进位加法所得结果就是循环码。

例如，二进制码 0111 所对应的循环码为 0100，转换过程如下：

	0	1	1	1	二进制码
		0	1	1	右移 1 位并舍去末位数码
⊕					作不进位加法
	0	1	0	0	循环码

其中，⊕表示不进位相加，二进制码变循环码的一般形式为

	C_1	C_2	C_3	$\cdots$ C_n	二进制码
		C_1	C_2	$\cdots$ C_{n-1}	右移 1 位并舍去末位数码
⊕					作不进位加法
	R_1	R_2	R_3	$\cdots$ R_n	循环码

由此得

$$\begin{cases} R_1 = C_1 \\ R_i = C_i \oplus C_{i-1} \end{cases} \tag{6.6.3}$$

图 6.6.4 所示为二进制码转换为并行循环码的转换电路，图 6.6.5 所示为二进制码转换为串行循环码的转换电路。

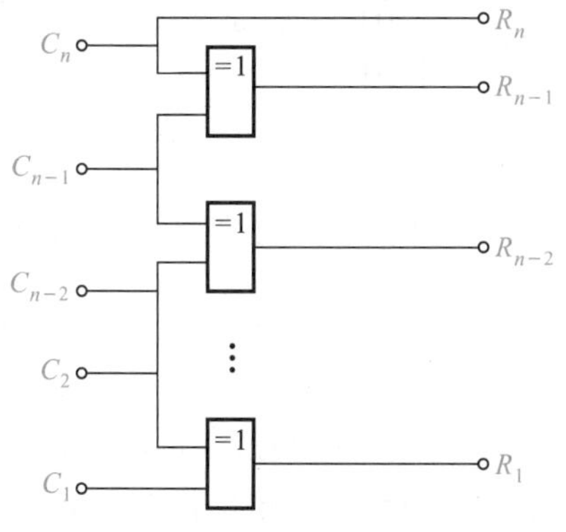

图 6.6.4 二进制码转换为并行循环码

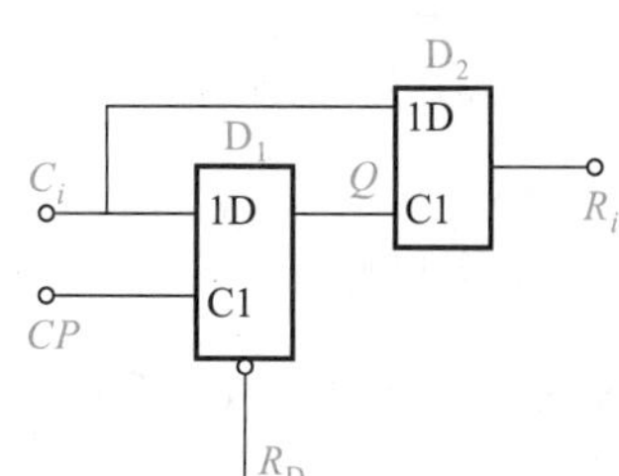

图 6.6.5 二进制码转换为串行循环码

采用串行电路时，工作之前先将 D 触发器 C_1 置零，$Q=0$。在 C_i 端送入 C_n，门 D_2 输出 $R_n=C_n \oplus 0=C_n$；随后加 CP 脉冲，使 $Q=C_n$；在 C_i 端加入 C_{n-1}，D_2 输出 $R_{n-1}=C_{n-1}\oplus C_n$，以后重

复上述过程，可依次获得 R_n、R_{n-1}、…、R_2、R_1。

从式(6.6.3)可以导出循环码变成二进制码的关系式

$$\begin{cases} C_1 = R_1 \\ C_i = R_i \oplus C_{i-1} \end{cases} \tag{6.6.4}$$

上式表示，由循环码 R 变成二进制码 C 时，第一位(最高位)不变。以后从高位开始依次求出其余各位，即本位循环码 R_i 与已经求得的相邻高位二进制码 C_{i-1} 作不进位相加，结果就是本位二进制码。

因为两相同数码作不进位相加，其结果为0，故式(6.6.4)还可写成

$$\begin{cases} C_1 = R_1 \\ C_i = R_i \bar{C}_{i-1} + \bar{R}_i C_{i-1} \end{cases} \tag{6.6.5}$$

循环码盘输出的循环码是通过电路转换为二进制码的，图6.6.6是用**与非**门构成的4位并行循环码-二进制码转换器。它的优点是转换速度快，缺点是所用元件较多。图6.6.7是串行循环码-二进制码转换电路转换器，它由4个**与非**门组成的不进位加法器和一个 JK 触发器组成。它的优点是结构简单，但转换速度较慢，只能用于速度要求不高的场合。

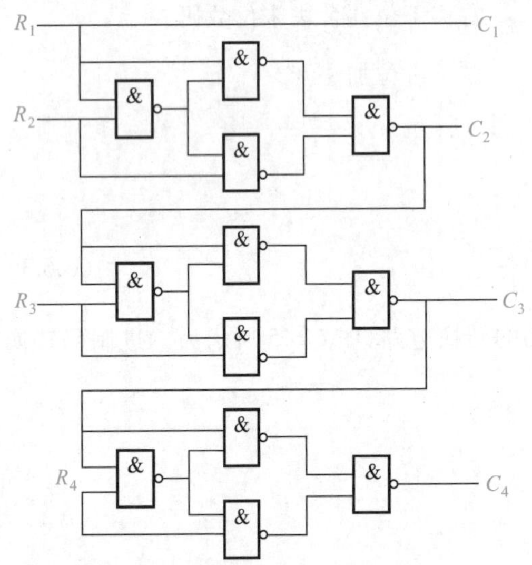

图6.6.6　并行循环码-二进制码转换电路

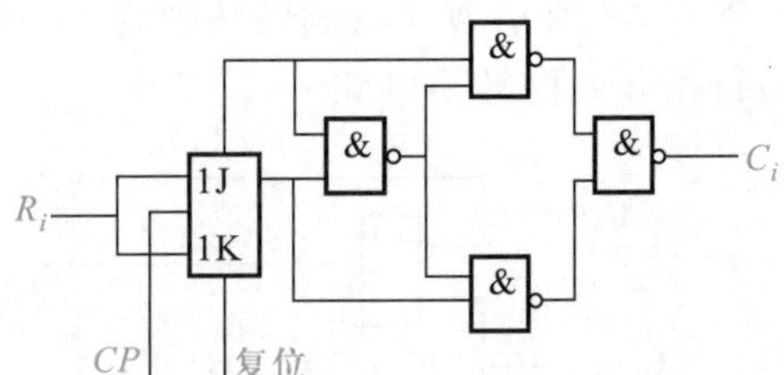

图6.6.7　串行循环码-二进制码转换电路

6.6.3　光电码盘的应用

图6.6.8所示为ZYF62/09系列光电码盘，图6.6.9是一光电码盘测角仪示意图，光源通过大孔径非球面聚光镜形成狭长的光束照射到码盘上。由码盘转角位置决定位于狭缝后面的光电器件与输出的信号。输出信号经放大，鉴幅(鉴测"0"或"1"电平)、整形，必要时加纠错和寄存电路，再经当量变换，最后译码显示。

光电码盘的优点是没有触点磨损，因而允许转速高、高频率响应、稳定可靠、坚固耐用、精度高。同时具有结构较复杂、价格较贵等弱点。目前已在数控机床、伺服电机、机器人、回

转机械、传动机械、仪器仪表及办公设备、自动控制技术和检测传感技术领域得到广泛的应用，且应用领域不断扩大。

图 6.6.8 ZYF62/09 系列光电码盘

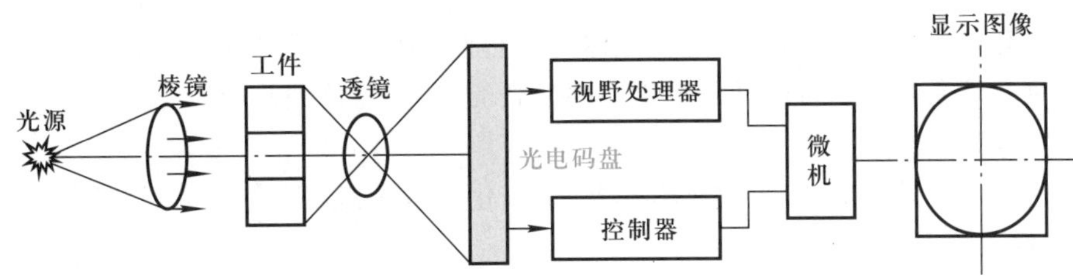

图 6.6.9 光电码盘测角仪示意图

6.7 激光式传感器

激光是 20 世纪 60 年代出现的最重大科学技术成就之一。它不仅作为一种新颖光源，而且还发展成一种新技术——激光技术，并已在工业、农业、国防、医学卫生和科学技术等多个方面得到广泛应用。

由于激光器、光学零件和光电器件所构成的激光测量装置能将被测量(如长度、流量、速度等)转换成电信号。因此广义上也可将激光测量装置称为激光式传感器。

6.7.1 激光的特性和稳频方法

1. 激光的特性

(1) 方向性强

方向性强也就是说光束的发散角小，激光可以集中在狭小的范围内，向特定的方向发射。如方向性很好的探照灯，它的光束在几千米以外要扩展到几十米的范围，而激光在几千米之外的扩展范围不到几厘米。激光测距就是利用了激光的高方向性。

(2) 单色性好

每一种颜色的光不是单一的波长,而是有一个波长的范围,称为谱线宽度。谱线宽度越窄,光的单色性就越好。激光的谱线宽度要小于1/10普通光的谱线宽度,所以说激光是最好的单色光源。激光测长主要是利用激光的单色性好的特点。

(3) 亮度高

光源的亮度是指光源在单位面积上向某一方向的单位立体角内发射的光功率。激光在光源亮度方面有很大的飞跃,例如,一台水平比较高的红宝石激光器在激光束会聚后,能产生几百万度的高温,就是最难熔的金属,在这瞬间也会熔化。

(4) 相干性好

激光是受激辐射形成的,各个发光中心发出的光波在传播方向、振动方向、频率和相位等是完全一致的,因此激光的空间相干性和时间相干性好。

2. 激光器

激光器的种类很多,如果按照激光器的工作物质不同来分,可以分为下列几类:

(1) 固体激光器

常用的有红宝石激光器、钕玻璃激光器等。它们的结构大致相同,其特点是小而坚固,功率高。钕玻璃激光器是目前脉冲输出功率最高的器件,已达到几十万瓦。

(2) 气体激光器

常用的为氦氖激光器、二氧化碳激光器、一氧化碳激光器等。它们的形状同普通放电管相似,能连续工作,单色性好。

(3) 液体激光器

液体激光器分为无机液体激光器和有机液体激光器等。其中常用的为有机液体激光器,它的特点是发出的波长可以在一段范围内连续调节,而且效率也不会降低,因而它能起到其他激光器不能起的作用。

(4) 半导体激光器

半导体激光器是比较年轻的一种,比较成熟的是砷化镓激光器。它的优点是效率高、体积小、重量轻、结构简单,适宜在飞机、军舰、坦克上应用以及步兵随身携带;它的缺点是输出功率较小。

气体激光器的单色性和相干性比其他激光器好,且能长时间较稳定地工作。其中应用最广泛的是氦氖激光器,氦氖比例为5∶1至10∶1,常用直流电源(电压几千伏,电流几毫安至几十毫安)放电方式进行气体放电激励。能获得数十种谱线的连续振荡,目前应用最多的是632.8 nm红光,此外还有1 152.3 nm和3 391.3 nm的红外光,它的使用寿命已达几万小时,但其功率较小,因此广泛应用于精密计量、准直和测距等方面。

3. 激光的稳频方法

当激光用于精密计量,如干涉测长时,是以激光波长作为计量的基准,因此激光波长(或频率)的稳定性将直接影响测量的精度。引起激光器激光频率变化的主要因素是温度、气压、气流、振动和噪声等。一般氦氖激光器的频率稳定度约为3×10^{-6},已能满足一般长度计量要求,但不能满足精密计量的需要。因此在精密计量中,需采用恒温、防振、密封等措施,采用稳压、稳流电源作激励,并采用线膨胀系数小的石英玻璃做氦氖激光器的管子、殷钢作支架,这样频率稳定度可达 10^{-7}数量级。在要求更高的场合,必须采取稳频措施。

目前较常用的稳频方法是利用增益曲线的兰姆下陷现象进行反馈控制,将腔长控制在一定范围内,即兰姆下陷稳频法。气体激光在一定条件下,其输出功率(或光强 I)调谐曲线中心(频率为 f_0)处将出现一个极小值,这个极小值称为兰姆下陷,如图 6.7.1 所示。将氦氖激光器谐振腔的一块反射镜胶粘上压电陶瓷圆筒,如图 6.7.2 所示。圆筒两壁加以 0.5 V、400 Hz~1 kHz 的正弦电压,由于压电陶瓷的电致伸缩,使腔长、输出激光频率和功率都随所加正弦电压的频率 f_a作周期变化。当输出激光频率的中心值为 f_0时(见图 6.7.1),输出功率周期变化的频率为 $2f_n$,幅值较小,经选频放大输出为 0 V。而输出频率中心值在 f_1~f_0或 f_0~f_2之间时,输出功率以频率 f_a周期变化,幅值较大,经光电转换、放大、相敏检波后,输出与频率中心 f_0的偏差方向和大小有关的直流电压给压电陶瓷,使腔长发生相应改变,从而使激光输出频率稳定在 f_0的一个极小范围内,频率稳定度为 10^{-8}~10^{-9}。但由于管内气体成分和压力的变化,兰姆下陷容易漂移,因此重复性为 10^{-7}。兰姆下陷稳频方法结构简单、稳定度高。

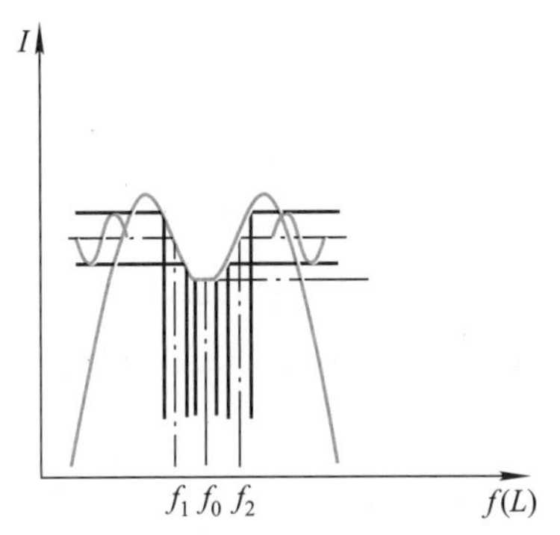

图 6.7.1 兰姆下陷稳频原理

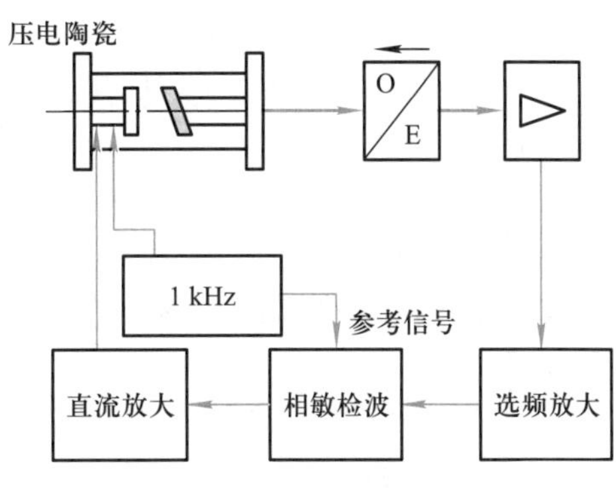

图 6.7.2 兰姆下陷稳频框图

6.7.2 激光干涉传感器测长原理

激光干涉传感器的测长原理实质是光的干涉原理。在实际长度测量中应用最广泛的是迈克尔逊双光束干涉系统。如图 6.7.3 所示,来自光源 S 的光经半反半透分光镜 B 后分成两路,这两路光束分别由固定反射镜 M_1和可动反射镜 M_2反射在观察屏 P 处相遇产生干涉。当镜 M_2每移动半个光波波长时,干涉条纹明暗变化一次,测长的基本公式为

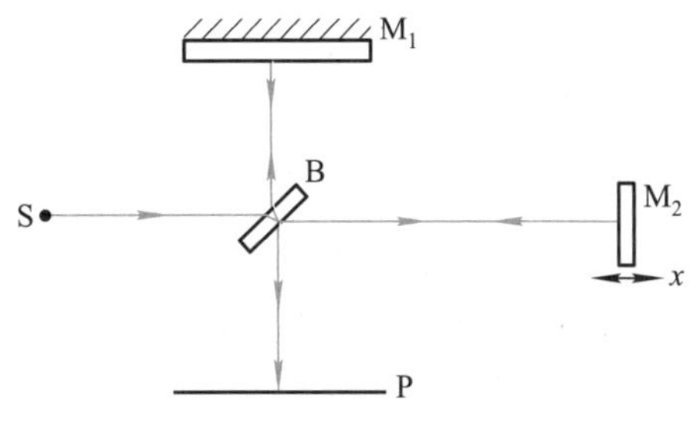

图 6.7.3 迈克尔逊干涉系统

$$x=\frac{N\lambda_0}{2n} \tag{6.7.1}$$

式中, n——空气折射率;

λ_0——真空中光波波长;

N——干涉条纹明暗变化的数目。

干涉条纹由光电器件接收,经电路处理由计数器计数,则可得被测长度或位移 x 的值。当光源为激光时就称为激光干涉系统,所以激光干涉测长是以激光波长为基准,用条纹计数的方法进行的。

由于激光波长随空气折射率 n 而变化,n 又受测量环境条件(温度、气压、湿度、气体成分等)的影响,因此,在高精度测量中,特别是较长距离高精度测量中,对环境条件要求甚严,而且必须实时测量折射率 n,并自动修正它对激光波长的影响。

激光干涉传感器以激光为光源,具有以下优点:

① 测量精度高,如测量 1 m 长度精度可达 $10^{-7}\sim10^{-8}$ 量级。

② 分辨率高,并可测出 10^{-4} nm 以下的长度变化。

③ 量程大,可达几十米。

④ 便于实现自动测量。

激光干涉传感器可用作普通干涉系统,用来测长;也可用作全息干涉系统,用来检测复杂表面。

6.8 磁电感应式速度传感器

磁电感应式传感器也称为感应式传感器或电动式传感器。它是利用导体和磁场发生相对运动产生感应电动势的一种机-电能量变换型传感器。不需要供电电源,电路简单,性能稳定,输出阻抗小,频率响应范围广,适用于动态测量,通常用于振动、转速、扭矩等测量。

6.8.1 磁电感应式传感器工作原理及测量电路

1. 磁电感应式传感器工作原理

根据电磁感应定律,N 匝线圈中的感应电动势 e 决定于穿过线圈的磁通 Φ 的变化率,亦即

$$e=N\frac{\mathrm{d}\Phi}{\mathrm{d}t} \tag{6.8.1}$$

磁电感应式传感器的结构原理如图 6.8.1 所示。图 6.8.1(a)为线圈在磁场中做直线运动时产生感应电动势的磁电传感器。当线圈在磁场中做直线运动时,它所产生感应电动势 e 为

$$e=NBl\sin(\theta)\frac{\mathrm{d}x}{\mathrm{d}t}=NBlv\sin\theta \tag{6.8.2}$$

式中,B——磁场的磁感应强度;

l——单匝线圈的有效长度;

N——线圈的匝数;

v——线圈与磁场的相对运动速度;

θ——线圈运动方向与磁场方向的夹角。

当 $\theta=90°$时,式(6.8.2)可写成

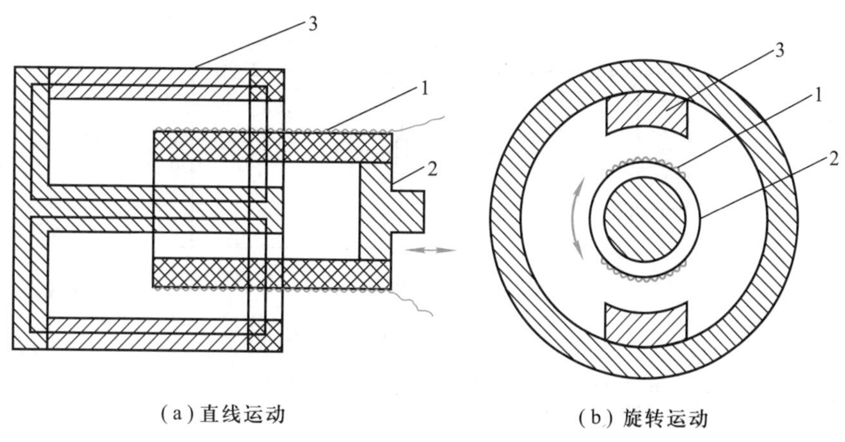

(a)直线运动　　(b)旋转运动

1—线圈;2—运动部分;3—永久磁铁

图 6.8.1 磁电感应式传感器的结构原理图

$$e=NBlv \tag{6.8.3}$$

图 6.8.1(b)所示的结构是线圈做旋转运动的磁电式传感器。线圈在磁场中转动时产生的感应电动势 e

$$e=NBA\sin(\theta)\frac{\mathrm{d}\theta}{\mathrm{d}t}=NBA\omega\sin\theta \tag{6.8.4}$$

式中,ω——角频率,$\omega=\mathrm{d}\theta/\mathrm{d}t$;

A——单匝线圈的截面积;

N——线圈的匝数;

θ——线圈法线方向与磁场之间的夹角。

当 $\theta=90°$时,式(6.8.4)可写成

$$e=NBA\omega \tag{6.8.5}$$

由式(6.8.3)和式(6.8.5)可以看出,当传感器结构一定时,B、A、N、L 均为常数,因此,感应电动势 e 与线圈对磁场的相对运动速度 $\mathrm{d}x/\mathrm{d}t$(或 $\mathrm{d}\theta/\mathrm{d}t$)成正比。所以从磁电传感器的直接应用来说,它只是用来测定线速度和角速度。但是,由于速度与位移或加速度之间有内在联系,它们之间存在着积分或微分的关系。因此,如果在感应电动势测量电路中接一积分电路,那么输出电压就与运动的位移成正比;如果在测量电路中接一微分电路,那么输出电压就与运动的加速度成正比。这样,磁电传感器除可测量速度外,还可以用来测量位移和加速度。

2. 磁电感应式传感器测量电路

位移、速度和加速度测量电路如图 6.8.2 所示。该电路用开关 S 切换,当开关 S 放在“1”位置时,经过一个积分电路,可测量位移的大小;当开关 S 放在“2”位置时,不经过运算电路直接输出,可用来测量速度;当开关 S 放在“3”位置时,信号通过微分电路,可以测量加速度。

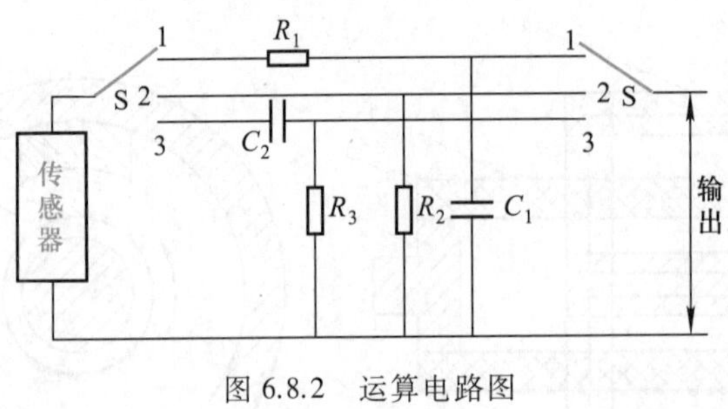

图 6.8.2 运算电路图

6.8.2 磁电感应式传感器的灵敏度 K

对于直线运动的磁电感应式传感器,其灵敏度可由式(6.8.3)导出

$$K=\frac{e}{v}=NBl \tag{6.8.6}$$

对于旋转运动的磁电感应式传感器,其灵敏度可由式(6.8.5)导出

$$K=\frac{e}{\omega}=NBA \tag{6.8.7}$$

为了提高传感器的灵敏度 K,总是希望线圈的匝数 N 或导线长度 l 大一些,但是要增加线圈的匝数 N 或导线的长度 l,必须注意下面几个问题:线圈电阻与负载电阻的匹配问题、线圈的发热问题和温度影响问题。

1. 线圈电阻与负载电阻匹配问题

因传感器能产生电动势,相当于一个电动势值为 e 的电源。内阻为线圈的直流电阻 R(忽略线圈电抗)。当用指示器指示,指示器电阻 R_d 即为传感器负载电阻,如图 6.8.3 所示。为使指示器从传感器获得最大功率,应使

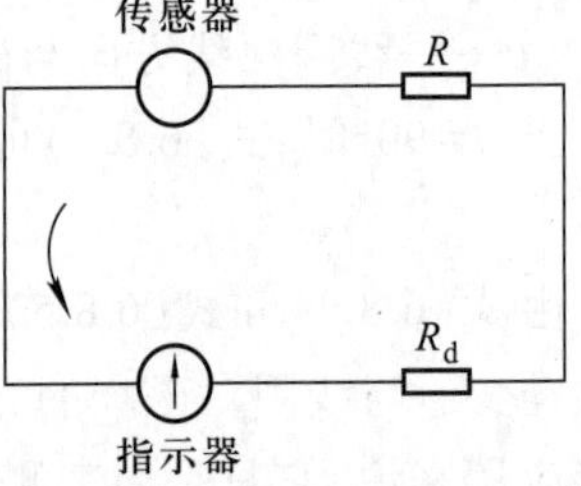

图 6.8.3 传感器与指示器匹配

$$R=R_d \tag{6.8.8}$$

$$R=\frac{\rho\pi D}{AK_g}N^2=KN^2 \tag{6.8.9}$$

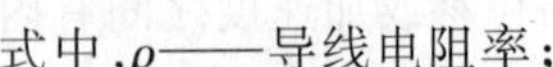

式中,ρ——导线电阻率;

D——线圈的平均直径;

A——线圈窗口总面积;

K_g——线圈的填充系数;

K——常数,$K=\rho\pi D/AK_g$。

因为 $R=R_d$,所以 $R_d=kN^2$,则得

$$N=\sqrt{\frac{R_d}{K}}=\sqrt{\frac{R_dAK_g}{\pi\rho D}} \tag{6.8.10}$$

这样,如果传感器已经设计制造好了,则 N 为一固定值,可由此去选择指示器。如果指示器已经选定,R_d 一定,则由式(6.8.10)可以设计传感器线圈的匝数。

2. 线圈的发热

根据传感器的灵敏度及传感器线圈与指示器电阻匹配要求得线圈匝数 N 之后，还应根据散热条件对线圈加以验算。使线圈的温升在允许温升的范围内。验算公式如下

$$A_0 \geqslant I^2 R A_n \tag{6.8.11}$$

式中，A_0——设计的线圈表面积；

I——流过线圈的电流；

R——线圈电阻；

A_n——每瓦功率所需的散热表面积。

3. 温度影响

在磁电感应式传感器中，温度影响是一个重要问题，必须加以考虑。磁路中的磁感应强度是温度的函数，随温度的增加而减小。电路中线圈的电流也与温度有关，传感器的输出电流可以简单写成

$$I = \frac{e}{R+R_L} \tag{6.8.12}$$

式中，R、R_L分别为线圈的内阻和负载电阻。

随着温度上升，e 因 B 的减小而减小；而 R 则随温度上升而增大，式(6.8.12)中分子、分母均随温度而变，但变化方向相反，因而影响更严重。图 6.8.4 中给出了不同磁性材料的$B=f(t)$曲线。

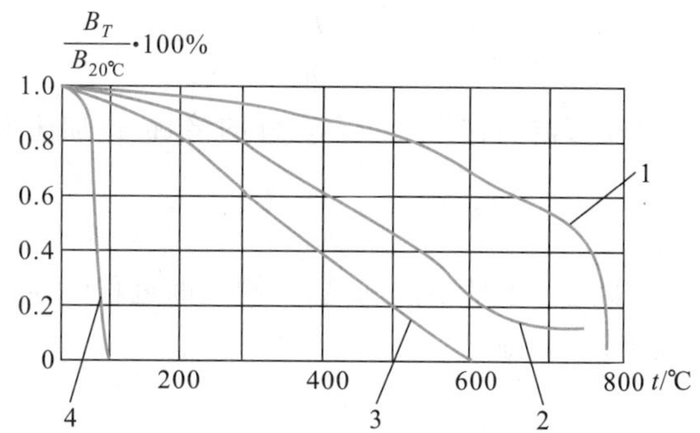

1—镍铝钴合金；2—钴钢；3—钨钢；4—热磁合金

图 6.8.4 $B=f(t)$曲线

温度误差的补偿可以采用在磁系统的两个极靴上用热磁合金加磁分路（简称热磁分路）的方法。当温度升高时，热磁合金分路的磁通急剧减少，使气隙中的磁通量相应地得到了补偿。

6.8.3 磁电式速度传感器

磁电式速度传感器分为相对速度传感器和绝对速度传感器。

1. 相对速度传感器

图 6.8.5 为国产 CD-2 型磁电式相对速度传感器的结构示意图。磁钢 5 通过壳体 3 构

成磁回路，线圈4置于磁回路的缝隙中。当被测物体的振动通过顶杆1使线圈运动时，因切割磁力线，而在线圈的两端产生感应电动势，其值可由式(6.8.3)求得。可见，线圈的输出电压与被测物体之间的相对振动速度成正比。如将传感器的外壳固定在被测振动物体上，而将活动部分的顶杆压在被测物上，这时可测出两个构件之间的相对振动速度。

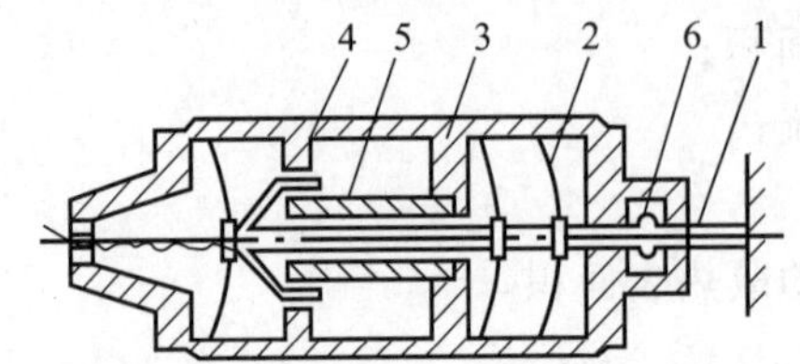

1—顶杆；2—弹簧；3—壳体；4—线圈；5—磁钢；6—限幅器

图 6.8.5 CD-2 型磁电式相对速度传感器

为了正确使用这类传感器，还应了解传感器机械系统特性。在讨论这一特性时，主要考虑传感器的顶杆在测量过程中是否能够跟随得上被测物体的运动。为此，设传感器活动部分的质量为 m，弹簧的刚度为 K。在安装传感器时，弹簧有一定的初始压缩量 Δx，则弹簧的恢复力为

$$F=K\Delta x \tag{6.8.13}$$

根据牛顿第二定律，恢复力所产生的最大加速度为

$$a'_{\max}=\frac{F}{m} \tag{6.8.14}$$

在测试中，为了保证顶杆与被测物体之间有良好的接触，该加速度必须大于被测物体的最大加速度，即

$$a'_{\max}>a_{\max} \tag{6.8.15}$$

此条件称为跟随条件，如这一条件不能满足，在测试的过程中顶杆与被测物体将会发生撞击。如被测物振动是简谐振动，则

$$a_{\max}=\omega^2 x_{\mathrm{m}} \tag{6.8.16}$$

式中，ω——简谐振动的角频率；

x_{m}——简谐振动的振幅。

将式(6.8.13)、式(6.8.14)和式(6.8.16)代入式(6.8.15)，可得

$$\Delta x=\frac{m}{K}\omega^2 x_{\mathrm{m}}=\frac{\omega^2}{\omega_{\mathrm{n}}^2}x_{\mathrm{m}}=\left(\frac{f}{f_{\mathrm{n}}}\right)^2 x_{\mathrm{m}} \tag{6.8.17}$$

式中，$\omega_{\mathrm{n}}=(K/m)^{1/2}$，为传感器活动部分的固有角频率。

由以上分析可知，只有满足式(6.8.17)时，传感器的顶杆才会良好地跟随被测物振动，而不会发生撞击。可见，当弹簧的初始压缩量 Δx 和被测振幅 x_{m} 限定后，被测振动的频率将受到限制，这在动态测量时尤其应该注意这一点。

2. 绝对速度传感器

图 6.8.6 为国产 CD-1 型磁电式绝对速度传感器的结构图。图中，磁钢1借铝架2固定

在壳体 3 内，并通过壳体形成磁回路。线圈 5 和阻尼环 6 装在芯杆 4 上，芯杆用弹簧 7 和 8 支承在壳体内，构成传感器的活动部分。当传感器的壳体与振动物体一起振动时，如振动的频率较高，由于芯杆组件的质量很大，故产生的惯性力也大，可以阻止芯杆随壳体一起运动。当振动频率高到一定程度时，可认为芯杆组件基本不动，只是壳体随被测物体振动。这时，线圈以物体的振动速度切割磁力线而在线圈两端产生感应电压。并且线圈的输出电压与线圈相对壳体的运动速度 v 成正比。当振动频率高到一定程度时，线圈与壳体的相对速度 v 就是被测振动物体的绝对速度。图 6.8.7 为 CV210 振动速度传感器。

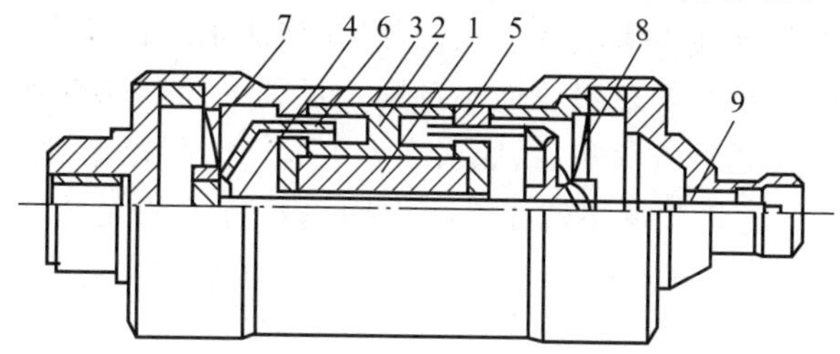

1—磁钢；2—铅架；3—壳体；4—芯杆；5—线圈；6—阻尼环；7、8—弹簧；9—输出端

图 6.8.6 CD-1 型磁电式绝对速度传感器的结构图

图 6.8.7 CV210 振动速度传感器

6.9 光电式转速计

光电式转速计工作在脉冲状态下，将转速的变化转换成光通量的变化，再通过光电转换元件将光通量的变化转换成电量的变化。然后依据电量与转速的函数关系或通过标定刻度实现转速测量。

6.9.1 工作原理

光电式转速计是利用光电效应原理制成的。即利用光电管或光电晶体管将光脉冲变成电脉冲。由光电管构成的转速计分反射型和直射型两种。

反射型光电式转速计的工作原理如图 6.9.1 所示。将被测轴 5 的圆周表面顺轴线方向按均匀间隔做成一段黑白相间的反射面和吸收面充当“光栅”,传感器对准此反射面和吸收面。光源 1 发射的光线经过透镜 2 成为平行光,照射在半透明膜片 3 上。部分光线透过膜片,部分光线被反射,经聚光镜 4 聚焦成一点,照射在被测轴黑白相间的“光栅”上。当轴转动时,白色反射面将光线反射,黑色吸收面不反射。反射光再经透镜照射在半透明膜片上,透过半透明膜片并经聚焦透镜 6 聚焦后,照射在光电管 7 的阴极上,使阳极产生光电流。由于“光栅”黑白相间,转动时将获得与转速及黑白间隔数有关的光脉冲,使光电管产生相应的电脉冲。当间隔数一定时,该电脉冲与转速成正比。电脉冲送至数字测量电路,即可计数和显示转速。

直射型光电式转速计的工作原理如图 6.9.2 所示。被测轴 1 上装有带孔的圆盘 2,圆盘的一边设置光源 3,另一边设置光电管 4,圆盘随轴转动,当光线通过小孔时,光电管产生一电脉冲。转轴连续转动,光电管就输出一列与转速及圆盘上的孔数成正比的电脉冲数。在孔数一定时,该列电脉冲数就和转速成正比。电脉冲经测量电路放大和整形后再送入频率计计数和显示。经换算或标定后,可直接读出被测转轴的转速。

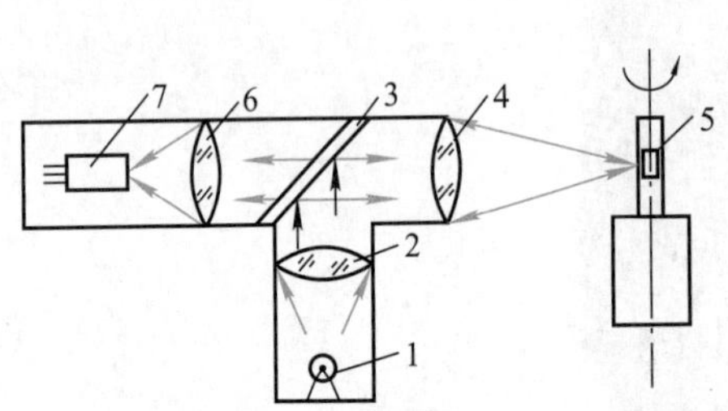

1—光源;2—透镜;3—半透明膜片;4—聚光镜;
5—被测轴;6—聚焦透镜;7—光电管

图 6.9.1 光电转速传感器原理

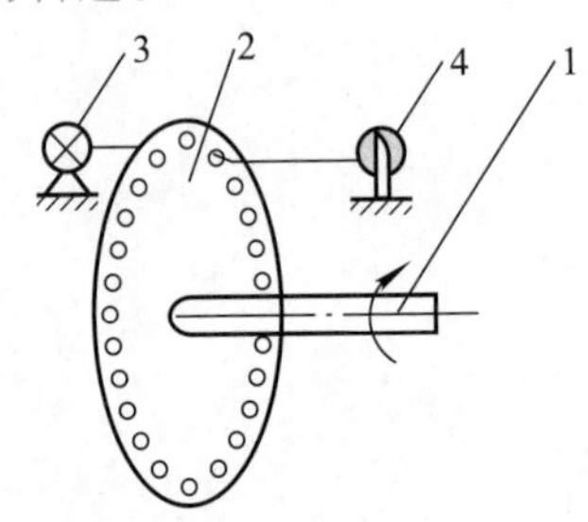

1—被测轴;2—圆盘;3—光源;4—光电管

图 6.9.2 直射型光电式转速计的工作原理

6.9.2 基本测量电路

光电式转速计一般应用光敏电阻、光敏电池和光电晶体管三类光电器件作传感元件,相应的基本测量电路如图 6.9.3 所示,其中晶体管都工作在开关状态。

光敏电阻可以通过较大电流,故在一般情况下,可直接把光敏电阻看成具有电阻突变特性的电位计,组成电位计式测量电路,而无需采用放大器,如图 6.9.3(a)所示。在要求有较大功率输出时,则可采用图 6.9.3(b)所示电路。当无光照射,光敏电阻呈现极高的电阻,晶体管饱和导通,u_0为低电位;反之,u_0为高电平。

采用光敏电池作传感元件时,即使在强光照射下,光敏电池输出电压也仅有 0.6 V。不

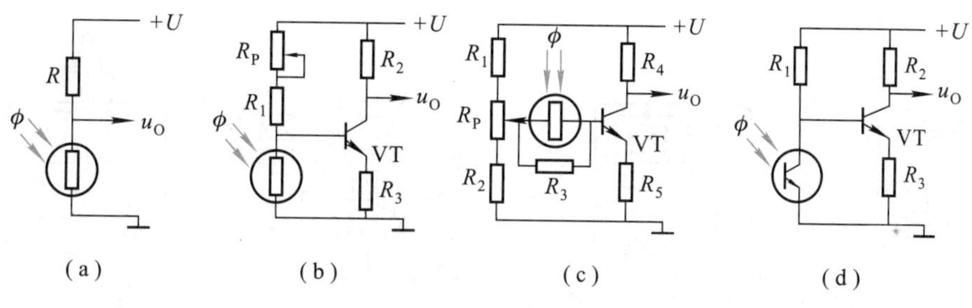

图 6.9.3 光电器件基本测量电路

足以使晶体管饱和导通,故需对光敏电池两端施加正向偏压,如图 6.9.3(c)所示。当无光照射时,光敏电池无电压输出,电压 U 经电阻分压调整到使晶体管成截止状态,u_0输出高电平。当有光照射时,光敏电池输出电压加上由电压 U 获得的分压能足以使晶体管饱和导通,此时 u_0输出为低电平。

采用光电晶体管作传感元件时,电路如图 6.9.3(d)所示,当无光照射时,光电晶体管截止,晶体管基极处于正向偏置而饱和导通,u_0输出低电平;当有光照射时,光电晶体管导通,晶体管基极处于较低电位,由原来的导通状态变为截止状态,u_0输出高电平。由上述分析可知,u_0电位的高低与光照的有无成对应关系,测量电路可以把光脉冲变为电脉冲,当光束(光脉冲)来自被测转轴时,便可根据电脉冲的多少计算出被测转轴的转速。

6.10 加速度传感器

6.10.1 压电式加速度传感器

压电式加速度传感器是利用晶体的压电效应工作的,其原理与压电式压力及力传感器相似,关于压电效应及压电式压力及力传感器已在第 3 章 3.4 节中讲述过,这里不再赘述。目前压电式加速度传感器主要有压缩式、剪切式和复合式三种。

1. 压缩式压电加速度传感器

压缩式压电加速度传感器的工作原理比较简单,它通过一个质量块将加速度产生的惯性力作用在压电元件上,使压电元件产生压缩变形,从而输出电信号。压缩式压电加速度传感器的结构如图 6.10.1 所示,图 6.10.1(a)为正装中心压缩式结构,质量块 3 和压电元件 4 通过预紧螺母 2 固定在基座上,并与外壳 1 分开,从而不受外界振动的影响。这种传感器具有灵敏度高、性能稳定、频率范围宽、工作可靠等优点,但基座的机械应变和热应变仍然有影响。为此,设计出隔离基座结构[如图 6.10.1(b)所示]和倒装中心结构[如图 6.10.1(c)所示]。图 6.10.1(d)是一种双筒双屏蔽结构,外壳和预紧筒同时起到屏蔽作用。由于预紧筒横向刚度较大,从而大大提高传感器的综合刚度和横向抗干扰能力,改善传感器特性。

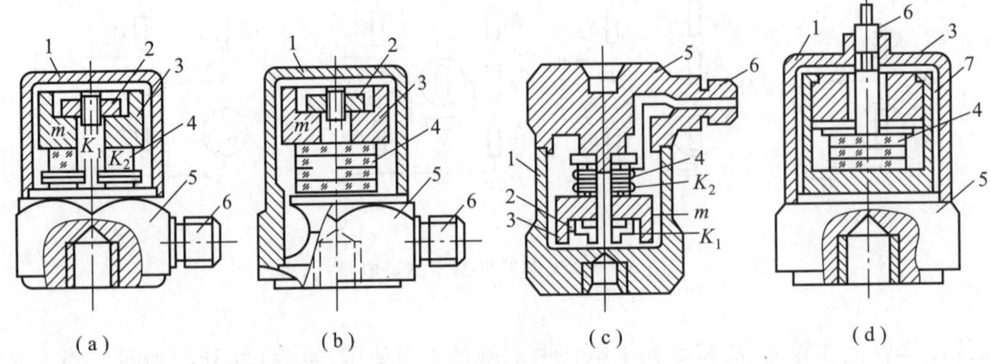

1—外壳；2—预紧螺母；3—质量块；4—压电元件；5—基座；6—引线接头；7—预紧筒

图 6.10.1　压缩式压电加速度传感器

2. 剪切式压电加速度传感器

剪切式压电加速度传感器的结构如图 6.10.2 所示，主要有中空圆柱形结构［如图6.10.2(a)所示］、扁型结构［如图 6.10.2(c)所示］、三角形结构［如图 6.10.2(d)所示］、H 形结构［如图 6.10.2(e)所示］等类型。剪切式压电加速度传感器的压电元件以采用压电陶瓷为佳，极化方式如图 6.10.2(b)所示。剪切式压电加速度传感器结构简单、轻巧、灵敏度高，且理论上不受横向应变等干扰和无热释电效应。缺点是压电元件的作用面需通过导电胶黏合而成，装配困难，且不耐高温和高载荷。

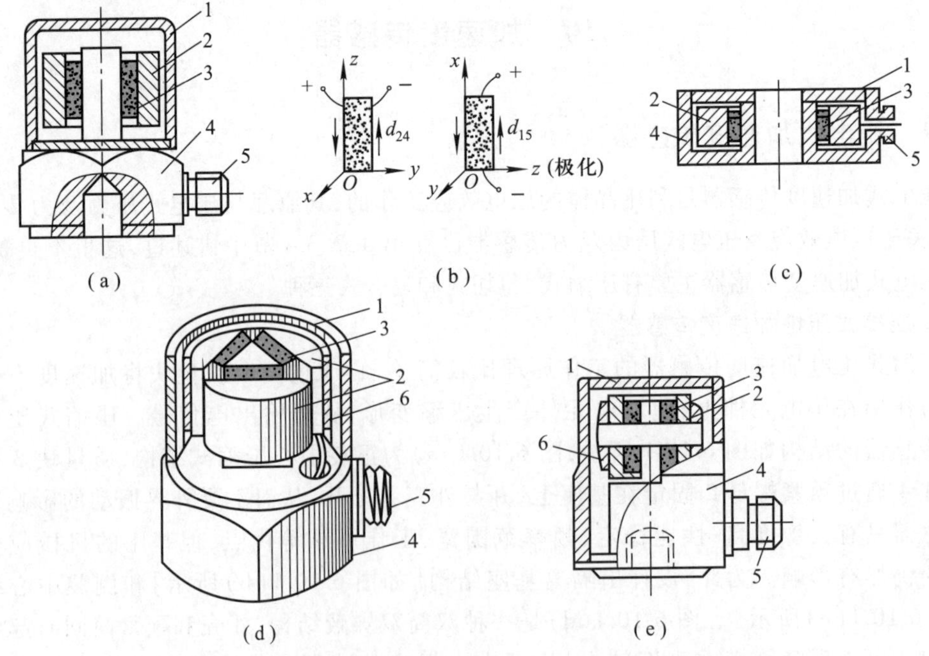

1—外壳；2—质量块；3—压电元件；4—基座；5—引线接头；6—预紧件

图 6.10.2　剪切式压电加速度传感器

图 6.10.3 所示为多晶片三向压电加速度传感器的结构，压电元件由三组具有 *xyz* 三向相互正交压电效应的压电双晶片构成，三向加速度通过质量块转换成为 *xyz* 三向力作用在三组压电元件上，分别产生三个正比于三向加速度的电量输出。

3. 复合式压电加速度传感器

复合式压电加速度传感器是泛指那些具有组合结构、差动原理、组合一体化或复合材料的压电传感器。

图 6.10.4 所示为由 PVF2 高分子压电薄膜制成的压电加速度传感器，不仅价廉、简单，而且可以制成任意形状，并可以实现软接触测量。可以用于滚筒洗衣机的不平衡检测、汽车车门关门时的冲击检测及车辆撞击的加速度检测等。

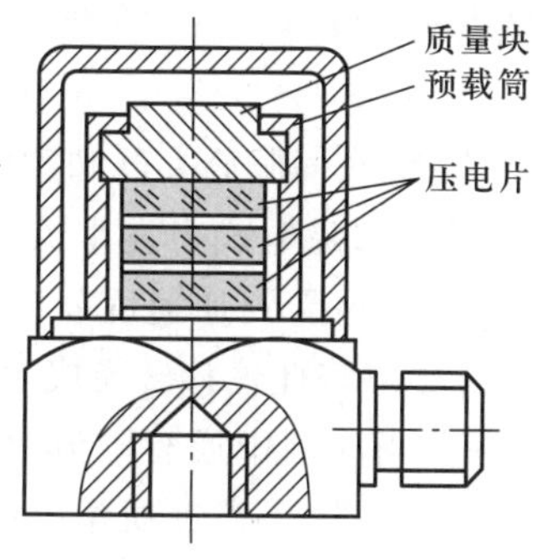

图 6.10.3 多晶片三向压电加速度传感器

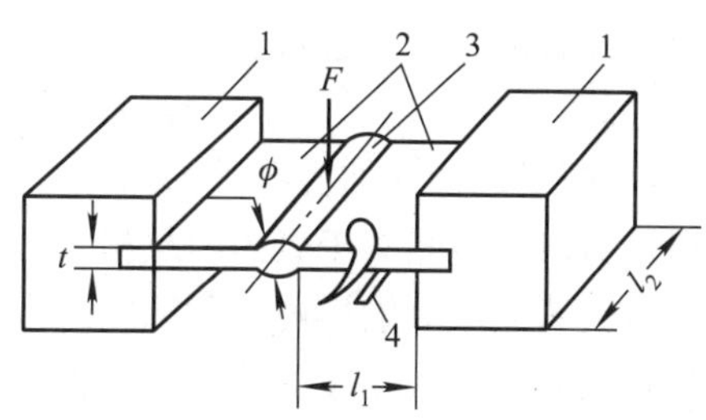

1—支架；2—压电薄膜；3—质量块；4—电极

图 6.10.4 复合式压电加速度传感器

这种压电加速度传感器由一个支架 1 夹持一片 PVF2 压电薄膜 2 构成，薄膜中央有一个质量块 3，对上下方向的加速度敏感，并转换成相应的惯性力作用于薄膜上，由此产生电荷，由电极 4 输出。

6.10.2 电阻应变式加速度传感器

电阻应变式加速度传感器与电阻应变式测力传感器、电阻应变式压力传感器的原理相似，是利用各种导电材料的电阻应变效应来工作的。主要由惯性质量块、弹性元件和电阻应变片等组成。

图 6.10.5 所示为电阻应变式加速度传感器的结构，采用悬臂等刚度梁作为弹性元件，在梁的悬臂端固定一个质量块，在梁的上、下面粘贴工作应变片和补偿片，接成全桥电路用以提高测量灵敏度和温度特性。在壳体中充满阻尼油，使阻尼比达到 0.6～0.7 的最佳值。在垂直与测量轴方向粘贴应变片，不仅可以补偿温度误差，而且可以利用泊松比效应提高测量灵敏度，这种传感器的固有频率可达数千赫。

6.10.3 力平衡式加速度传感器

力平衡式传感器属于闭环传感器，它具有精度高、稳定性好、灵敏度高、线性好和动态特性优良等特点。

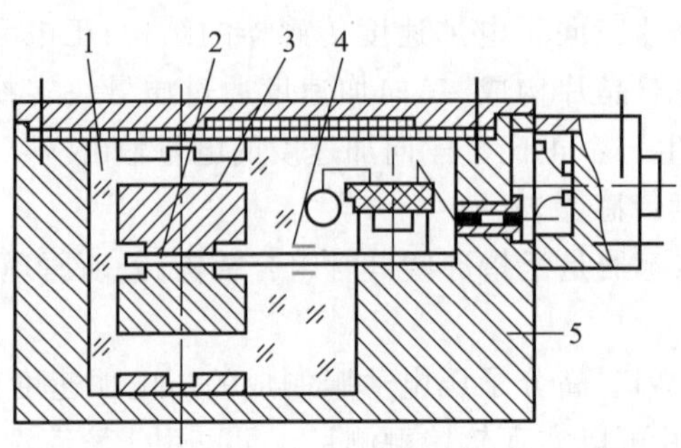

1—阻尼油;2—悬臂梁;3—惯性质量;4—应变片;5—壳体

图 6.10.5　电阻应变式加速度传感器结构

力平衡式加速度传感器主要有惯性敏感系统、位移传感器、伺服放大器和磁电式力发生器组成,如图 6.10.6 所示。工作时,将传感器固定在被测体上,磁电式力发生器的永磁系统和壳体固连,而动圈与惯性质量 m 相连。当传感器随被测体感受到加速度 a 时,惯性质量 m 因惯性力而产生相对于壳体的位移,高灵敏度的位移传感器将此位移转换成电信号,并经过伺服放大器放大后输出电流至磁电式力发生器的动圈。当动圈中通有电流时,将产生电磁力作用在磁电式力发生器的移动部件上,并与被测加速度作用于惯性质量上的惯性力相平衡,使惯性质量回到零位。此时动圈的电流为

$$I_0=\frac{ma}{Bl} \tag{6.10.1}$$

式中,B——磁感应强度;

l——动圈绕组导线长度;

m——惯性质量;

a——被测加速度。

由此可见,动圈的电流与被测加速度成正比。

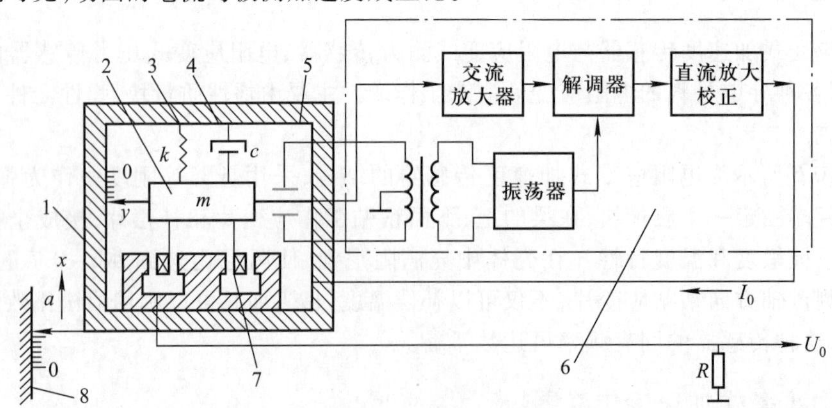

1—外壳;2—惯性质量;3—弹性支承;4—阻尼器;5—位移传感器;6—伺服放大器;7—磁电式力发生器;8—惯性基准

图 6.10.6　力平衡式加速度传感器结构原理

思考题与习题六

1. 简述线位移、角位移的检测方法及测量原理。

2. 用电容式传感器能否检测线位移或角位移？能否检测 μm 级或 mm 级或更大范围的位移？若能，需采用什么样的结构形式？

3. 光栅传感器的基本原理是什么？莫尔条纹是如何形成的？有何特点？

4. 检测几毫米至几十毫米的较大位移，可选用什么传感器？简述其工作原理。

5. 为什么采用循环码码盘可以消除二进制码盘的那种粗误差？

6. 分析光栅传感器具有较高测量精度的原因。

7. 磁电感应式速度传感器测速度的方法及工作原理。

8. 压电式加速度传感器有哪几种主要形式，简述主要特点。

9. 试用光电传感器，利用光线的反射，设计一个转速测量传感器，并画出测量原理框图。

10. 试设计一个光电传感器，测量直线运动物体的速度，画出结构原理图，并说明工作原理。

第7章　成分与含量检测

混合气体或液体中每种物质的含量,即气体或液体中的各个组分被称为成分。成分检测的目的是要确定某一或全部组分在混合气体(液体)中所占的百分含量,随着国民经济的快速发展,及时、准确地对易燃、易爆、有毒、有害气体及空气湿度进行监测、预报和自动控制已成为煤炭、石油、化工、电力等部门亟待解决的重要课题。

本章在介绍气敏传感器、湿敏传感器、生物传感器等原理的基础上重点讲授工业上常用的气体成分、湿度、含水量、液体浓度的检测原理及方法。

7.1　气敏传感器

气敏传感器是一种把气体中的特定成分检测出来,并将其转换为可检测信号(如电阻、电流、电动势、电容、共振频率等)的器件,如电阻式半导体气体传感器、电容式陶瓷气体传感器、极限电流式电化学气体传感器等。它是利用被测气体的物理、化学性质来检测气体的,大致可分为物理型和化学型两种。物理型的传感器是通过电流、电导率、光的折射率等物理量的变化来实现检测;而化学型传感器则是通过电化学反应引起物理量的变化来进行检测。气体传感器主要用于对危害健康、引起窒息、中毒或引起爆炸的气体进行检测,使工业生产顺利进行、人身安全得到保证。因此,该类传感器在环境保护和安全监督等方面都起到了重要作用。下面对半导体气敏传感器、红外吸收式气敏传感器、热导式气体分析仪等的结构、原理及应用进行简要介绍。

7.1.1　半导体气敏传感器

半导体气敏传感器,是利用半导体气敏元件同气体接触,造成半导体性质发生变化,借此检测特定气体的成分及其浓度。半导体气敏传感器的分类如表7.1.1所示,大体上分为电阻式和非电阻式两种。电阻式半导体气体传感器是用氧化锌、氧化锡等金属氧化物材料制作的敏感元件,利用其阻值的变化来检测气体的浓度。现以最常用的烧结型氧化锡(SnO_2)为例进行讲述。

1. 基本结构

烧结型SnO_2气敏元件是以多孔质陶瓷SnO_2为基材(粒度在1 μm以下),添加不同物质,采用传统的制陶方法,进行烧结。烧结时埋入测量电极和加热丝,制成管芯,最后将电极和加热丝焊在管座上,并罩覆于二层不锈钢网中而制成元件。这种元件主要用于检测还原性气体、可燃性气体和蒸汽。在元件工作时,需加热到300℃左右,按其加热方式可分为直热式和旁热式。下面仅介绍直热式。直热式元件又称内热式，其结构如图 7.1.1 所示，元件管芯由三部分组成：SnO_2基体材料、加热丝、测量丝，它们都埋在 SnO_2基材内，工作时加热丝通电加热，测量丝用于测量元件的阻值。

该元件具有制作工艺简单、成本低、功耗小等优点，可在高回路电压下使用，可制成价格低廉的可燃气体泄漏报警器。但是存在着热容量小、易受环境气流影响等弱点。

表 7.1.1 半导体气体传感器的分类

	主要的物理特性	传感器举例	工作温度	代表性被测气体
电阻式	表面控制型	氧化锡、 氧化锌	室温~450℃	可燃性气体
	体控制型	氧化钴、氧化镁	700℃以上	酒精、可燃性气体、氧气
非电阻式	表面电位	氧化银	室温	乙醇
	二极管整流特性	铂/硫化镉	室温~200℃	氢气、一氧化碳、酒精
	晶体管特性	铂栅 MOS 场效应晶体管	150℃	氢气、硫化氢

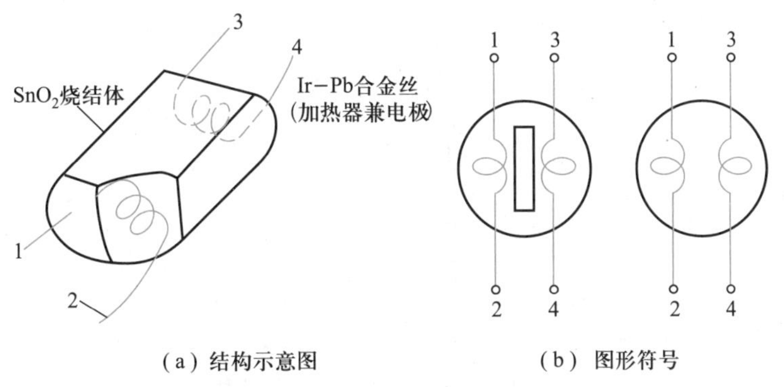

(a) 结构示意图 (b) 图形符号

图 7.1.1 直热式气敏元件结构示意图及图形符号

2. 工作原理

烧结型 SnO_2气敏元件是表面电阻控制型气敏元件。制作元件的气敏材料是多孔质 SnO_2烧结体。在晶体组成上，锡往往偏离化学计量比，在晶体中，如果氧不足，将出现两种情况：一是产生氧空位；另一种是产生锡间隙原子。但无论哪种情况，在禁带靠近导带的地方形成施主能级，这些施主能级上的电子，很容易激发到导带而参与导电。

烧结型 SnO_2气敏元件的气敏组成部分，就是这种 N 型 SnO_2材料晶粒形成的多孔质烧结体，其结构模型如图 7.1.2 所示。这种结构的半导体，其晶粒接触面存在电子势垒，其接触部电阻对原件电阻起支配作用，显然，这一电阻主要取决于势垒高度和接触部形状，亦即主要受表面状态和晶粒直径大小等的影响。氧吸附半导体表面时，吸附的氧分子从半导体表面获得电子，形成受主型表面能级，从而使表面带负电，由于氧吸附力很强，因此，SnO_2气敏元件在空气中放置时，其表面上总是会有吸附氧的，其吸附状态均是负电荷吸附状态，这对 N 型半导体来说,形成电子势垒,使气敏元件阻值升高。

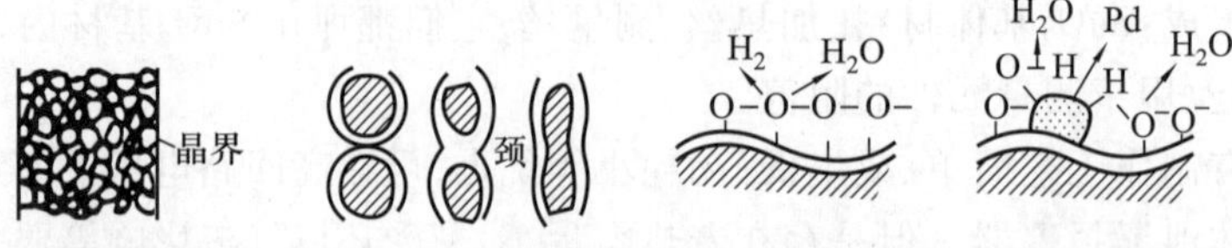

图 7.1.2 SnO_2 烧结体对气体的敏感机理

3. 气敏传感器的应用

半导体气敏元件,由于具有灵敏度高、响应时间及使用寿命长、恢复时间短、成本低等特点,所以半导体气敏传感器在实际中应用广泛。下面简单地介绍其两个应用实例。

(1) 气体报警器

该类仪器是对泄露气体达到危险限值时自动进行报警的仪器。图 7.1.3 所示为一种简单的家用报警器电路,气敏元件采用测试回路高电压的直热式气敏元件 TGS109,当室内气体增加时,由于气敏元件接触到可燃性气体而使阻值降低,这样流回回路的电流就增加,便直接驱动蜂鸣器进行报警。

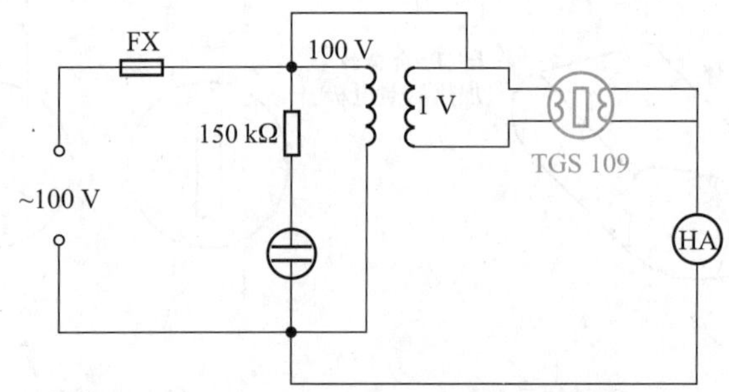

图 7.1.3 家用气体报警器电路图

设计报警器时,应十分注意选择开始报警浓度,既不要选得过高,也不要选得过低。选高了,灵敏度低,容易造成漏报,达不到报警的目的;选低了,灵敏度过高,容易造成误报。一般情况下,对于甲烷、丙烷、丁烷等气体,都选择在爆炸下限的十分之一,家庭用报警器,考虑到温度、湿度和电源电压的影响,开始报警浓度应有一定的范围,出厂前按标准条件调整好,以确保环境条件变化时,不至于发生误报或漏报。

使用气体报警器可根据使用气体的种类不同,分别安放在易检测气体泄漏的地方,如丙烷、丁烷气体报警器,安放于气体源附近地板上方 20 cm 以内;甲烷和一氧化碳报警器,安放于气体源上方靠近天棚处。这样,就可以随时检测气体是否漏气,一旦泄漏的气体达到一定危险程度,便自动产生报警信号进行报警。

(2) 气体检漏仪

气体检漏仪是利用气敏元件的气敏特性,将其作为电路中的气-电转换元件配以相应的电路、指示仪表或声光显示部分而组成的气体检测仪器。该类仪器具有灵敏度高、体积小、使用方便等特点。图 7.1.4 是采用 QM-N5 型气敏元件组成的简易袖珍式气体检漏仪原理图，其电路仅用了一块四与非门集成电路，可用镉镍电池供电，用压电蜂鸣器和发光二极管进行声光报警。气敏元件安装在探测杆端部进行探测时，它可从机内拉出。

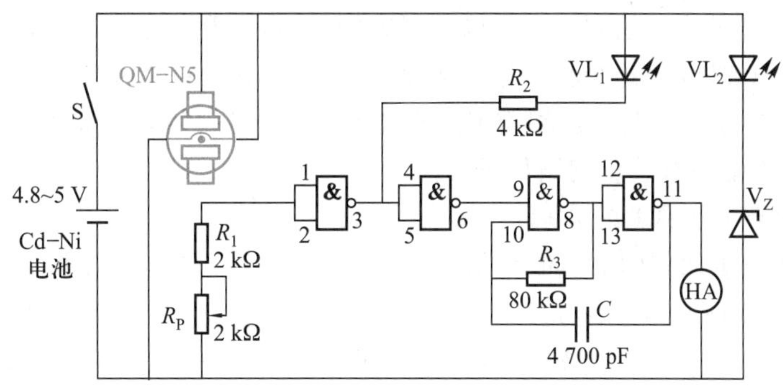

图 7.1.4　采用 QM-N5 型气敏元件组成的简易袖珍式气体检漏仪原理图

对检漏现场有防爆要求时，必须用防爆气体检漏仪进行检漏，与普通检漏仪相比，这种检漏仪仪器壳体结构及有关部件要根据探测气体和防爆等级要求进行设计，采用 QM-N5 型气敏元件作气-电转换元件，用电子吸气泵进行气体采样，用指针式仪表指示气体浓度，由蜂鸣器进行报警。

7.1.2　薄膜气敏传感器

薄膜气敏传感器有单膜和多膜之分。单薄膜气敏传感器为单层金属氧化物膜，如氧化锡(SnO_2)、氧化锌、氧化钛、氧化镓等，其中，SnO_2是很好的气敏材料之一，作为敏感材料，SnO_2是开发最早、应用很广的气敏金属氧化物。

薄膜型气敏传感器具有响应速度快、灵敏度高、低功耗、选择性强、互换性好的特点，而且可以利用成熟的硅平面工艺技术来制备敏感膜，有利于器件的小型化、集成化以及性能的稳定，因此，在检测环境污染、易燃易爆和有毒气体等方面有着广泛的应用。

1. SnO_2 敏感膜

SnO_2是一种白色粉末状的金属氧化物，熔点为 1 127℃，其晶体结构具有正方晶体对称性，晶胞为体心正交平行六面体，体心和顶角由锡离子占据。SnO_2材料周围的气体与薄膜材料表面或体内互相作用，引起材料的电阻发生显著变化。SnO_2敏感材料是 N 型半导体材料，多数载流子为导带电子，其表面含有本征缺陷，如分离的金属电子。由于活性点的吸附反应和催化反应，置于空气中的 SnO_2敏感材料将空气中的氧分子吸附在半导体表面，并释放材料表面的电子，形成受主型表面能级，使 SnO_2材料表面带负电荷，材料电阻增大。

当材料与氧化性气体接触时，氧化性气体将进一步地从材料表面吸附电子，材料电阻增加。当材料与还原性气体接触时，还原性气体与氧发生反应，向材料表面提供电子，使表面载流子浓度增大，材料电阻减少。

敏感薄膜的膜厚一般为 50 ~ 100 nm，以绝缘材料作为基片，基片的上部采用溅射或

CVD的工艺涂上敏感材料，基片的底部印上厚膜加热器，为了防止加热层短路，需要在加热膜上镀一层SiO_2绝缘层。气敏传感器的敏感膜的制作工艺有多种，如粉末烧结法、等离子化学气相沉积法等，制作工艺的不同，膜层的特性也有差异。多层膜气敏传感器主要是金属氧化物的膜系，常见的有两层和三层结构，包括基片、过渡层、气敏层、引线电极等。一般利用高频溅射技术，以玻璃等绝缘材料作为基片，在基片上分别镀制过渡层和敏感层。

薄膜气敏元件的气敏特性与薄膜的厚度、掺杂、工作温度、膜系、加工工艺等有关，薄膜气敏元件的气敏性能将直接影响制作或使用。

2. 气敏性能与工作温度的关系

薄膜型SnO_2气敏元件的电阻值与元件的工作温度是有关的，无论是在空气中还是在被测量的气体中，薄膜型SnO_2气敏元件的温度低于某一特定值T_m时，薄膜的电阻值随温度的升高而降低；当温度等于T_m时，薄膜的电阻值最低；而当温度大于T_m时，薄膜的电阻值又随温度的上升而增加。在低浓度（如$20\times10^{-4}\%$）的氮气中，电阻同加热功率的关系曲线和空气中的情况相似，只是曲线较为平坦。薄膜型SnO_2气敏传感器在不同的氢气含量下，薄膜的阻值与薄膜的温度关系曲线如图7.1.5所示。

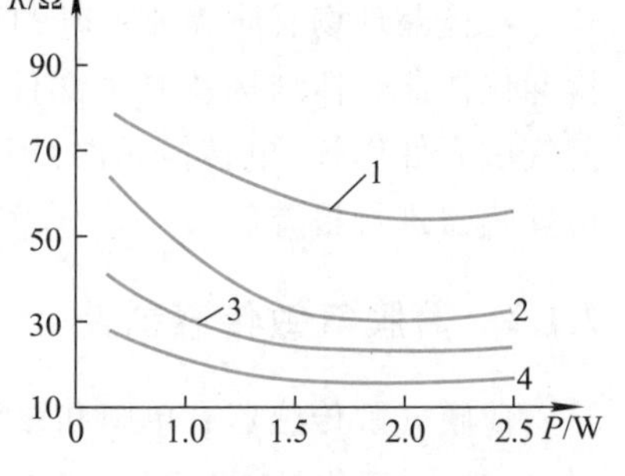

图7.1.5　温度对薄膜电阻的影响

图7.1.5中，横坐标为气敏元件加热层的功率。显然，加热层的功率越大，气敏薄膜的温度越高。图中给出了4种不同氢气含量下，薄膜的阻值随温度的变化关系，图中曲线1、2、3、4的氢气浓度逐渐增大。当氢气含量较高时（超过5 000$\times10^{-4}\%$），如果将薄膜温度也加热得较高，薄膜电阻几乎不再随温度而变化。

3. 气敏性能与掺杂的关系

为了改善SnO_2的性能，提高SnO_2灵敏度，可以使用各种添加剂，特别是稀土添加剂。稀土氧化物掺杂在SnO_2气敏元件中起到催化作用，当气体与固体催化剂接触时，气体可以在催化剂表面发生吸附现象，且化学吸附比物理吸附更重要。因反应物在催化剂表面上化学吸附成为活化吸附态，从而降低反应活化能，提高反应速度，控制反应方向。

由于稀土氧化物具有特殊的电子结构，其化学活性较高，氧化反应特别活泼，能吸附大量的氧，有较快的反应速度，所以，它是活性较高的催化物质。当将稀土氧化物加入SnO_2以后，通过接触而吸引电子，降低SnO_2的电导；同时，由于稀土氧化物是活性较高的催化剂，所以，它的参加也降低此气敏材料的活化能，加快β氧的吸附、脱附速度，从而提高敏感元件的动态响应，也提高敏感元件的灵敏度。不同的稀土氧化物具有不同的外层电子结构，所以它们的催化活性和化学吸附选择性也不同。用不同种类的稀土氧化物掺杂，气敏元件对某种还原性气体的吸附量和反应速度就不同，从而导致它们对不同的还原性气体具有不同的灵敏度和选择性。例如，稀土氧化物Eu_2O_3主要影响SnO_2薄膜的气敏选择性和响应特性，不仅可提高元件的灵敏度或改善元件的选择性，而且SnO_2薄膜的响应特性随着稀土含量的增加而增强。

4. 气敏性能与薄膜厚度的关系

SnO_2薄膜气敏元件的响应特性与薄膜的厚度有关，对于致密薄膜，在膜层厚度较薄的前提下，SnO_2薄膜气敏元件的响应随薄膜厚度的减少而呈现上升的趋势；而对于膜层较厚的薄膜，薄膜的电阻主要由膜缺陷形成的颈部决定，因而与厚度无关。SnO_2薄膜的气敏特性和其厚度有关的原因与膜层材料的耗尽区宽度有一定的联系。薄层厚度小于材料的耗尽区宽度、等于耗尽区宽度或大于耗尽区宽度所呈现的特性分别可以用宏观的或微观的理论加以解释。

7.1.3 红外线吸收式气敏传感器

红外线吸收式气敏传感器是应用气体对红外线的吸收原理而制成的，具有精度高、选择性好、气敏浓度范围宽等特点。因此，在工业生产中得到广泛的应用，可用于测量炉气或烟气中 SO_2、CO_2、CO 等大气的含量。但加上防护罩的传感器往往体积变大，构造复杂，价格高而且使用和保养难度一般较大。

1. 红外线及其特征

红外线是一种电磁波，它的波长介于可见光和无线电波之间，红外线在可见光红光的外面而得名。分为近红外线、中红外线、远红外线和极远红外线，红外线气体分析仪主要是利用 1~25 μm 之间的一段光波。红外线具有以下两个特征：

① 由于各种物质的分子本身都有一个特定的振动频率，只有在红外光谱的频率与分子本身的频率一致时，这种分子才能吸收红外光谱辐射能。所以，各种气体或液体并不是对红外光谱范围内所有波长的辐射能都具有吸收能力，而是有选择性的，即不同的分子混合物只能吸收某一波长范围或几个波长范围内的红外辐射能。图 7.1.6 给出了几种气体在不同波长时对红外线的吸收情况。

② 当红外线作用于物质时，红外线的辐射能被物质吸收，并转换成其他形式的能量。气体在吸收红外辐射能后，使气体的温度升高，利用这种转换关系，就可以确定物质吸收红外线辐射能的多少，从而确定物质的含量。

2. 光的吸收定律

光的吸收定律又称为朗伯-贝尔定律，即红外线通过物质前后的能量变化随着待测组分浓度的增加而以指数下降，其表达式为

$$I = I_0 e^{-KCl} \tag{7.1.1}$$

式中，I_0——红外线通过待测组分前的光强度；

I——红外线通过待测组分后的光强度；

K——待测组分的吸收系数；

C——待测组分的浓度；

l——红外线通过待测组分的长度。

总之，气体对不同波长的红外线具有选择吸收的能力，其吸收的强度取决于待测气体的浓度。

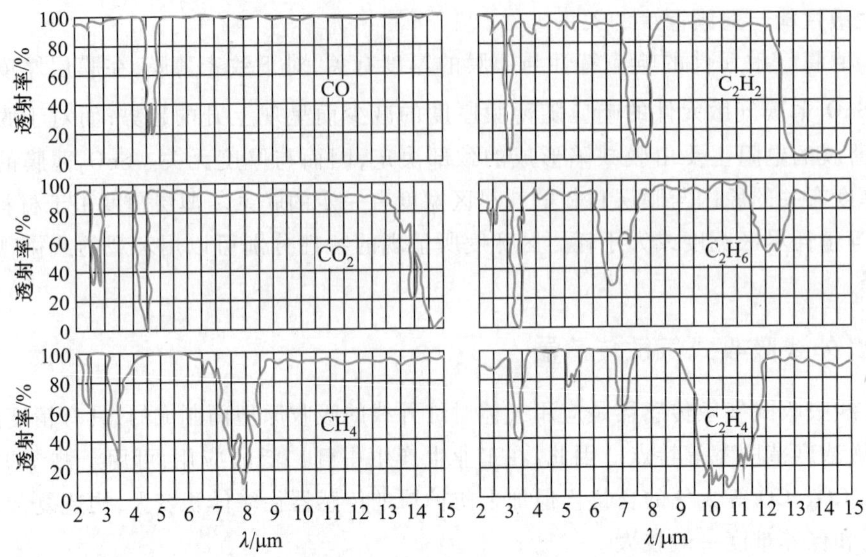

图 7.1.6 几种气体在不同波长时对红外线的吸收情况

3. 红外线吸收式气敏传感器

红外线吸收式气敏传感器的典型构造形式如图 7.1.7 所示。近年来,由于红外光敏元件和红外光干涉滤波片性能有极大提高,价格也日趋便宜,因此,图 7.1.8 所示的形式逐渐取代了图 7.1.7 所示的形式。

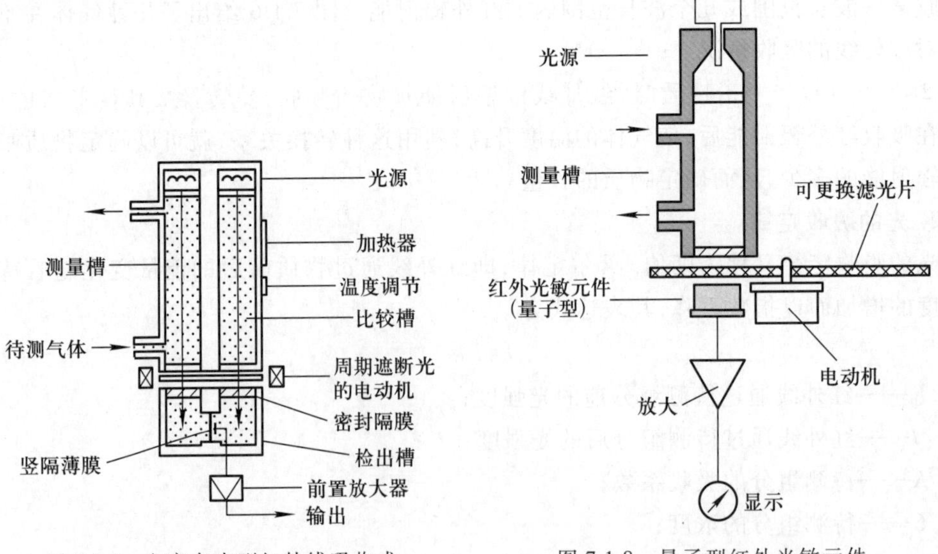

图 7.1.7 电容麦克型红外线吸收式气敏传感器结构

图 7.1.8 量子型红外光敏元件气敏传感器的构成

图 7.1.7 所示的形式是电容麦克型，它包括两个构造形式完全相同的光学系统：其中一个红外光入射到比较槽，槽内密封着某种气体；另一个红外光入射到测量槽，槽内通入被测气体。两个光学系统的光源同时或交替地以固定周期开闭。当测量槽的红外光照射到某种被测气体时，不同种类的气体，对不同波长的红外光具有不同的吸收特性，同时，同种气体而不同浓度时，对红外光的吸收量也彼此相异。因此，通过测量槽红外光光强变化就可知道被测气体的种类和浓度。由于采用两个光学系统，所以，检出槽内的光量差值将随着被测气体种类不同而不同，同时，这个差值对于同种被测气体而言，也会随气体的浓度增高而增加。由于两个光学系统以一定周期开闭，因此，光量差值以振幅形式输入到检测器。

检测器是密封存有一定气体的容器。两种光量振幅的周期性变化，被检测器内的气体吸收后，可以变为温度的周期性变化，而温度的周期性变化最终体现为竖隔薄膜两侧的压力变化而以电容量的改变量输出至放大器。

将图 7.1.7 和图 7.1.8 所示的两种形式进行比较，可以发现：图 7.1.8 的量子型红外光敏元件取代了图 7.1.7 所示的检测器，因此，可直接把光量变为电信号；同时，光学系统与气体槽也都合二为一，简化了传感器构造。

为增加量子型红外光敏元件灵敏度和适合其红外光谱响应特性，采用图 7.1.8 所示的更换干涉型红外滤波片的方法，比较简单易行，而且也可以通过改换滤光片来增加被测气体种类和扩大测量气体的浓度范围。

4. 热导式气体分析传感器

热导式气体分析传感器是通过检测混合气体导热系数变化得知待测组分含量的，被测气体组分含量变化时，将引起导热系数的变化，从而间接得知待测组分的含量。表征物质导热能力大小的物理量是导热系数 λ，λ 越大，说明该物质导热系数越大，更容易导热。不同的物质，其导热系数是不一样的，常见气体的导热系数 λ 如表 7.1.2 所示。

表 7.1.2　常见气体的导热系数 λ（0℃时）

气体名称	空气	N_2	O_2	CO	CO_2	H_2	SO_2	NH_3	CH_4	Cl_2
$\lambda\times10^{-2}$ W/(m·K)	2.440	2.432	2.466	2.357	1.465	17.417	1.004	2.177	3.019	0.788
相对导热系数	1.00	0.996	1.013	0.96	0.605	7.15	0.35	0.89	1.25	0.323

设待测组分的浓度为 C_1，相应的导热系数为 λ_1，混合气体中其他组分的导热系数近似相等，即 $\lambda_2=\lambda_3=\cdots=\lambda_n$，则可得待测组分浓度 C_1 与混合气体的导热系数之间的关系

$$C_1=\frac{\lambda-\lambda_2}{\lambda_1-\lambda_2} \tag{7.1.2}$$

式(7.1.2)表明，当待测组分浓度 C_1 变化时，将引起导热系数 λ 的变化，如果测得 λ，即可求得待测组分的浓度。为了确定多组分某一气体组分的含量，必须满足以下两个条件：

① 混合气体中除待测组分外，其余各组分的导热系数应相同或十分接近。

② 待测组分的导热系数与其余组分的导热系数要有显著的差别，差别越大，灵敏度越

高,即由于待测组分浓度变化引起混合气体的 λ 的变化就越大。

以检测分析烟气中 CO_2 含量为例。设烟气中含有 N_2、CO、CO_2、O_2、SO_2 和 H_2 等,在检测分析之前先对烟气进行预处理,除去 SO_2 和 H_2,余下成分中 N_2、CO、O_2 的导热系数很接近,这样就满足了 CO_2 的检测分析条件。混合气体的成分检测与分析,常用热导式气体分析仪。

热导式气体分析仪由热导室、测量电桥和显示仪组成。热导室又称发送器或传感器,它是大电流工作方式。如图 7.1.9 所示,室内悬吊一根电阻丝(长度为 l)作为热敏元件,当通过恒定电流 I 时,电阻丝发热并向四周散热,热量主要通过室内混合气体传向室壁,室壁温度 t_0 基本稳定,电阻丝达到热平衡状态时的温度为 t_n,对应电阻丝阻值为 R_n。混合气体的导热系数 λ 越大,说明散热条件越好,t_n 也越低,则电阻值 R_n 越小。这样,可通过电阻值的变化来实现对导热系数变化(即气体组分变化)的检测与分析。

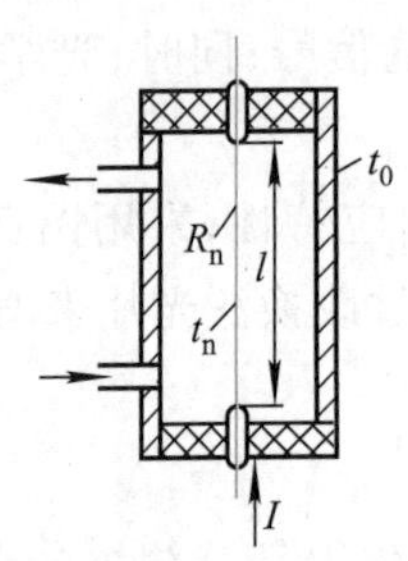

图 7.1.9　热导室原理

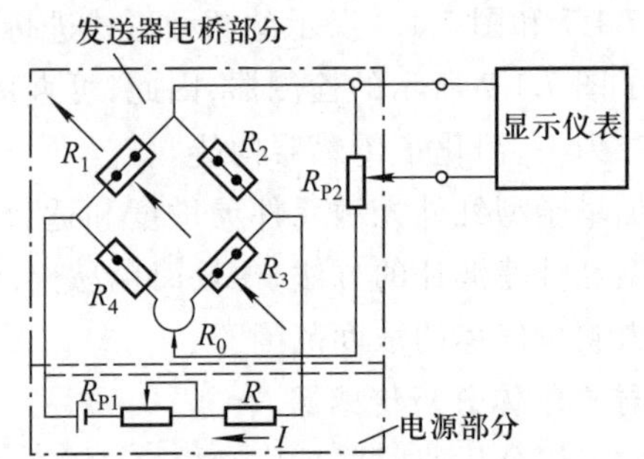

图 7.1.10　热导式气体分析传感器的测量电桥

热导式气体分析仪的测量电桥如图 7.1.10 所示,铂丝电阻 $R_1 \sim R_4$ 组成不平衡电桥,R_1、R_3 为工作臂,置于待测气体流过的热导室内,R_2、R_4 为参比臂,置于流过参比气体的参比室内,整个电桥置于保持温度基本稳定的环境中,当待测气体以一定速度通过测量室时,通过电桥和显示仪指示或记录待测组分的百分含量。

5. 热磁式气体分析传感器

热磁式气体分析传感器是利用被测气体混合物待测组分比其他气体有高得多的磁化率,以及磁化率随温度的升高而降低等热磁效应来检测待测气体组分含量的原理制成的仪表。它主要用来检测混合气体的氧含量,测量范围为 0%~100%,具有反应快、稳定性好等特点。对于气体中氧含量的检测与分析,工业上常用的方法有:热磁式氧气分析传感器和氧化锆式氧量分析传感器。

(1) 热磁式氧气分析传感器

热磁式氧气分析传感器主要是利用氧的磁特性工作的,如氧气比其他组分的磁化率大得多,并且,其他组分的磁化率近似相等;随着温度的升高,气体的磁化率将迅速下降。

热磁式氧气分析传感器的原理如图 7.1.11 所示。变送器是该仪器的检测部件,也是关键部件,它是将混合气体中氧含量的变化转换成热磁对流的变化,从而转换成电阻的变化。变送器的结构是一个中间有通道的环形内室,被测气体从下部进入,到环形气室后沿两侧往前走，最后由上部出口排除。当中间通道不加磁场时，两侧的电流是对称的，中间通道无气体流动。在中间通道外面，均匀地绕以铂丝，它既是加热元件，又是检测温度变化的温度敏感元件，电阻丝的中间有一个抽头，把电阻丝分成两个阻值相等的电阻 R_1、R_2，R_1、R_2与另两个固定电阻 R_3、R_4一起构成测量电桥。

当测量电桥接上稳压电源时，R_1、R_2因发热使中间温度升高，若此时中间通道无气流通过，则中间通道上各处温度相等，$R_1=R_2$，测量电桥输出为零。在中间通道的左端装有一对磁极，当温度为 T_0在环形气室中流动的气体流经该强磁场时，若气体中含有氧气等顺磁性介质，则这些气体受磁场吸引而进入中间通道，同时被加热到温度 T，被加热的气体由于磁化率的减少受磁场的吸引力变弱，而在磁场左边尚未加热的气体继续受较强的磁场吸引力而进入通道，结果将原来已经进入通道受磁场引力变弱的气体推出，如此不断进行，在中间通道中自左向右形成一连续的气流，这种现象称为热磁对流现象，该气流称为磁风。若控制气样的流量、温度、压力和磁场强度等不变，则磁风的大小仅随气样中氧含量的变化而变化。热磁对流的结果，将带走电阻丝 R_1和 R_2上的部分热量，但由于冷气体先经 R_1处，故 R_1上被气体带走的热量要比 R_2上带走的热量要多，于是 R_1处的温度低于 R_2处的温度。电桥输出不平衡电压，输出电压的大小取决于 R_1和 R_2之间的差值，即磁风的大小，从而反映了被测气体中氧含量的大小。

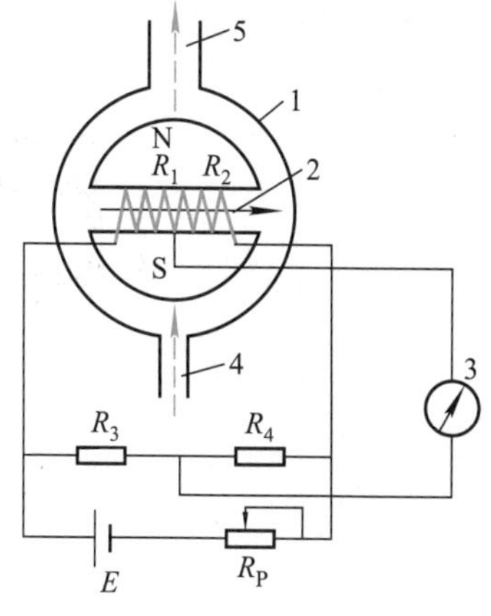

1—环形管；2—中间通道；3—显示仪表；4—被测气体入口；5—被测气体出口

图 7.1.11 热磁式氧气分析传感器

（2）氧化锆式氧量分析传感器

氧化锆式氧量分析传感器是由氧化锆固体电解质管、铂电极和引线构成，如图 7.1.12 所示。氧化锆管制成一头封闭的圆管，圆管管径一般为 10 mm 左右、壁厚 1 mm 左右、长度 150 mm 左右。内外电极一般都用多孔铂，它是用涂敷和烧结的方法制成，厚度几微米到几十微米。电极引线采用零点几毫米的铂丝。圆管内部一般通入有确定浓度的参比气体，管的外侧通入被测气体。氧化锆传感器的空心管是由 ZrO_2和 CaO 按一定比例混合在高温下烧结的陶瓷，在 600~1200℃高温下，经高温焙烧的氧化锆材料对氧离子有良好的传导性，当氧化锆管外侧流过待测气体时，由于内外两侧氧浓度不相等，浓度大的一侧的氧分子在该侧表面电极上结合两个电子形成氧离子，然后通过氧化锆材料晶格中的氧离子空穴向浓度低的一侧泳动，当到达低浓度一侧时在该侧电极上释放两个电子形成氧分子放出。于是在电极上造成电荷积累，这时两电极之间产生电动势 E，此电动势产生的电场阻碍离子迁移进一步进行，直至达到平衡状态。E 是浓度差电势，它的大小与两侧氧浓度有关。

$$E=\frac{RT}{nF}\ln\frac{p_2}{p_1} \tag{7.1.3}$$

式中，R——氧的气体常数，为 8.314 J/(mol·K)；

F——法拉第常数，为 96.487×10³ C/mol；

T——被测气体的绝对温度,单位 K;

n——参加反应的电子数,$n=4$;

p_1——被测气体的氧分压,即氧含量%;

p_2——参比气体(空气)的氧分压,20.6%。

被测气体的温度由温度控制器控制为一定值时,由测得的电动势 E 可确定 p_1,从而测定出氧的含量。

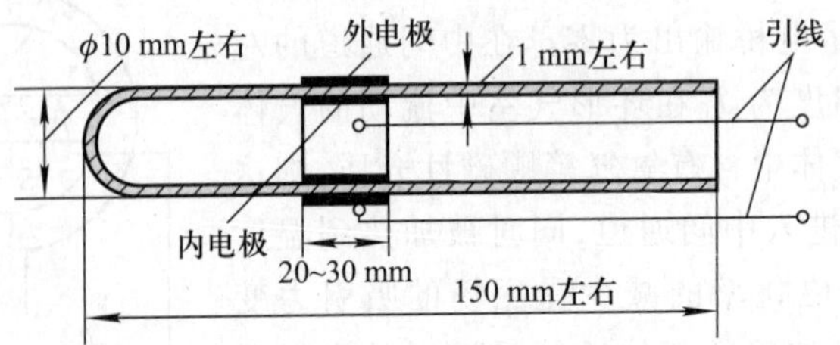

图 7.1.12 氧化锆式氧量分析传感器的结构图

7.2 湿敏传感器

7.2.1 湿敏传感器的分类与特性分析

1. 湿度的定义

一般将空气或其他气体中的水汽含量称为"湿度",湿度可分为绝对湿度和相对湿度。目前,应用最多的是相对湿度。

绝对湿度(AH)是指在一定温度及压力条件下,单位体积(即 1 m^3)的空气中所含水汽的质量,其定义式为

$$绝对湿度=\frac{m_v}{V} \tag{7.2.1}$$

式中,m_v——待测空气中的水汽质量;

V——待测空气的总体积。

绝对湿度的单位为 g/m^3。

相对湿度(RH)为待测空气的水汽分压与相同温度下水的饱和水汽压的比值之百分数,其定义式为

$$相对湿度=\left(\frac{p_v}{p_w}\right)_T\times100\% \tag{7.2.2}$$

式中,p_v——待测空气的水汽分压;

p_w——与待测空气同温度时水的饱和水汽压。

相对湿度也可定义为气体的绝对湿度 p_a 与同一温度下达到饱和状态的绝对湿度 p_s 的百分比,其定义式为

$$相对湿度=\left(\frac{p_a}{p_s}\right)_T\times 100\% \tag{7.2.3}$$

2. 湿度传感器的特性参数

(1) 湿度量程

能保证一个湿敏器件正常工作的环境湿度的最大变化范围称为湿度量程。湿度范围用相对湿度(0~100)%RH 表示,量程是湿度传感器工作性能的一项重要指标。

(2) 感湿特征量-相对湿度特性曲线

每种湿度传感器都有其感湿特征量,如电阻、电容、电压、频率等,在规定的工作温度范围内,湿度传感器的感湿特征量随环境相对湿度变化的关系曲线,称为相对湿度特性曲线,简称感湿特性曲线。通常希望特性曲线应当在全量程上是连续的且呈线性关系。有的湿度传感器的感湿特征量随湿度的增加而增大,称为正特性湿敏传感器;有的感湿特征量随湿度的增加而减小,称为负特性湿敏传感器。

(3) 灵敏度

在某一相对湿度范围内,相对湿度改变 1%RH 时,湿度传感器感湿特征量的变化值或百分率称为感湿灵敏度,简称灵敏度,又称湿度系数。感湿灵敏度表征湿度传感器对湿度变化的敏感程度。如果湿度传感器的特性曲线是线性的,则在整个使用范围内,灵敏度就是相同的;如果湿度传感器的特性曲线是非线性的,则灵敏度的大小就与其工作的相对湿度范围有关。

(4) 温度系数

湿敏元件的温度系数是反映湿度传感器的感湿特征量-相对湿度特性曲线随环境温度而变化的特征。感湿特征量随环境温度的变化越小,环境温度变化所引起的相对湿度的误差就越小。在环境湿度保持恒定的情况下,湿度传感器特征量的相对变化量与对应的温度变化量之比,称为特征量温度系数。湿度系数定义为:在环境湿度保持恒定的条件下,环境温度每变化 1℃所引起的湿度误差

$$\alpha=\frac{H_2-H_1}{\Delta T} \tag{7.2.4}$$

式中,ΔT——环境温度与室温之差;

H_1——室温下,湿度传感器的感湿特征量对应的相对湿度值;

H_2——环境温度下,湿度传感器的感湿特征量对应的相对湿度值;

α——元件的感湿温度系数,单位为%RH/℃。

由湿度传感器的感湿温度系数 α 值可知,湿度传感器由于环境温度的变化所引起的测湿误差。例如,某一湿度传感器的 $\alpha=0.3\%$ RH/℃,如果环境的温度变化了 20℃,那么就引起了 6%RH 的测量误差。

(5) 响应时间

在一定的温度下,当相对湿度发生跃变时,湿度传感器的感湿特征量之值达到稳态变化量的规定比例所需要的时间称为响应时间,也称为时间常数。它反映了湿度传感器对于相对湿度发生变化时,其反应速度的快慢。一般是以相应于起始和终止这一相对湿度变化区间 63%的相对湿度变化所需要的时间,称为响应时间,单位为 s,也有规定从始到终 90%的

相对湿度变化作为响应时间的。响应时间又分为吸湿响应时间和脱湿响应时间。大多数湿度传感器都是脱湿响应时间大于吸湿响应时间,一般以脱湿响应时间作为湿度传感器的响应时间。

(6) 频率特性

湿度传感器的阻值与外加测试电压频率有关。在各种湿度下,当测试频率小于一定值时,阻值不随测试频率而变化,该频率被确定为湿度传感器的使用频率上限。当然,为防止水分子的电解,测试电压频率也不能太低。

7.2.2　干湿球湿度计

干湿球湿度计是目前常用的一种机械式湿度传感器,它由两个完全相同的玻璃温度计构成,其中一个感温包直接与空气接触,指示干球温度 T_d;另一个感温包外有纱布,且纱布下端浸在水中经常保持湿润,所指示的是湿球温度 T_m。一般情况下,空气中的水蒸气不饱和,湿球上的纱布由于水分蒸发吸收热量,所以 $T_m<T_d$。空气中水蒸气的分压为

$$p_v=p_{mw}-Ap(T_d-T_m) \tag{7.2.5}$$

式中,p_v——空气中水蒸气的分压;

p_{mw}——湿球温度 T_m 下的饱和水蒸气压;

A——湿度计常数;

p——湿空气的总压。

相对湿度为

$$\psi=\frac{p_v}{p_{dw}}=\frac{p_{mw}-Ap(T_d-T_m)}{p_{dw}} \tag{7.2.6}$$

式中,　ψ——相对湿度;

p_{dw}——干球温度 T_d 下的水蒸气压。

根据上述原理,可用热电阻或热电偶代替玻璃温度计,用放大器和可逆电机构成自动平衡系统,只要读出 T_d 和 T_d-T_m 之差,便可记录、显示相对湿度,还兼有标准电流信号输出,成为相对湿度变送器。如图 7.2.1 所示,将热电阻 R_d 和 R_m 分别接在两个电桥电路中,并将其输出对角线反向串联得差值 ΔU,用放大器 A 根据 ΔU 的极性控制可逆电机 D 的正转和反转。电机 D 除带动指针和记录笔之外,还带动滑线电阻的滑点,使 ΔU 减小,直至完全平衡为止。干湿球湿度计的主要缺点是灵敏度和分辨率等都不够高,而且是非电信号的湿度测量,难以同电子电路和自动控制系统及仪器相连接。

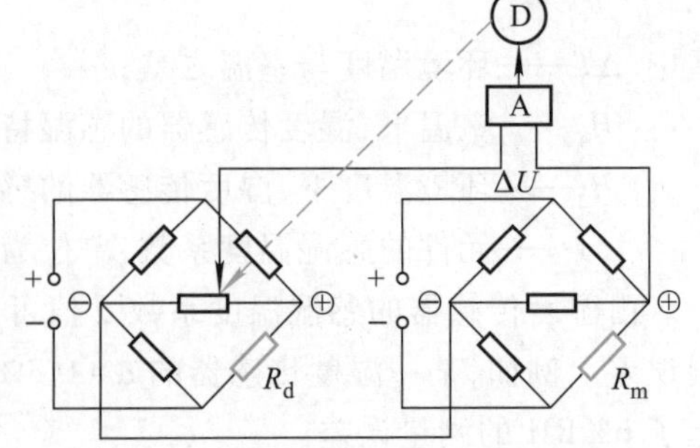

图 7.2.1　自动平衡干湿球湿度计原理

7.2.3　氯化锂湿敏电阻传感器

氯化锂是一种电解质,由于极性水分子的作用,氯化锂可离解出能自由移动的 Li^+、Cl^-

离子。离子的体积浓度决定了电解质溶液的电导率。而溶液中的离子体积浓度又取决于给定温度下环境的相对湿度，因此，通过测量氯化锂的电阻即可确定环境的相对湿度。氯化锂湿敏电阻是利用吸湿性盐类潮解，离子电导率发生变化而制成的测湿元件。

图 7.2.2 所示为在玻璃带上浸有氯化锂溶液的浸渍式湿敏元件。湿敏元件的基片材料为无碱玻璃带，将该玻璃带浸在乙醇中，除去纤维表面上附着的收集剂，将两片变成“弓”字形的铂箔片夹在基片材料的两侧作为电极。图 7.2.2 中右面所示为湿敏元件外形图。元件的电阻值随湿气的吸附与脱附过程而变化。

氯化锂通常与聚乙烯醇组成混合体，在氯化锂（LiCl）溶液中，Li^+和 Cl^-均以正、负离子的形式存在，而 Li^+对水分子的吸引力强，离子水合程度高，其溶液中的离子导电能力与体积浓度成正比。当溶液置于一定温度场中，若环境相对湿度高，溶液将吸收水分，使离子体积浓度降低，因此，其溶液电阻率增高。反之，环境相对湿度变低时，溶液离子体积浓度升高，其电阻率下降，从而实现对湿度的测量。氯化锂湿敏电阻具有负感湿特性，其电阻-相对湿度特性曲线如图 7.2.3 所示。由图 7.2.3 可知，在 50%～80%的相对湿度范围内，电阻与湿度的变化成线性关系。为了扩大湿度测量范围，可以将几个浸渍不同浓度氯化锂的湿敏元件组合使用。如用浸渍 1%～1.5%（重量）浓度氯化锂湿敏元件，可检测相对湿度 20%～50%范围内的湿度；而用 0.5%（重量）浓度氯化锂的湿敏元件，可检测相对湿度 40%～80%范围内的湿度。这样，将这两个湿敏元件配合使用，就可以检测相对湿度 20%～80%范围内的湿度。

由图 7.2.3 可以看出，在湿气的吸附和脱附过程中，元件的电阻值变化呈现出较小的滞后现象。因此，如果湿度的测量精度要求不太高（如±2%RH），在常温附近使用时，可不必进行温度补偿。

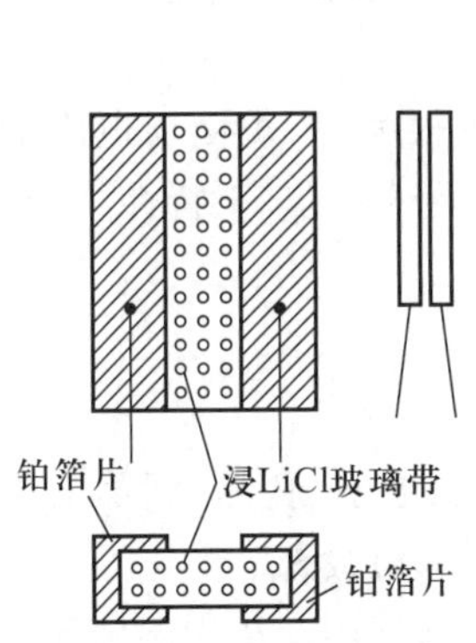

图 7.2.2 玻璃带上浸 LiCl 的湿敏元件的结构

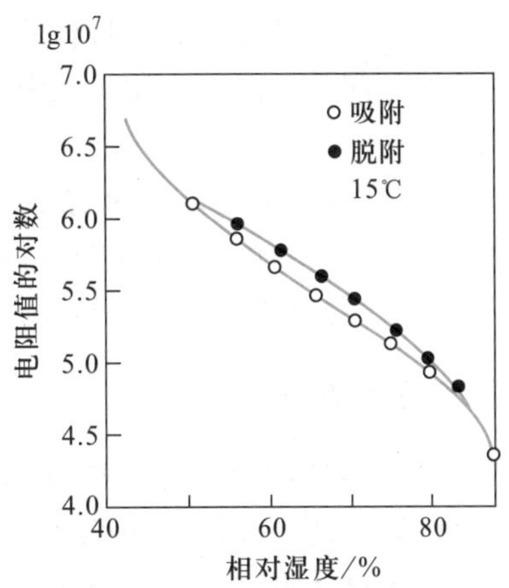

图 7.2.3 玻璃带上浸渍 LiCl 的湿敏元件的电阻-相对湿度特性

7.2.4 半导体陶瓷湿敏电阻传感器

半导体陶瓷湿敏电阻通常是用两种以上的金属氧化物半导体材料混合烧结而成的多孔

陶瓷。这些材料有 $ZnO-LiO_2-V_2O_5$ 系、$Si-Na_2O-V_2O_5$ 系、$TiO_2-MgO-Cr_2O_3$ 系、Fe_3O_4 等，前三种材料的电阻率随湿度增加而下降，故称为负特性湿敏半导体陶瓷；最后一种的电阻率随湿度增大而增大，故称为正特性湿敏半导体陶瓷（为叙述方便，有时将半导体陶瓷简称为半导瓷）。

1. 负特性湿敏半导瓷的导电机理

由于水分子中的氢原子具有很强的正电场，当水在半导瓷表面吸附时，就有可能从半导瓷表面俘获电子，使半导瓷表面带负电。如果该半导瓷是 P 型半导体，则由于水分子吸附使表面电位下降，即半导体的电阻值下降；若该半导瓷为 N 型，则由于水分子的附着使表面电位下降。如果表面电位下降较多，不仅使表面层的电子耗尽，同时，吸引更多的空穴达到表面层，有可能使到达表面层的空穴浓度大于电子浓度，出现所谓表面反型层，这些空穴称为反型载流子。它们同样可以在表面迁移而对电导作出贡献，由此可见，不论是 N 型还是 P 型半导瓷，其电阻率都随湿度的增加而下降。图 7.2.4 表示了几种负特性半导瓷阻值与湿度之关系。

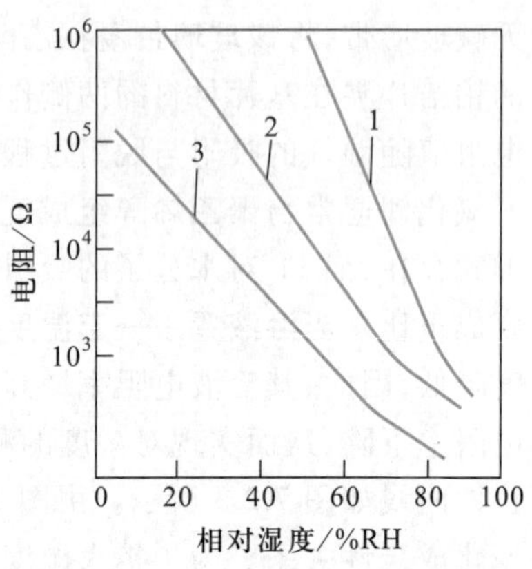

图 7.2.4 几种半导瓷湿敏特性

2. 正特性湿敏半导瓷的导电机理

正特性湿敏半导瓷的导电机理被认为这类材料的结构、电子能量状态与负特性材料有所不同。当水分子附着半导瓷的表面使电位变负时，导致其表面层电子浓度下降，但还不足以使表面层的空穴浓度增加到出现反型程度，此时仍以电子导电为主，于是，表面电阻将由于电子浓度下降而加大，这类半导瓷材料的表面电阻将随湿度的增加而加大。如果对某一种半导瓷，它的晶粒间的电阻并不比晶粒内电阻大很多，那么表面层电阻的加大对总电阻并不起多大作用。

通常湿敏半导瓷材料都是多孔的，表面电导占的比例很大，故表面层电阻的升高，必将引起总电阻值的明显升高；但是，由于晶体内部低阻支路仍然存在，正特性半导瓷的总电阻值的升高没有负特性材料的阻值下降得那么明显。

7.2.5 湿度传感器的应用

湿度传感器广泛应用于气象、军事、工业（特别是纺织、电子、食品、烟草工业）、农业、医疗、建筑、家用电器及日常生活等各种场合的湿度监测、控制与报警。

图 7.2.5 所示为自动烹调设备中湿度检测控制系统原理框图。R_s 为湿敏元件，电热器用来加热湿敏元件至 550℃ 工作温度。由于传感器工作在高温环境中，所以，湿敏元件一般不采取直流电压供电，而采用振荡器产生的交流电供电。因为，在高温环境中，当湿敏元件加上直流电时，很容易发生电极材料的迁移，从而影响传感器的正常工作。R_0 为固定电阻，与传感器电阻 R_s 构成分压电路。交-直流变换器的直流输出信号经运算单元运算，输出与湿度成比例的电信号，并由显示器显示。

湿敏传感器安装在烹调设备(如图 7.2.6 所示的高频电子食品加热器)的排气口,检测烹调时食品产生的湿气。使用时,首先将电热器电源接通,使湿敏元件的温度升高到要求的工作温度,然后启动烹调设备,对食品加热,依据湿度变化来控制烹调过程的进行。图7.2.5中,U_R是比较器,用来判断是否停止加热的基准信号。比较器的输出可用来对烹调设备的加热进行控制。

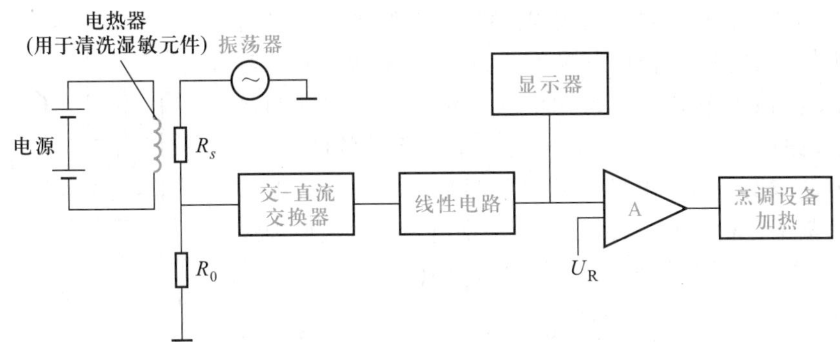

图 7.2.5 自动烹调设备中湿度检测控制系统原理框图

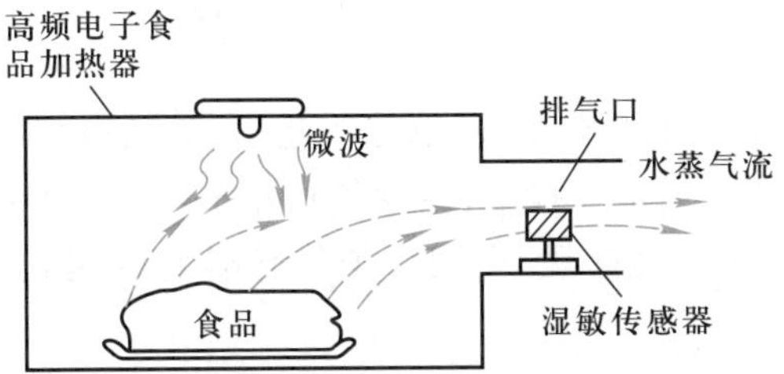

图 7.2.6 采用湿敏传感器的高频电子食品加热器

7.3 液体浓度的检测

工业电导仪的应用已有很久的历史,在液体的过程分析中,有广泛的应用。它是通过测量溶液的电导,而间接地得到溶液的浓度。比如,它可用来分析酸、碱、盐等电解质溶液的浓度,这种电导式分析仪称为浓度计。

7.3.1 溶液的电导率与浓度的关系

电解质溶液与金属导体一样,也是电的良导体。电导率的大小不仅与溶液的性质有关,还与溶液的浓度有关。即对同一种溶液,若浓度不同时,其导电性能也是不同的。利用电导法测量溶液的浓度是受到一定限制的,在中等浓度区域,电导率 σ 与浓度 C 的关系不是单值函数,只有在低浓度区域或高浓度区域,它们的关系才是单值函数;在低浓度区域,电导率与浓度可近似地表示为 $\sigma=kC$，k 为常数；在高浓度区域，电导率与浓度也可近似地表示为 $\sigma=kC+a$。从以上分析可知，只要测出溶液的电导，就可知道被测溶液的浓度。

7.3.2 电导检测器及测量电路

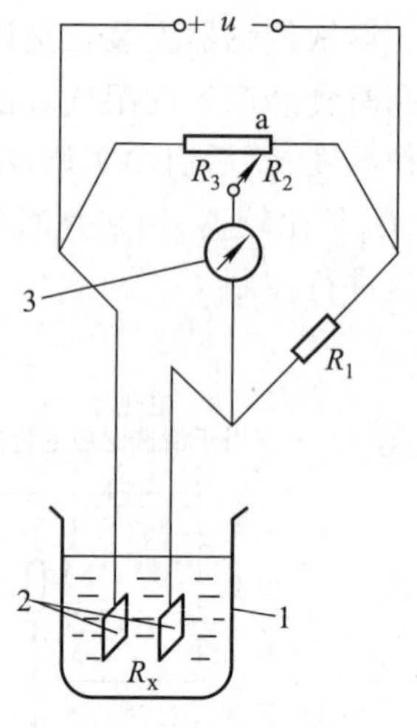

1—导电池；2—电极；3—检流计

图 7.3.1 平衡电桥测量法原理线路图

测量溶液的电导（电阻）比测量金属导体的电阻要困难得多。电导检测器就是用来测量溶液电导的一个装置。电导检测器又称电导池，它是指包括电极在内的充满被测溶液的容器，只要测出溶液的电导就可得知溶液的浓度。在实际测量中，都是通过测量两个电极之间的电阻来求取溶液的电导，最后确定溶液的浓度。两个电极间的电阻测量方法与一般电阻的测量方法基本是相同的。图 7.3.1 为平衡电桥测量法原理线路图，调整位置 a 可使电桥平衡，电桥平衡时有

$$R_x=\frac{R_3}{R_2}\cdot R_1 \tag{7.3.1}$$

7.4 生物传感器

近年来，生物分子传感器在微电子学、电分析化学、生物医学、生命科学等领域深受重视。从 1962 年克拉克和莱昂斯最先提出，生物传感器至今已有 50 年的历史，进入 21 世纪后，由于生命科学得到人类极大重视，生物分子传感器的研究和开发呈现出突飞猛进的局面。

7.4.1 生物传感器的工作原理和分类

1. 生物传感器的定义

生物体内除了酶以外，还有其他具有分子识别作用的物质，例如，抗体、抗原、激素等，把它们固定在膜上也能作传感器的敏感元件。此外，固定化的细胞、细胞体（器）及动、植物组织的切片也有类似作用。人们把这类用固定化的生物体成分：酶、抗原、抗体、激素等，或生物体本身：细胞、细胞体（器）、组织作为敏感元件的传感器称为生物传感器。生物传感器是固定化的生物材料及与其密切配合的换能器组成的分析工具或系统，换能器把生化信号转换成可定量的电信号。

2. 生物传感器的组成

生物传感器是由分子识别系统和物理-化学转换器相互紧密接触，能将被测物的量转变成电学信号的装置，如图 7.4.1 所示。

分子识别系统将被测物的信息按一定的灵敏度从生物化学的范畴转变成化学或物理信号，而该物理或化学信号被紧密接触的化学-物理的转换器变成电学信号，从而把化学量和电学量联系起来，因此，通过测定电学信号便可测定被测物的含量。

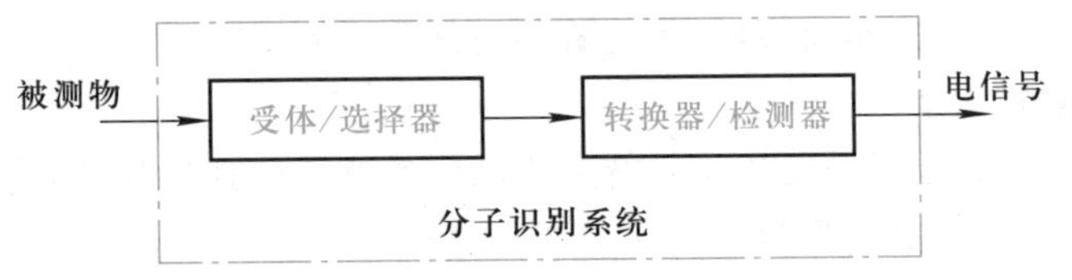

图 7.4.1 生物传感器基本组成示意图

分子识别系统的主要功能是为传感器测定被测物提供极高的选择性。分子识别系统既可以是非生物性质的,也可以是生物性质的。非生物受体通常是一些金属电极、离子导电物质,或在金属或离子导电物质上覆盖层透气膜,实际上,它们都是电化学转换器(即电化学传感器)。生物受体是一些从细胞或组织分离出来的生物大分子(酶、抗体/抗原或受体)、整个细胞(细菌、酵母细胞)和组织。

常用的物理-化学转换器有电化学电极、离子敏场效应晶体管、热敏电阻,光电转换元件和压电晶体管等。物理-化学转换器的选择必须与分子识别系统产生的化学和物理性质相匹配。

3. 生物传感器的工作原理

生物传感器的工作原理从信号转换出发,一般可有以下几种形式:

(1) 将化学量变化转变成电信号

已研究的大部分生物传感器的工作原理均属这种类型。以酶传感器为例,酶能催化特定物质发生反应,从而使特定物质的量有所增减。用能把这类物质量的改变转换为电信号的装置和固定化的酶相耦合,即组成酶传感器。常用的这类信号转换装置有克拉克型氧电极、过氧化氢电极、氢离子电极、其他离子电极、氨气敏电极、CO_2 气敏电极、离子敏场效应晶体管等。

(2) 将热变化转换为电信号

这类生物传感器的工作原理是固定化的生物材料与相应的被测物作用产生热效应,再利用热敏元件转换为电阻等物理量的变化,变化的阻值通过带放大器的电桥输入记录仪中。

(3) 将光效应转变为电信号

有些生物物质,如过氧化氢酶,能催化过氧化氢/鲁米诺体系发光,因此,如能将过氧化氢酶膜附着在光纤或光电二极管等光电器件的前端,再用光电流检测装置,即可测定过氧化氢的含量。许多酶反应都伴有过氧化氢的产生,又如葡萄糖氧化酶(GOD)在催化葡萄糖氧化时也产生过氧化氢,因此,把 GOD 和过氧化氢酶一起做成复合酶膜,则可利用上述方法测定葡萄糖。

(4) 直接产生电信号

上述三种原理的生物传感器,都是将分子识别元件中的生物敏感物质与待测物发生化学反应,所产生的化学或物理变化量,通过信号转换器变为电信号进行测量的,这些方式称为间接测量方式。这种方式可使酶反应所伴随的电子转移、微生物细胞的氧化直接或通过电子传递作用在电极表面发生,从而直接进行测定,这类传感器被称为第三代生物传感器。直接电催化电极本身就是电子的受体(或供体),酶与电极之间直接进行电子交换从而完成催化循环，电信号产生方式是直接的，因此称为直接测量方式。

4. 生物传感器的分类

生物传感器通常是根据分子识别系统中生物活性物质的种类和信号转换器的种类的不同进行分类的，生物传感器的大致分类如表7.4.1所示。

表7.4.1 生物传感器的分类

敏感材料	分子识别部分	信号转换部分
酶传感器	酶	电化学测定装置
微生物传感器	微生物	场效应晶体管
免疫传感器	抗体或抗原	光纤或光敏二极管
细胞器传感器	细胞器	热敏电阻等
组织传感器	动、植物组织	SAW 装置

7.4.2 酶传感器

酶是生物体内具有催化作用的活性蛋白质，早在1962年就得以证实。Sumer首先制得酶晶体，并经水解最终获得了氨基酸，从而证实了酶的本质是蛋白质。与其他蛋白质一样，具有特异的催化功能，因此，酶被称为生物催化剂。酶的理化性质即为蛋白质的理化性质。酶蛋白属两性电解质，在等电位点易发生聚沉，在电场中则发生电泳。酶是大分子化合物，分子量从一万到几十万。酶可分为单纯蛋白酶和结合蛋白酶两大类，单纯蛋白酶除蛋白质以外不含其他成分，如胃蛋白酶、胰蛋白酶和脲酶等。结合蛋白酶是由蛋白和非蛋白两部分组成。

由于酶在生物体内具有催化作用，它在生命活动中起着极为重要的作用。它参加新陈代谢过程中的所有生化反应，并以极高的速度和明显的方向性维持生命的代谢活动，包括生长、发育、繁殖与运动，可以说没有酶就没有生命。酶的催化具有高度的专一性，即一种酶只能作用于一种或一类物质，产生一定的产物，即特异催化功能。正因为酶有如此的特性，才被用作对某种物质的敏感材料，而制造成传感器。

1. 酶传感器的结构

酶传感器主要由固定化的酶膜与电化学电极系统复合而成，它既有酶的分子识别功能和选择催化功能，又具有电化学电极响应快、操作简便的优点，其结构如图7.4.2所示。

在传感器的化学电极的敏感面上组装固定化酶膜，当酶膜接触待测物质时，该膜对待测物质的基质（酶可以与之产生催化反应的物质）作出响应，催化它的固有反应，结果是：与此反应的有关物质明显增加或减少，该变化再转换为电极中的电流或电位的变化，此种装置就是图7.4.2(a)所示的密接型酶传感器。图7.4.2(b)所示的酶传感器为分离型酶传感器，也称为液流偶联型酶传感器，它是将固定化酶充填在反应柱内，待测物质流经反应柱时，发生

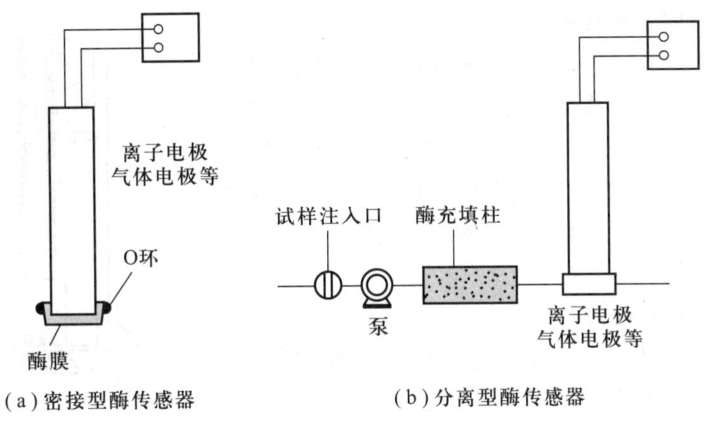

图 7.4.2 酶传感器的结构

酶催化反应,引起响应。

2. 酶传感器的应用

(1) 葡萄糖传感器

葡萄糖传感器是第一个酶传感器,在 1967 年由阿普代克和希克斯研制成功。葡萄糖传感器由葡萄糖氧化酶膜和电化学电极两部分组成。葡萄糖传感器不仅广泛应用于临床化验分析,而且广为食品工业,如蔗糖工业生产等所接受。除测定葡萄糖、蔗糖以外,还被应用于乳糖、半乳糖、次黄苷的分析;也可将葡萄糖氧化酶作为生物样品的标记物,将葡萄糖电极应用于抗原、抗体、受体等的测定。

(2) 乙醇传感器

由于乙醇在乙醇氧化酶(AOE)的作用下,伴随耗氧过程中将生成乙醛与过氧化氢(H_2O_2),虽然,可以直接测定酶催化反应时产生的过氧化氢,但受到乙醛的干扰,其测定较为困难。若使用 AOE 与 HRP 同时固定化并与氧电极偶联作成乙醇电极,在测定血样的氧的还原过程时,电流变化较为明显,因此,就有实用价值。

酶传感器除了上述介绍的各种传感器外,酶还可以制成青霉素传感器、有机酸盐电极、苯甲酸盐电极、亚硝酸盐电极等。随着科学技术的不断发展,各学科的交叉渗透,各种酶传感器将随之出现。

7.4.3 微生物传感器

酶作为生物传感器的敏感材料虽然已有许多应用,但因酶的价格比较昂贵,并且不够稳定,因此,它的应用受到一定限制。近年来,微生物固定化的技术在不断发展,从而固定化微生物越来越多地被用作生物传感器的分子识别元件,于是产生了微生物电极。微生物电极与酶电极相比有其独到之处,它可以克服酶价格昂贵、提取困难及不稳定等弱点;对于复杂反应,还可同时利用微生物体内的辅酶;此外,微生物电极尤其适合于发酵过程的测定,因为在发酵过程中常存在对酶的干扰物质,应用微生物电极则有可能排除这些干扰。总之,微生物电极的应用是很有前景的。

1. 微生物传感器的结构

微生物传感器的结构如图 7.4.3 所示，它主要由固定化微生物膜和转换器件两部分组成。转换器可采用电化学电极、场效应晶体管（FET）等，但习惯上称前者为微生物传感器，后者被称为微生物 FET 或生物电子学传感器。常用于电化学电极的有 pH 玻璃电极、氧电极、氨气敏电极、CO_2气敏电极等。

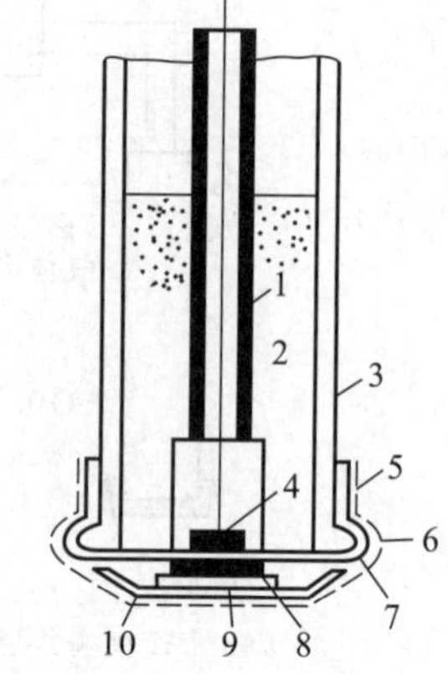

1—铝阳极；2—电解液；3—绝缘体；4—铂阴极；5—橡胶圈；6—尼龙网；7—聚四氟乙烯膜；8—微生物；9—醋酸纤维素膜；10—多孔聚四氟乙烯膜

图 7.4.3 微生物电极的结构示意图

2. 微生物传感器的应用

微生物传感器研制的主要工作是微生物膜的制备，因此，下面简单介绍两种菌膜的制备工艺。

（1）葡萄糖微生物电极

虽然从前面知道，测定葡萄糖可用酶电极，但是它不能用于发酵过程的葡萄糖的测定，在发酵过程中常用微生物电极测定葡萄糖的含量。对葡萄糖敏感的菌膜是利用佛鲁奥森假单胞菌制成，将该细菌置于氧条件下，温度保持在 30℃环境中培养 20 h，培养后，再将之置于 5℃、600 g 条件下离心集菌，然后用蒸馏水洗涤 2 次。制备菌膜的细菌悬浮液按 1.8 g 胶原纤维和 0.6 g 湿细胞配比制成混合菌液，把该细菌悬浮液滴在聚四氟乙烯膜上，置于 20℃下自然干燥，即可制成细菌胶原膜，最后，将细菌胶原膜浸于 1%的戊二醛中 1 min 左右，再置于 4℃中干燥即成可使用的菌膜。

当菌膜与氧电极组合成测定葡萄糖的微生物电极后，将之浸入葡萄糖样品中，细菌开始同化样品中的葡萄糖，随之，氧被胶原膜中的细菌消耗，引起膜附近溶解氧浓度的减小，导致电极电流随时间显著下降，直到稳定值，即细菌消耗的氧量和从溶液扩散到膜附近的氧量达到平衡。该电极可测定 50 μmol/L 的葡萄糖溶液，电极浸入溶液后，10 min 测定 1 次电流值，再由电流值求得溶液中葡萄糖的含量。

（2）微生物传感器在甲烷测定中的应用

甲烷是天然气中的主要成分，甲烷与空气结合可形成爆炸性混合物。另外，甲烷的生产过程实际是一个发酵过程，控制发酵过程则需要测定各发酵阶段的甲烷含量，因此，需要一种快速方法测量甲烷的含量。以往测定甲烷含量常采用分光光度法，现在多采用微生物电极测量甲烷含量的方法。

利用甲烷电极的测量系统如图 7.4.4 所示。这个系统由两个电极、两个反应器、一个电流放大器和一个记录仪构成。两个反应器，其中一个含有细菌，另一个不含细菌。把两个电极分别安装在两个测量池中，用玻璃管或四氟乙烯管（$\phi30$）把测量池与整个系统连接起来，用两个真空泵分别抽空管中的气体和向系统输送气体样品。

甲烷电极系统测量的是两个反应池中氧电极的电流差值，电流差值由氧含量不同而引起。当含有甲烷的气体样品流过有微生物的反应池时，甲烷被微生物同化，同时，微生物呼吸活性增强，引起该反应池中氧电极电流减少直至最低的稳定状态。由于系统中含有两个

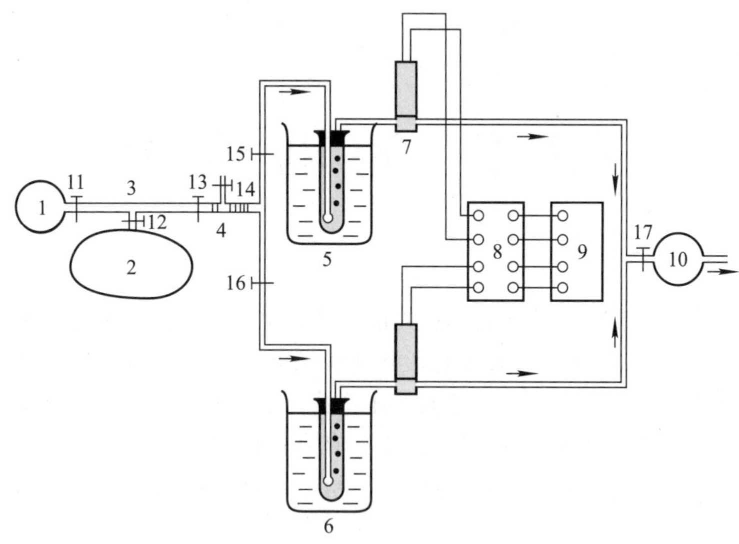

1—真空泵;2—样气袋;3—气样管路;4—棉花滤器;5—控制反应器;6—甲烷氧化菌反应器;7—氧电极;8—放大器;9—记录仪;10—真空泵;11~17—玻璃阀

图 7.4.4　甲烷微生物电极的测量系统

传感器,另一个传感器所在的反应池中不含有微生物,氧含量及电流值均不会减小,所以,两电极电流的最大差值依赖于气体样本甲烷含量。

除上述应用之外,还可以利用微生物传感器测定醇、氨、BOD 等。随着科学技术中新机理的发现,陆续地研制出了一批新型微生物传感器。例如,燃料电池型微生物电极、光微生物电极、酶-微生物电极等,为生命科学和生物医学等领域提供了先进的检测手段。

思考题与习题七

1. 气敏传感器有哪几种类型? 对混合气体进行组分分析时,常采用哪些方法? 简述其原理。

2. 固体电解质与半导体的导电性有何区别? 氧化锆为什么具有氧离子传导性?

3. 一氧化碳在空气中允许浓度一般不超过 0.005%,否则将致人死亡;又一氧化碳在空气中浓度达到 12.5%时,将引起爆炸火灾,试拟出一个一氧化碳浓度报警电路,并简述其工作原理。

4. 什么是绝对湿度? 什么是相对湿度?

5. 湿度传感器主要分为哪几类? 主要参数有哪些?

6. 简述氯化锂湿度传感器的感湿原理。实际中为什么氯化锂湿敏元件要几个元件配合使用?

7. 生物传感器的原理是什么? 它有何特点?

8. 酶传感器的检测方式有哪几种? 试举例说明。

第8章　光电检测

光电检测主要是通过光电转换元件将光能转换成电能。早期的光电转换元件主要是利用光电效应原理制成的,有外光电效应的光电管和光电倍增管;内光电效应的光敏电阻、光导管;阻挡层光电效应的光电二极管、光电晶体管及光电池等。新发展的光电转换元件主要有光电耦合器件和电荷耦合器件(CCD)等,除具有直接检测光信号外,还可间接测量温度、压力、速度及位移等多种物理量,具有非接触、高精度、高分辨率、高可靠性和抗干扰能力强等优点。

本章在对光电效应及光电器件进行介绍的基础上,讲述了光电耦合器件、电荷耦合器件及图像传感器的工作原理及在实际中的简单应用。

8.1　光电效应及光电器件

8.1.1　外光电效应及器件

在光线作用下能使电子逸出物体表面的现象称为外光电效应,如光电管和光电倍增管等就属于此类光电元件。

1. 光电管及其特性

真空光电管的结构如图 8.1.1 所示。在一个真空泡内装有两个电极:光电阴极和光电阳极。光电阴极通常是用逸出功小的光敏材料(如铯)涂在玻璃泡内壁上做成,其感光面对准光的入射孔,当光线照射到光敏材料上,便有电子逸出,这些电子被具有正电位的阳极所吸引,在光电管内形成空间电子流,这时如外电路闭合就产生电流,在外电路串入一适当阻值电阻,则在该电阻的电压降或电路中的电流大小都与光强成函数关系,从而实现了光电转换。

(1) 光电管的伏安特性

光电流的大小是由射到光电阴极上的光通量决定的。光通量常用 ϕ 来表示,单位为流明,符号为 lm。当入射光的频谱及光通量一定时,阳极电流与阳极电压之间的关系称为伏安特性,如图 8.1.2 所示。当阳极电压比较低时,阴极所发射的电子只有一部分到达阳极,其余部分受光电子在真空中运动时所形成的负电场作用,回到光电阴极。随着阳极电压的增高,光电流随之增大。当阴极发射的电子全部到达阳极时,阳极电流便很稳定,称为饱和状态。

(2) 光电管的光电特性

光电特性表示当光电管的阳极和阴极之间所加电压一定时，光通量与光电流之间的关系。其特性曲线如图 8.1.3 所示。光电特性曲线的斜率（光电流与入射光光通量之比）称为光电管的灵敏度。

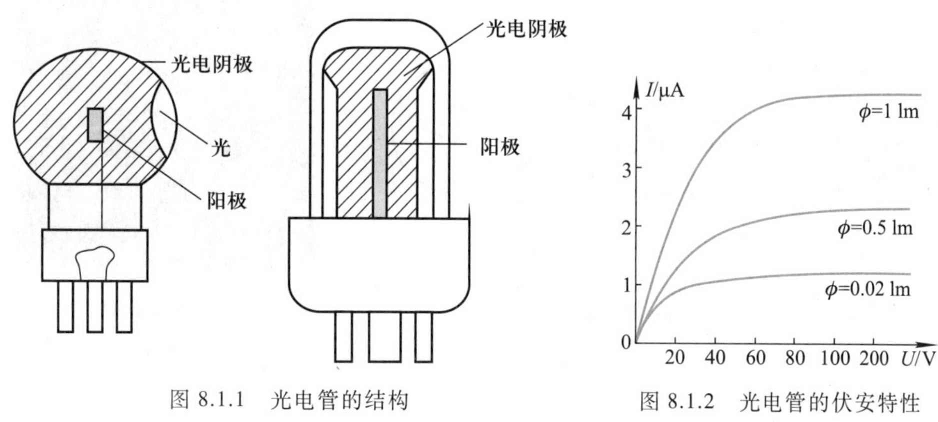

图 8.1.1 光电管的结构　　图 8.1.2 光电管的伏安特性

（3）光电管的光谱特性

光电阴极材料不同的光电管有不同的红限 γ_0，因此，光电管对光谱也有选择性，如图 8.1.4 所示，保持光通量和阳极电压不变，阳极电流与光波长之间的关系称光电管的光谱特性。可见，对各种不同波长区域的光，应选用不同材料的光电阴极。例如，国产 GD-4 型的光电管，阴极是用锑铯材料制成的，其红限 $\gamma_0=0.7\ \mu m$，它对可见光范围的入射灵敏度比较高，转换效率可达 25%~30%。这种管子适用于白光光源，因而被广泛地应用于各种光电式自动检测仪表中。

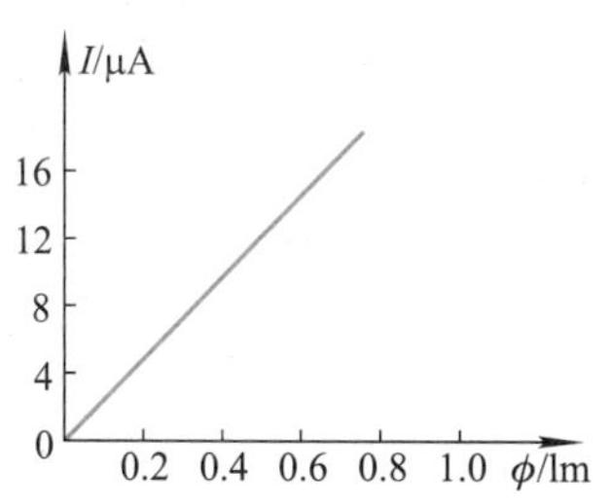

图 8.1.3 光电管的光电特性

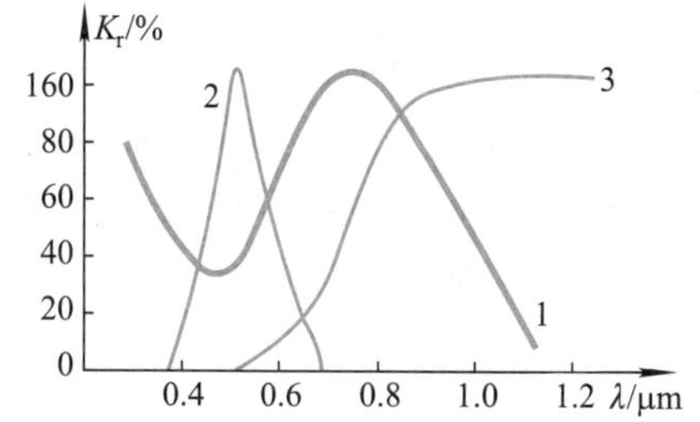

1—氧铯光电管；2—人类正常视觉；3—红色滤光镜

图 8.1.4 氧铯光电管的频谱特性

2. 光电倍增管

当入射光很微弱时，一般光电管能产生的光电流就很小，在这种情况下，即使光电流能被放大，但噪声也与信号同时被放大了，因此，在微弱光时，应采用光电倍增管。

图 8.1.5(a)为光电倍增管的工作原理图。图 8.1.5(b)为 D101 系列光电倍增管。它由光阴极 K、光阳极 A 和若干个倍增极 D_1、D_2、…、D_n等三部分组成。光阴极是由半导体光电材料锑铯做成。倍增极通常是在镍或铜-铍的衬底上涂上锑铯材料而形成的。具有一定能

量的电子轰击,能够产生更多的"二次电子"。倍增极(次阴极)多的达30级,通常为4~14不等。阳极是最后用来收集电子的,并输出电压脉冲。

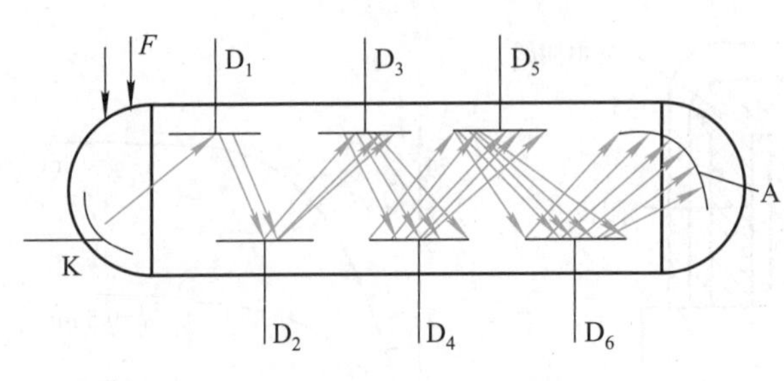

(a)光电倍增管原理图

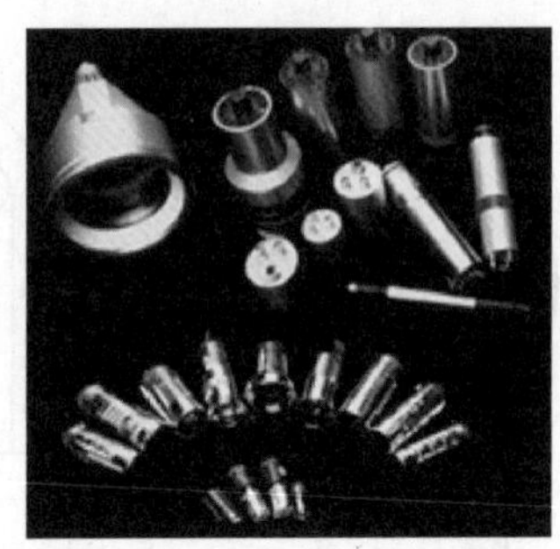
(b)D101系列光电倍增管

图8.1.5 光电倍增管

若在各倍增极上均加一定的电压,并且电位逐级升高,即阴极电位最低,阳极电位最高。当有入射光照射时,阴极发射的光电子以高速射到倍增极 D_1 上,引起二次电子发射,这样在阴极和阳极的电场作用下,逐级产生二次电子发射。电子数量迅速递增,如此不断倍增,阳极最后收集到的电子数将达到阴极发射电子数的 $10^5 \sim 10^8$ 倍。即光电倍增管的放大倍数可达几十万到几百万倍。最后被阳极A吸收,形成很大电流。

与普通光电管相比,其灵敏度可提高 10^9 倍以上,光电倍增管的光谱特性与相同材料的光电管的光谱特性很相似。

在使用光电倍增管时,必须把管子放在暗室里避光使用,使其只对入射光起作用。但是由于环境温度、热辐射和其他因素的影响,即使没有光信号输入,加上电压后阳极仍有电流,这种电流称为暗电流。这种暗电流可以用补偿电路加以消除。

光电倍增管的阴极前面放一块闪烁体,就构成闪烁计数器。在闪烁体受到人眼看不见的宇宙射线的照射后,光电倍增管就会有电流信号输出。这种电流称为闪烁计数器的暗电流,一般把它称为本底脉冲。

8.1.2 内光电效应及器件

在光线作用下,能使物体的电阻率发生改变的现象称为内光电效应。基于内光电效应的光电元件有光敏电阻以及由光敏电阻制成的光导管等。

光敏电阻具有很高的灵敏度、很好的光谱特性、很长的使用寿命、高度的稳定性,同时还具有体积小,成本低、重量轻、机械强度高、耐冲击和振动等特点,被广泛地应用于自动化检测技术中。

1. 光敏电阻的工作原理及结构

光敏电阻是利用内光电效应的原理制成的。图8.1.6为光敏电阻的原理结构。光敏电阻几乎都是由半导体材料制成的。有些半导体在黑暗的环境下,它的电阻是很高的,但当它受到光线照射时，若光子能量 $h\gamma$ 大于本征半导体材料的禁带宽度 E_g，则禁带中的电子吸收一个光子后就足以跃迁到导带，激发出电子-空穴对，从而加强了导电性能，使阻值降低，且照射的光线愈强，阻值也变得愈低，光照停止，自由电子与空穴逐渐复合，电阻又恢复原值，若把光敏电阻接到图 8.1.6 所示的电路中，通过光的照射，就可以改变电路中电流的大小。

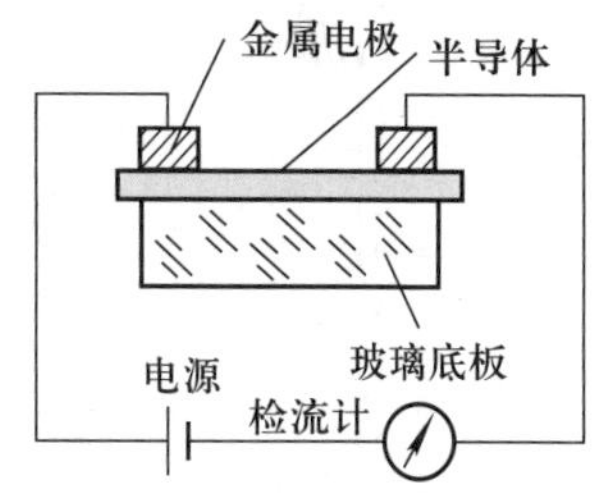

图 8.1.6 光敏电阻的原理结构

光敏电阻由绝缘底座、半导体薄膜和电极三部分组成。金属电极与半导体层应保持着很好的电接触，再将金属电极与引出线端相连接，光敏电阻就通过引出线端接入电路。从而实现光电转换。为了防止周围介质的影响，在半导体光敏层上覆盖了一层漆膜，漆膜的成分选择应该使它在光敏层最敏感的波长范围内透射率最大。

光敏电阻的种类繁多，一般由金属的硫化物、硒化物等组成（如硫化镉、硫化铅、硫化铊、硒化镉、硒化铅等）。由于所用材料不同，工艺过程的不同，它的光电性能也相差很大。

2. 光敏电阻的主要参数

光敏电阻的主要参数有暗电流、亮电流、光电流等。

(1) 暗电阻和暗电流

光敏电阻在不受光照射时的阻值称为暗电阻，此时流过的电流称为暗电流。

(2) 亮电阻和亮电流

光敏电阻受光照射时的电阻称为亮电阻，此时流过的电流称为亮电流。

(3) 光电流

亮电流与暗电流之差称为光电流。

一般希望暗电阻越大越好，而亮电阻越小越好。也即光电流要尽可能大，这样光敏电阻的灵敏度就高，实际上光敏电阻的暗电阻的阻值一般在兆欧数量级，亮电阻在几千欧以下。暗电阻与亮电阻之比一般在 $10^2 \sim 10^6$ 之间。

3. 光敏电阻的基本特性

光敏电阻的基本特性有伏安特性、光照特性、光谱特性、频率特性、温度特性等。这里仅介绍伏安特性、光照特性和光谱特性。

(1) 光敏电阻的伏安特性

在光敏电阻的两端所加电压和电流的关系曲线，称为光敏电阻的伏安特性，如图 8.1.7 所示。

由曲线可知：

① 当光照一定时，其阻值与外加电压无关；光电流随外加电压线性增大，所加电压越高，光电流越大，而且没有饱和现象。

② 在外加电压一定时，光电流的数值将随光照的增强而增大。

(2) 光敏电阻的光照特性

光敏电阻的光电流和光强的关系曲线，称为光敏电阻的光照特性。不同的光敏电阻的光照特性是不同的，但在大多数情况下，曲线的形状如图 8.1.8 所示。

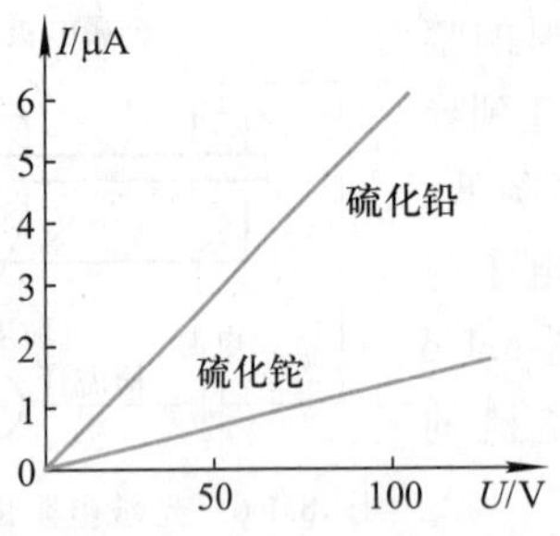

图 8.1.7 光敏电阻的伏安特性

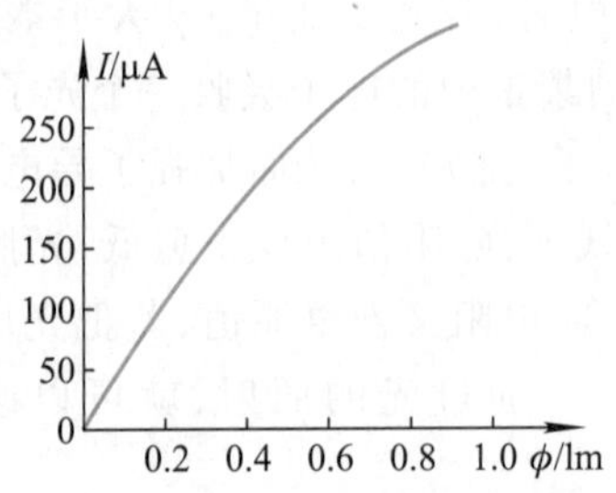

图 8.1.8 光敏电阻的光照特性

由图 8.1.8 可知，光敏电阻的光照特性是非线性的，因此不适宜做线性敏感元件，只能用作开关式的光电转换器。

(3) 光敏电阻的光谱特性

光敏电阻对于不同波长的入射光，其相对灵敏度也是不同的。各种不同材料的光谱特性曲线如图 8.1.9 所示。从图中可以看出，硫化镉的峰值在可见光区域，而硫化铅的峰值在红外区域，因此，在选用光敏电阻时，就应当把元件和光源结合起来考虑，才能获得满意的结果。

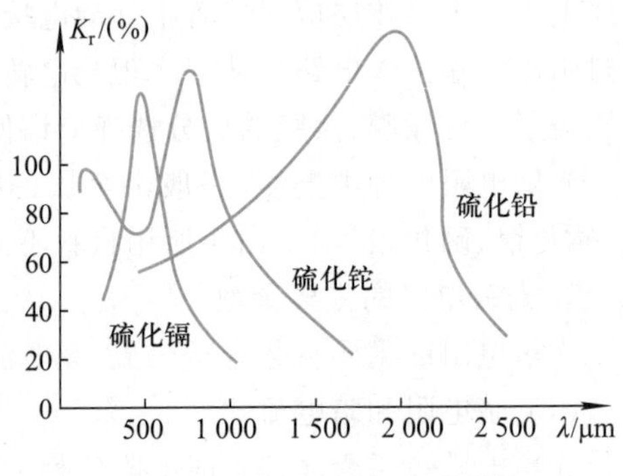

图 8.1.9 光敏电阻的光谱特性

8.1.3 阻挡层光电效应及器件

阻挡层光电效应是在光线作用下能使物体产生一定方向的电动势的现象，如光电池、光电晶体管等属于这类光电元件，这类光电元件是自动发电式的，即在有光线作用下实质上就是电源，而不需外加电源。

1. 光电池及特性

光电池的种类很多，有硒光电池，氧化亚铜光电池、硫化铊光电池、硫化镉光电池、锗光电池、硅光电池、砷化镓光电池等。其中硅光电池与其他光电池相比具有很多优点，例如，性能稳定、光谱范围宽、频率特性好、转换效率高、能耐高温辐射等。硅光电池广泛用于将太阳能直接变为电能，因此又称太阳能电池。适于为宇宙飞行器的各种仪表提供电源。作为检测器件，它广泛用于光辐射及其他辐射的探测、分析仪器及测量仪表之中，下面就以硅光电池为例，讲述光电池的工作原理及特性。

(1) 光电池的结构及原理

硅光电池的结构如图 8.1.10 所示。它是在一块 N 型硅片上用扩散的办法掺入一些 P 型杂质(例如棚)形成 PN 结。当入射光照射到 P 型表面时，若光子能量 $h\gamma$ 大于半导体材料的禁带宽度，则在 P 型区每吸收一个光

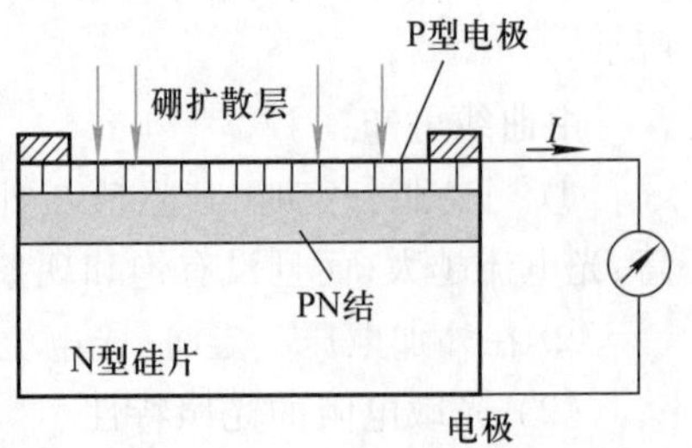

图 8.1.10 硅光电池的结构示意图

子便产生一个自由电子和空穴。P 型区表面吸收的光子越多,激发出的电子空穴对也越多,越向内部电子空穴对越少,由于浓度差便形成从表面向体内扩散的自然趋势。空穴是 P 型区的多数载流子,入射光所产生的空穴浓度比原有的热生空穴要低得多,而入射光所产生的电子则向内部扩散。若能在它复合之前到达 PN 结过渡区,则在结电场的作用下正好将电子推向 N 型区,这样光照所产生的电子空穴对就被结电场分离开来,从而使 P 型区带正电,N 型区带负电,形成光生电动势。

(2) 光电池的基本特性

① 光电池的光谱特性

图 8.1.11 所示曲线为硒光电池和硅光电池的光谱特性曲线,即相对灵敏度 K_r 和入射光波长 λ 之间的关系曲线。

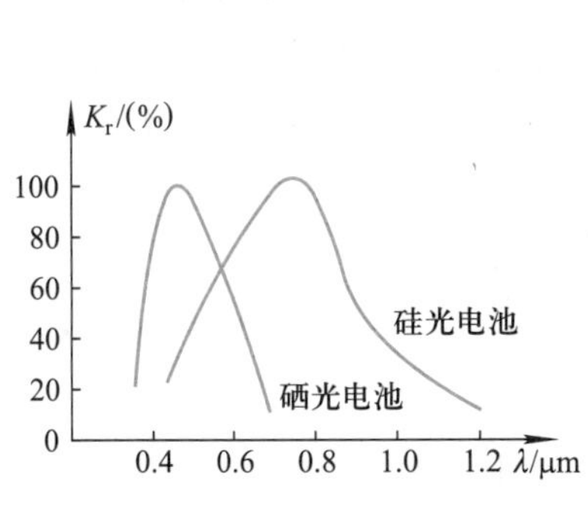

图 8.1.11 光电池的光谱特性曲线

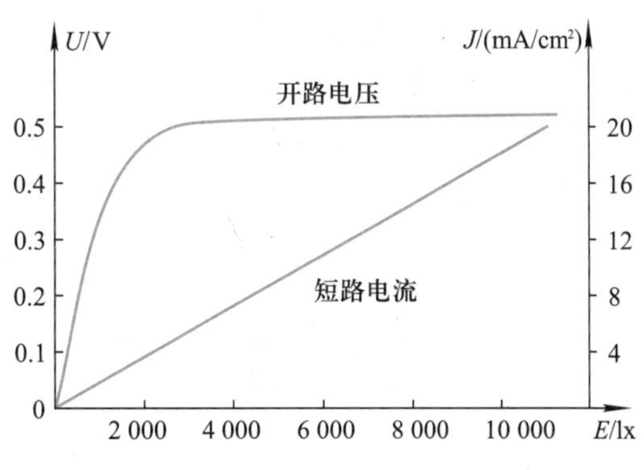

图 8.1.12 硅光电池的光照特性曲线

从曲线上可以看出,不同材料的光电池的光谱峰值位置是不同的,例如硅光电池可在 0.45~1.1 μm 范围内使用,而硒光电池可在 0.34~0.57 μm 范围内使用,故在实际使用中应根据光源性质来选择光电池,但要注意光电池的光谱峰值不仅与制造光电池的材料有关,也随使用温度而变,同时也可根据光电池的特性来选择光源。例如,硅光电池对于白炽钨灯在绝对温度为 2 850 K 时,能获得最佳光谱响应。

② 光电池的光照特性

图 8.1.12 为硅光电池的光照特性曲线。光生电动势 U 与照度 E 之间的特性曲线称为开路电压曲线。光电流密度 J 与照度 E 之间的特性曲线称为短路电流曲线。

从图 8.1.12 中可以看出,短路电流在很大范围内与光照成线性关系。开路电压与光照度的关系是非线性的,且照度在 2 000 lx(勒克斯)照射下就趋于饱和了,因此在用光电池作为检测元件时,应利用短路电流与光照度成线性的特点,即把它当作电流源的形式来使用。

所谓光电池的短路电流,是指外接负载电阻已近似地满足"短路"条件时的电流。从实验知道,负载电阻越小,光电流与照度之间的线性关系越好,且线性范围越宽,对于不同的负载电阻,可以在不同的照度范围内,使光电流与光照度保持线性关系。所以,光电池用作检测元件时,所用的负载电阻大小应根据光照的具体情况来决定。

2. 光电晶体管及特性

光电晶体管是一种利用光照时载流子增加的半导体光电元件,它与普通的晶体管一样,也具有PN结。通常有一个PN结的称为光电二极管;有两个PN结的称为光电三极管。

(1) 光电二极管和光电晶体管的结构和工作原理

光电二极管的符号及接线法如图8.1.13所示,它的PN结在管的顶部,可以直接受到光的照射。光电二极管在电路中一般是处于反向工作状态,如图8.1.13(b)所示。光电二极管在没有光照射时,反向电阻很大,反向电流很小,反向电流称为暗电流;当有光照射时,光子打在PN结附近,使PN结附近产生光生电子空穴对,这些光生电子和光生空穴在PN结的内电场作用下,做定向运动,形成光电流,光的照度越大,光电流越大,因此,在不受光照射时,光电二极管处于截止状态;受光照射时,光电二极管处于导通状态。

光电晶体管有PNP型和NPN型两种,其符号如图8.1.14所示。其结构与一般晶体管很相似,只是它的发射极一般做得很小,入射光主要被基区吸收,所以,基区面积做得较大。

当光照射到PN结附近,使PN结附近产生光生电子-空穴对,它们在PN结内电场的作用下,做定向运动形成光电流,因此,PN结的反向电流大大增加,由于光照射发射结产生的光电流相当于晶体管的基极电流,因此集电极电流是光电流的β倍。所以光电晶体管比光电二极管具有更高的灵敏度。

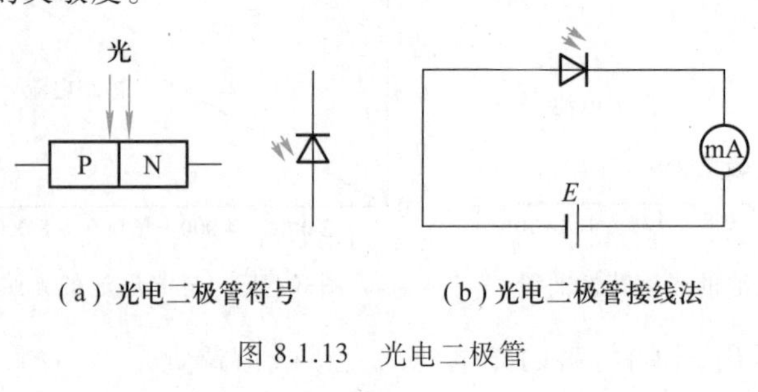

(a) 光电二极管符号　(b) 光电二极管接线法

图8.1.13　光电二极管

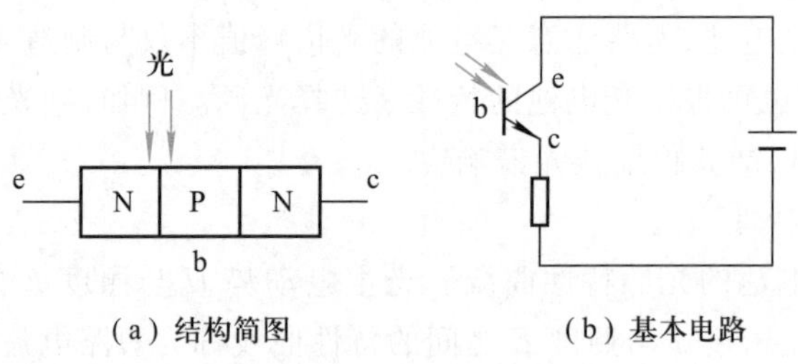

(a) 结构简图　(b) 基本电路

图8.1.14　光电晶体管

(2) 光电晶体管的基本特性

① 光电晶体管的光谱特性

图8.1.15为光电晶体管的光谱特性曲线,从曲线上可以看出,当入射光的波长增加时,相对灵敏度要下降。这是因为光子能量太小,不足以激发电子-空穴对,但当入射光波长过分缩短时,光子在半导体表面附近激发的电子-空穴对不能达到PN结,因而使相对灵敏度下降。

从曲线上还可知,硅管的峰值波长为0.9 μm左右,锗管的峰值波长为1.5 μm左右。由于锗管的暗电流比硅管大,因此一般来说,锗管的性能较差。但对红外光进行探测时,则锗管较为合适。

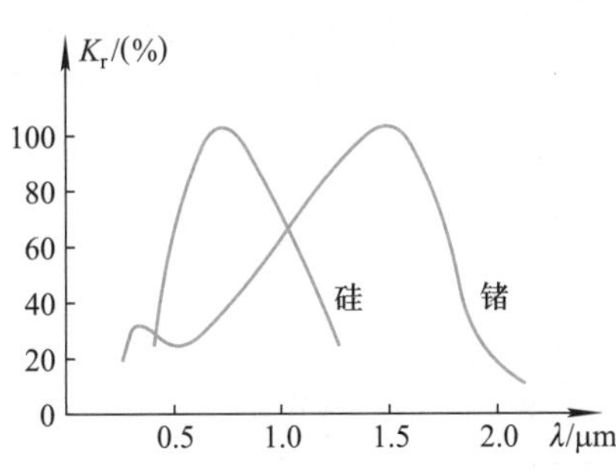

图 8.1.15 光电晶体管的光谱特性曲线

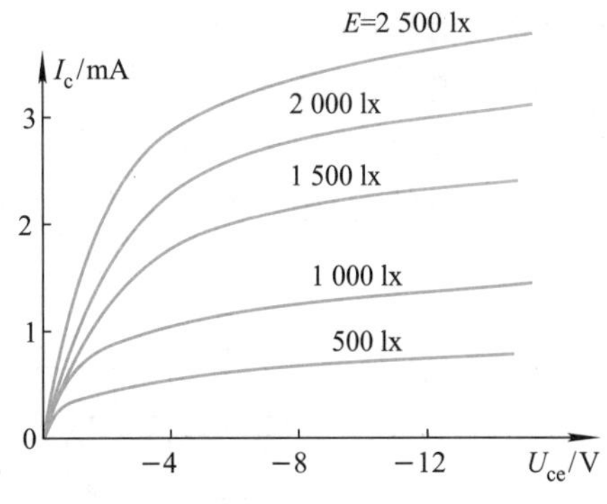

图 8.1.16 光电晶体管的伏安特性曲线

② 光电晶体管的伏安特性

图 8.1.16 为光电晶体管的伏安特性曲线，光电晶体管在不同照度 E 下的伏安特性，如同一般晶体管在不同的基极电流时的输出特性一样，因此，只要将入射光在发射极 e 与基极 b 之间的 PN 结附近所产生的光电流看作基极电流，就可将光电晶体管看成一般的晶体管。光电晶体管把光信号变成电信号，而且输出的电信号较大。

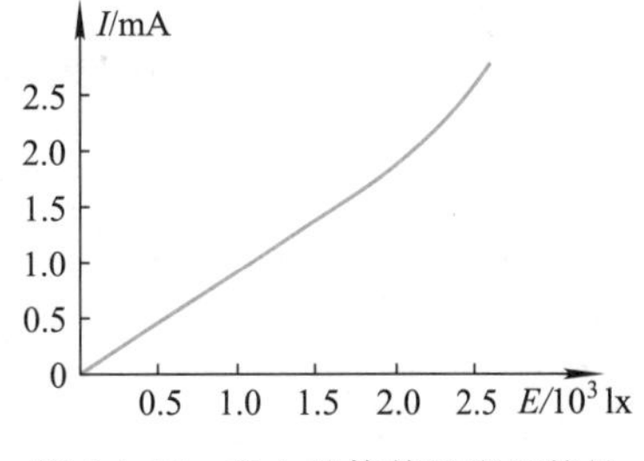

图 8.1.17 光电晶体管的光照特性

③ 光电晶体管的光照特性

图 8.1.17 为光电晶体管的光照特性曲线，它给出了光电晶体管的输出电流 I 和光照 E 之间的关系。从图中可以看出，它们的关系曲线近似地可以看作是线性关系。

8.2 光电耦合器件

光电耦合器是近年发展起来的一种半导体器件，是由一发光源和光电器件同时封装在一个外壳内组合而成的转换元件。发光源的管脚为输入端，而连续光电器件的管脚为输出端。当从输入端加入信号时，发光源发光，光敏元件在光照作用下产生电流，由输出端输出，从而实现了以光为媒质的电信号的传输。

8.2.1 光电耦合器件的结构和原理

光电耦合器的结构有金属密封型和塑料密封型两种。

金属密封型如图 8.2.1(a)所示，采用金属外壳和玻璃绝缘的结构，在其中心装片，采用环焊以保证发光管和光电管对准，以此来提高灵敏度。

塑料密封型如图 8.2.1(b)所示，采用双列直插式塑料密封的结构，管芯先装于管脚上，中间用透明树脂固定，具有集光的作用，故这种结构的光电耦合器的灵敏度较高。

光电耦合器件的基本工作原理是：光电耦合器件中的发光二极管为输入端，当正向输入电流流向其PN结时,发光管发光,发光的强度随电流的增加而增加。输出端为光电器件,其作用是将光信号检测后变为电流输出。光电耦合器件的输入与输出端之间,从电气特性来说是完全隔离的,且具有单向传输特性。光电耦合器件可以用来传输数字信号,也能用来传输模拟信号,用作数字信号传输时,要求有较高的传输速度,大的电流传输比(转换效率),良好的隔离特性;用作模拟信号传输时,除上述要求外,还要求有良好的传输线性。

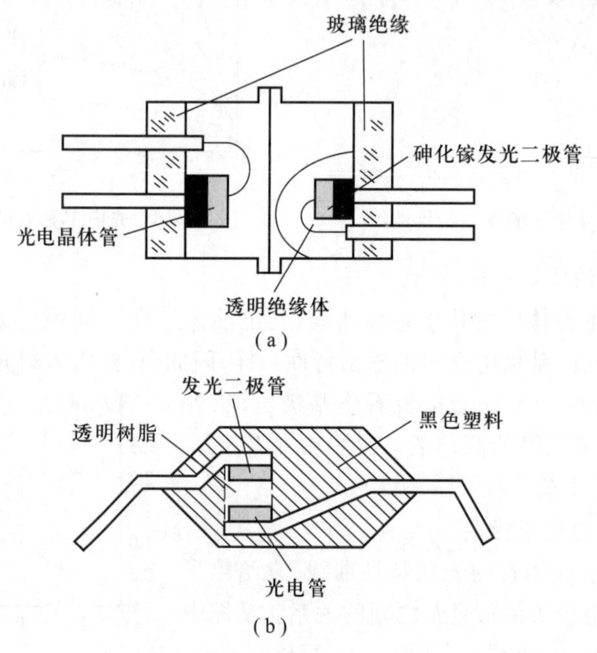

图 8.2.1 光电耦合器的结构

8.2.2 光电耦合器的组合形式

图 8.2.2(a)所示的组合形式,结构简单、成本低,通常用于50 kHz以下工作频率的装置内。图 8.2.2(b)所示为采用高速开关管构成的高速光电耦合器,用于较高频率的装置中。

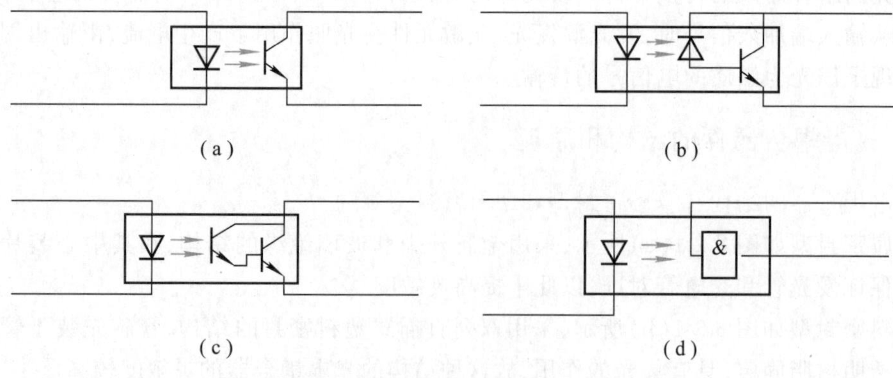

图 8.2.2 光电耦合器的组合形式

图 8.2.2(c)所示的组合形式采用了放大晶体管构成的高传输效率的光电耦合器,用于直接驱动和较低频率的装置中。图 8.2.2(d)为采用固体功能器件构成的高速、高传输效率的光电耦合器。近年来,也有将发光元件和光电元件做在同一个半导体基片上,构成全集成化的光电耦合器。无论哪一种形式,都要使发光元件和光电元件在波长上得到最佳匹配,保证其灵敏度为最高。

8.2.3　光电耦合器的特性曲线

光电耦合器的特性曲线是用输入发光元件和输出光电元件的特性曲线合成的。作为输入元件的砷化镓发光二极管与作为输出元件的硅光电三极管合成的光电耦合器的特性曲线,如图 8.2.3 所示。

光电耦合器的输入量是直流电流 I_F,而输出量也是直流电流 I_C。从图中可以看出,该器件的直线性较差,但可采用反馈技术对其非线性失真进行校正。

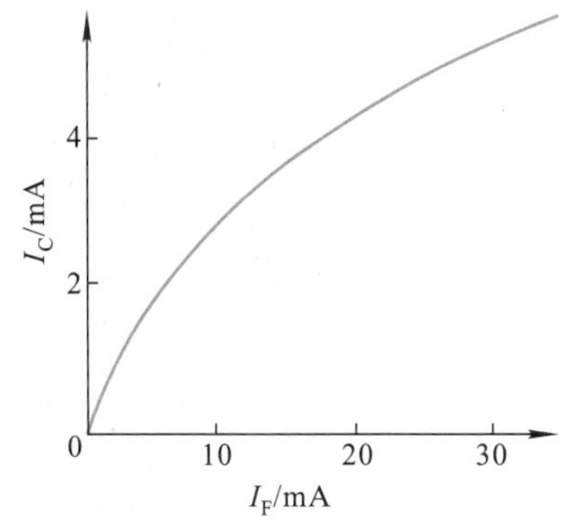

图 8.2.3　光电耦合器的特性曲线

8.2.4　光电耦合器的应用

光电耦合器实际上是一个电量转换器,由于它实现了电隔离,提高了抗干扰性能,并且由于它具有单向信号传输功能,因而有脉冲转换和直流电平转换特性。因此,它特别适用于在数字逻辑电路的开关信号传输、计算机、工业控制机中作为二进制的输入、输出信号传输。在逻辑电路中可作为隔离器件还可作为不同逻辑电路间的接口;在电源电路中,可作为反馈单元以提高电压稳定度;在显示系统中,作为输入信号与高压间的隔离元件等。随着科学技术的不断发展,光电耦合器的性能会不断提高,在模拟电路中也会得到越来越多的应用。

8.3　电荷耦合器件(CCD)

电荷耦合器件(CCD)的功能是把光学信号转变成视频信号输出,由于 CCD 不但具有体积小、重量轻、功耗小、电压低和抗烧毁等特点,而且具有分辨率高、动态范围大、灵敏度高、实时传输好和自扫描等方面优点,使得它在现代图像检测领域的应用日益广泛。

8.3.1　CCD 的基本工作原理

CCD 的突出特点是以电荷作为信号,而不同于其他大多数器件是以电流或者电压为信号。CCD 的基本功能是电荷的存储和电荷的转移。因此,CCD 工作过程的主要问题是信号电荷的产生、存储、传输和检测。

CCD 有两种基本类型,一是电荷包存储在半导体与绝缘体之间的界面,并沿界面传输,这类器件称为表面沟道 CCD(SCCD);二是电荷包存储在离半导体表面一定深度的体内,并在半导体内沿一定方向传输,这类器件称为体沟道或埋沟道器件(BCCD)。下面以 SCCD 为主来讨论 CCD 的基本工作原理。

1. CCD 光敏元工作原理

图像是由像素组成行，由行组成帧。对于黑白图像来说，每个像素应根据光的强弱得到不同大小的电信号，并且在光照停止之后仍能把电信号的大小保持记忆，直到把信息传送出去，这样才能构成图像传感器。CCD 的特点是以电荷为信号，不同于其他器件那样以电流或电压为信号。其关键在于明确电荷是如何存储、转移和输出的。CCD 器件是用 MOS(即金属-氧化物-半导体)电容构成的像素实现上述功能的。在 P 型硅衬底上通过氧化形成一层 SiO_2，然后再淀积小面积的金属铝作为电极，如图 8.3.1 所示。P 型硅里的多数载流子是带正电荷的空穴，少数载流子是带负电荷的电子。当金属电极上施加正电压时，其电场能够透过 SiO_2 绝缘层对这些载流子进行排斥或吸引。于是带正电的空穴被排斥到远离电极处，带负电的电子则被吸引到紧靠 SiO_2 层的表面上来。这种现象便形成对电子而言的陷阱，电子一旦进入就不能复出，故又称电子势阱。

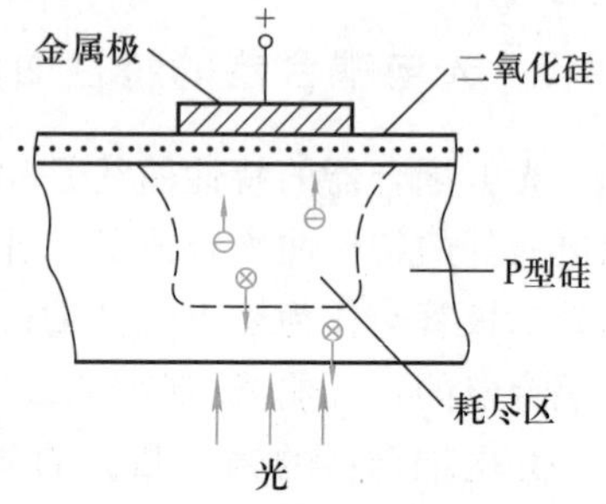

图 8.3.1 CCD 基本结构示意图

当器件受到光照时(光可从各电极的缝隙间经过 SiO_2 层射入，或经衬底的薄 P 型硅射入)，光子的能量被半导体吸收，产生电子-空穴对，这时出现的电子被吸引存储在势阱中。光越强，势阱中收集的电子越多，光弱则反之。这样就把光的强弱变成电荷的数量，实现了光和电的转换。而势阱中的电子是处于被存储状态，即使停止光照，一定时间内也不会损失，这就实现了对光照的记忆。

总之，上述结构实质上是个微小的 MOS 电容，用它构成像素，既可“感光”又可留下“潜影”，感光作用是靠光强产生的电子积累电荷，潜影是各个像素留在各个电容里的电荷不等而形成的。若能设法把各个电容里的电荷依次传送到其他处，再组成行和帧，并经过“显影”，就实现了图像的传递。

2. 电荷转移原理

由于组成一帧图像的像素总数太多，只能用串行方式依次传送，在常规的摄像管里是靠电子束扫描的方法工作的，在 CCD 器件里也需要用扫描实现各像素信息的串行化。不过 CCD 器件并不需要复杂的扫描装置，只需外加如图 8.3.2 所示的多相脉冲，依次对并列的各个电极施加电压就能办到。图中 ϕ_1、ϕ_2、ϕ_3 是相位依次相差 120°的三个脉冲源，其波形都是前缘陡峭后缘倾斜。若按时刻 $t_1 \sim t_5$ 分别分析其作用，可结合图 8.3.3 讨论工作原理。在排成直线的一维 CCD 器件里，电极 1~9 分别接在三相脉冲源上，将电极之间 1~3 视为一个像素，在 ϕ_1 为正电压的 t_1 时刻里受到光照，于是电极 1 之下出现势阱，并收集到负电荷。同时，电极 4 和 7 之下也出现势阱，但因光强不同，所收集到的电荷不等。在时刻 t_2，电压 ϕ_1 已下降，然而 ϕ_2 电压最高，所以电极 2、5、8 下方的势阱最深，原先储存在电极 1、4、7 下方的电荷将移到 2、5、8 下方。到时刻 t_3，上述电荷已全部向右转移一步。如此类推，到时刻 t_5 已依次转移到电极 3、6、9 下方。二维的 CCD 则有多行，在每一行的末端，设置有接收电荷并加以放大的器件，此器件所接收的顺序当然是先收到距离最近的右方像素，依次到来的是左方像素。直到整个一行的各像素都传送完，如果只是一维的，就可以再进行光照，重新传送新的信息;如果是二维的,就开始传送第二行。

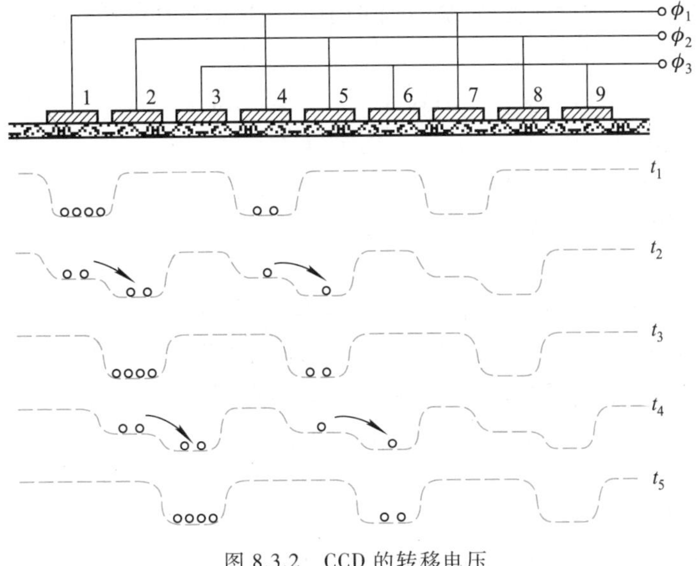

图 8.3.2 CCD 的转移电压

事实上,同一个 CCD 器件既可按并行方式同时感光形成电荷潜影,又可以按串行方式依次转移电荷完成传送任务。但是,分时使用同一个 CCD 器件时,在转移电荷期间就不应再受光照,以免因多次感光破坏原有图像,这就必须用快门控制感光时刻。而且感光时不能转移,转移时不能感光,工作速度受到限制。现在通用的办法是把两个任务由两套 CCD 完成,感光用的 CCD 有窗口,转移用的 CCD 是被遮蔽的,感光完成后把电荷并行转移到专供传送的 CCD 里串行送出,这样就不必用快门了,而且感光时间可以加长,传送速度也更快。

由此可见,通常所说的扫描已在依次传送过程中体现,全部都由固态化的 CCD 器件完成。

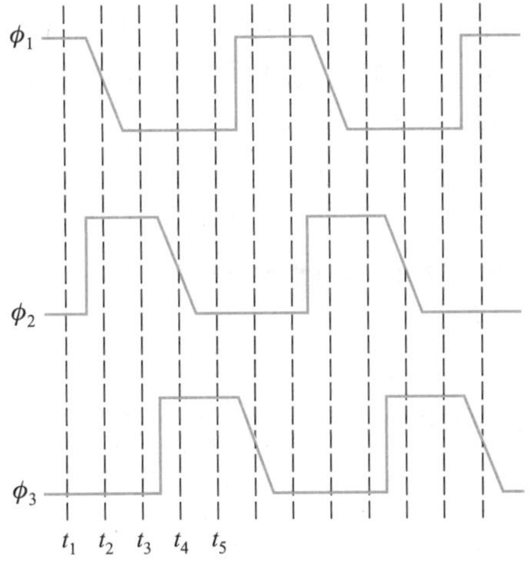

图 8.3.3 CCD 电荷转移原理

3. CCD 的输入-输出结构

前面仅叙述了电荷存储和移位,完整的 CCD 结构还应包括电荷注入和输出。

(1) 电荷注入

在电荷注入 CCD 中,有光电注入和电注入两种。光电注入即光照射在金属电极附近,产生的光电子被电极下势阱吸收,完成了电荷注入。另一种是电注入,所谓电注入就是 CCD 通过输入结构对信号电压或电流进行采样将信号电压或电流转换为信号电荷。电注入的方法很多,常用的两种方法为电流注入法和电压注入法。

(2) 电荷输出

在 CCD 中,有效地收集和检测电荷是一个重要问题。CCD 的重要特性之一是信号电荷在转移过程中与时钟脉冲没有任何电容耦合,而在输出端则不可避免。因此,选择适当的输出电路可以尽可能地减少时钟脉冲容性地馈入输出电路的程度。目前 CCD 的输出方式主要有电流输出、浮置扩散放大器输出和浮置栅放大器输出。

4. CCD 的特性参数

(1) 转移效率和转移损失率

电荷转移效率是表征 CCD 性能好坏的重要参数。把一次转移后,达到下一个势阱中的电荷与原来势阱中的电荷之比称为转移效率。转移损失率 ε 定义为每次转移中未被转移的电荷所占百分比。原始注入电荷为 Q_0,经 n 次转移后,所剩电荷为 Q_n,则

$$Q_n = Q_0(1-\varepsilon)^n \tag{8.3.1}$$

为了降低转移损失率,要求沿传输方向的长度要小,转移速度不能太快等。

(2) 工作频率

CCD 是利用极板下半导体表面势阱的变化来存储和转移信息电荷,所以它必须工作于非热平衡态,使用时,必须对时钟频率的上、下限有一个大致的估算:

时钟频率的上限 $f_上$ 决定于电荷包转移的损耗率 ε,就是说,电荷包的转移要有足够的时间,电荷包转移所需的时间应使之小于所允许的值。设 τ_D 为 CCD 势阱中电量因热扩散作用衰减的时间常数,与材料和极板的结构有关,一般为 10^{-8}s 量级。若使 ε 不大于要求的 ε_0 值,则对于三相 CCD(每 3 个电容中只有一个用于存储电荷,只要按一定规律依次改变各电极的电压,就可以实现电荷转移。)有

$$f_上 \leqslant -\frac{1}{3\,\tau_D \ln\,\varepsilon_0} \tag{8.3.2}$$

对于两相 CCD(有一半的电容可以存储电荷)有

$$f_上 \leqslant -\frac{1}{2\,\tau_D \ln\,\varepsilon_0} \tag{8.3.3}$$

时钟频率的下限 $f_下$ 决定于非平衡载流子的平均寿命 τ,一般为毫秒数量级。电荷包在相邻两电极之间的转移时间为 t,即 $t<\tau$,对于三相 CCD,电荷包从前一个势阱转移到后一个势阱所需要的时间为 $T/3$,则

$$f_下 > \frac{1}{3\,\tau} \tag{8.3.4}$$

对于二相 CCD,则

$$f_{下} > \frac{1}{2\tau} \tag{8.3.5}$$

8.3.2 CCD 器件

视觉检测系统采用的摄像机分为电子管式摄像机和固体器件摄像机 CCD 两种。电子管式摄像机根据光图像转换电子图像的原理不同,可以分成电子发射效应式和光导效应式两种类型。

CCD 是利用内光电效应由单个光电元件构成的集成化光电传感器。它集电荷存储、移位和输出为一体。应用于成像技术、数据存储和信号处理电路等。其中作为固体成像器件最有意义,像素的大小及排列固定,很少出现图像失真,使人们长期以来追求的固体自扫描摄像成为现实。它与传统的摄像仪相比,具有体积小、重量轻、功耗小、工作电压低(小于20 V)和抗烧毁等优点,而且在可靠性、分辨率、动态范围、灵敏度、实时传输和自扫描等方面有很强的优越性。其光波范围从紫外区及可见光区发展到红外光区。从用于一维(线型)和二维(平面)图像信息处理正向三维(立体)图像信息处理发展。目前,CCD 摄像器件不论在文件复印、传真、零件尺寸的自动测量和文字识别等民用领域,还是在空间遥感遥测、卫星侦察及水下扫描摄像机等军事侦察系统中都发挥着重要作用。

电荷耦合摄像器件就是用于摄像或相敏的 CCD,又简称 ICCD。它的功能是把二维光学图像信号转换成一维视频信号输出。

它有两大类型:线型和面型。二者都需要用光学成像系统将景物图像成像在 CCD 的像敏面上。像敏面将照在每一像敏单元上的图像照度信号转变为少数载流子数密度信号存储于相敏单元(MOS 电容)中。然后,再转移到 CCD 的移位寄存器(转移电极下的势阱)中,在驱动脉冲的作用下顺序地移出器件,成为视频信号。

对于线型器件,它可以直接接收一维光信息,而不能直接将二维图像转变为视频信号输出,为了得到整个二维图像的视频信号,就必须用扫描的方法来实现。

1. CCD 线阵摄像器件工作原理

线阵列固体摄像器件基本结构简图如图 8.3.4 所示。图中,光电二极管阵列和 CCD 移位寄存器统一集成在一块硅片上,分别由不同的脉冲驱动。设衬底为 P-Si,光电二极管列中各单元彼此被 SiO_2 隔离开,排成一行,每个光电二极管即为一个像素。各光电二极管的光电变换作用和光生电荷的存储作用与分立元件时的原理相同。如图中 U_P 为高电平时,各光电二极管为反偏置,光生的电子空穴对中的空穴被 PN 结的内电场推斥,通过衬底入地,而电子则积存于 PN 结的耗尽区中。在入射光的持续照射下,内电场的分离作用也在持续进行,从而即可得到光生电荷的积累。转移栅由铝条或晶硅构成,转移栅接低电平时,在它下面的衬底中将形成高势垒,使光电二极管阵列 CCD 移位寄存器彼此隔离。转移栅接高电平时,它下面衬底中的势垒被拆除,成为光生电荷(电荷包)流入 CCD 的通道。这时,电荷包并行地流入 CCD 移位寄存器,接着,在驱动脉冲的作用下,电荷包按着它在 CCD 中的空间顺序,通过输出机构串行地转移出去,这就是线阵列固体摄像器件的基本工作过程。

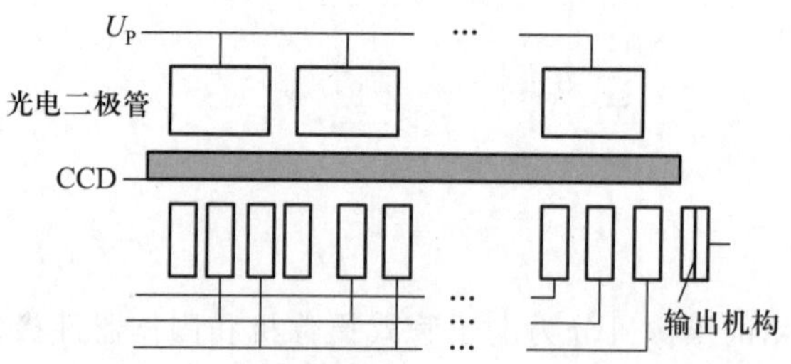

图 8.3.4 线阵列固体摄像器件基本结构简图

线型 CCD 摄像器件有两种基本形式:一种是单沟道线型 ICCD;另一种是双沟道线阵 ICCD。同样像敏单元的双沟道线阵 ICCD 要比单沟道线阵 ICCD 的转移次数少一半,它的总转移效率也大大提高。故一般高于 256 位的线阵 ICCD 都为双沟道的。

2. 面阵 ICCD

利用 CCD 摄像,仅一维是不够的,线型结构仅能在一个方向上,在驱动脉冲(时钟脉冲)作用下,把受不同图像光强照射产生的信息电荷从同一输出端输出,形成图像时域脉冲串,经过“解调”后,恢复原图像。显然,另一个方向采用机械方法扫描,摄像机体积庞大、可靠性差。为适应需要,按一定的方式将一维线型 ICCD 的光敏元及移位寄存器排列成二维阵列,即可以构成二维面阵 ICCD,按照传输方式的不同,分为场传输面阵 CCD 和行传输面阵 CCD。场传输面阵 CCD 结构原理如图 8.3.5 所示,它是一种场转移面型摄像器件,上面是光敏元面阵,中间是存储器面阵,下面是读出移位寄存器。假设光敏元面阵为 4×4 面阵,在光积分期间,4×4 个光敏元曝光,吸收光生电荷。曝光结束时,实行场转移,即在同一瞬间将 4×4 个光敏元获取的信息电荷转移到存储器面阵中对应的位置上。此时,光敏元第二次积分。在高速驱动脉冲作用下,把存储器面阵中的信息电荷逐行地转移到读出移位寄存器;每转移进一行,又要按串行向右移位输出后,再把第二行转移到读出移位寄存器中,直到最后一行。上述这种场转移面阵器件的电极结构简单,但有一个独立的存储器面阵。

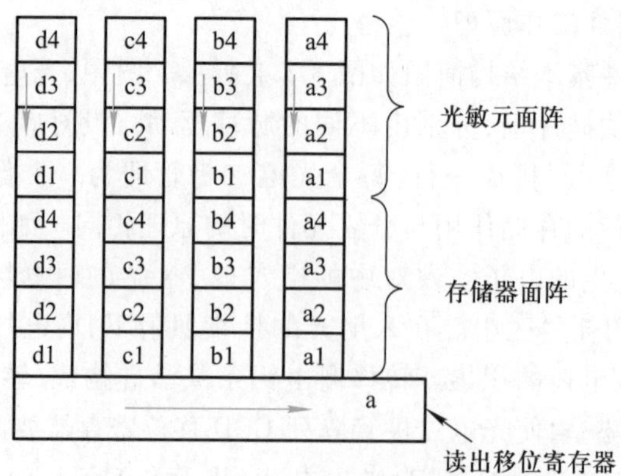

图 8.3.5 场传输面阵 CCD 结构原理

行传输面型 CCD 结构原理如图 8.3.6 所示。把光敏元与存储器集中在同一区内,分成光积分与遮光暂存两个部分。在光敏元光积分结束时,打开转移控制栅,信息电荷进入遮光暂存区。然后,一次一次地下移到水平位置的读出移位寄存器中,向右移输出。这种结构操作比较简单,但转移信号必须遮光,感光面积减小了。第一个面型器件产品就是上述这种结构。

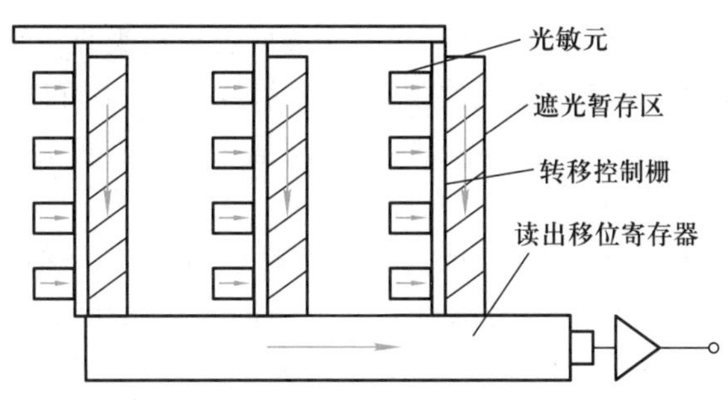

图 8.3.6 行传输面型 CCD 结构原理

3. ICCD 的基本特性参数

(1) 转换特性

在 ICCD 中,电荷包是由入射光子被硅衬底吸收产生的少数载流子形成的,因此,它具有良好的光电转换特性。它的光电转换因子可达到 99.7%。

(2) 动态范围

动态范围由势阱中可存储的最大电荷量和噪声决定的最小电荷量之比确定。CCD 势阱中可容纳的最大电荷量取决于 CCD 的电极面积及器件结构(SCCD 还是 BCCD)、时钟驱动方式及驱动脉冲电压的幅度等因素。

在 CCD 中,有以下几种噪声源:由于电荷注入器件引起的噪声;电荷转移过程中,电荷量的变化引起的噪声;由检测时产生的噪声。

(3) 分辨率

分辨率是图像传感器的重要特性,常用调制传递函数 MTF 来评价。

线阵 CCD 固体摄像器件向更多位光敏单元发展,现有 256×1;1024×1;2048×1;5000×1 等多种。像元越高的器件具有更高的分辨率。尤其是用于物体尺寸测量中,采用高位数光敏单元的线阵 CCD 器件可以得到更高的测量精度,另外,当采用机械扫描装置时,亦可以用线阵 CCD 摄像器件得到二维图像的视频信号。扫描所获得的第二维的分辨取决于扫描速度与 CCD 光敏单元的高度等因素。对于二维面阵器件,与现代电视系统的扫描格式、水平和垂直方向上的像元数量有关。数量越大其分辨率越高,现有面阵器件的相敏单元数为:100×108、320×320、512×320、604×588、1024×1024 等多种。

8.4　图像传感器及其应用

8.4.1　图像的获取技术

1. 图像传感器

图像是由照射源和形成图像的场景元素对光能的反射或吸收相结合而产生的。照射可以由电磁波引起，如各种可见光、雷达、红外线或 X 射线能源，也可以由非传统光源，如超声波，甚至由计算机产生的照射模式产生。场景可以是人们日常可见到的物体，也可以是分子、沉积岩或人类大脑，甚至可以对一个光源成像。

成像物镜将外界照明光照射下的（或自身发光的）景物成像在物镜的像面上，形成二维空间的光强分布（光学图像）。能够将二维光强分布的光学图像转变成一维时序电信号的传感器称为图像传感器。图像传感器输出的一维时序信号经过放大和同步控制处理后，送给图像显示器，可以还原并显示二维光学图像。当然，图像传感器与图像显示器之间的信号传输与接收都要遵守一定的规则，这个规则被称为制式。例如，广播电视系统中规定的规则称为电视制式。还有其他的一些专用制式。按电视制式输出的一维时序信号称为视频信号。

2. 图像传感器的基本结构

图像传感器的种类很多，根据图像的分解方式可将图像传感器分成三种类型，即光机扫描图像传感器、电子束扫描图像传感器和固体自扫描图像传感器。

（1）光机扫描图像传感器

光机扫描图像传感器又常分为单元光机扫描方式与多元光机扫描方式的图像传感器。下面以单元光机扫描方式为例讲述图像传感器的构成及特点。

单元光电传感器（包括热电传感器）与机械扫描装置相配合可以构成光机扫描方式的图像传感器。在如图 8.4.1 所示的光机扫描方式原理图中，单元光电传感器的光敏面积与被扫描光学图像的面积相比很小，可近似看作一个点。当机械扫描机构带动单元光电传感器的光敏面在光学图像的像面沿水平（x）方向作高速往返运动时，称为行扫描。行扫描中沿 x 方向的扫描运动称为行正程，反之为行逆程。在垂直（y）方向作低速往返运动，称为场扫描。场扫描中沿 y 方向的扫描运动称为场正程，反之为场逆程。

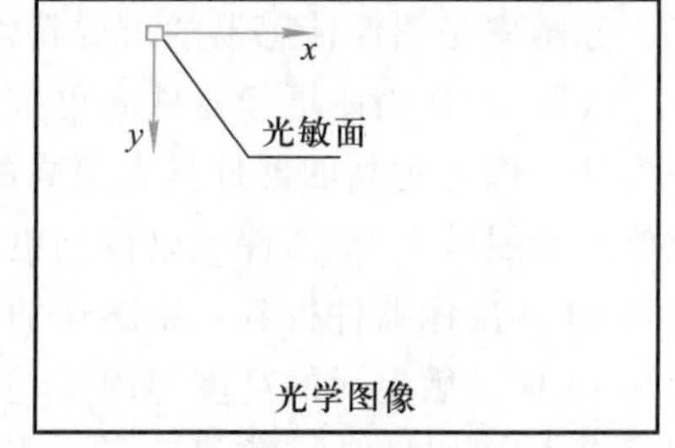

图 8.4.1　光机扫描方式原理图

光机扫描方式也可以采用停顿方式进行间断式工作。在 y 方向扫描暂时停止在某行 y_i，x 方向扫描一行，光电传感器输出一行的信号后返回到 x 方向的起始位置。y 方向也前进一行，进入 y_{i+1} 行，再进行一行的扫描与输出，如此往复，即扫描出整个像面。这种停顿式的扫描方式速度慢，只适用于静止图像的转换，不利于变化图像的转换与采集工作。但是，它很容易获得更清晰的扫描图像。

光机扫描方式的水平分辨率正比于光学图像水平方向的尺寸与光电传感器光敏面在水平方向的尺寸之比。因为尺寸比大,一行之内(行正程时间内)输出的像敏单元点数多,分辨率自然也高。同样,垂直分辨率也正比于光学图像垂直方向的尺寸与光电传感器光敏面在垂立方向的尺寸之比。因此,减小光电传感器光敏面的面积是提高光机扫描方式分辨率的有效方法。然而,光电传感器光敏面的减小、扫描点数的提高,使行正程的时间变长或必须提高行扫描速度(当要求行正程时间不变的情况下),这对光机扫描方式常常是很困难的。正因为如此,单元光电传感器的光机扫描方式的水平分辨率会受到扫描速度的限制。提高光机扫描方式分辨率与扫描速度的方法是采用多元光电传感器,构成多元光机扫描方式。

(2) 电子束扫描图像传感器

电子束扫描方式的传感器是最早应用于图像传感器的,如早期的各种电真空摄像管、真空视像管以及红外成像系统中的热释电摄像管等。在这种电子束扫描成像方式中,被摄景物图像通过成像物镜成像在摄像管的靶面上,以靶面电位分布或以靶面电阻分布的形式将光强分布的图像信号存于靶面,并通过电子束将其检取出来,形成视频信号。电子束在摄像管偏转线圈的作用下,进行行扫描与场扫描,以完成对整个图像的扫描(或分解)。当然,行扫描与场扫描要遵循一定的规则。电子束摄像管电子扫描系统遵循的规则称为电视制式。

(3) 固体自扫描图像传感器

固体自扫描图像传感器是 20 世纪 70 年代发展起来的新型图像传感器件,如面阵 CCD 器件、CMOS 图像传感器件等。这类器件本身具有自扫描功能,例如,面阵 CCD 固体摄像器件的光敏面能够将成像于其上的光学图像转换成电荷密度分布的电荷图像。电荷图像以在驱动脉冲的作用下按照一定的规则(如电视制式)一行行地输出,形成图像信号(或视频信号)。

上述三种扫描方式中,电子束扫描方式由于电子束摄像管逐渐被固体图像传感器所取代,已逐渐退出舞台。目前光机扫描方式与固体自扫描方式在光电图像传感器中占据主导地位。但是,在有些应用中通过将一些扫描方式组合起来,能够获得性能更为优越的图像传感器、例如,将几个线阵 CCD 图像传感器或几个面阵图像传感器拼接起来,再利用机械扫描机构,形成一个视场更大、分辨率更高的图像传感器,以满足人们探索宇宙奥秘的需要。

3. 图像的获取技术

图 8.4.2 显示了用来把照射量变为数字图像的三种主要传感器装置。其原理是利用对特殊类型能源敏感的传感器材料,把输入能源转变为输出电压波形,然后将其数字化,从而得到数字图像信息。

(1) 用单个传感器获取图像

这种方法中用得较多的是光电二极管,它由硅材料制成,其输出电源波形与光的强度成正比。

为用单个传感器获取二维图像,传感器和场景对象之间必须在 x 和 y 方向有相对位移,图 8.4.3 显示了一个用于高精度扫描的装置(鼓形扫描器或光电滚筒扫描器)。它把一张图片装在一个滚筒上,滚筒由相应的装置驱动其转动,使传感器相对于图像作垂直方向运动。

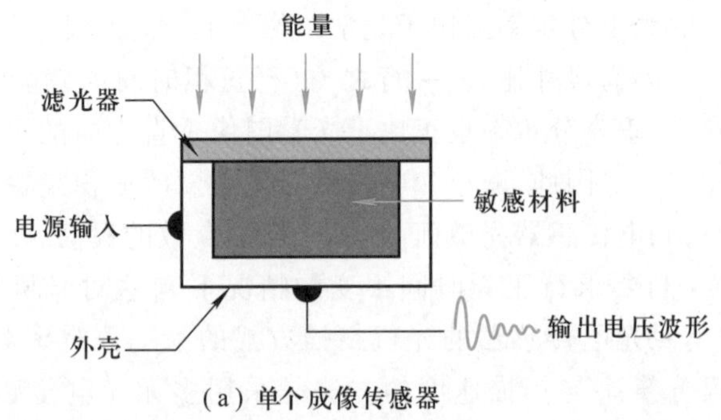

(a) 单个成像传感器

(b) 带状传感器

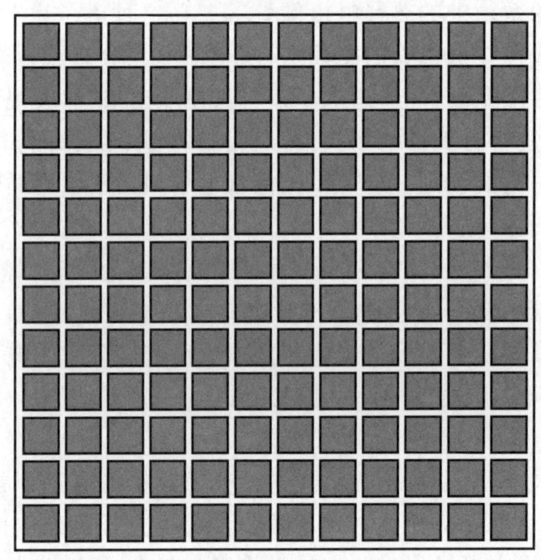

(c) 传感器阵列

图 8.4.2　获取数字图像的三种主要传感器装置

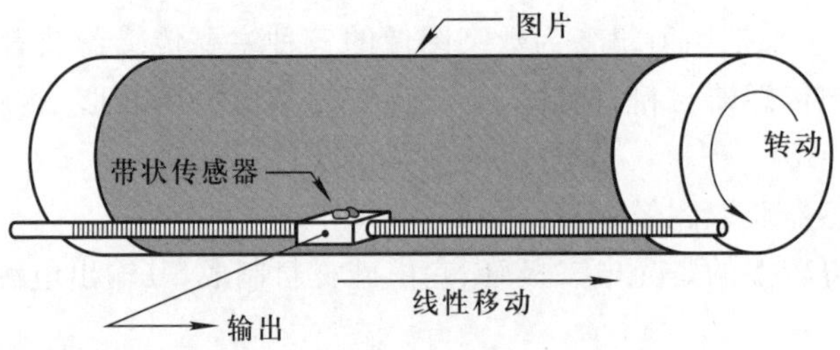

图 8.4.3　用单个传感器通过运动获取图像

传感器安装在引导螺杆上,它可以在水平方向上移动。光源的光照射到图像上,图像的反射光可被传感器接收到,变为电压信号输出,电压信号的大小与传感器接收到的光的强度成正比。图像是有灰度层次的,当光照到不同灰度位置时,其该位置反射光的强度也发生变化,相应地,传感器输出的电压信号也随之发生改变。通过控制滚筒的转动和传感器沿引导螺杆的运动,就可以把一幅光学图像各点的灰度转化为电信号,从而获得二维图像 $f(x,y)$,对电压信号数字化,就可获得二维的数字图像。因为机械运动可高精度地控制,这一方法是得到高分辨率图像的一种廉价方法,但速度较慢。

用单一传感器成像的还有激光扫描器。它是同时放置一个激光源和传感器,用一个镜子来控制光束到扫描图形上,同时把激光信号反射到传感器。

(2) 用带状传感器获取图像

在获取数字图像中更常用的是由各个单个传感器按线状排列而形成带状传感器或传感器带,如图8.4.2(b)所示。传感器带在一个方向上提供成像单元。相对传感器带垂直方向的运动在另一个方向上成像,如图 8.4.4(a)所示。这是大多数平板扫描仪所用的装置,成像传感器带一次输出一幅图像的一行,随着传感器带的运动完成二维图像的获取。

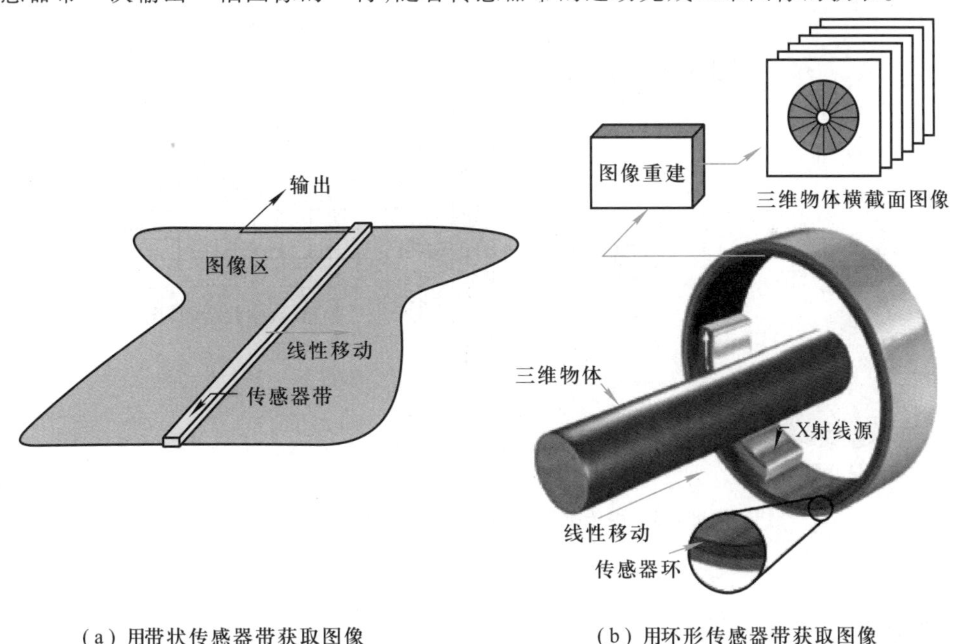

(a) 用带状传感器带获取图像　　(b) 用环形传感器带获取图像

图 8.4.4 用带状传感器带通过运动获取图像

传感器带也可以安装成圆环形状,称为传感器环或环形传感器带。它主要用于医学工业成像,以得到三维物体的横断截面(切片)图像,如图 8.4.4(b)所示。一个旋转的 X 射线源提供照射,而相对于射线源的传感器部分接收通过物体的 X 射线能量。这是医学和工业计算机轴向断层成像技术(即 CT 技术)的基础。传感器的输出经过计算机用相应的重建算法处理后,可得到重建截面图像,称为图像重建。进一步地可根据物体的各个截面图像由计算机进行三维重建。

(3) 用传感器阵列获取图像

将各个传感器以二维阵列形式排列就形成了传感器阵列。目前这是在数字摄像机上常见的主要结构。这些摄像机所用的典型传感器是 CCD 阵列,这种阵列可用宽带且有敏感特性的元件制造并封装为 4000×4000 或更多单元的固定阵列。CCD 传感器广泛地应用于数字摄像机和其他光敏感设备中,每一个传感器的响应正比于投射到传感器表面的光能总量,图 8.4.2(c)所示的传感器阵列是二维的,它的主要优点是把图形能量聚焦到阵列表面,一次就能得到完整的图像。

传感器阵列应用的主要方法如图 8.4.5 所示。该图显示了来自照射源通过场景元素反射的能量(该能量也可以是通过场景单元透射的)。成像系统接收入射能量并把它们聚焦到一个图像平面上,与焦点面相重合的传感器阵列产生与每一个传感器接收的光能量成正比的输出。数字或模拟电路扫描这些输出,并把它们转换成电信号,经数字化后输出数字图像。

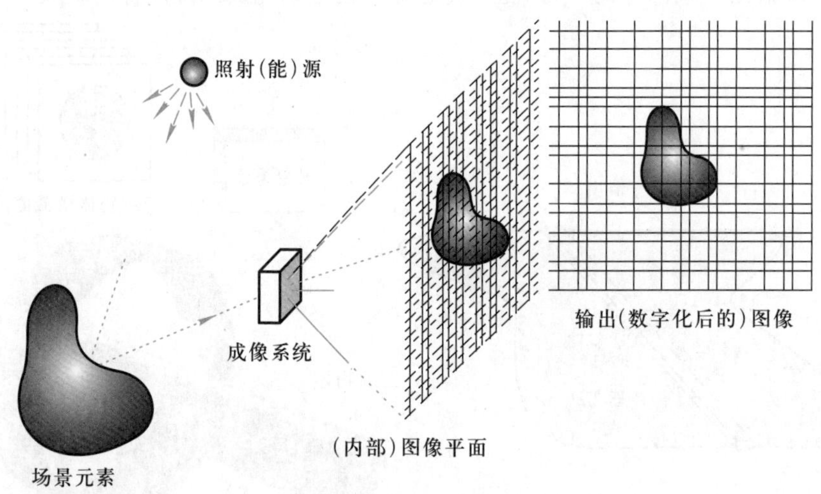

图 8.4.5 用传感器阵列获取数字图像的过程

8.4.2 图像传感器的应用

1. 自动调焦系统

CCD 器件发展很快,应用日益广泛。图像测量中的典型自动调焦系统原理图如图8.4.6所示。被测图像经 CCD 扫描转换成电信号送入图像采集卡。计算机采集一幅图像后,对其清晰度,即离焦情况进行判断,根据处理结果发出信号,经 D/A 转换、功放后驱动步进电机,通过微位移机构带动载物台沿空间三个方向移动,计算机根据离焦函数不断进行判断,以搜索被测图像的最佳清晰度位置。

对于同一被测对象,清晰度判别函数可能有几种,理想的评价函数应当具备下列特性:

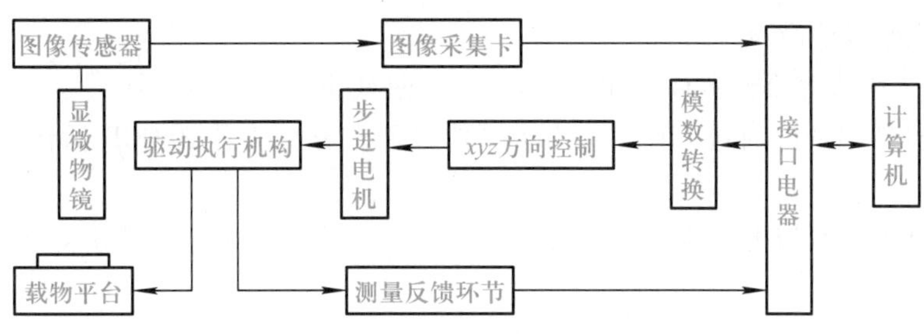

图 8.4.6 自动调焦系统框图

① 无偏性,当物面与对准面重合时,参数取得极值。

② 单峰性,只有在焦距对中时,参数才具有极值。

③ 足够的抗干扰能力,以保证可靠地检测离焦量。

④ 能反映离焦极性,以便控制调节方向。

2. 零件的准确跟踪和抓取

两个光源分别从不同方向向传送带发送两条水平缝隙光(结构光),而且预先将两条缝隙光调整到刚好在传送带上重合的位置,如图 8.4.7 所示。这样,当传送带上没有零件时,两条缝隙光合成一条直线。当传送带上的零件通过缝隙光处时,缝隙光就变成两条分开的直线,其分开的距离与零件的高度成正比。视觉系统通过对摄取图像进行处理,可以确定零件的位置、高度、类型与取向,并将此信息送入机器人控制器,使得机器人完成对零件的准确跟踪和定位。

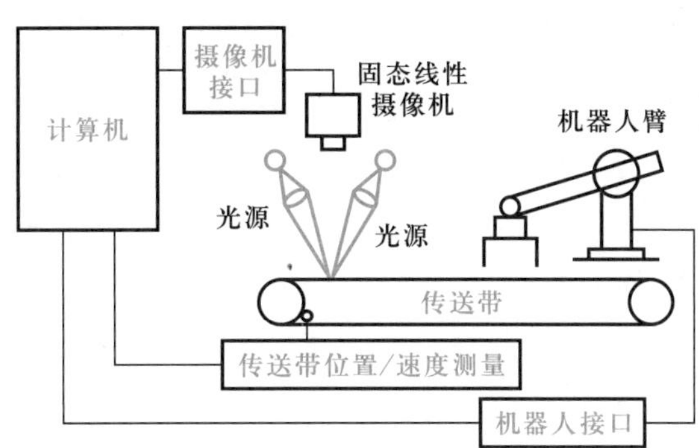

图 8.4.7 图像传感器在零件跟踪和抓取中的应用

思考题与习题八

1. 光电效应有哪几种?与之对应的光电元件各是哪些?请简述其特点。

2. 利用光电二极管和晶闸管设计 10 盏 220 V 电压供电,天黑时灯亮,天亮时灯暗的自动路灯电路。

3. 试比较光敏电阻、光电池、光电二极管和光电三极管的性能差异,请举例说明什么情况下应选用哪种器件最为合适。

4. 试述 CCD 线阵摄像器件工作原理。上、下限截止频率如何估算?

5. CCD 器件中的电荷包为什么会沿半导体表面转移?为什么 CCD 器件必须在动态情况下工作?

6. 请说明数码照相机与普通照相机的主要区别。数码照相机有哪些特点?

第 9 章　自动检测系统及其组成

我们前面讲过许多传感器的结构和工作原理,但是在实际应用中,单独地使用一种传感器来组成简单的仪器仪表可能性是很小的,如空调、洗衣机、电冰箱等家用电器都配备了多个不同类型的传感器,并与计算机、控制电路以及机械传动部件组成一个综合系统,来达到某种设定的目的,这种系统称为检测控制系统。随着计算机、微电子等技术渗透到检测和仪器、仪表技术领域,检测技术与仪器不断进步,相继出现了智能仪器、虚拟仪器等微机化仪器及其自动检测系统,计算机与现代仪器设备间的界限日渐模糊。与计算机技术紧密结合已是当今仪器与检测技术发展的主潮流。

本章在介绍自动检测系统基本组成的基础上,着重介绍现代测控总线技术、虚拟仪器技术和多传感器信息融合技术。

9.1　自动检测系统的基本组成

9.1.1　自动检测系统的基本结构

自动检测系统大体可分为三种基本结构:智能仪器、个人仪器和自动检测系统。

1. 智能仪器

智能仪器是将微处理器、存储器、接口芯片与传感器融合在一起组成的检测系统,有专用的小键盘、开关、按键及显示器等,多使用汇编语言,体积小,专用性强。图 9.1.1 所示为智能传感器的硬件结构图。

2. 个人仪器

个人仪器又称个人计算机仪器系统,它是以个人计算机配以适当的硬件电路与传感器组合而成的检测系统。由于它是基于个人计算机基础上的仪器,所以称为个人仪器。

个人仪器与智能仪器不同之处在于:利用个人计算机本身所具有的完整配置来取代智能仪器中的微处理器、开关、按键、显示数码管、串行口、并行口等,充分利用了个人计算机的软硬件资源,并保留了个人计算机原有的许多功能。

组装个人仪器时,传感器信号送到相应的接口板上,再将接口板插到工控机总线扩展槽中或专用的接口箱中,配以相应的软件就可以完成自动检测功能。

研制者不必像研制智能仪器那样去研制微机电路,而是利用成熟的个人计算机技术,将精力放在硬件接口模块和软件开发上。在硬件方面,目前已有许多厂商生产出可以与各种传感器配套的接口板;在软件方面,也有许多成熟的工控软件出售。编写程序时,可以调用

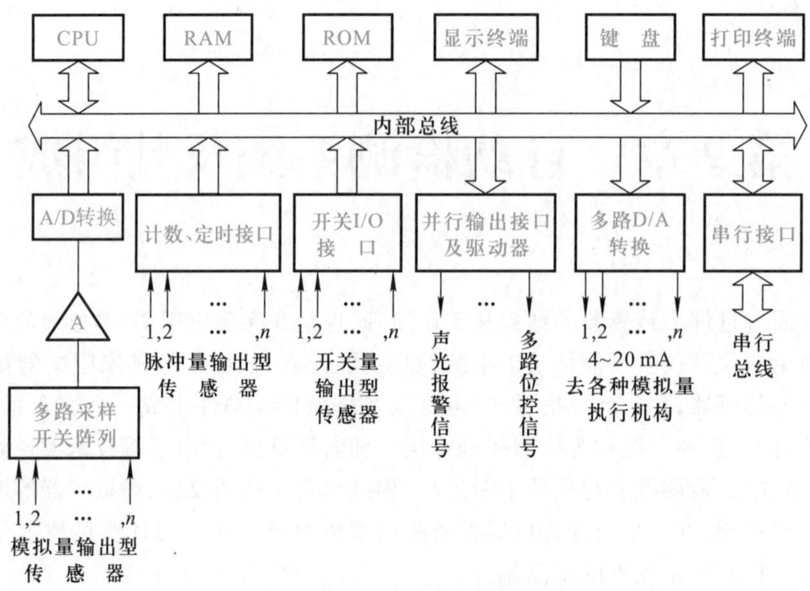

图 9.1.1　智能传感器的硬件结构图

其中有关的功能模块，而不是去编写底层软件，这样就可以大大加快研制进程和开发周期。个人仪器的硬件结构框图如图 9.1.2 所示。

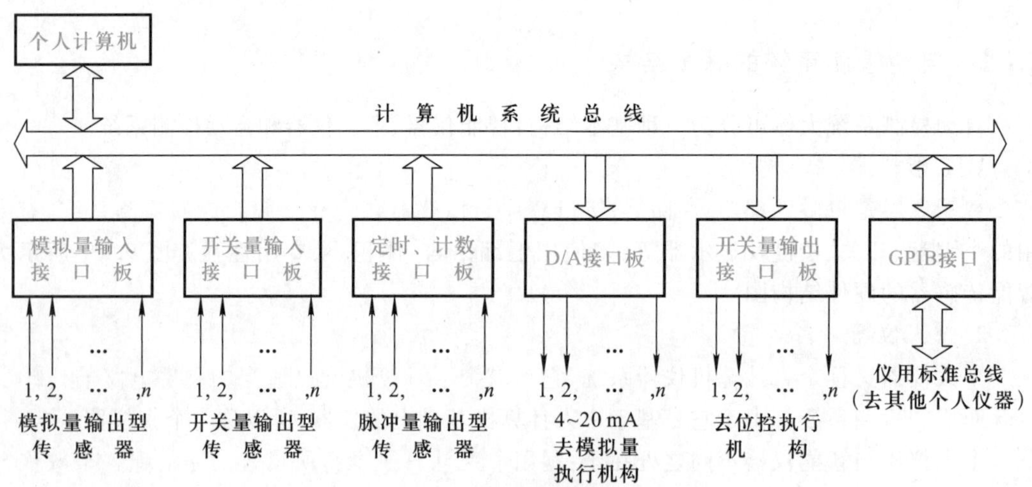

图 9.1.2　个人仪器的硬件结构框图

3. 自动检测系统

它是以工控机为核心，以标准接口总线为基础，以可程控的多台智能仪器为下位机组合而成的一种现代检测系统。

在现代化车间或生态农业系统中，生产的自动化程度很高，一条流水线上往往要安装几

十、上百个传感器，不可能每一个传感器配一台个人计算机。它们都通过各自的通用接口总线，与上位机连接。上位机利用预先编程的测试软件，对每一台智能仪器进行参数设置、数据读写。上位机还利用其计算、判断能力控制整个系统的运行。

一个自动测试系统还可以通过接口总线或其他标准总线，成为其他级别更高的自动测试系统的子系统。许多自动测试系统还可以作为服务器工作站加到互联网络中，成为网络化测试子系统，实现远程检测、远程控制、远程实时调试。图 9.1.3 为自动测试系统的原理框图。

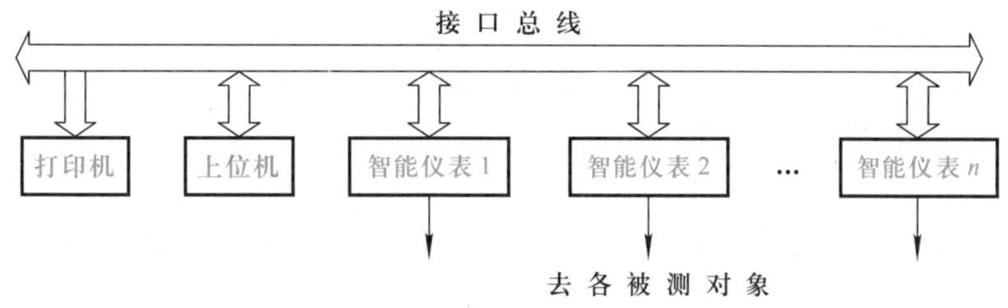

图 9.1.3　自动测试系统的原理框图

9.1.2　自动检测系统的特点

自动检测系统与一般的检测系统（不带微机）比较，有以下三个特点。

1. 具有运算和记忆能力

计算机的特点是运算速度快、存储容量大，所以能对测量数据进行统计处理、减小随机误差；能对被测量进行线性补偿和函数转换；能对组合数据进行综合计算、量纲转换；能进行 PID 运算、模糊控制；在断电时，能长时间保存断电前的重要参数等。

2. 具有自校准、自动故障诊断能力

自校准包括自动零位校准和自动量程校准。计算机采用程序控制的方法，在每次测试前，先将放大器输入端短路，将零漂数值存入 RAM，在正常测试时从测量值中扣除零位偏差；计算机还能判断被测量所属的量程，自动切换可编程放大器的放大倍数，从而完成量程的自动切换。为了消除由于环境变化引起的放大器增益漂移，计算机于测试之前在放大器输入端自动接入基准电压，测出放大器增益变化量，在正常测试时通过加以纠正，自动校准功能大大减小了测量误差。当系统出现故障无法正常工作时，只要计算机本身能继续运行，它就转而执行故障诊断程序，按预定的顺序搜索故障部位，并在屏幕上显示出来，从而大大缩短了检修周期。

3. 具有操作方便、性价比高等特点

使用人员可通过键盘来控制系统的运行。系统通常还配有显示屏幕显示，因此可以进行人机对话，在屏幕上用图表、曲线的形式显示系统的重要参数、报警信号，有时还可用彩色图形来模拟系统的运行状况。由于软、硬件的有机结合，使产品具有可靠性高、体积小、质量轻、功耗低、易于携带和移动等特点。

9.1.3　自动检测系统的工作流程

从图 9.1.1 可以看到,检测系统涉及的传感器和输入量众多,所以工作流程通常为:计算机首先根据存储在 ROM 中的程序,向多路采样开关阵列的选通地址译码器写入准备采样的传感器地址,由译码器接通该地址对应的采样开关,所要采样的信号被连接到高精度放大器,放大后的信号经 A/D 转换器转换成数字量,计算机通过数据总线接受该信号。为了随机误差统计处理的需要,每个采样点需要快速地采样多遍。一个采样点采样结束后,计算机转而发送第二个采样地址,对第二个传感器采样,直至全部被测点均被采样完毕为止。如果被采集的信号不是模拟量而是状态量,计算机由 I/O 接口进行读操作;如果被采样信号是串行数据量,则通过串行接口接受该信号。

从上述分析可知,计算机不可能在同一时刻读取所有传感器的信号,而是分时但快速地轮流读取所有的被测量,这种采样方式称为“巡回检测”。采样结束后,所有的采样值还需要经过误差统计处理,剔除粗差,求取算术平均值,然后存储在 RAM 中。计算机根据预定程序,将有关的采样值作一系列的运算,比较判断,将运算的结果分别送显示终端和打印终端,并将某些数值送到输出接口,输出接口将各数字量分别送到位控信号电路和多路 D/A 转换电路,去控制各种执行机构。若某些信号超限,计算机立即起动声光报警电路进行报警。

9.1.4　自动检测系统的主要器件简介

1. 多路模拟开关

多路模拟开关的主要用途是把模拟信号分时地送入 A/D 转换器,完成多到一的转换。有时在输出通道中,需要把 D/A 转换器生成的模拟信号输出到不同的控制回路中去,完成一到多的转换,这时可称为多路分配器或多路开关。目前采用的多路模拟开关可分为单向、双向两种。常用的多路模拟开关有 AD7501(单向 8 路)、AD7506(单向 16 路)、CD4051(双向 8 路)和 CC4066(双向 4 路)等。

(1) 单向多路模拟开关

AD7501 是 8 选 1 的 CMOS 单向多路模拟开关,地址输入端为 A_0、A_1、A_2,输出由允许端 EN 控制。图 9.1.4 为 AD7501 引脚及结构原理图。AD750l 的主要参数有:导通电阻 R_{on} 典型值为 170 Ω($-10\ V \leqslant U_{SS} \leqslant 10\ V$);导通电阻温漂 0.5%/℃;各通道之间偏差 4%;输入电容 $C_i = 3\ pF$;开关时间 $t_{on} = 0.8\ \mu s$;极限电源电压:$U_{DD} = +17\ V$,$U_{SS} = -17\ V$。

(2) 差分 4 通道模拟开关

AD7502 是差分 4 通道多路模拟开关,其主要特性与 AD7501 基本相同,但在同一选通地址情况下有两路同时选通。其外引脚和原理图如图 9.1.5 所示。集成多路模拟开关的导通电阻一般在 100 Ω 左右或更大,在要求开关导通电阻小的场合下应采用继电器。由于继电器线圈需要一定的电流才能动作,所以必须在控制机的输出接口接入相应的驱动器,例如 74LS06 芯片,图 9.1.6 为单片机控制继电器的接口原理图。图中单片机 $P_{1.0}$ 口的某一位输出为“1”时,线圈中有电流流过,继电器就动作使开关闭合。反之,输出为“0”时,继电器线圈中无电流通过，开关断开。继电器线圈是感性负载，当电路突然关断时，会出现电感性浪涌电压，所以，在继电器两端应并联一个阻尼二极管加以保护。

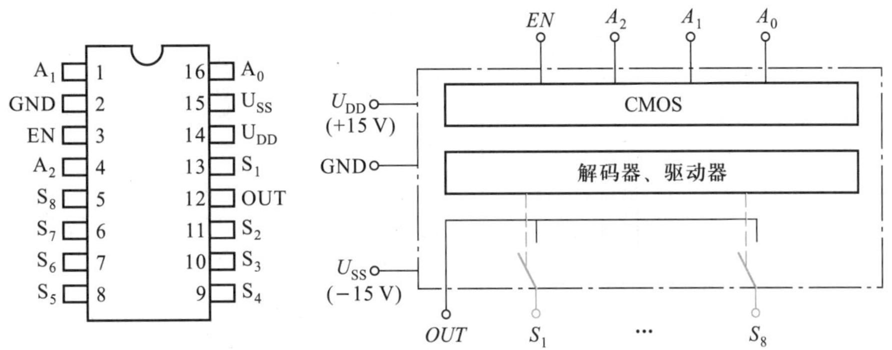

图 9.1.4 AD7501 引脚及结构原理图

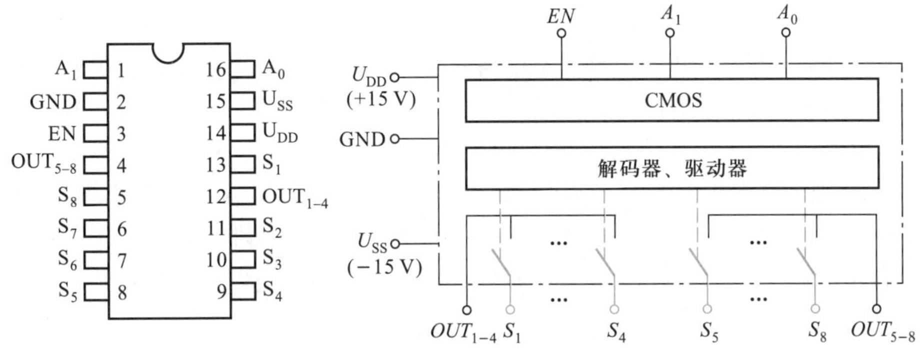

图 9.1.5 AD7502 引脚及结构原理图

（3）多路模拟开关的选用注意事项

在模拟信号电平较低时，应选用低电压型多路模拟开关，并注意在电路中采用严格的抗干扰措施；在数据采集速率高、切换路数多的情况下，宜选用集成多路模拟开关，并尽量选用单片多路开关，以保证各路通道参数一致；在信号变化慢且要求传输精度高的场合，如利用铂电阻测量缓变温度场，可选用机械触点式开关。

2. 放大器

从传感器来的信号有许多是毫伏级的弱信号，需经放大器才能进行 A/D 转换。由于高质量的放大器价格相对较为昂贵，所以一般是将放大器放在采样开关之后，这样只需要一个高质量的放大器就可对几十、上百个传感器来的信号进行放大。

因为工业中的被测量有的变化十分缓慢，放大倍数一般较大，系统要求的精度又较高，因此，放大器的频率下限必须延伸到直流，输入失调电压温漂系数一般要小于 1 μV/℃；又由于多通道数据的切换速度可能很高，可达每秒数千次以上，被测信号中调制了较高的共模干扰电

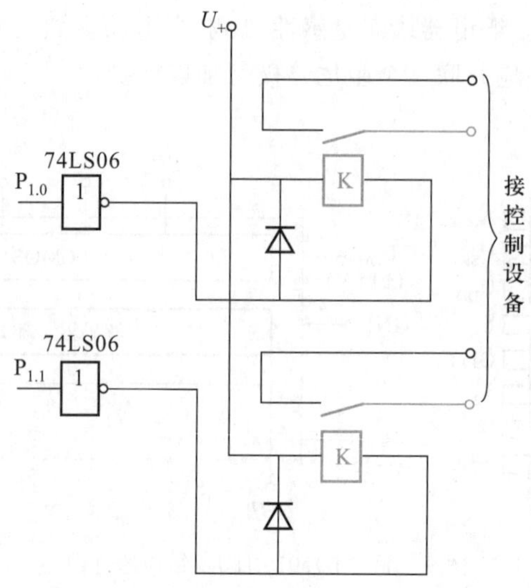

图 9.1.6 继电器控制接口电路图

压,所以放大器要有很高的电压上升率及很高的抗共模干扰能力。目前常用的放大器有如下几种形式:一种是高精度、低漂移的双极型放大器,如 OP-07 等;另一种为 CMOS 斩波、自稳零集成运放,它的输入失调电压漂移系数很低(约为 0.001 μV/℃),共模抑制比达 130 dB,但它存在较大的斩波尖峰干扰电压,噪声较大,如 ICL7650 等;第三种为隔离放大器,带有光电隔离或变压器隔离,有很高的抗共模干扰能力,但价格较昂贵。目前已研制出专门用于放大微弱信号的"仪表放大器",它的各项性能指标均较好,在自动检测系统中的应用日渐普及。

3. A/D 转换器

通常所说的 A/D 转换器是指将模拟信号进行量化、编码,转换为 n 位二进制数字量信号的集成电路。实际上,量化、编码是在转换过程中同时完成的,并无明显界线。目前采用较多的 A/D 转换器有两大类:一类是并行 A/D 转换器;另一类是串行 A/D 转换器。

并行 A/D 转换器根据 A/D 转换原理和特点的不同,可把它分成两大类:直接 A/D 转换(直接 ADC)和间接 A/D 转换(间接 ADC)。直接 ADC 是将模拟电压直接转换成数字代码,较常用的有逐次逼近式 ADC、计数式 ADC 和并行转换式 ADC 等。间接 ADC 是将模拟电压先变成中间变量,如脉冲周期 T、脉冲频率 f、脉冲宽度 τ 等,并将中间变量变成数字代码,较常见的有单积分式、双积分式 ADC,U/F 转换式 ADC 等。上述各种 ADC 各有优点,以计数式 ADC 最简单,但转换速度慢。并行转换式 ADC 速度最快,但成本最高。逐次逼近式 ADC 转换速度和精度都比较高,且比较简单,价格不高,所以在微型机应用系统中最常用。积分式特别是双积分式 ADC 转换精度高,抗干扰能力强,但转换速度慢,一般应用在要求精度高而速度不高的场合,例如测量仪表等。

串行 A/D 转换器转换的结果以串行二进制编码的形式输出,所以这类 A/D 转换器属于 2 线输出型。还有一种 U/F 转换式 ADC,它在转换线性度、精度、抗干扰能力和积分输入特性等方面有独特的优点,且接口简单,占用计算机资源少,缺点也是转换速度低,目前在一些输出信号动态范围较大或传输距离较远的低速模拟输入通道中,获得了越来越多的应用。

4. D/A 转换器

计算机运算处理后的数字信号有时必须转换为模拟信号,才能用于工业生产的过程控制。D/A 转换器的输入是计算机送来的数字量,它的输出是与数字量相对应的电压或电流。在计算机与 D/A 之间插入多路光耦可以较好地防止工业控制设备干扰计算机的工作,使用一个 D/A 即可进行多路 D/A 转换。

9.2 现代测控总线技术

计算机系统通常采用总线结构,即构成计算机系统的 CPU、存储器和 I/O 接口等部件之间都通过总线互连。总线的采用使得计算机系统的设计有了统一的标准可循,不同的开发厂商或开发人员只要依据相应的总线标准即可开发出通用的扩展模块,使得系统的模块化成为可能。

9.2.1 测控总线的类型与标准

1. 测控总线的类型

总线实际是连续多个功能部件或系统的一组公用信号线。根据总线上传输信息不同,计算机系统总线分为控制总线、内总线和外总线。

(1) 控制总线

控制总线是一种流行的微型计算机总线,它是测控总线的基础,且是最重要的核心部分。现代测控总线是在高速的计算机总线的基础上,通过扩展测控仪器的功能而构成。控制总线由微处理器主总线和数据传输总线组成。在数据传输总线中包括了地址线、数据线和控制线的数据。为了满足更高的带宽和高速可靠的数据传送功能,在新一代的计算机总线中引入了局部总线技术。目前在测控总线中常见的控制总线有 VME 总线和 PCI 总线。

(2) 内总线

内总线又称为系统总线,指模块式仪器机箱内的底板总线,用来实现系统机箱中各种功能模块之间的互连,并构成测控系统。内总线包括计算机局部总线、触发总线、时钟和同步总线、仪器模块公用总线、模块识别总线和模块间的接地总线。选择一个标准化的内总线,并通过适当地选择各种仪器模块来组建一个符合要求的测控系统,可使开放型互连模块式仪器在机械、电气、功能上兼容,以保证各种命令和测控数据在测控系统中准确无误地传递。目前,在测控总线中常见的标准化内总线有 VXI 总线、CPCI 总线和 PXI 总线。

(3) 外总线

外总线又称为通信接口总线。它是系统控制计算机与挂在系统内总线上的模块仪器卡之间,或系统控制器与台式仪器间的通信通道。外总线有并行(如 GPIB)或串行(如 USB 总线)两种数据传输方式。目前在测控总线中常见的标准化外总线有 GPIB 总线、USB 总线、IEEE1394 总线和 RS-232C/RS-485 总线。

2. 测控总线的标准

目前,计算机系统中广泛采用的都是标准化的总线,具有很强的兼容性和扩展能力,有利于灵活组建系统。同时,总线的标准化也促使总线接口电路的集成化,既简化了硬件设计,又提高了系统的可靠性。

总线标准化按不同层次的兼容水平、主要有以下三种:

(1) 信号级兼容

对接口的输入、输出信号建立统一规范,包括输入和输出信号线的数量、各信号的定义传递方式和传递速度、信号逻辑电平和波形、信号线的输入阻抗和驱动能力等。

(2) 命令级兼容

除了对接口的输入、输出信号建立统一规范外,对接口的命令系统也建立统一规范,包括命令的定义和功能、命令的编码格式等。

(3) 程序级兼容

在命令级兼容的基础上,对输入、输出数据的定义和编码格式也建立统一的规范。

不论在何种层次上兼容的总线,接口的机械结构都应建立统一规范,包括接插件的结构和几何尺寸、引脚定义和数量、插件板的结构和几何尺寸等。

9.2.2 GPIB 总线

GPIB 是控制器和可编程仪器之间通信的一种总线协议,也称为 IEEE-488 标准,因其使用简单、传输速率高而被广泛应用。GPIB 接口是目前最常用、最成熟的智能仪器的接口,是自动检测系统的一个很重要的组成部分,用于将系统的所有智能仪器设备连接成一个有机整体。其结构和命令都较简单,适合于精度要求高但对传输速率要求不高的场合。

1. GPIB 总线的特点和性能比较

GPIB 是一个数字化 24 脚(扁型接口插座)并行总线。其中,16 根线为 TTL 电平信号线,包括 8 根双向数据线、5 根控制线、3 根握手线,另 8 根为地线和屏蔽线。GPIB 使用 8 位并行、字节串行、异步通信方式,所有字节通过总线顺序传送。GPIB 引线示意图如图 9.2.1 所示。

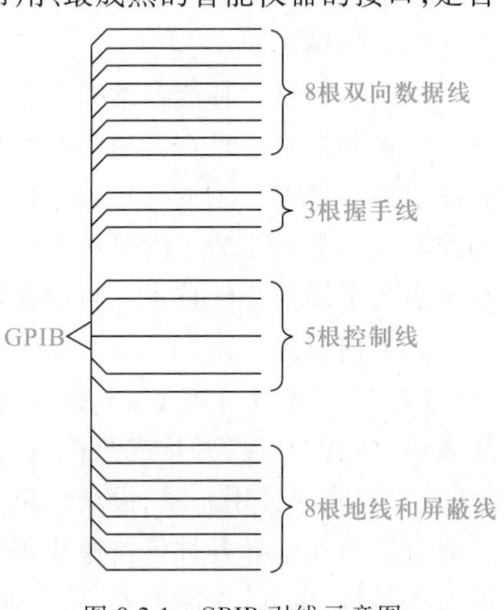

图 9.2.1 GPIB 引线示意图

GPIB 总线有 3 个关键特点:

① 高性能。

② 高可靠性。

③ 高效率。

GPIB 的数据传输速率高达 1 Mb/s。通常情况下,所有数据传输速率是由总线上的设备决定的。主机通过 GPIB 接口总线和仪器仪表连接,发送指令控制仪器仪表的采集、传输和存储。

GPIB 系统的程序设计语言为可编程仪器的标准命令(SCPI),它保证了任何仪器都能执行相同的命令。SCPI 还包含了一些特殊的命令,只适用于某些特定设备。SCPI 的主要优点是,允许用相同的代码来控制许多不同的仪器。此外,它在 GPIB 与 VXI 中都能使用。SCPI 唯一的缺点是命令过于详细,比较难学,但语法却相当简单。

2. GPIB 总线标准的系统

计算机内部采用完全不同标准的总线,为使计算机能与 GPIB 总线连接,必须有一套实现总线之间转换的硬件和软件。硬件就是 GPIB 总线芯片,该芯片安装在仪表内部及微型计算机内,有些厂家还配置了适用本机使用的 GPIB 接口板,并提供了专门的管理软件,为实现微型计算机对仪表设备的控制及通信提供了方便。采用 GPIB 总线标准的数据采集系统硬件结构图如图 9.2.2 所示。

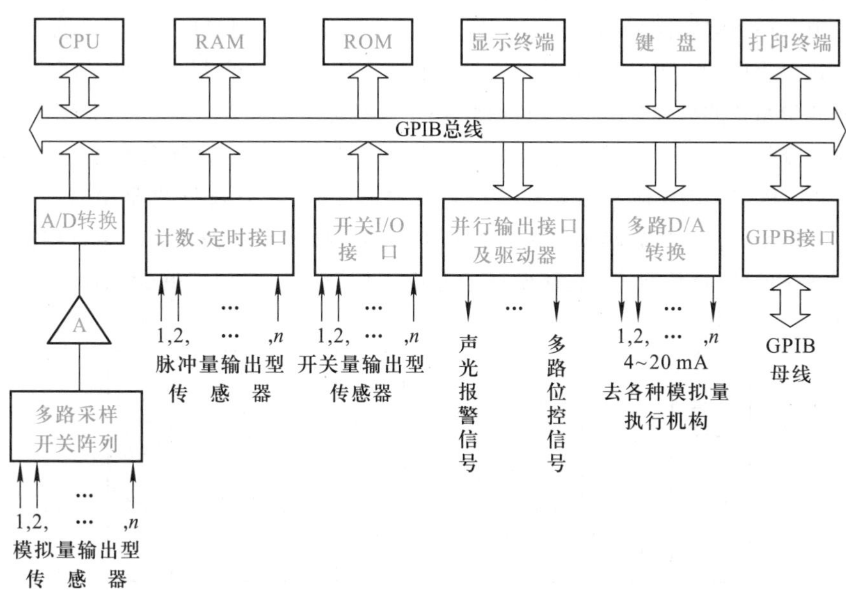

图 9.2.2 采用 GPIB 总线标准的数据采集系统硬件结构图

接在总线上的每个设备(微型计算机、数字仪表),可选择三种方式工作:

(1) “讲者”(Talker)方式

向数据总线上发送数据信息的仪表设备。一个系统可以有两个以上的讲者,但每一时刻只能有 1 个讲者工作。微型计算机、数字电压表等仪表设备若配有专用的接口芯片,便具有这种功能。

(2) “听者”(Listener)方式

从数据总线上接收数据信息,即能接收“讲者”所发出信息的仪表。同一时刻可以有两个以上的听者,如打印机、数字电压表等设备,若配有相应的接口芯片,便具有这种功能。

(3) “控者”(Controller)方式

对总线进行控制的仪表设备。它指定“讲者”和“听者”,向总线设备发布命令,控制数据交换等。系统中可以有多个控者,但每一时刻只能有一个“主控者”或“责任控者”。控者通常由微型计算机担任,机内配有专用接口芯片。

接在总线上的每个设备在某一时刻只能选择上述三种方式之一工作,但不同时刻可按不同的方式工作。任何一个设备在总线上的地位是经常变化的,每一时刻的讲者和听者是由控者根据系统需要任命。

综上所述,由 GPIB 组成的自动测量系统主要由器件设备、接口和总线组成。GPIP 系统的器件设备可分为控者、讲者兼听者、听者和讲者。GPIB 系统共配置了十种接口功能。GPIB 系统总线分为数据总线、握手联络总线和界面管理总线三组。

3. GPIB 接口卡

GPIB 接口电路的接口卡插于计算机的 PC 或 ISA 插槽内,作为控制听者和讲者的控制器,随接口卡带有 IEEE-488 库函数,包括听、讲、控、并行点名、远程控制等接口功能。此外,一般还包括高级语言接口程序、硬件和软件安装检查诊断和通用管理程序等,极大方便了用户利用高级语言进行自动测量系统的编程。GPIB 允许每台 IBM 兼容机中安装 2 块接口卡,分别定义为 GPIB0 和 GPIB1,可管理一套包括一台计算机和最多 30 台仪器的大型综合测试系统。

GPIB 接口板由 GPIB 适配器芯片、PC 总线地址译码器,以及母线驱动器/收发器、缓冲区、DMA 通道等组成,其核心是 GPIB 适配器芯片,一般具有十种 GPIB 接口功能。由于数据传输方式采用三线挂钩技术,故在循环中允许工作速率相差悬殊的器件通过母线双向、异步通信。原理图如图 9.2.3 所示。

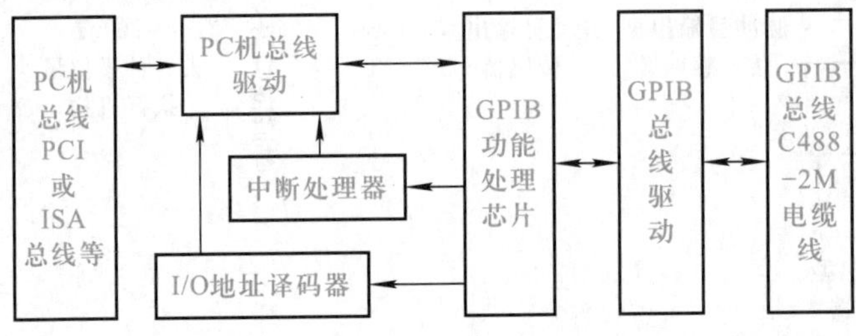

图 9.2.3 GPIB 接口板原理图

GPIB 控制器可以把十几台仪器有效地组合在一起,利用 PC 机 GPIB 卡构成一个高效的自动测试系统,监控所有设备的工作,完成单台仪器执行不了的许多功能,实现对仪器资源的共享、远程控制和远端数据的处理和分析。基于 GPIB 控制器在测试领域有着广阔的应用前景。

9.2.3 USB 总线

USB(universal serial bus)是一种通用的串行总线系统,是近二十年针对多媒体传输的需要而新出现的连接系统。它为多媒体计算机网络实现桌面办公自动化提供了强有力的支持工具,可支持声音、音频及压缩视频的实时传送,其主要目的是满足桌面总线系统,但它也能实时地应用于移动环境要求。主要特性包括:

① 适合带宽几千比特/秒至 12 Mb/s 的设备。

② 支持同步和异步传输。

③ 最大支持127个物理设备的连接。

④ 支持主机和外围设备之间多个数据和信息流的传输。

⑤ 保证了如电视、音频等的带宽和低时延要求。

可以说,USB是一种快速、双向、同步、低价格、动态的可靠连接的串行口,完全可以满足现在及将来人们面向PC平台发展的需要。

1. USB的结构

USB是一个电缆总线,用于主机与可访问辅助设备的广泛数据交换。通过一个主机分配的令牌协议,辅助设备共享USB带宽。一个USB系统可由三个方面定义:USB互连、USB的设备和USB主机。

① USB互连包括了USB的拓扑结构(即USB设备与主机之间的连接模式)、USB内层相关性(每一层执行不同的USB任务)、数据流模式等。

② USB的设备主要是Hub(线结点)和功能模块。Hub提供了USB终端到USB系统的附加点,是USB设备和主机之间的电气接口。Hub有两个成分:Hub收发器和Hub控制器。其结构如图9.2.4所示。其中,收发器负责连接的建立和拆除,而Hub控制器提供状态和控制并允许主机对Hub的访问。所有USB设备的接入是通过Hub来完成的。Hub的状态指示器表明了USB设备的接入或移开。接入时,主机对此端口使能并通过一个控制信道使用USB缺省地址来对此设备寻址,然后对USB设备分配一个唯一的地址。功能模块提供附加到USB系统的能力,如ISDN连接的电话适配器等。

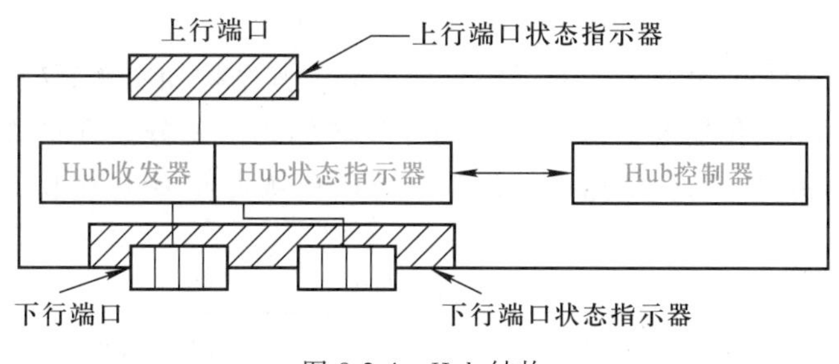

图9.2.4 Hub结构

③ 在任何USB系统中,只能有一个主机。USB和主机的接口称为USB主机控制器(即Root-Hub)。USB主机和USB设备之间是通过主机控制器联系的。USB主机的主要结构如图9.2.5所示。

图9.2.5 USB主机结构

USB主机主要负责:检查USB设备的接入与拆除;管理USB设备和主机之间的控制流和数据流;提供USB设备一定的电源;同步和异步数据传输的系统软件。

2. USB 的原理

USB 的原理主要定义了它的拓扑结构、物理接口、总线协议、数据流类型及其通信流模式等。

(1) 总线的拓扑结构

USB 总线物理上是一个结点星形拓扑结构。一个 Hub 在每个星形的中心。图 9.2.6 是其结构模型示意图。

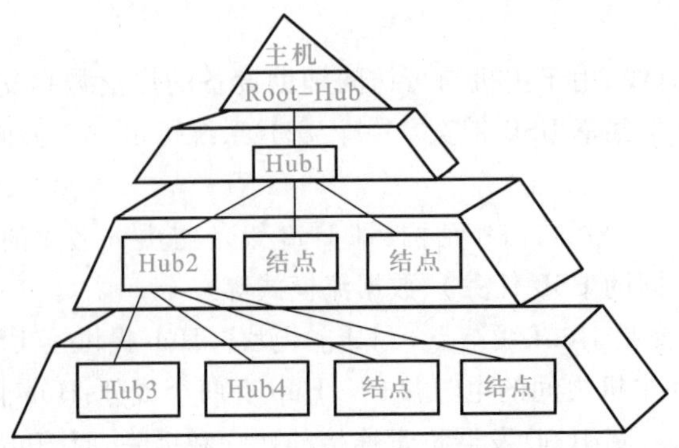

图 9.2.6 USB 总线的拓扑结构

图 9.2.6 中,每一个结点可作为 USB 端点接入一个 USB 的设备;每一个 Hub,根据其芯片不同的功能可有很多不同的下行端口(如 1 个、4 个和 7 个等)接入不同的 USB 设备。但是,任何一种 Hub 只能有一个上行端口。

(2) 物理接口

USB 通过一个 4 芯线电缆传输数据信号和电源。其结构如图 9.2.7 所示。其中,D +和 D -分别传输数据信号,传输的信号采用非归零反转编码的差分数据格式,用 bit 插入缓冲的方法以确保数据传输。每个数据的分组头有 SYNC 域可使 USB 接收器的同步数据能有 bit 回复时钟信息。

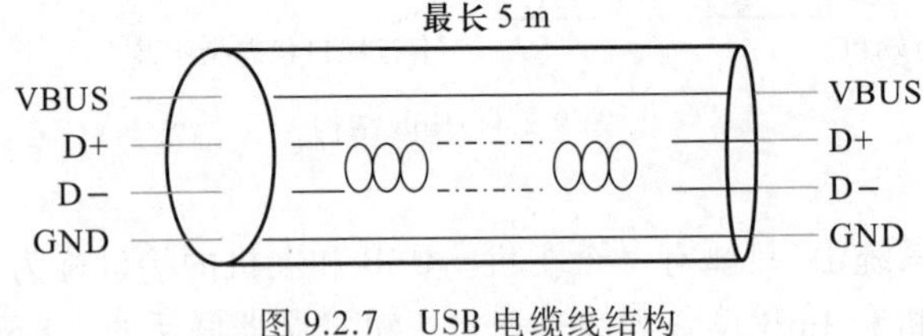

图 9.2.7 USB 电缆线结构

USB 的最高传输速率为 12 Mb/s,最低传输速率为 1.5 Mb/s。通过工作模式切换,两种工作速度可在同一个 USB 系统中被同时支持。

(3) 数据流类型

USB 数据传输是在主机软件和 USB 设备上的一个特定端口之间进行。包括 4 类基本数据传输。它们是:控制传输、同步传输、中断传输及块传输。其不同类的数据传输执行不同的功能。

(4) 总线协议

在 USB 传输系统中,主机控制器初始化所有传输的数据。每次传输时,主机发出一个 USB 分组,这个分组说明了传输类型、方向、USB 设备的地址及终端号。这个分组称为“令牌分组”。通过适当的地址域编码,主机所寻址的 USB 设备可自动被选择到。“令牌分组”格式如图 9.2.8 所示。

8 bit	7 bit	4 bit	5 bit
PID	ADDR	ENDP	CRCs

图 9.2.8 “令牌分组”格式

USB 协议使用循环冗余校验(CRCs)作为每个分组的差错控制,并有相应的硬件和软件上的处理。

(5) 电源系统

USB 常使用总线供电模式和自供电模式两种电源分配模式。总线供电模式(bus-powered)时,USB 设备的电源全部通过上行端口的 VBUS 电缆线提供;自供电模式(self-powered)时,USB 设备的电源有可替代的其他电源供应。

USB 的电源管理通过 USB 主机完成,它独立于 USB 总线。USB 系统和它的主机电源管理系统相互作用来处理系统电源的各种情况,比如 SUSPEND 或 RESUME 等。

9.2.4 VXI 总线

VXI 总线(VXI bus)是 VME bus extensions for instrumentation 的缩写,即 VME 总线在仪器领域的扩展。VXI 总线是一种全开放的,适用于多供货厂商环境的模块式仪器行业规范,它是继 IEEE-488 总线之后,为适应测量仪器从分立的台式和机架式结构发展为更紧凑的模块式结构的需要而推出的一种新的总线标准。VXI 总线集中了智能仪器、个人仪器和自动测试系统的很多特长,在系统结构及硬、软件开发技术等方面都采用了新思想和新技术,相对于其他传统总线,具有测试仪器模块化;32 位数据总线,数据传输速率高;系统可靠性高,可维修性好;电磁兼容性好;通用性强,标准化程度高;灵活性强,兼容性好等特点。

1. VXI 总线系统结构

VXI 总线系统是一种计算机控制的功能系统,一般是由计算机、VXI 主机箱和 VXI 模块组成。组成 VXI 总线系统的基本逻辑单元称为“器件”。

(1) VXI 总线系统的主计算机及其接口

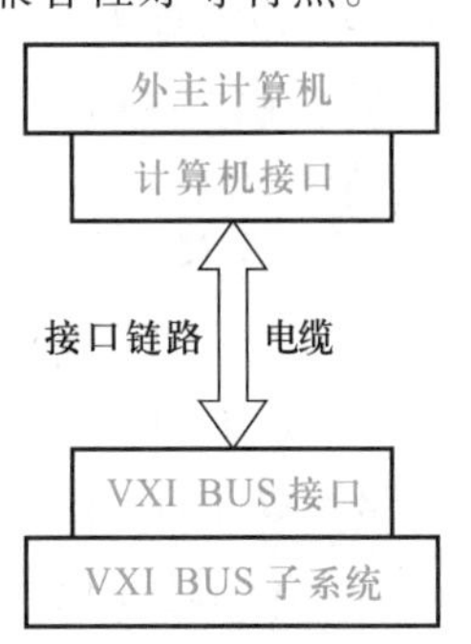

图 9.2.9 外部主计算机的系统结构

VXI 总线系统的主计算机可以分为外部和内嵌式两种。采用外部主计算机的系统结构如图 9.2.9 所示。图中,计算机接口首先把程序中的控制命令转换为接口链路信号,接着通过接口链路进行传输,最后 VXI 总线接口再把接收到的信号转变成 VXI 总线命令。选择接口时应该考虑三个关键因素,即数据传输速率、控制器与子系统的距离、能否对多个VXI总线子系统控制。

(2) 器件

器件是VXI总线系统中的基本逻辑单元,根据其本身的性质、特点和它支持的通信规程可分为寄存器基器件、消息基器件、存储器器件和扩展器件。在一个VXI系统中最多可有256个器件,每个器件有唯一的逻辑地址,逻辑地址编号从0到255。在VXI系统中可用16位、24位和32位三种不同的地址线统一寻址。在16位地址空间的高16K字节中,系统为每个器件分配了64个字节的空间,器件利用这64个字节的可寻址单元与系统通信,这64个字节的空间就是器件基本的寄存器,其中包含了每个VXI器件必须具备的配置寄存器。而器件的逻辑地址就是用来确定这64个字节寻址空间位置的。

2. VXI总线的总线构成及功能

VXI总线是VME总线在仪器领域上的扩展,从功能上分,VXI总线系统共有以下8种总线:① VME计算机总线;② 时钟和同步总线;③ 模块识别总线;④ 触发总线;⑤ 相加总线;⑥ 本地总线;⑦ 星形总线;⑧ 电源线。

VXI规范定义了3个96针的DIN连接器P1、P2和P3,P1连接器是系统必备的,P2和P3两个连接器可选。下面对VXI总线在VME总线基础上增加的用于高性能仪器的部分总线作简要的介绍。

(1) CLK10时钟线

是一个10 MHz的系统时钟,用于模块之间的精确同步。该信号源于0号槽,被分别差分送至各个模块插槽。

(2) MODID线

模块识别线,可以通过特有的物理位置或插槽类识别逻辑器件。这些线自0号槽分别送至1号槽至12号槽。系统自动配置时必须用到MODID线。

(3) TTL触发线

包括TTLTRG0~TTLTRG7,是一组用于模块间通信的、集电极开路的TTL信号线。包括0号槽在内的所有模块都可以驱动这些线或者从这些线上接收信息。这是一组通用线,可用于触发、挂钩、时钟或逻辑状态的传送。

(4) ECL触发线

包括ECLTRG0~ECLTRG5,同TTL触发线一样,是一组用于模块之间通信和定时的信号线,但具有更高的工作速度。

(5) LBUS

本地总线是一种菊花链总线,可以用于相邻安装模块的本地通信。

(6) CLK100和SYNC100

分别是100 MHz系统时钟和100 MHz同步信号。用于系统中更高精度的定时和触发。

3. VXI总线的通信协议

VXI总线系统定义了一组分层的通信协议来适应不同层次的通信需要。分层通信协议如图9.2.10所示。在最上层均为器件特定协议,这些协议都是由器件设计者决定;在最下层是配置寄存器,这是任何VXI器件都必须具备的。其中基于寄存器基器件只有配置寄存器和由器件决定的操作寄存器;基于消息基器件除了配置寄存器和由器件决定的操作寄存器外,还具有通信寄存器,通信寄存器的通信协议最主要的是字串行通信,字串行协议与器件特定协议之间有两种联系方式,一种是直接联系;另一种是通过 488-VXI 总线协议和 488.2 语法与器件特定协议联系。此外基于消息基器件通过通信寄存器还支持一种共享存储器协议,这种方式是利用共享的存储器进行存取,这不但明显提高了速度,还有利于节约成本。

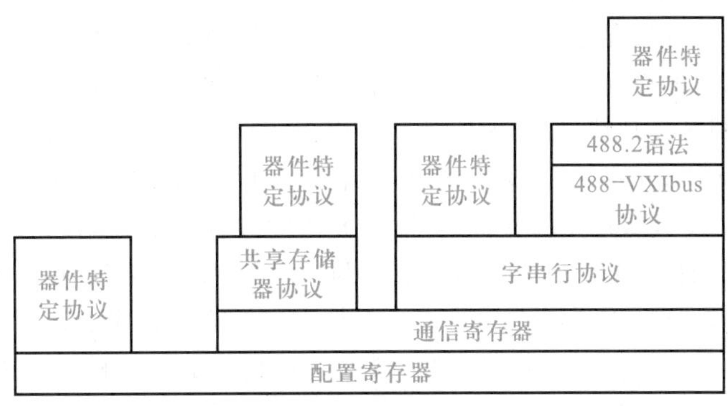

图 9.2.10　分层通信协议

4. VXI 系统的应用

VXI 系统的应用领域日益拓展,系统配置方式丰富多彩。尤其是在航空领域的应用,如飞机测试、喷气发动机测试、导弹测试等。而在这里仅介绍印制板组件的测试:通常,印制板需要进行光板测试和焊接后的组件板测试。光板测试主要是检测覆铜线及沉铜孔是否导通、接触电阻是否正常以及绝缘性能是否良好,过去一般用万用表或针床测试仪测试。组件板的测试包括静态测试和在线测试,需专业测试装置,耗费大。例如数字电路中必不可少的基准电路板需测试的主要项目有时钟及各级频率基准的频率、高低电平、占空比、前沿上升时间、滞后时间及带载能力等。若用 GPIB 则少不了频率计、电压表、万用表、时间间隔测量仪、功率计及插座或接口板等一大堆仪器,且操作不方便。而用 VXI 测试系统,只需配置上述功能模块和插座、接口板相连,再配上测试软件,便可组成基准板自动测试系统,而且可实现基准板的在线测试。同样,只要改插(改接)其他功能模块,便可方便地组成其他组件板的自动测试系统。

9.3 虚拟仪器技术

9.3.1 虚拟仪器概述

1. 虚拟仪器概念

虚拟仪器(virtual instrument)这一概念最早由美国 NI(National Instrument)公司提出。它突破了以往传统仪器的特点,充分利用不断发展和完善的计算机技术,以通用计算机和标准总线技术为平台,利用计算机的硬件资源,并辅以软件作为 VI 的开发平台。用户利用面向测量仪器的控制和管理的视窗软件平台(LabVIEW、LabWindows/CVI、HP-VEE 等),它集测量、管理和控制于一身,一台普通的电脑、若干软件包和基本的硬件电路(如数据采集电路、GPIB 仪表、VXZ 仪表等)就可以构成一套完整的测试系统,并具备数据处理的功能和友好的人机界面(通常称为虚拟面板)。

2. 虚拟仪器的特点

基于计算机和标准仪器总线技术的虚拟仪器技术使测量成本更低、功能更多、灵活性更强、速度更快、人机界面更为友好。在虚拟仪器系统中,软件是关键,因为软件为用户使用或构造 VI 提供了集成开发环境、仪器硬件接口和用户接口。NI 公司提出的"软件就是仪器"(The software is the instrument)的概念,形象地说明了软件在虚拟仪器中的关键作用。

NI 公司站在巨人 Microsoft 的肩膀上,推出面向测量仪器的控制和管理的 LabVIEW 视窗软件平台,为用户使用和开发虚拟仪器系统提供了一个界面友好、使用便捷、功能强大的图形化编程环境。LabVIEW 软件包中带有大量标准仪器驱动程序库,这些驱动程序可以实现对特定仪器的控制和通信,为用户提供了仪器硬件接口的软件模块。表 9.3.1 是虚拟仪器和传统仪器的比较,由表 9.3.1 可以看出虚拟仪器的最大特点是以计算机技术为平台,充分发挥了软件的作用。

表 9.3.1 虚拟仪器与传统仪器的比较

性能	虚拟仪器	传统仪器
开发与维护费用	软件使得开发与维护费用较低	开发与维护费用高
技术更新	技术更新周期短(1~2 年)	技术更新周期长(5~10 年)
系统构成	软件是关键	硬件是关键
价格	价格低、可复用与可重配置性强	价格昂贵
功能可扩展性	用户定义仪器功能	厂商定义仪器功能
系统开放性	开放、灵活、与计算机技术同步	发展封闭、固定
构成复杂系统的可能性	与网络及其他周边设备互连	功能单一的独立设备

9.3.2 虚拟仪器的构成

虚拟仪器由硬件和软件两部分组成。虚拟仪器系统基本结构如图 9.3.1 所示。虚拟仪器以透明的方式把计算机资源(如处理器、存储器及显示器等)和仪器硬件的测量、控制能力结合在一起,通过软件实现对数据的分析处理、通信以及图形化用户接口。

1. 硬件构成

虚拟仪器的硬件是指计算机以及为其配置的必要的仪器硬件模块(如各种传感器、信

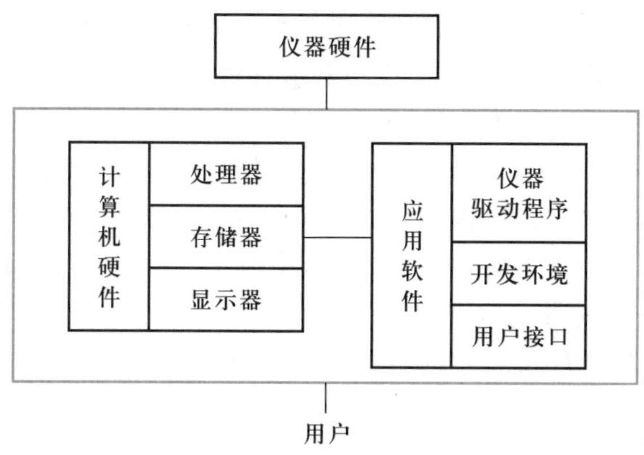

图 9.3.1　虚拟仪器系统基本结构

号调理器、数字输入/输出、ADC 和 DAC 等)。

计算机硬件平台可以采用各种类型的计算机,如普通台式计算机、便携式计算机、工作站、嵌入式计算机等。计算机管理着虚拟仪器的软、硬件资源,是虚拟仪器的硬件基础。计算机技术在处理性能、存储能力、显示、网络和总线标准等方面的发展促进了虚拟仪器系统的快速发展。在传统仪器中,仪器是由制造商制作定型的,功能是由制造商定义的。但在虚拟仪器中,仪器硬件只是作为一个组成部分,它将与计算机软、硬件一起工作,用来采集数据、提供源信号和控制信号。除了万用表、示波器和计数器等一些基本仪器外,仪器硬件还包括通用接口总线 GPIB 和 RS-232、插入式数据采集 DAQ 卡和 VXI 总线。

DAQ 卡指的是基于计算机标准总线(如 ISA、PCI 等)的内置功能插卡。它更加充分地利用计算机的资源,大大增加了测试系统的灵活性和扩展性。利用 DAQ 可方便、快速地组建基于计算机的仪器,实现"一机多型"和"一机多用"。在性能上,随着模数转换技术、仪器放大器、抗混淆滤波器与信号调理技术的迅速发展,已使 DAQ 卡成为引人注目的仪器选件。目前,DAQ 卡的采样频率高达兆赫级,甚至可达 1 GHz,精度高达 24 位,通道数高达 64 个,并能任意结合数字 I/O、模拟 I/O、计数器/定时器等通道。仪器厂家生产了大量的 DAQ 功能模块可供用户选择,如示波器、数字万用表、串行数据分析仪、动态信号分析仪和任意波形发生器等。在 PC 机上挂接若干 DAQ 功能模块,配上相应的软件,就可以构成一台具有若干功能的 PC 仪器。这种基于计算机的仪器,既具有高档仪器的测量品质,又能满足测量需求的多样性。对大多数用户来说,这种方案很实用,具有很高的性能价格比,是一种特别适合于我国国情的虚拟仪器方案。

2. 软件开发平台

应用软件为用户提供了一个彼此相容的集成的框架,它使自上而下的设计直观而容易。利用开发环境先设计虚拟仪器框架,把一台虚拟仪器所需的仪器硬件和软件结合在一起组成一个统一体,如采集和控制(RS-232、GPIB、VXI 和 DAQ 卡)、数据分析、数据表达(文件管理、数据显示和硬拷贝输出)以及用户接口等。开发环境必须是灵活的,这样用户才能容易地组建虚拟仪器或根据应用要求变化重新配置。

近年来,世界各国的虚拟仪器公司开发了不少虚拟仪器开发平台软件,以便使用者组建自己的虚拟仪器系统并编制测试软件。最早和最具影响的开发软件是 NI 公司的 LabVIEW 软件和 LabWindows/CVI 开发软件。LabVIEW 采用图形化编程环境,是非常实用的开发软件,LabWindows/CVI 是为熟悉 C 语言的开发人员准备的,在 Windows 环境下的标准 ANSI C 开发环境。除了上述开发软件外,美国 HP 公司的 HP-VEE 和 HPTlG 平台软件,美国 Tektronix 公司的 Ez-Test 和 Tek-TNS 软件,以及美国 HEM Data 公司的 Snap-Marter 平台软件,也是国际上公认的优秀虚拟仪器开发平台软件。

虚拟仪器软件开发平台除上述的专用于虚拟仪器开发的软件外,还有加载于 Visual BASIC 下的 Component Works,使 Visual BASIC 成为功能强大的虚拟仪器开发平台。

应用软件为仪器硬件提供了一个高水平的仪器硬件接口,用户不必成为 RS-232、GPIB、VXI 和 DAQ 卡方面的专家,就可以方便、有效地使用这类硬件。对于诸如万用表、示波器、频率计等特定仪器,应用软件也提供了相应的软件控制模块,即所谓的仪器驱动程序。仪器驱动程序是完成对某一特定仪器的控制与通信的软件程序集,它是应用程序实现仪器控制的桥梁。每个仪器模块都有自己的仪器驱动程序,仪器厂商以源代码的形式提供给用户。

以 LabVIEW 和 LabWindows 为例,它们的仪器驱动程序是用 LabVIEW 和 LabWindows 环境开发的,用户可以容易地编写自己的新的仪器驱动程序。LabVIEW 和 LabWindows 仪器驱动程序库中包括各制造厂商的数百种 DAQ、GPIB、VXI、CAMAC 和 RS-232 仪器的驱动程序。有了开发环境、仪器硬件接口,用户就可以集中精力使用仪器而不是把精力花在仪器的编程方面。采用仪器驱动程序后,用户只要把几种仪器与数据分析、数据表示和用户接口代码组合在一起就可以迅速而方便地制作虚拟仪器。

在 LabVIEW 中,用户可以用图形程序设计的方法来编写用户接口,这比较适合于编程经验较少者;而在 LabWindows 中,可用 C 或 BASIC 来编写用户接口,这比较适合有 C 或 BASIC 编程经验者。Microsoft 公司的两种通用语言 Visual BASIC for Windows 和 Visual C ++ for Windows 也可用于编写用户接口。对虚拟仪器而言,其软件不仅包括一般用户接口特性(如菜单、对话框、按钮和图形),也包括仪器应用所必不可少的旋钮、开关、滑动调整器、表头、条形图、可编程光标和数字显示等。

9.3.3 虚拟仪器在测控系统中的应用

1. 虚拟仪器在监测方面的应用

美国弗吉尼亚州技术公司应用虚拟仪器技术开发了一种光学测微计,用来测量 EMS 设备中硅晶片的厚度,分辨率可达到微米级。与基于 Visual C ++的系统相比,使用基于 LabVIEW 的系统,使该公司的开发时间和费用减少了近 50%。密歇根州大学开发了一种微电子气敏传感器,研究人员使用一个基于计算机的带有数据采集板的系统,其中数据采集板由 LabVIEW 控制,它可以精确地控制传感器的温度,同时,通过监测电阻值来测量气相环境的微小变化。LabVIEW 的灵活性使得数据采集软件和控制软件的扩展变得容易起来。

2. 虚拟仪器在检测方面的应用

利用虚拟仪器技术开发了机动车辆综合性能自动检测系统,其主要组成部分如图9.3.2所示。系统工作原理:由传感器测量并转换为微弱电信号,经信号调理端子板放大、隔离、滤波后,输入到插在PC机上的数据采集卡,最后通过计算机系统软件模拟仪器技术,并利用LabVIEW开发工具进行编程,实现了信号采集、数据分析、曲线拟合和结果判定等功能。

虚拟仪器技术已成为现代测控领域的一个基本方法,是技术进步的必然结果。目前,其应用已遍及各行各业。使用虚拟仪器进行研究、设计和测试,用户可缩短系统的开发时间,节省开支。可以预见,随着计算机技术的快速发展,虚拟仪器必将在更多、更广的领域得到应用和普及。

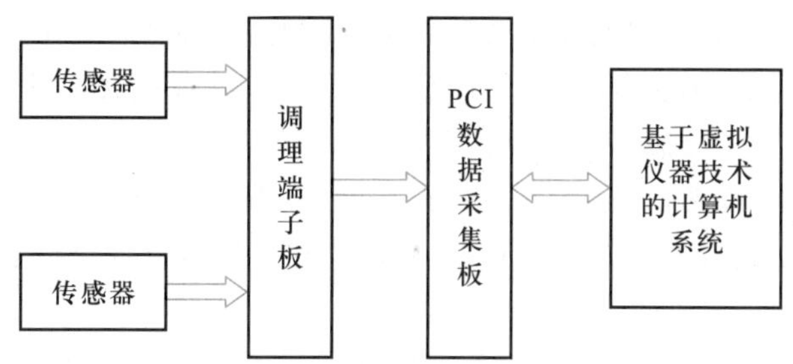

图 9.3.2　机动车辆综合性能自动检测系统

9.4　多传感器信息融合技术

在现代科学技术的各个领域及人们日常生活的各个方面,将面对大量的数据处理问题,即从所得到的实际数据中提取真正反映客观事物本质的信息,而数据产生和搜集又不可能处在一个简单而又与其他无关事物分开的封闭环境中,因此,这些实际数据常常不可避免地受到噪声干扰,不再是确定性的数据,所以,使用单个传感器所获得的信息就显得很不完全了。近年来,在工程和科学技术上,越来越多地采用多传感器融合技术。充分利用多传感器的资源,将多个传感器在时间和空间上的互补或冗余按照某种算法或准则进行综合,增加了判断和估计的精确性、可靠性和在对抗环境下的生存性,使其在实践中得到广泛应用。

9.4.1　多传感器信息融合的定义

多传感器信息融合概念是20世纪70年代提出的,80年代以后,特别是21世纪以来,多传感器信息融合技术在理论、方法、性能等方面都获得了很大的提高,各种面向复杂应用背景的多传感器系统大量涌现。在多传感器系统中,由于信息表现形式的多样性、信息数量的巨大性、信息关系的复杂性,以及要求信息处理的及时性,都已大大超出了人脑的信息综合处理能力,而且,军事、工业等领域中不断增长的复杂度使得军事指挥人员或工业控制环境面临数据频仍、信息超载等一系列问题,迫切需要新的技术途径对过多的信息进行消化、解释和评估,因此,多传感器信息融合技术越来越受到人们的普遍关注,并广泛地应用于军事和非军事等领域,受到高度重视。

信息融合本身并不是一门单一的技术学科,而是一门跨领域的综合理论与方法。信息融合的另一种常用说法是数据融合,但就信息和数据的内涵而论,用信息融合一词更广泛、更确切、更具有概括性。人是一个最复杂的且自适应性极强的信息融合系统,人身上有许多功能不同的传感器。实际上,人的眼睛、耳朵、鼻子、舌头和四肢,就是视觉、听觉、嗅觉、味觉和触觉传感器。例如,一个人到一个黑屋子中,去取一个带有异味的闹钟,他进屋后,要"尽量地"看,要"拼命地"听,要用手去触摸,用鼻子去闻,以确定闹钟的方向和位置,他对闹钟的定位是通过综合各种信息进行的。

信息融合是针对使用多个或多类传感器的一个系统这一特定问题而开展的一种信息处理的新方法,要给出信息融合的准确定义是非常困难的,这种困难是由所研究的内容的广泛性和多样性带来的,目前,信息融合还没有统一的定义。具有代表性的定义为:利用计算机技术对按时序获得的若干传感器的观测信息,在一定准则下加以自动分析、优化综合,为完成所需要的决策和估计任务而进行的信息处理过程。按照这一定义,各种传感器是信息融合的基础,多源信息是信息融合的加工对象,协调优化和综合处理是信息融合的核心。另一个定义为:信息融合是一种通过集成多知识源的信息和不同专家的意见,以产生一个决策的方法,完成对目标的识别、分类与决策任务。即对多源信息进行综合处理,从而得出更为准确、可靠的结论。

这种信息融合的定义,基本上能够描述信息融合的三个主要功能:

① 信息融合是在多个层次上对多源信息进行处理的,每个层次代表信息处理的不同级别。

② 信息融合过程包括检测、关联(相关)、跟踪、估计和综合。

③ 信息融合过程的结果包括低层次上的状态和属性估计,以及高层次上的战场态势和威胁评估。

9.4.2　多传感器信息融合的特点

多传感器信息融合是人类和其他生物系统中普遍存在的一种基本功能,类似人脑综合处理信息系统。人类本能地具有将身体上的各种功能器官(眼、耳、鼻、四肢)所探测的信息(景物、声音、气味和触觉)进行融合,并使用先验知识去估计、理解周围环境和正在发生的事件。由于人类的感觉器官具有不同度量特征,因而可测出不同空间范围内发生的各种物理现象。这一处理过程是复杂的,也是自适应的,它将各种信息(图像、声音、气味、物理形状)转化成对环境有价值的解释。

多传感器融合系统中,各传感器的信息可能具有不同的特征:可能是实时信息,也可能是非实时信息;可能是快变或瞬变的,也可能是缓变的;可能是确定的,也可能是模糊的;可能是相互支持或互补的,也可能是互相矛盾或竞争的。而多传感器信息融合的基本原理就像人脑综合处理信息的过程一样,它充分地利用多个传感器资源,通过对各种传感器及其观测信息的合理支配与使用,将各种传感器在空间和时间上的互补与冗余信息依据某种优化准则组合起来,产生对观测环境的一致性解释和描述。信息融合的目标是基于各传感器分离观测信息,通过对信息的优化组合导出更多的有效信息,这是最佳协同作用的结果，它的最终目的是利用多个传感器共同或联合操作的优势，来提高整个传感器系统的有效性。

由于在模式识别及机器人研究领域，多传感器信息融合技术得到了最广泛的直接应用，因此，信息融合被比拟为是对人脑综合处理复杂问题的一种较全面的高水平的模仿；而所有单传感器的信号处理或低层次的多传感器信息处理方式都是对人脑信息处理的一种低水平模仿。多传感器信息融合系统是有效地利用传感器资源，可以最大限度地获得有关被探测目标和环境的相关信息。同时，多传感器信息融合与经典信号处理方法之间存在本质区别，其关键在于信息融合所处理的多传感器信息具有更复杂的形式，而且可以在不同的信息层次上出现。运用多传感器信息融合技术进行信息综合处理，解决探测、跟踪和目标识别等方面问题具有如下特点：

① 增加了系统的生存能力。在有若干传感器不能利用或受到干扰，或某个目标不在覆盖范围时，总还会有一部分传感器可以提供信息，使系统能够不受干扰连续运行、弱化故障，并增加检测概率。

② 扩展了空间覆盖范围。通过多个交叠覆盖的传感器作用区域，扩大了空间覆盖范围，一些传感器可以探测其他传感器无法探测的地方，进而增加了系统的监视能力和检测概率。

③ 扩展了时间覆盖范围。多个传感器的协同作用可提高系统的时间监视范围和检测概率，即当某些传感器不能探测时，另一些传感器可以检测、测量目标或事件。

④ 提高了可信度。一种或多种传感器能对同一目标或事件加以确认。

⑤ 降低了信息的模糊性。多传感器联合信息降低了目标或事件的不确定性。

⑥ 改善了探测性能。对目标或事件多种测量的有效融合，提高了探测的有效性。

⑦ 提高了空间分辨率。多传感器孔径可以获得比任何单一传感器更高的分辨率。

⑧ 增加了测量空间的维数。使用不同的传感器来测量电磁频谱的各个频段的系统，不易受到敌方行动或自然现象的破坏。

与单传感器相比，多传感器系统的复杂性大大增加，由此会产生一些不利因素，如提高成本、降低系统可靠性、增加设备物理因素（尺寸、重量、功耗），以及因辐射而增大系统被敌方探测的概率等。在执行每项具体任务时，必须将多传感器的性能裨益与由此带来的不利因素进行权衡。

9.4.3 多传感器信息融合的分类

信息融合的一般结构模型对于设计融合系统结构及有效利用多传感器信息具有重要的指导意义。为了建立公共的语言和概念，White 给出了一个著名的一般处理模型，把多传感器信息融合分为三级：一级——融合的位置和标志估计；二级——敌我军事态势估计；三级——敌方兵力威胁估计。这个模型已经成为研究信息融合的基本出发点。为了更有利于信息融合技术的研究与学习，本书采用何友等著的《多传感器信息融合及应用》提出的一种广义的信息融合功能分级法，从信息融合功能角度出发把它分为五个层次：检测级融合、位置级（目标跟踪级）融合、属性级（目标识别级）融合、态势评估和威胁估计。

1. 检测级融合

检测级融合是直接在多传感器分布检测系统中,检测判决或信号层上进行的融合。在经典的多传感器检测中,所有的局部传感器将检测到的原始观测信号全部直接送给中心处理器,然后利用由经典的统计推断理论设计的算法完成最优目标检测任务。在多传感器分布检测系统中,每个传感器对所获得的观测先进行一定的预处理,然后将压缩的信息传送给其他传感器,最后在某一中心汇总和融合这些信息,产生全局检测判决。从分布检测的角度看,检测级融合的结构模型主要有五种:并行结构、分散式结构、串行结构、树状结构和带反馈并行结构。

(1) 并行结构

并行结构的分布检测系统如图 9.4.1 所示,n 个局部结点 S_1、S_2、…、S_n的传感器在收到未经处理的原始数据 Y_1、Y_2、…、Y_n之后,在局部结点分别作出局部检测判决 u_1、u_2、…、u_n,然后,它们在检测中心,通过融合得到全局判决 u_0。这种结构在分布检测系统中的应用较为普遍。

(2) 分散式结构

分散式结构的分布检测系统如图 9.4.2 所示,这种空间结构实际上是将并行结构中的融合结点取消后得到的。每个局部判决 $u_i(i=1,2,\cdots,n)$又都是最终决策。在具体应用中,可按照某种规则将这些分离的子系统联系起来,看成一个大系统,并遵循大系统中的某种最优化准则来确定每个子系统的工作点。

(3) 串行结构

串行结构的分布检测系统如图 9.4.3 所示,N 个局部结点 S_1、S_2、…、S_n分别接收各自的检测后,首先由结点 S_1作出局部判决 u_1,然后将它通信到结点 S_2,而 S_2则将它本身的检测与 u_1融合形成自己的判决 u_2,以后,重复前面的过程,信息继续向右传递,直到结点 S_n,最后,由 S_n将它的检测 Y_n与 u_{n-1}融合作出判决 u_n,即得到全局判决 u_0。

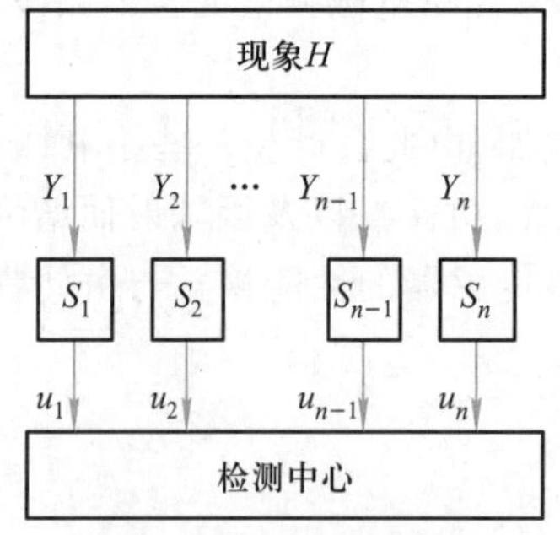

图 9.4.1 并行结构

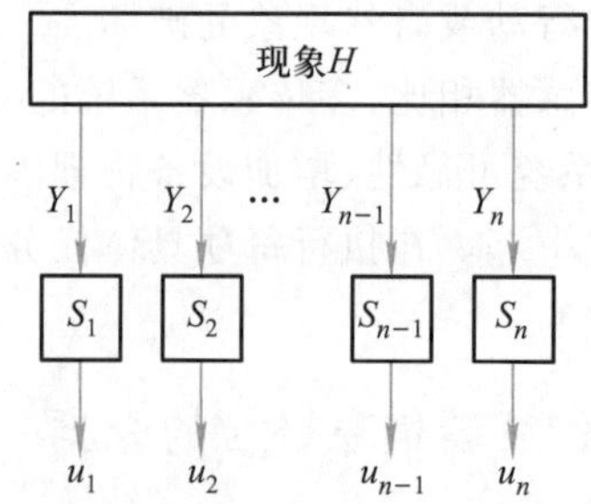

图 9.4.2 分散式结构

(4) 树状结构

为方便起见,给出了包含 5 个结点的树状结构,如图 9.4.4 所示,n 个结点的情况类似。在这种结构中,信息传递处理流程是从所有的树枝到树根,最后,在树根即融合结点,融合从树枝传来的局部判决和自己的检测,作出全局判决 u_0。

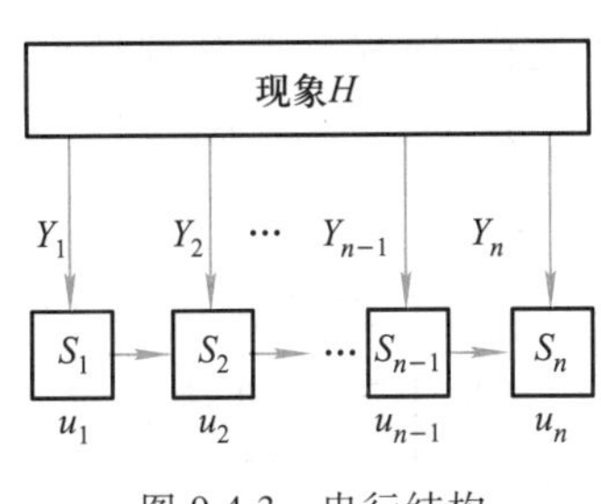

图 9.4.3 串行结构

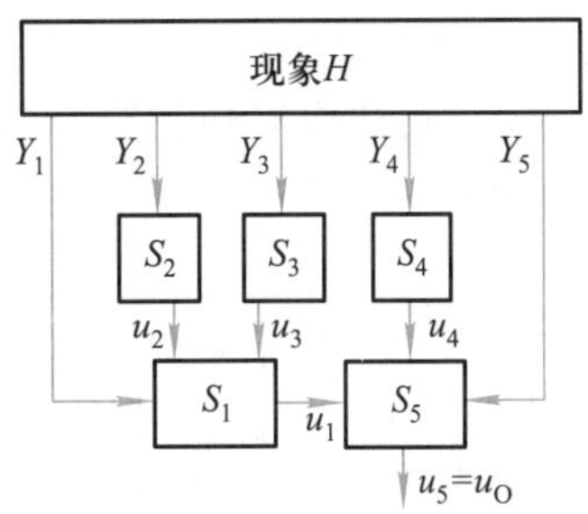

图 9.4.4 树状结构

(5) 带反馈的并行结构

带反馈并行结构的检测系统如图 9.4.5 所示，在这种结构中，n 个局部检测器在接收到观测之后，把它们的判决送到融合中心，中心通过某种准则组合 n 个判决，然后把获得的全局判决分别反馈到各局部传感器，作为下一时刻局部决策的输入，这种系统可明显改善各局部结点的判决质量。

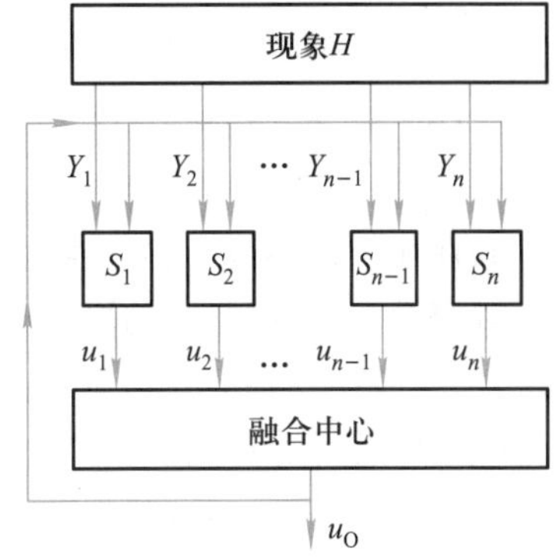

图 9.4.5 带反馈的并行结构

2. 位置级融合

位置级融合是直接在传感器的观测报告或测量点迹或传感器的状态估计上进行的融合，包括时间和空间上的融合，是跟踪级的融合，属于中间层次，也是最重要的融合。

动态目标的处理需要对目标位置进行连续的或时间采样的离散测量，并且要有估计目标运动行为的能力，以预测连续的传感器范围内目标的下一个位置。该处理需要将每个新的传感器数据集合与目标航迹的预测位置反复进行关联，以确定哪一个传感器检测是当前的检测或是新目标或是虚警。相对简单的应用包括单传感器、单目标跟踪和单传感器、多目标跟踪。许多复杂的多目标跟踪问题包括多传感器，它们具有不同的目标视角、测量几何形状、精度、分辨率和视野。在多传感器跟踪系统中，主要有集中式、分布式和混合式结构。

(1) 集中式结构

集中式多传感器跟踪系统是将各传感器节点的数据都传递到融合中心，在那里进行融合处理，如图 9.4.6 所示。首先，按对目标观测的时间先后对测量点迹进行时间融合，然后对各个传感器在同一时刻对同一目标的观测进行空间融合，它包括了多传感器综合跟踪与状态估计的全过程。此结构可以实现实时融合，具有信息损失小、数据处理精度高等优点。但是，数据量大，计算负担重，要求系统必须具备大容量的能力，不易实现。

(2) 分布式结构

在分布式多传感器跟踪系统中，各传感器首先完成单传感器的多目标跟踪与状态估计，也就是完成时间上的信息融合，产生局部多目标跟踪航迹，然后把处理后的信息送至融合中心，中心根据各结点的航迹数据完成航迹关联和航迹融合，形成全局估计，如图9.4.7所示。此结构对通信带宽需求低、计算速度快、可靠性和延续性好，但跟踪精度没有集中式高。

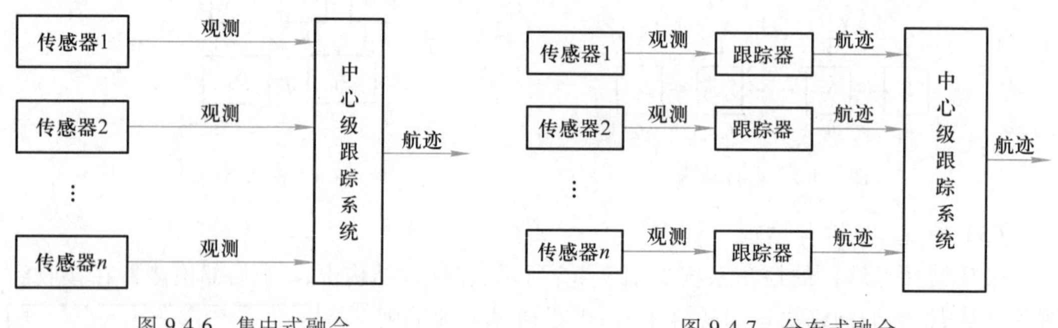

图 9.4.6 集中式融合　　图 9.4.7 分布式融合

（3）混合式结构

混合式多传感器跟踪系统是集中式和分布式多传感器系统相组合的混合结构，如图9.4.8所示。传感器的检测报告和目标状态估计的航迹信息都被送入融合中心，在那里既进行时间融合，也进行空间融合。由于这种结构要同时处理检测报告和航迹估计，并进行优化组合，它需要复杂的处理逻辑。混合式方法也可以根据所运行问题的需要，在集中式和分布式结构中进行选择变换。

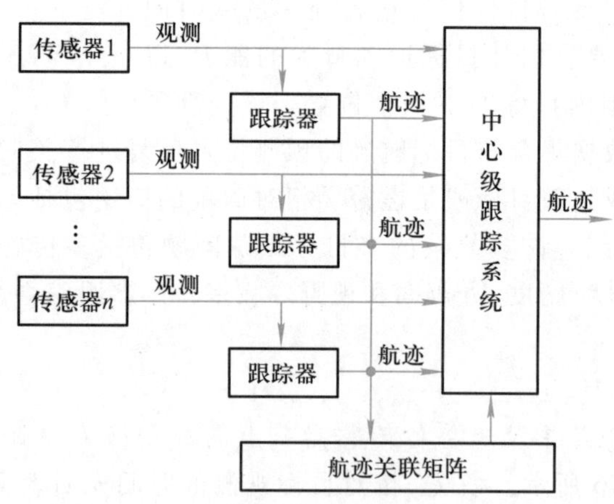

图 9.4.8 混合式融合

3. 属性级融合

属性级融合也称目标识别级融合，它是指对来自多个传感器的目标识别（属性）数据进行组合，以得到对目标身份的联合估计，要求先度量所有已知目标的属性，将其作为目标识别的基础。在多传感器分类处理中，可能需要几个观测模型进行广泛的预先试验，以刻画传感过程，传感器数据被预处理，以得到一个表示观测数据的特征向量，然后目标识别可以通过模式识别获得。这种方法可用来把特征向量转换成相应的观测对象的身份说明,这些身份说明必须按照其是否表示同一个观测对象进行分类。目标识别可以储存某些类型的先验知识以完成组合处理。由于目标识别由信息源信息、属性信息和身份信息所提供,因此,目标识别融合可分为三种结构层次:数据层融合、特征层融合和决策层融合。

(1) 数据层融合

数据层融合的结构如图 9.4.9 所示,它是对来自等量级的传感器的原始数据直接进行融合,然后对融合的数据进行特征提取和身份估计。为了完成这种数据层融合,传感器必须是相同的(如几个红外传感器)或者是同类的(如一个红外传感器和一个视觉图像传感器),通过对原始数据进行关联,来确定已融合的数据是否与同一目标或实体有关。有了融合的传感器数据之后,就可以完成同单传感器一样的识别处理过程。对于图像传感器,数据级融合一般涉及图像画面元素级的融合,因而数据级融合也常称为像素级融合。像素级融合主要用于多源图像复合、图像分析和图像理解。

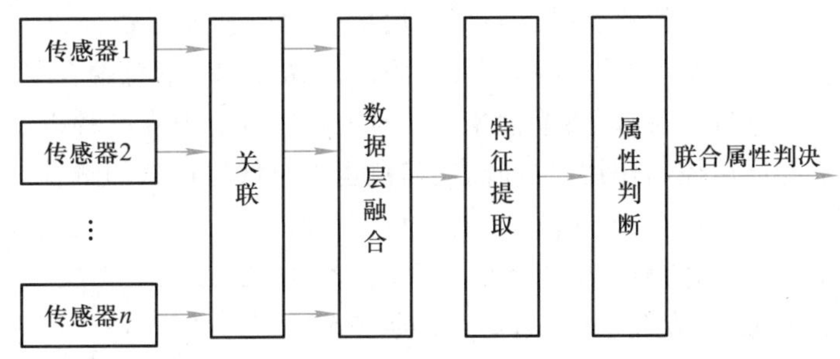

图 9.4.9 数据层属性融合

(2) 特征层融合

特征层融合的结构如图 9.4.10 所示,它是对每个传感器观测的数据进行特征提取,以得到一个特征向量,然后对这些特征向量进行融合,并由获得的联合特征向量来产生身份估计。在这种方法中,必须使用关联处理,把特征向量分成有意义的群组。

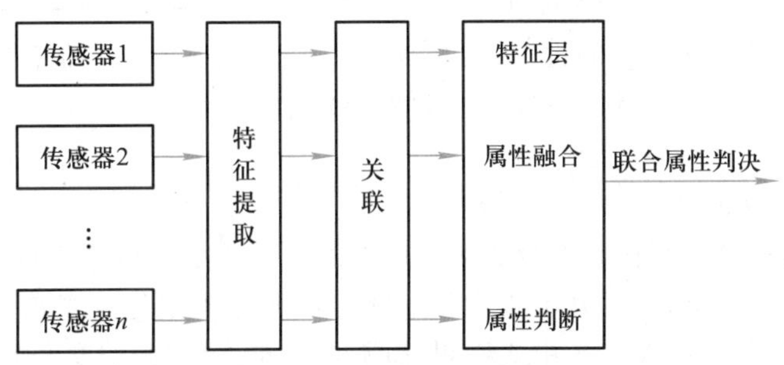

图 9.4.10 特征层属性融合

(3) 决策层融合

决策层融合的结构如图 9.4.11 所示,它是对每个信息源都执行一个变换,以得出一个独立的身份估计，然后对这些身份估计进行融合，并由此进行目标识别，其中 I/D_n 是来自第 n 个传感器的属性判决结果。

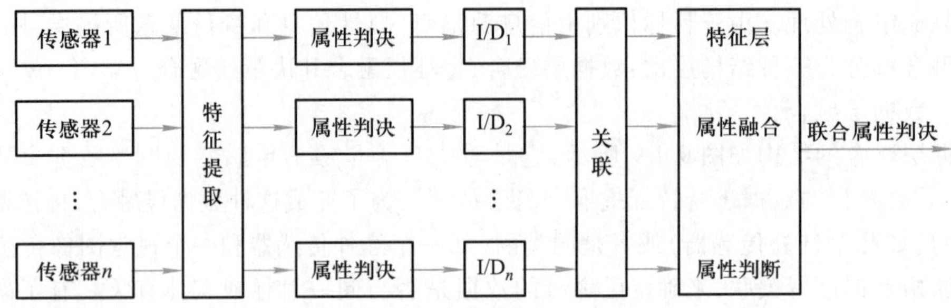

图 9.4.11 决策层属性融合

对于具体的融合系统而言，它所接收到的信息可以是单一层次上的信息，也可以是几种层次上的信息。融合的基本策略就是先对同一层次上的信息进行融合，从而获得更高层次的融合信息，然后再汇入相应的信息融合层次，因此，总的说来，信息融合本质上是一个由低层到高层的对多源信息进行融合、逐渐抽象的信息处理过程。但在某种情况下，高层信息对低层信息的融合要起反馈控制作用，也即高层信息也参与低层信息的融合，由此可以概括出信息融合结点的融合过程，其基本模型如图 9.4.12 所示。传感器各层次的信息逐渐在各融合结点合成，各融合结点的融合信息和融合结果也可以以交互的方式通过数据库/黑板系统进入其他融合结点，从而参与其他结点上的融合。

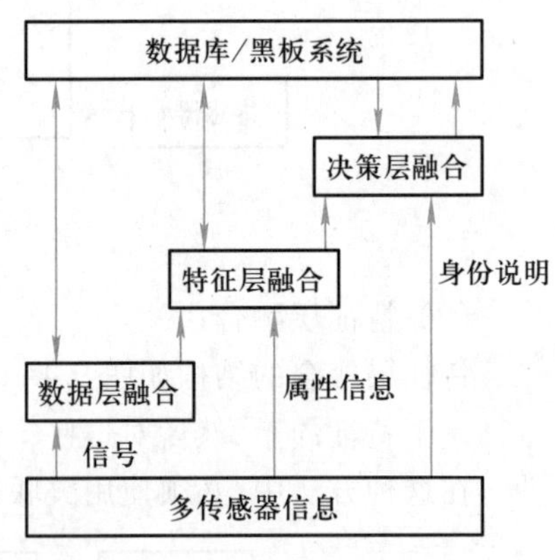

图 9.4.12 信息融合的层次化结构

应该指出的是：系统的信息融合相对于信息的表征层次，虽然可分为数据层、特征层和决策层，但并不是说每个融合系统都必须包含这三个层次上的融合，它们仅仅是融合的一种分类形式，并没有对所有应用环境都适用的目标识别融合结构。结构类型的选择，既要能对给定的任务具有优化检测和识别的性能，也要受技术能力（软、硬件）的制约；同时，还与传感器质量、传输数据的带宽等因素有关。

4. 态势评估与威胁估计

态势评估与威胁估计是信息融合的第四层和第五层。第一层属于低级融合，它是经典信号检测理论的直接发展，是近几十年才开始研究的领域，目前绝大多数多传感器信息融合系统还不存在这一级，仍然保持集中式检测，而不是分布式检测，但是分布式检测是未来的发展方向。第二级和第三级属于中间层次，是最重要的两级，它们是进行态势评估和威胁估计的前提和基础。实际上，融合本身主要发生在前三个级别上，而态势评估和威胁估计只是在某种意义上与信息融合具有相似的含义，它们是决策级融合，即高级融合，它们包括对全局事态发展和某些局部形势的估计，主要适用于军事应用系统中的信息融合。

9.4.4 多传感器目标识别的信息融合方法

所谓身份识别融合就是根据各个传感器给出的带有不确定性的身份报告或说明，进一步进行信息融合处理，对所观测的实体给出联合的身份判断。实际上，这个过程是对已知信息进行分类与识别处理的过程，最后给出观测实体的类别与属性。从理论上讲，组合身份报告要比每个单传感器给出的身份报告更准确、更具体、更完备。由于变量比较多，身份识别融合要比位置融合更复杂，所涉及的领域更广泛。

身份识别融合算法的准确分类方法实际上是不存在的，也是不可能存在的，但我们还是粗线条地给出了一个分类表，大致将其分成三类，即基于物理模型的方法、基于特征推理的方法和基于认识模型的方法。身份识别融合算法的具体分类如图 9.4.13 所示。

物理模型力图精确地构造传感器观测数据，如各种实体的雷达横截面积、实体图像、实体红外传感器频谱等，并通过将实测数据与模型数据的匹配来进行身份估计。这类方法包括模拟技术和估计技术，如卡尔曼滤波技术等。尽管利用经典估计技术实现目标的身份估计是可能的，但身份物理模型的构造是困难的。

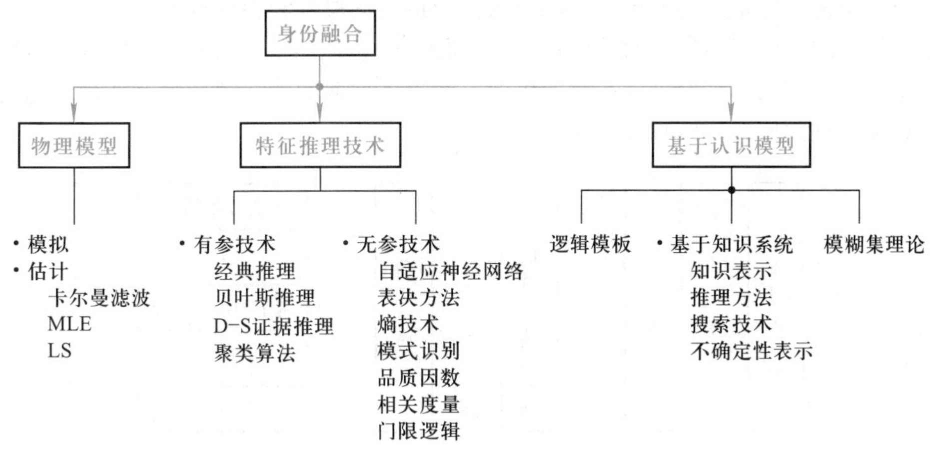

图 9.4.13 身份识别融合算法分类

这种方法根据物理模型直接计算实体特征（时间域、信号、数据、频域数据或图像），如图 9.4.14 所示。由传感器观测产生观测特征或图像，由目标识别过程把观测数据与预先存储的目标特征（一个先验的目标特征文件）或根据对观测数据进行预测的物理模型所得出的模拟特征进行比较。比较过程涉及计算预测数据和实测数据的相关关系，如果相关系数超过一个预先规定的阈值，则认为两者存在匹配关系，即目标相同。预测一个实体特征的物理模型必须以被识别物体的物理特征为基础，而实际物理模型往往相当复杂，建立起来非常困难，计算量很大，其应用一般来说很有限，但在基础研究工作中却经常使用。

基于特征推理技术的目的是根据身份数据构造身份报告。它不采用物理模型，而是直接在身份数据和身份报告之间进行映射。我们又把它分成两大类，即有参技术和无参技术。有参技术需要身份数据的先验知识，如它的分布和各阶矩等；无参技术则不需要这些先验知

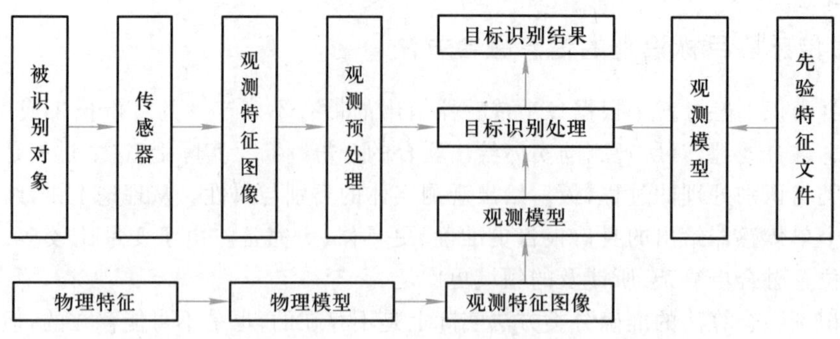

图 9.4.14 目标识别的物理模型

识。有参技术包括基于统计原理的经典推理、贝叶斯推理、D-S 证据推理以及各种聚类方法;无参技术包括神经网络技术、模板技术、熵法和表决法等。

基于认识模型的方法是身份融合的第三类方法。它力图模仿人在识别实体身份时的思维和推理过程。这类技术包括逻辑模板技术、基于知识或专家系统的技术和模糊集理论等。基于认识模型的方法是力图模仿人在识别实体身份时的思维和推理过程。

基于知识的方法有两个方面的内容:一方面是表示知识的技术;另一方面是处理信息以得出结论的推理方法。它们可以在原始传感器数据或抽取的特征的基础上进行。用此类方法进行目标识别的原理如图 9.4.15 所示。

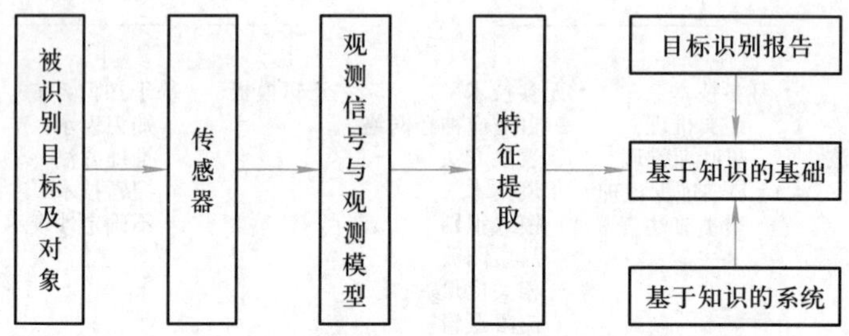

图 9.4.15 基于知识的目标识别

基于知识的方法成功与否在很大程度上依赖于建立一个先验知识库,有效的知识库是用知识工程技术来建立的。这里虽然不明确要求使用物理模型,但却是建立在对要识别实体的组成和结构有一个彻底了解的基础上,因此,该方法只不过是用启发式的方法代替了数学模型而已。当目标物体能根据其组成部分及其相互关系来识别时,这种基于知识的方法尤其有用,不仅如此,对于一个复杂的实体,这种方法会更有用。例如,发射体的识别可以很容易地通过物理模型、模板法或神经网络来完成,但是,在识别诸如地对空导弹基地这样的军事目标时,就需要识别几个组成部分,辨别它们的功能及相互关系,并进行一些推理,因此,只有基于知识的技术才能更好地进行这类识别。

9.4.5 信息融合技术的应用

近年来,随着电子信息技术的迅猛发展,多传感器信息融合技术越来越受到人们的普遍关注,不仅在军事上得到十分广泛的应用,而且扩展到交通管制、工业仿真、金融形势分析等民用信息系统中,并取得了广泛的经济和社会效益。

1. 工业过程监视及工业机器人

工业过程监视,如核反应堆检测和石油工业中的平台监视等应用信息融合技术,识别引起系统状态超出正常运行范围的故障条件,并据此触发报警器等。随着传感器技术的发展,机器人上的传感器数量不断增加,使其运动更自由,动作更灵活,为此,近年来机器人信息融合技术的研究受到特别的重视。工业机器人使用模式识别和推理技术来识别三维对象,确定它们的方位,并引导机器人的附件去处理这些对象。机器人采用的是较近物理接触的传感器和与观测目标有较短距离的遥感传感器,如摄像机等,机器人通过融合来自多个传感器的信息,避开障碍物,很好地完成工作任务。

2. 遥感与金融系统

遥感主要应用于对地面的监视,以便识别和监视地貌、气象模式、矿产资源、植物生长、环境条件和威胁情况(如原油泄漏、辐射泄漏等),使用的传感器如合成孔径雷达等。遥感系统信息融合的目的是通过协调所使用的传感器,对物理现象和事件进行定位、识别和解释。大公司或企业金融系统或国家经济管理系统,在做出某种决策时,都要根据各方面的信息,即融合多个信息源的信息,形成最后决策。

3. 空中交通管制与病人照顾系统

空中交通管制系统是一个复杂的整体,它包括工作人员、管理机构、技术资源和操作程序管理,其目的是为了建立安全、高效而又秩序井然的空中交通。换句话说,是为了合理地利用空中交通资源,减少延迟和调度等待时间并选用合适航线以节省燃料,从而降低业务费用,改善服务质量。空中交通管制系统主要由导航设备、监视和控制设备、通信设备和人员四个部分组成。导航设备可使飞机沿着指定航线飞行,运用无线电信息识别出预先精心设置的某些地理位置,飞行员再把飞越每个固定地点的时间和高度信息转送到地面,然后通过融合技术检验与飞行计划是否一致。监视和控制设备的目的是修正飞机对指定航线的偏离,防止相撞并调度飞机流量,其中主要由一次、二次雷达的融合提供有关飞机位置、航向、速度和属性等信息。现在的航管设备是在不同传感器(多雷达结构)、计算机和操作台之间进行完整的信息综合。调度人员则监视空中飞行情况,并及时提出处理危机状况的方法。空中交通管制系统是一个典型的多因素、多层次的信息融合系统。

病人的状况随时随地在变化,要根据各种数据源,如传感器、病历、病史、气候、季节等的信息,采用信息融合技术综合处理这些数据来决定其护理、诊断和治疗方案。

4. 船舶避碰与交通管制系统

在船舶避碰和船舶交通管制系统中,通常依靠雷达、声呐、信标、灯塔、气象水文、全球定位系统(GPS)等传感器提供的信息以及航道资料数据,来实现船舶的安全航行和水域环境保护。在这一过程中信息融合技术发挥着非常重要的作用。

5. 生物特征的身份识别

身份鉴别是验证个人的真伪,以防范冒名顶替者的违法犯罪活动。生物特征识别是目前最为方便与安全的识别技术,它不需要你随身携带任何证件、记住任何密码,是一种方便、快捷、可靠的识别方法。在对安全有严格要求的应用领域,任何单项的生物识别系统(如指纹、虹膜、掌纹、脸形等)都很难满足要求,只有融合多种生物特征信息,才能实现高精度的身份鉴别。将信息融合技术应用于身份鉴别,是一种切实可行的解决方案,也是身份鉴别领域发展的必然趋势。

6. 海上监视

一个邻海的国家,领土和领海都是其神圣不可侵犯的地方,对领海的防御,实际上就是对一个国家的前沿阵地的防御,因此,每个主权国家都非常重视对领海的防御。海上防御首先就是海上监视,主要对海上目标进行探测、跟踪和目标识别,以及对海上事件和敌人作战行动进行监视。海上监视的对象,包括空中、水面和水下目标,如空中的各类飞机、水面的各种舰船及水下的各类潜艇等。这些平台上可能装有各种类型的传感器,最常见的是舰艇上的声呐、飞机和舰船上的雷达及 γ 射线探测仪等。当然,人们也可从目标的识别结果来判断这些平台所携带的武器和电子装备。

7. 空-空和地-空防御

空-空和地-空防御系统是专门用于对进入所管辖空域的各类目标进行探测、跟踪和目标识别的系统,其监视对象主要是进入所管辖领域的各类飞机、反飞机武器和传感器平台等。希望要以较高的探测概率发现目标,要对所发现的目标进行连续跟踪,不仅能够识别出是大、中、小飞机,而且最好能够识别出目标的种类,例如 F-16、幻影 2000,或是巡航导弹等。监视范围大约有几千米到几百千米,所采用的传感器主要有雷达、无源电子支援测量系统、红外、激光和电视等。

8. 战场情报侦察、监视和目标捕获

战场情报侦察、监视和目标捕获的主要目的是对战场潜在的地面目标进行探测与识别,力图获得敌方的战斗序列,如敌方平台及其机动、发射机特征等,以便掌握敌方的企图和对我方的威胁程度。所采用的传感器包括陆基的各种传感器和飞机,侦察和监视范围大约几十到几百千米,侦察目标主要是敌人发射的红外线、无线通信信号、定向无线电波和雷达射频信号等。

随着电子信息技术在军事领域中的广泛应用,新的军事技术革命正在形成,未来战争将是作战体系间的综合对抗,在很大程度上表现为信息战的形式。而建立具有合成作战的指挥能力和智能化的决策指挥能力的指挥控制系统的瓶颈是信息融合技术,因为夺取信息优势是取得战役乃至战争胜利的关键。因此,关于多传感器信息融合理论和技术的研究对于我国国防建设具有重要的战略意义和社会效益。世界各主要军事大国都竞相开始投入大量人力、物力和财力进行信息融合技术的研究,已取得大量研究成果。到目前为止,美、英、德、法、俄等国家已研制出如 TCAC——战术指挥控制、BETA——战场利用和目标截获系统、ASAS——全源分析系统、AMSVI——自动多传感器部队识别系统等上百种军事信息融合系统。

思考题与习题九

1. 简要说明自动检测系统各组成环节的主要功能及其技术要求。

2. 简述自动检测系统的工作流程。

3. 简述测控总线的类型及标准。

4. 什么是虚拟仪器？采用虚拟仪器的优点在哪里？

5. 请按以下要求构思一个宾馆智能保安系统，写出总体构思，画出三个子系统的设计简图。

(1) 客房火灾报警系统（火焰、温度、烟雾监测等），并说明如何防止误报警；

(2) 宾馆大堂玻璃门来客自动开门、关门以及防夹系统；

(3) 财务室防盗系统。

6. 什么是多传感器信息融合？传感器信息融合的基本原理是什么？

7. 为什么要进行多传感器信息融合？多传感器信息融合主要应用在哪些方面？

8. 数据层融合、特征层融合和决策层融合哪一种融合精度更高？融合的基本原则是什么？

9. 用于目标识别的信息融合有哪些方法？贝叶斯推理存在哪些缺陷？

10. 分布式多传感器检测系统与集中式多传感器检测系统相比，具有哪些优势？

11. 简述多传感器信息融合技术的主要应用领域。

第 10 章　检测装置的补偿及抗干扰技术

在实际测量中,影响检测系统或传感器工作性能的因素,主要有两个方面,一是由于系统自身结构的不完善而带来的误差;二是由于外界干扰信号进入系统作用于测量结果而带来的误差。在多数情况下,这两种因素都会影响测量质量,严重时还可能使测量系统无法正常工作。因此,有必要在检测系统或传感器中采取一定的补偿措施和抗干扰技术。

一般都希望测量传感器的输出量与输入量之间关系呈线性关系,以使传感器在整个测量范围内灵敏度为常数,有利于读数和分析,也便于处理测量结果。然而,大多数传感器的输出与输入量之间的关系并不是线性的。究其原因,一方面是由于传感器变换原理的非线性;另一方面是由于转换电路的非线性。为了保证传感器的输出与输入之间具有线性关系,避免由于非线性而产生的误差,就必须对其进行线性化处理,也称非线性补偿。

就测量传感器工作现场而言,环境条件常常是很复杂的,各种干扰通过不同的耦合方式进入检测系统或传感器,使测量结果偏离正确值。为了保证检测系统在各种复杂的环境条件下正常工作,就必须研究抗干扰技术。

10.1　非线性补偿技术

对传感器的非线性特性进行线性化处理的方法很多,目前经常使用的方法可分为两大类,一类是模拟线性化;另一类是数字线性化。

10.1.1　模拟线性化

这类方法是采用在输入通道中加入非线性补偿环节来进行线性化处理。线性集成电路的出现为这种线性化方法提供了简单而可靠的物质手段。

1. 开环式非线性特性补偿

具有开环式非线性静态特性补偿的结构原理可用图 10.1.1 来表示。传感器将被测物理量 x,变换成电量 u_1。设传感器具有非线性特性,而实际使用的放大器一般具有线性特性。引入非线性化补偿环节的作用是利用线性化器件自身的非线性静特性,补偿传感器静特性的非线性,从而使整台仪表的输出与输入之间具有线性关系。

图 10.1.1　开环式非线性补偿原理框图

工程上，从已知的传感器静态特性（非线性的 u_1-x 关系）、放大器输出-输入特性（线性的 u_2-u_1 和期望的 u_0-x 线性关系），求取非线性补偿环节静特性的方法有两种：

（1）解析计算法

设图 10.1.1 所示仪表组成环节中，传感器输出-输入关系的解析表达式为

$$u_1=f_1(x) \tag{10.1.1}$$

放大器的输出-输入关系解析表达式为

$$u_2=a+Ku_1 \tag{10.1.2}$$

要求整台仪表的刻度方程为

$$u_0=b+Sx \tag{10.1.3}$$

将方程式（10.1.1）、式（10.1.2）、式（10.1.3）联立，消去中间变量 u_1、x，得到非线性补偿环节输出-输入的解析表达式为

$$u_0=b+SF\left(\frac{u_2-a}{K}\right) \tag{10.1.4}$$

式中，$F=f_1^{-1}$，即 F 是 f_1 的反函数。

例如图 10.1.2 所示温度测量系统。已知热电偶输出热电动势 E_t 与被测温度 T 之间的解析表达式为

$$E_t=aT+bT^2 \tag{10.1.5}$$

式中，a、b——常数。

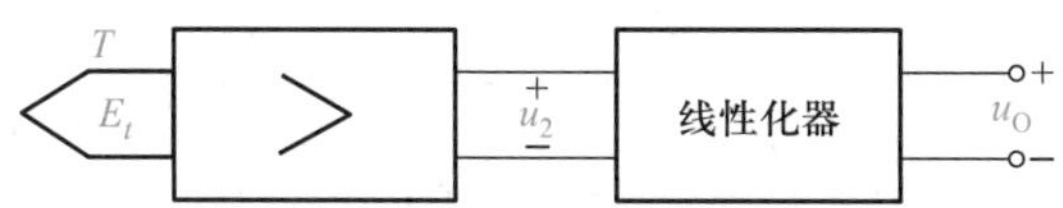

图 10.1.2 温度测量系统

对不同的热电偶可根据热电偶分度表查出其热电动势-温度数据。对于镍铬-考铜热电偶，若测量的最高温度 $T_{max}=400$℃，则

$$a=\frac{4E_2-E_1}{T_{max}}=\frac{4\times14.66-31.48}{400}=6.79\times10^{-2} \tag{10.1.6}$$

$$b=\frac{2E_1-4E_2}{T_{max}^2}=\frac{2\times31.48-4\times14.66}{400^2}=2.7\times10^{-5} \tag{10.1.7}$$

上两式中的 E_1 为对应 $T_{max}=400$℃时的热电动势，E_2 对应 $T_{max}/2=200$℃时的热电动势。

若放大器的解析表达式为

$$u_2=KE_t \tag{10.1.8}$$

测量系统的输出-输入特性为

$$u_0=ST \tag{10.1.9}$$

将式（10.1.5）、式（10.1.8）、式（10.1.9）联立，消去 T 和 E_t，则可以得到

$$bu_0^2+aSu_0=S^2\frac{u_2}{K} \tag{10.1.10}$$

上式就是镍铬-考铜热电偶非线性补偿环节即线性化器件的输出-输入关系的解析表达式。式中的 K、a、b、S 均是已知的常数,因此,式(10.1.10)的函数关系被唯一确定。

(2) 图解法

当传感器的非线性特性用解析表达式比较复杂或比较困难时,用图解法求取非线性补偿环节的输出-输入特性比用解析法简单实用。应用图解法时,必须根据试验数据或方程,将仪表组成环节及整台仪表的输出-输入特性曲线形式给出。用图解法求取非线性补偿环节特性曲线的具体方法如图 10.1.3 所示。

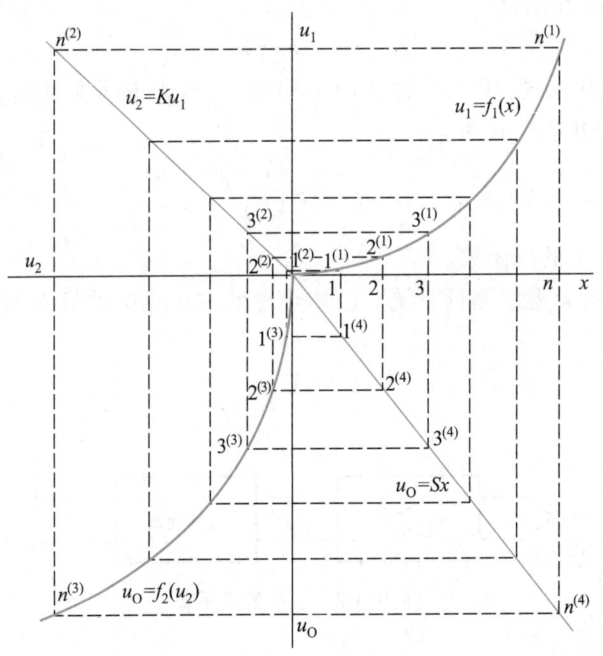

图 10.1.3　图解法求非线性补偿环节特性

① 将传感器的非线性特性曲线 $u_1=f_1(x)$ 画在直角坐标系的第 Ⅰ 象限,被测量 x 为横坐标,传感器输出电压为纵坐标。

② 将放大器的线性特性曲线 $u_2=KU_1$ 画在第 Ⅱ 象限,放大器的输入 u_1 为纵坐标,放大器的输出 u_2 为横坐标。

③ 将整个测量系统的输出-输入特性曲线 $u_0=S\,x$ 画在第Ⅳ象限,该象限的横坐标仍为被测量 x,纵坐标为整个仪表输出 u_0。

④ 将 x 轴分成 1、2、3、…、n 段(段数 n 由精度要求而定)。由点 1 引垂直线与曲线 $f_1(x)$ 交于点 $1^{(1)}$,与直线 $u_0=S\,x$ 交于点 $1^{(4)}$。通过 $1^{(1)}$ 引水平线交于直线 $u_2=Ku_1$ 的点 $1^{(2)}$。最后分别从点 $1^{(2)}$ 引垂线,从点 $1^{(4)}$ 引水平线,此两线在第Ⅲ象限相交于点 $1^{(3)}$,则点 $1^{(3)}$ 就是所求非线性补偿环节特性曲线上的一点。同理,用上述步骤可求得非线性补偿环节特性曲线上的点 $2^{(3)}$、$3^{(3)}$、…、$n^{(3)}$。通过点 $1^{(3)}$、$2^{(3)}$、$3^{(3)}$、…、$n^{(3)}$ 画曲线,就得到了所要求的非线性补偿环

节特性曲线 $u_0=f_2(u_2)$。

2. 闭环式非线性反馈补偿

闭环式非线性反馈补偿结构原理如图 10.1.4 所示。传感器将被测量 x 变成电压 u_1，设该变换是非线性变换。其非线性变换规律由传感器工作所根据的物理定律所决定。引入非线性反馈环节的目的是利用非线性反馈环节本身的非线性静特性补偿传感器的非线性，从而使整个测量系统的输出-输入特性即刻度特性 u_0-x 具有线性特性。

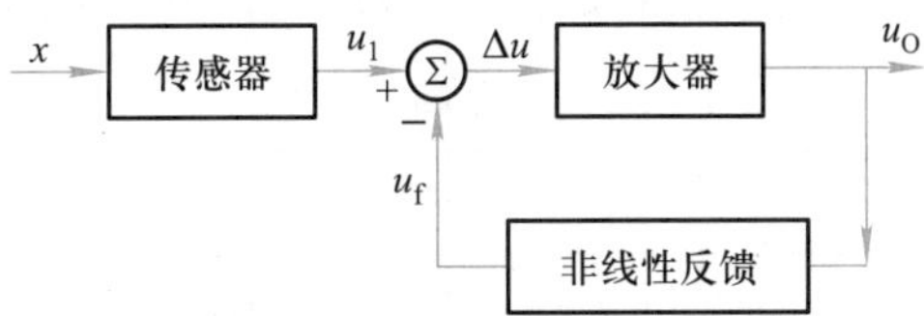

图 10.1.4 闭环式非线性反馈补偿结构原理

工程上，从已知的传感器非线性特性和所要求的整个测量系统的线性刻度特性，求取非线性反馈环节静特性的方法也有两种：

(1) 解析计算法

设图 10.1.4 所示的仪表组成环节中，传感器的输出-输入关系的解析表达式为

$$u_1=f_1(x)$$

放大器的输出-输入关系解析表达式为

$$u_0=K\Delta u$$

整个测量系统的刻度特性为

$$u_0=Sx$$

根据图 10.1.4 可知

$$\Delta u=u_1-u_f$$

将上述四式联立，消去中间变量 x、u、Δu，可解得所要求的非线性反馈环节的非线性特性解析表达式

$$u_f=f_1\left(\frac{u_0}{S}\right)-\frac{u_0}{K} \tag{10.1.11}$$

例如，已知传感器的输出-输入关系的解析表达式为

$$u_1=A\mathrm{e}^{-\mu x}$$

根据式(10.1.11)可求出非线性反馈环节的非线性特性的解析表达式为

$$u_f=A\mathrm{e}^{-\mu\frac{u_0}{S}}-\frac{u_0}{K} \tag{10.1.12}$$

当 $K\gg1$ 时，上式可近似表示为

$$u_f=A\mathrm{e}^{-\mu\frac{u_0}{S}} \tag{10.1.13}$$

式中，A、μ、S——已知常数；

K——放大器的放大倍数，一般 $K\gg1$。

因此，非线性反馈环节的非线性特性将唯一地确定。

(2) 图解法

当传感器的非线性特性规律十分复杂，很难用解析表达式表示时，可以用图解法求取非线性反馈环节的输出-输入特性。

应用图解法时，必须将传感器和整台仪表的输出-输入特性以曲线形式给出。可以根据实验测试数据或根据已知的解析表达式绘出特性曲线。用图解法求取如图 10.1.4 所示框图结构中非线性反馈环节的输出-输入特性曲线的具体方法如图 10.1.5 所示。

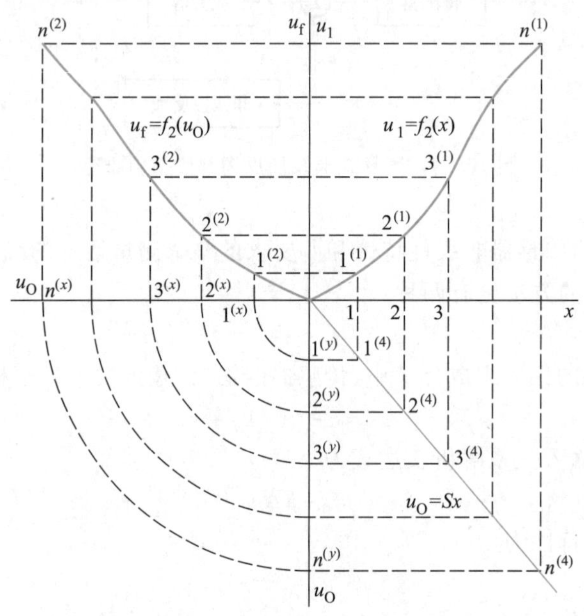

图 10.1.5　图解法求非线性反馈环节特性曲线

① 将传感器的输出-输入特性曲线 $u_1=f_2(x)$ 画在直角坐标系的第 Ⅰ 象限，横坐标表示被测量 x，纵坐标表示传感器的输出电压。

② 将整个测量系统的输出-输入特性 $u_O=S\,x$ 画在第Ⅳ象限，横坐标仍表示被测量 x，纵坐标表示 u_O。

③ 考虑到主放大器的放大倍数 K 足够大，保证在正常工作时放大器输入信号 Δu 非常小，并满足 $\Delta u \ll u_1$，因此 $u_1 \approx u_f$，从而可以把所要求取的非线性反馈环节的输出-输入特性画在第Ⅱ象限。纵坐标表示反馈电压 u_f(与 u_1 取相同比例尺)，横坐标表示 u_O。

将 x 轴分成 1、2、…、n 段(由精度要求决定段数 n)，并由点 1 引垂线分别与 $f_2(x)$ 交于点 $1^{(1)}$，与 $u_O=S\,x$ 交于点 $1^{(4)}$，将点 $1^{(4)}$ 投影到纵坐标轴上，求得点 $1^{(y)}$，以坐标原点为圆心，通过点 $1^{(y)}$ 画一圆弧，交横坐标 u_O 轴，得点 $1^{(x)}$。

④ 通过点 $1^{(x)}$ 引垂线与通过点 $1^{(1)}$ 引水平线在第Ⅱ象限交于点 $1^{(2)}$，则点 $1^{(2)}$ 就是所要求取的非线性反馈环节输出-输入特性曲线上的一点。

同理,重复上述步骤,可以求得非线性反馈环节输出-输入特性曲线上的点 $2^{(2)}$、$3^{(2)}$、…、$n^{(2)}$。将这些点连成光滑曲线,就得到了所需求取的非线性反馈环节的输出-输入特性曲线。

需要指出的是,采用上述图解法的前提条件是主放大器的放大倍数必须足够大,这样才能近似认为 $\Delta u \approx 0, u_1 \approx u_f$,这样的前提条件在工程上一般是容易达到的。

10.1.2 数字线性化

上面介绍的线性化方法是在模拟量的输入通道中加非线性补偿电路。在非电量电测系统中,非线性校正装置也可以放置在 A/D 转换之后;以前,这些数字量的线性化都是采用硬件处理技术来实现的。随着计算机技术的广泛应用,尤其是微型计算机的迅速发展,人们想到了充分利用计算机处理数据的能力,用软件进行传感器特性的非线性补偿,使输出的数字量与被测物理量之间呈线性关系。这种方法有许多优点,首先,它省去了复杂的补偿硬件电路,简化了装置;其次,可以发挥计算机的智能作用,提高了检测的准确性和精度;而且适当改进软件内容,可对不同的传感器特性进行补偿,也可利用一台微机对多个通道、多个参数进行补偿。

用软件实现传感器特性线性化,一般需要进行两方面的工作。首先由于大部分仪表、传感器输出量是模拟量或频率量,需要将它们变成数字量,亦即使特性数字化;其次是将特性数据表格存于内存,通过微处理器执行程序,对采样信息进行数据处理,实现特性数据线性化。从线性化角度选择 A/D 转换器时,要注意到 A/D 转换器的转换精度和线性误差。转换精度与 A/D 转换的位数有关。因此应该在测量范围内充分利用 A/D 转换器位数,即要求对应被测量的下限值的输出电压,应尽量接近 A/D 转换器的输入电压最小值,而其上限值对应的输出电压,应接近 A/D 转换器的输入电压最大值。

采用软件实现数据线性化,一般有三种方法:计算法、查表法和插值法,下面分别予以介绍。

1. 计算法

当传感器的输入量与输出量之间有确定的数学表达式时,就可采用计算法进行非线性补偿。计算法就是在软件中编制一段完成数学表达式的计算程序,当被测参量经过采样、滤波和变换后,直接进入计算程序进行计算,计算后的数值即为经过线性化处理的输出量。

在工程实际中,被测参量和输出量常常是一组测定的数据,这时可应用数学上曲线拟合的方法,一般采用“误差平方和为最小”的方法,求得被测参量和输出量的近似表达式,随后利用计算法进行线性化处理。

2. 查表法

如果某些参数计算非常复杂,特别是计算公式涉及指数、对数、三角函数和微分、积分等运算时,编制程序相当麻烦,用计算法计算不仅程序冗长,而且费时,此时可以采用查表法。此外,当被测量与输出量没有确定的关系,或不能用某种函数表达式进行拟合时,也可采用查表法。

这种方法就是把测量范围内参量变化分成若干等分点,然后按照由小到大顺序计算或测量出这些等分点相对应的输出数值,这些等分点和其对应的输出数据就组成一个表格,把这个数据表格存在计算机的存储器中。软件处理方法是在程序中编制一段查表程序,当被测参量经采样等转换后，通过查表程序，直接从表中查出其对应的输出量数值。

在实际测量时，输入参量往往并不正好与表格数据相等，一般介于某两个表格数据之间，若不做插值计算，仍然按其最相近的两个数据所对应的输出数值作为结果，必然有较大的误差。所以查表法大都用于测量范围比较窄、对应的输出量间距比较小的列表数据，例如室温用数字式温度计等。不过，此方法也常用于测量范围较大但对精度要求不高的情况下。应该指出，这是一种常用的基本方法。

查表法所获得数据线性度除与 A/D(或 F/D)转换器的位数有很大关系之外，还与表格数据多少有关。位数多和数据多则线性度好，但转换位数多则价格贵；数据多则要占据相当大的存储容量。因此，工程上常采用插值法代替单纯查表法，以减少标定点，对标定点之间的数据采用各种插值计算，以减少误差，提高精度。

3. 插值法

图 10.1.6 是某传感器的输出-输入特性曲线，x 为被测参量，y 为输出电量，它们是非线性关系。设 $y=f(x)$。把图中的输入 x 分成 n 个均匀的区间，每个区间的端点 x_k都对应一个输出 y_k，把这些 x_k、y_k编制成表格存储起来。实际的测量值 x_i一定会落在某个区间 (x_k,x_{k+1})内，即 $x_k<x_i<x_{k+1}$。插值法就是用一段简单的曲线近似代替这段区间里的实际曲线，然后通过近似曲线公式，计算出输出量 y_i。使用不同的近似曲线，就形成不同的插值方法。在仪表及传感器线性化中常用的插值方法有下列几种。

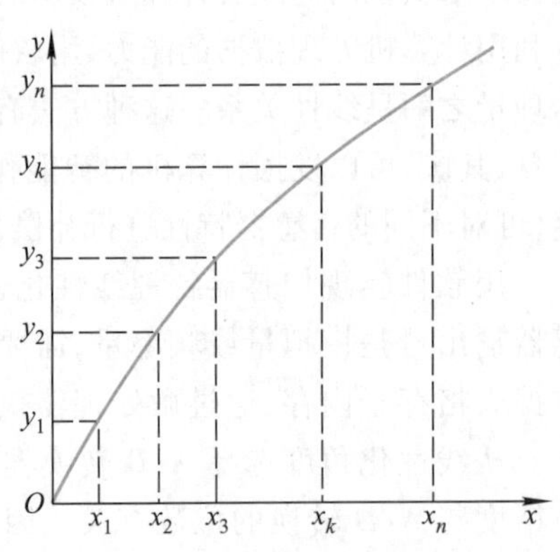

图 10.1.6　某传感器的输出-输入特性

(1) 线性插值法(又称折线法)

它是常用的一种插值方法，其基本思想是用通过 $n+1$ 个插值结点的 n 段直线来代替函数$y=f(x)$的值。在数学上可用下述简单公式表示

$$y_i=y_k+\frac{y_{k+1}-y_k}{x_{k+1}-x_k}\cdot(x_i-x_k)\tag{10.1.14}$$

当检测值 x_i确定后，首先通过查表，确定 x_i所在区间，再顺序调用预先计算好的$\frac{y_{k+1}-y_k}{x_{k+1}-x_k}$系数项，然后代入插值公式计数出 y_i。

采用线性插值法，只要段数分得足够多，就可以达到必要的计算精度，但这需要增加大量的分段数据和计算机内存容量。因此，在满足精度前提下，选取合适的分段数，以减少标定点数和内存容量，并提高运算速度。

(2) 二次插值法(又称抛物线法)

线性插值法仅仅利用两个节点上的信息，精度较低。为了改善精度。可以采用二次插值法。它的基本思想是用 n 段抛物线，每段抛物线通过三个相邻的插值结点，来代替函数 $y=f(x)$的值。可以证明 y_i的计算公式为

$$y_i=\frac{(x_i-x_{k+1})(x_i-x_{k+2})}{(x_k-x_{k+1})(x_k-x_{k+2})}\cdot y_k+\frac{(x_i-x_k)(x_i-x_{i+2})}{(x_{k+1}-x_k)(x_{k+1}-x_{k+2})}\cdot y_{k+1}+\frac{(x_i-x_k)(x_i-x_{k+1})}{(x_{k+2}-x_k)(x_{k+2}-x_{k+1})}\cdot y_{k+2} \tag{10.1.15}$$

它和线性插值的不同之处，仅仅在于用抛物线代替直线，这样做的结果是有可能更接近于实际的函数值。

用软件进行线性化处理，不论采用哪种方法，都要花费一定的程序运行时间，因此，这种方法并不是在任何情况下都是优越的。特别是在实时控制系统中，如果系统处理的问题很多，控制的实时性很强，此时采用硬件处理是合适的。但一般说来，如果时间足够时，应尽量采用软件方法，从而大大简化硬件电路。总之，对于传感器的非线性补偿方法，应根据系统的具体情况来决定，有时也可采用硬件和软件兼用的方法。

10.2　温度补偿技术

一般测量系统都是由几个基本单元组成，如敏感元件、放大器、处理电路和显示器等。然而这些单元的技术性能无不与工作温度有关，尤其是敏感元件的静特性与环境温度关系更为密切。如作为压力测量使用的敏感元件——金属波纹膜片，它的原材料是合金材料，而这些合金材料的弹性模量 E 是随温度而变化。这就决定了金属波纹膜片的刚度系数随环境温度而变化，从而使其静特性随温度而变化。又如电感式传感器，当周围环境温度升高时，线圈电阻变大，磁场强度减弱及气隙间的磁感应强度减小等，使特性变化。不仅如此，温度升高还会引起零部件热膨胀，使传感器的机械尺寸产生变形，从而影响技术性能指标。

对于电子线路，电阻的阻值、电容器的电容值、二极管和三极管的特性参数也都随环境温度而变化。这就造成放大器的放大倍数以及直流放大器的零点随环境温度而变化。显然，这些都要引起测量仪表的附加误差。

为了满足应用中对系统性能在温度方面的要求，就需要在系统的研究、设计、制造过程中采取一系列技术措施，以抵消或减弱环境温度对仪表特性的影响，从而保证系统性能的技术参数对温度的稳定性。这些技术措施统称为温度补偿技术。

10.2.1　温度补偿原理

为了讨论环境温度对传感器工作的影响，首先必须确定输出值随温度变化的关系，如图 10.2.1 所示。

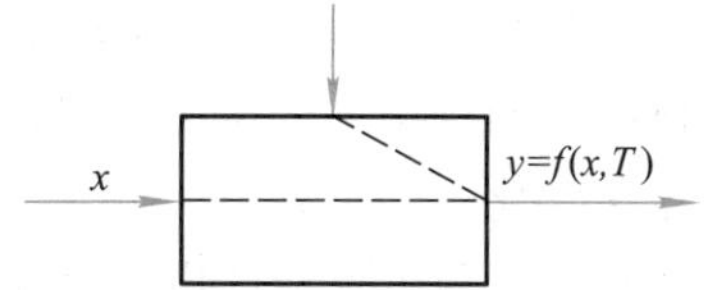

图 10.2.1　温度 T 对传感器输出的影响

设仪表的输出量 y 是输入量 x 和环境温度 T 的函数即 $y=f(x、T)$，当输出 y 与输入 x 之间是非线性函数关系时，$y=f(x、T)$ 一般可表示为

$$y=f(x,T)=a_0(T)+a_1(T)x+a_2(T)x^2+\cdots+a_n(T)x^n \tag{10.2.1}$$

式中，$a_0(T)$——输入量 x 为零时，传感器的输出值；

$a_1(T)$——传感器灵敏度，其值随 T 而变；

$a_i(T)$——传感器各次分量的传递系数（$i=2\sim n$）的输出值。

在某一输入量 x 下，由温度变化引起的仪表输出变化为

$$S_T=\frac{\mathrm{d}a_0(T)}{\mathrm{d}T}+\frac{\mathrm{d}a_1(T)}{\mathrm{d}T}\cdot x+\cdots+\frac{\mathrm{d}a_0(T)}{\mathrm{d}T}\cdot x^n \tag{10.2.2}$$

式中，$\mathrm{d}a_0(T)/\mathrm{d}T$——传感器零点对温度的灵敏度，它的大小反映了零点随温度的漂移；

$\mathrm{d}a_1(T)/\mathrm{d}T$——传感器灵敏系数对温度的灵敏度，它的大小反映了传感器随温度变化的大小；

$\mathrm{d}a_i(T)/\mathrm{d}T$——传感器各次分量传递系数随温度的变化率（$i=2\sim n$）。

为了便于研究环境温度对传感器工作的影响，略去上式的高次项，只取一次分量，即近似地把系统看成是线性系统，则式（10.2.2）简化为

$$S_T\approx\frac{\mathrm{d}a_0(T)}{\mathrm{d}T}+\frac{\mathrm{d}a_1(T)}{\mathrm{d}T}\cdot x \tag{10.2.3}$$

同时

$$y\approx a_0(T)+a_1(T)x$$

从上述分析可以看出，为了降低环境温度对传感器工作的影响，应设法减少传感器对温度的灵敏度即有害灵敏度。这可以从两方面着手，一是减小传感器输出零点对温度的有害灵敏度；二是减小传感器的灵敏度对温度的敏感性。亦即设法使

$$\frac{\mathrm{d}a_0(T)}{\mathrm{d}T}\approx 0,\qquad \frac{\mathrm{d}a_1(T)}{\mathrm{d}T}\approx 0 \tag{10.2.4}$$

10.2.2　温度补偿方式

实现温度补偿的方式主要有自补偿式和并联补偿式。

1. 自补偿

自补偿是利用传感器本身的一些特殊部件受温度影响产生的变化相互抵消。很显然要达到补偿的目的，必须对这些元件受温度影响而变化的规律有充分的认识，这样才能做到配合恰当，从而使之互消。

例如，组合式温度自补偿应变片就是这类元件，其结构参见图 10.2.2。它是利用电阻材料的电阻温度系数有正有负的特性，将两种不同的电阻丝栅（R_1，R_2）串联制成一个应变片，温度变化时，两段电阻丝栅随温度变化，产生两个大小相等、符号相反的增量，即满足 $-(\Delta R_1)_T=(\Delta R_2)_T$，从而实现温度补偿。两段丝栅的电阻大小，可按下式选择

$$\frac{R_1}{R_2}=-\frac{\left(\frac{\Delta R_2}{R_2}\right)_T}{\left(\frac{\Delta R_1}{R_1}\right)_T} \tag{10.2.5}$$

2. 并联补偿

并联补偿是在原有的测量系统中，人为地增加一个温度补偿环节，该补偿环节与主测量系统并行相连，其目的是使它们的合成输出不随环境温度 T 变化。其框图如图 10.2.3 所示。

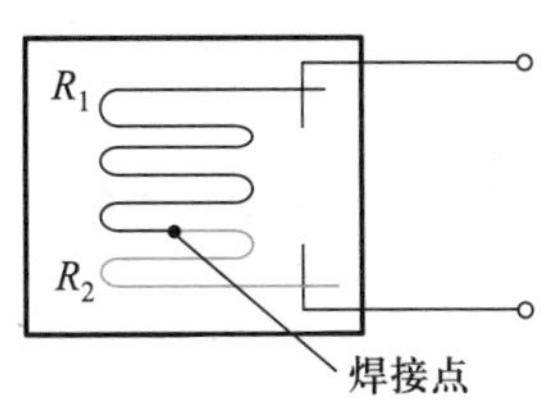

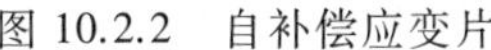

图 10.2.2 自补偿应变片

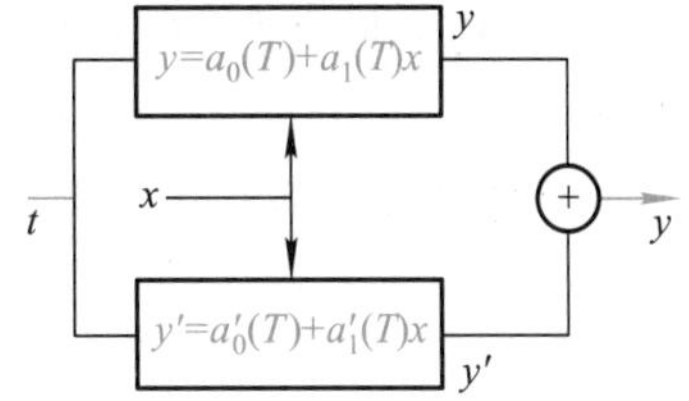

图 10.2.3 并联补偿结构框图

设温度补偿环节的输出特性为 $y'=a_0'(T)+a_1'(T)x$。按图 10.2.3 所示的框图，可得到总输出增量 Δy_1 与输入量 x 及温度 T 的增量之间的关系为

$$\Delta y_1=\Delta y+\Delta y'=\left[\frac{\mathrm{d}a_0(T)}{\mathrm{d}T}+\frac{\mathrm{d}a_0'(T)}{\mathrm{d}T}\right]\Delta T+x\left[\frac{\mathrm{d}a_1(T)}{\mathrm{d}T}+\frac{\mathrm{d}a_1'(T)}{\mathrm{d}T}\right]\Delta T$$
$$+[a_1'(T)+a_1(T)]\Delta x \tag{10.2.6}$$

从式(10.2.6)可以得出，为了实现温度补偿，并使输出灵敏度增加，应使

$$\begin{cases}\dfrac{\mathrm{d}a_0(T)}{\mathrm{d}T}+\dfrac{\mathrm{d}a_0'(T)}{\mathrm{d}T}=0\\[2mm]\dfrac{\mathrm{d}a_1(T)}{\mathrm{d}T}+\dfrac{\mathrm{d}a_1'(T)}{\mathrm{d}T}=0\\[2mm]a_1'(T)+a_1(T)=2a_1(T)\end{cases} \tag{10.2.7}$$

由此可见，在进行并联补偿时，需满足下列条件：

① 补偿环节输出对温度的反应与被补偿环节输出对温度的反应大小相等、符号相反，才可能实现全补偿。实际上就是两个不同性能的传感器，在同一温度条件下，应为差动输出。但由于两个环节的温度变化，不可能完全相同，因此，在工程上只能做到某些点实现全补偿。

② 补偿环节对输入量 x 的反应与被补偿环节对 x 的反应大小应相等、符号相同，以提高灵敏度。

10.2.3 温度补偿方法

环境温度变化引起仪表的零点漂移和工作特性的改变，可以采用并联或反馈方式进行修正，也可以进行综合补偿修正。补偿方法可以选择硬件措施也可以选择软件措施，或两者配合,应视具体情况而定。

1. 硬件方法

(1) 零点补偿

环境温度的变化引起仪表零点漂移,可在系统中加入一个附加电路,使其产生一个与零点漂移值大小相等、极性相反的信号,它与零点漂移相串联,两者相互抵消而实现补偿。

(2) 灵敏度补偿

在环境温度变化时,会引起检测系统灵敏度的变化而造成测量误差。为了消除它的影响,需要对灵敏度的有害灵敏度进行检测,根据这一检测值通过一定电路去控制检测系统的灵敏度使其维持不变,来实现灵敏度的温度补偿。

(3) 综合补偿

在很多情况下不便或不必区分补偿零点和灵敏度,而是综合补偿,保证检测系统的输出不随温度干扰而变。

2. 软件方法

在大多数情况下,用硬件补偿的方法难以取得满意的结果。在应用微机的检测系统中,只要能建立温度误差的数学模型,就能较好地解决温度变化对仪表的各部分特性的影响。

(1) 零点补偿

检测系统在零输入信号时(对某些检测可能是空载),包括信号输入放大器及微机接口电路在内的整个检测部分的输出应为零,但由于零漂的存在,它的输出不为零。此时的输出值实际上就是仪表的零点漂移值。微机系统可以把检测到的零漂值存入内存中,然后,在每次的测量中都减去这个零漂值,这就能实现零点补偿。

(2) 零漂的自动跟踪补偿

产生零漂的原因,温度变化是一个重要因素,此外还有多种因素。零漂值不是一个定值,它会随环境温度、时间而变化,且不是线性的。因此,在要求比较高的情况下,按定值或一定时间内按定值进行补偿,以满足检测的要求。在有微机参与的仪表中,可以借助于软件实施零漂的自动跟踪补偿,用跟踪到的零漂值对被测量的采样值进行修正,就可以得到满意的结果。

10.3 干扰的类型及产生

测量中来自测量系统内部和外部,影响测量装置或传输环节正常工作和测试结果的各种因素的总和称为干扰(噪声)。而把消除或削弱各种干扰影响的全部技术措施,总称为抗干扰技术或防护。

10.3.1 干扰的类型

根据干扰产生的原因,通常可分为以下几种类型。

1. 电和磁干扰

电和磁可以通过电路和磁路对测量仪表产生干扰作用,电场和磁场的变化在测量装置的有关电路或导线中感应出干扰电压，从而影响测量仪表的正常工作。这种电和磁的干扰对于传感器或各种检测仪表来说是最为普遍、影响最严重的干扰。因此，必须认真对待这种干扰。本章将重点研究这种干扰的抑制措施。

2. 机械干扰

机械干扰是指由于机械的振动或冲击，使仪表或装置中的电气元件发生振动、变形，使连接线发生位移，使指针发生抖动，仪表接头松动等。对于机械类干扰主要是采取减振措施来解决，例如采用减振弹簧、减振软垫、隔板消振等措施。

3. 热干扰

设备和元器件在工作时产生的热量所引起的温度波动以及环境温度的变化都会引起仪表和装置的电路元器件的参数发生变化，另外某些测量装置中因一些条件的变化产生某种附加电动势等，都会影响仪表或装置的正常工作。对于热干扰，工程上通常采取下列几种方法进行抑制。

(1) 热屏蔽

把某些对温度比较敏感或电路中关键的元器件和部件，用导热性能良好的金属材料做成的屏蔽罩包围起来，使罩内温度场趋于均匀和恒定。

(2) 恒温法

例如将石英振荡晶体与基准稳压管等与精度有密切关系的元件置于恒温设备中。

(3) 对称平衡结构

如差分放大电路、电桥电路等，使两个与温度有关的元件处于对称平衡的电路结构两侧，使温度对两者的影响在输出端互相抵消。

(4) 温度补偿元件

采用温度补偿元件以补偿环境温度的变化对电子元件或装置的影响。

4. 光干扰

在检测仪表中广泛使用各种半导体元件，但半导体元件在光的作用下会改变其导电性能，产生电动势与引起阻值的变化，从而影响检测仪表正常工作。因此，半导体元器件应封装在不透光的壳体内，对于具有光敏作用的元件，尤其应注意光的屏蔽问题。

5. 湿度干扰

湿度增加会引起绝缘体的绝缘电阻下降，漏电流增加；电介质的介电系数增加，电容量增加；吸潮后骨架膨胀使线圈阻值增加，电感器变化；应变片粘贴后，胶质变软，精度下降等。通常采取的措施是：避免将其放在潮湿处，仪器装置定时通电加热去潮，电子器件和印制电路浸漆或用环氧树脂封灌等。

6. 化学干扰

酸、碱、盐等化学物品以及其他腐蚀性气体，除了其化学腐蚀性作用将损坏仪器设备和元器件外，还能与金属导体产生化学电动势，从而影响仪器设备的正常工作。因此，必须根据使用环境对仪器设备进行必要的防腐措施，将关键的元器件密封并保持仪器设备清洁干净。

7. 射线辐射干扰

核辐射可产生很强的电磁波。射线会使气体电离，使金属逸出电子，从而影响到电测装置的正常工作。射线辐射的防护是一种专门的技术，主要用于原子能工业等方面。

10.3.2 干扰的产生

1. 放电干扰

(1) 天体和天电干扰

天体干扰是由太阳或其他恒星辐射电磁波所产生的干扰。天电干扰是由雷电、大气的电离作用、火山爆发及地震等自然现象所产生的电磁波和空间电位变化所引起的干扰。

(2) 电晕放电干扰

电晕放电干扰主要发生在超高压大功率输电线路和变压器、大功率互感器、高电压输变电等设备上。电晕放电具有间歇性，并产生脉冲电流。随着电晕放电过程将产生高频振荡，并向周围辐射电磁波。其衰减特性一般与距离的平方成反比，所以对一般检测系统影响不大。

(3) 火花放电干扰

如电动机的电刷和整流子间的周期性瞬间放电，电焊、电火花、加工机床、电气开关设备中的开关通断的放电，电气机车和电车导电线与电刷间的放电等。

(4) 辉光、弧光放电干扰

通常放电管具有负阻抗特性，当和外电路连接时容易引起高频振荡。如大量使用荧光灯、霓虹灯等。

2. 电气设备干扰

(1) 射频干扰

电视、广播、雷达及无线电收发机等对邻近电子设备造成干扰。

(2) 工频干扰

大功率配电线与邻近检测系统的传输线通过耦合产生干扰。

(3) 感应干扰

当使用电子开关、脉冲发生器时，因为其工作中会使电流发生急剧变化，形成非常陡峭的电流、电压前沿，具有一定的能量和丰富的高次谐波分量，会在其周围产生交变电磁场，从而引起感应干扰。

10.3.3 信噪比和干扰叠加

1. 信噪比

干扰对测量的影响必然反映到测量结果中，它与有用信号交连在一起。衡量干扰对有用信号的影响常用信噪比(S/N)表示，即

$$S/N = 10\lg\frac{P_{\mathrm{S}}}{P_{\mathrm{N}}} = 20\lg\frac{U_{\mathrm{S}}}{U_{\mathrm{N}}} \tag{10.3.1}$$

式中，P_{S}——有用信号功率；

P_N——干扰信号功率；

U_S——有用信号电压的有效值；

U_N——干扰信号电压的有效值

从式(10.3.1)可知，信噪比越大，干扰的影响越小。

2. 干扰的叠加

(1) 非相关干扰源电压相加

各干扰电压或干扰电流各自独立地互不干扰时，它们的总功率为各干扰功率之和。其电压之和为

$$U_N=\sqrt{\sum U_{Ni}^2} \tag{10.3.2}$$

(2) 两个相关干扰电压之和

当两个干扰电压并非各自独立，存在相关系数 γ 时，其总干扰电压为

$$U_N=\sqrt{U_{N1}^2+U_{N2}^2+2\gamma U_{N1}U_{N2}} \tag{10.3.3}$$

显然，$\gamma=0$ 时为非相关，γ 在 0~1 或 -1~0 时，两电压为部分相关。

10.4 干扰信号的耦合方式

干扰信号进入接收电路或测量装置内的途径称为干扰的耦合方式。在分析和研究干扰问题时，首先要搞清楚干扰源、被干扰对象及干扰源和被干扰对象之间的耦合方式，只有对干扰的性质清楚了解之后，才能正确采取相应的抗干扰措施。干扰的耦合方式主要有：静电电容耦合、电磁耦合、共阻抗耦合及漏电流耦合。

10.4.1 静电电容耦合

静电电容耦合是由于两个电路之间存在寄生电容，产生静电效应，使一个电路的电荷变化影响到另一个电路。图 10.4.1 是两个平行导线之间存在静电耦合的例子。导线 1 是干扰源，导线 2 是检测系统的传输线，C_1、C_2分别为导线 1、2 的对地寄生电容，C_{12}是导线 1 和 2 之间的寄生电容，R 为导线 2 的对地电阻，根据电路理论，此时导线 2 所产生的对地干扰电压即 R 的电压为

$$\dot{U}_N=\frac{\mathrm{j}\omega R[C_{12}/\omega(C_{12}+C_2)]}{\mathrm{j}R+1/[\omega(C_{12}+C_2)]}\dot{U}_1 \tag{10.4.1}$$

一般情况下，有 $R\ll 1/\omega(C_{12}+C_2)$，故上式可进一步简化为

$$\dot{U}_N\approx \mathrm{j}\omega RC_{12}\dot{U}_1 \tag{10.4.2}$$

从上式可以看出，干扰电压 U_N与干扰源的电压 U_1及角频率 ω 成正比。这表明，高电压、小电流的高频干扰源主要是通过静电耦合形成干扰的；干扰电压 U_N与 C_{12}成正比，同时也与 R 成正比。所以，应通过合理布线和适当防护措施减小电路间的寄生电容。降低接收电路的输入阻抗，也可以减小静电耦合干扰。

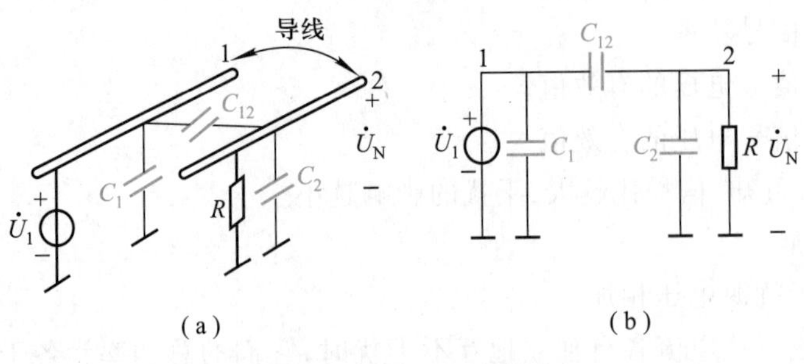

图 10.4.1　静电电容耦合

10.4.2　电磁耦合

电磁耦合(电感性耦合)是由于电路之间存在互感,使一个电路的电流变化,通过磁交变影响到另一个电路。图 10.4.2 是两个电路电磁耦合的示意图和等效电路。图中,导线 1 为干扰源,导线 2 为检测系统的一段电路,两个导线之间的互感系数为 M。当导线 1 中有电流 I_1变化时,根据电路理论,通过电磁耦合在导线 2 产生的干扰电压 U_N为

$$\dot{U}_N = j\omega M \dot{I}_1 \tag{10.4.3}$$

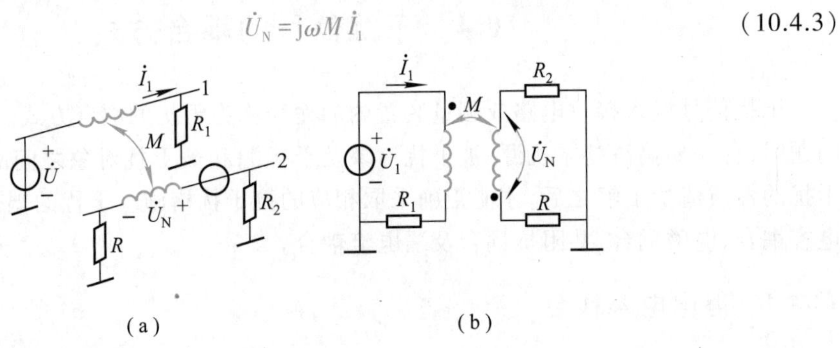

图 10.4.2　电磁耦合

分析式(10.4.3)可得结论,干扰电压 U_N与干扰源角频率 ω 成正比,与电路间的互感系数 M 成正比,与干扰源电流 I_1成正比。

显然,对于电磁耦合干扰,降低接收电路的输入阻抗,并不会减小干扰,而应尽量采取远离干扰源或设法降低 M 等措施。

10.4.3　共阻抗耦合

共阻抗耦合是由于两个电路间有公共阻抗,当一个电路中有电流流过时,通过共阻抗便在另一个电路上产生干扰电压。例如,几个电路由同一个电源供电时,会通过电源内阻互相干扰;在放大器中,各放大级通过接地线电阻互相干扰。

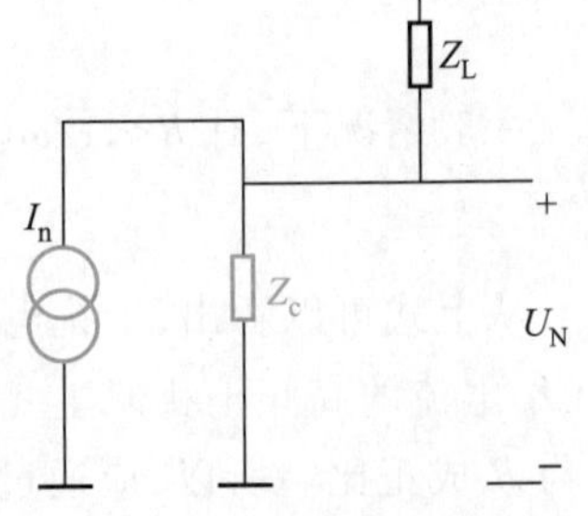

图 10.4.3　共阻抗耦合等效电路

一般情况下,共阻抗耦合可以用图 10.4.3 所示的等效电路表示。图中,Z_c表示两个电路之间的共有阻抗,I_n表示

干扰源电流，U_N表示被干扰电路的干扰电压，由图 10.4.3 等效电路，很容易写出被干扰电压U_N的表达式为

$$U_N = I_n Z_c \tag{10.4.4}$$

从式(10.4.4)显而易见，消除共阻抗耦合干扰的核心是消除两个或几个电路之间的共阻抗。

10.4.4　漏电流耦合

由于绝缘不良，流经绝缘电阻 R 的漏电流作用于有关电路引起的干扰，称为漏电流耦合。一般情况下，漏电流耦合可用图 10.4.4 所示的等效电路表示。图中，U_1表示干扰源电动势，R 表示漏电阻，Z_i是被干扰电路的输入阻抗，U_N为干扰电压。

从图 10.4.4 所示的等效电路可写出 U_N的表达式

$$U_N = \frac{Z_i}{R+Z_i}U_1 \approx \frac{Z_i}{R}U_1 \tag{10.4.5}$$

图 10.4.4　漏电流耦合等效电路

漏电流经常发生在用仪表测量较高的直流电压、测量仪表附近有较高的直流电源、高输入阻抗的直流放大器中。

为了削弱漏电流干扰，必须改善绝缘性能并采取相应的防护措施。

10.4.5　电子测量装置的两种干扰

各种干扰源对检测系统产生的干扰，必然通过各种耦合通道进入测量装置，对测量结果引起误差。根据干扰进入测量电路的方式不同，可将干扰分为差模干扰和共模干扰两种。

1. 差模干扰

差模干扰是使信号接收器的一个输入端的电位相对另一个输入端电位发生变化。即干扰信号与有用信号是叠加在一起的。

差模干扰可用图 10.4.5 所示两种方式表示。图中，e_s及 R_s为有用信号源及内阻，U_n表示等效干扰电压，I_n表示等效干扰电流，Z_n为干扰源等效阻抗，R_i为接收器的输入电阻。

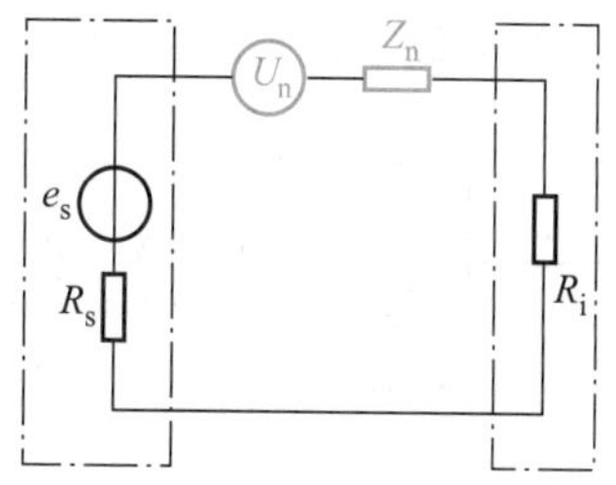

(a) 串联电压发生器形式

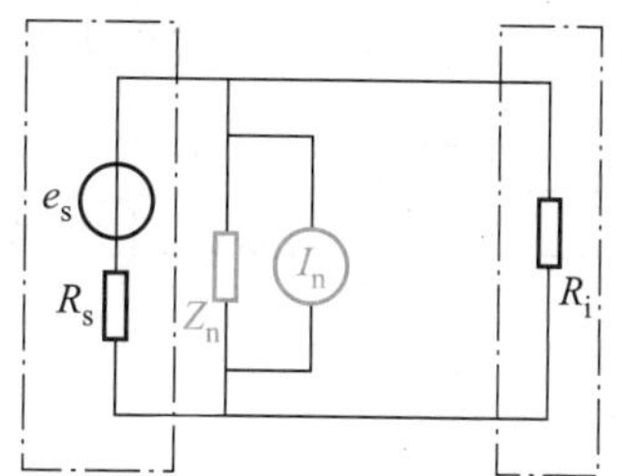

(b) 并联电流发生器形式

图 10.4.5　差模干扰等效电路

常见的差模干扰有：外交变磁场对传感器的一端进行电磁耦合；外高压交变电场对传感

器的一端进行漏电流耦合。针对具体情况可以采用双绞信号传输线，传感器耦合端加滤波器、金属隔离线、屏蔽等措施来消除差模干扰。

2. 共模干扰

共模干扰是相对于公共的电位基准点（通常为接地点），在信号接收器的两个输入端同时出现的干扰。虽然它不直接影响结果，但是当信号接收器的输入电路参数不对称时，它会转化为差模干扰，对测量结果产生影响。

共模干扰一般用等效电压源表示，图 10.4.6 给出一般情况下的等效电路。图中，U_N 表示干扰电压源，Z_{cm1}、Z_{cm2} 表示干扰源阻抗，Z_1、Z_2 表示信号传输线阻抗，Z_{s1}、Z_{s2} 表示信号传输线对地漏阻抗。

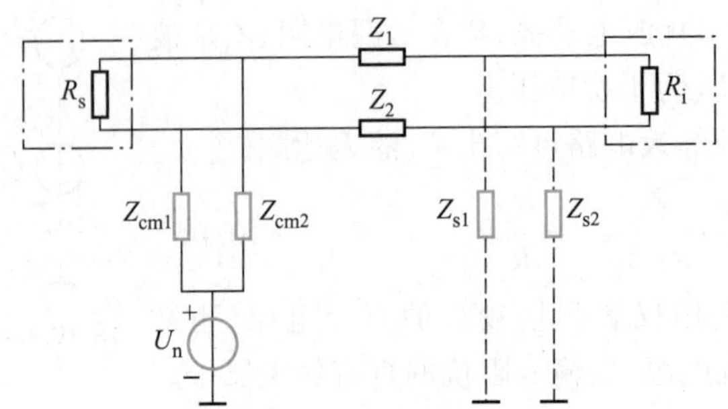

图 10.4.6　共模干扰等效电路

从图 10.4.6 中可以看出，当电路对称时，干扰电压源不会对接收器产生干扰。只有当电路不对称时，共模干扰才能转化为差模干扰，对信号接收起干扰作用。通常 Z_{cm1}、Z_{cm2} 比 Z_1、Z_2 大得多，因此，共模干扰转化为差模干扰的电压比率很小。但是共模干扰源的干扰电压值比信号源电压值高得多（信号源电压常为毫伏级，而共模干扰源电压为数十伏），一旦共模干扰转化为差模干扰时，这时的共模干扰对测量结果的影响就更严重，排除它比较困难。

造成共模干扰的原因很多，图 10.4.7 给出了几个具体的例子。图 10.4.7（a）表示热电偶测温系统，热电偶的金属保护套管通过炉体外壳与生产管路接地，而热电偶的两条补偿导线与显示仪表外壳没有短接，但仪表外壳接大地，地电位造成共模干扰。

图 10.4.7（b）表示动力电源通过漏电阻对热电偶测温系统形成共模干扰。

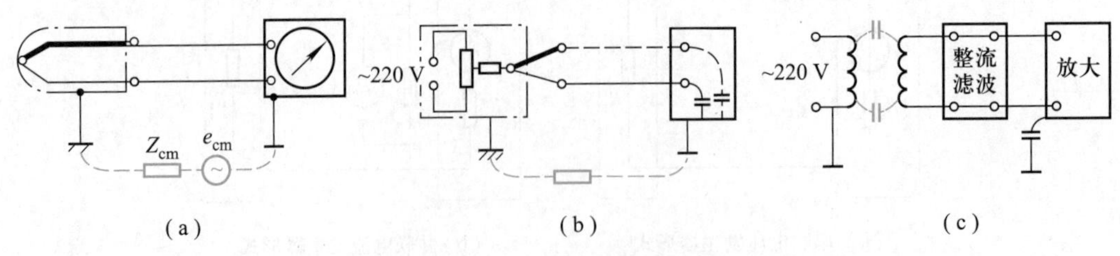

图 10.4.7　产生共模干扰的典型例子

图 10.4.7（c）表示通过电源变压器的一次、二次侧间的分布电容耦合形成共模干扰。

10.4.6　共模干扰抑制比

为衡量测量装置对共模干扰的抑制能力，引入共模干扰抑制比概念，其定义为作用于电路（或系统）的共模干扰信号与电路（或系统）在该共模干扰下转换为的差模信号之比。通常以对数形式表示

$$K_{CMR}=20\lg\frac{U_{cm}}{U_{cd}} \tag{10.4.6}$$

式中，U_{cm}——作用于测量电路（或系统）共模干扰信号；

U_{cd}——测量电路（或系统）在该共模干扰下转换为的差模信号。

共模干扰抑制比也可以定义为检测系统的差模增益与共模增益之比

$$K_{CMR}=20\lg\frac{K_d}{K_c} \tag{10.4.7}$$

式中，K_d——差模增益；

K_c——共模增益。

以上两种定义都说明，共模干扰抑制比是测量装置（或系统）对共模干扰抑制能力的量度。K_{CMR}值越高，说明对共模干扰抑制能力越强。

10.5　常用的抑制干扰措施

为了保证测量系统正常工作，必须削弱和防止干扰的影响，如消除或抑制干扰源、破坏干扰途径以及削弱被干扰对象（接收电路）对干扰的敏感性等。通过采取各种抑制干扰技术措施，使仪器设备能稳定可靠地工作，从而提高测量的精度。本节讨论常用的几种抗干扰技术。

10.5.1　屏蔽技术

利用铜或铝等低电阻材料制成的容器将需要防护的部分包起来，或者利用导磁性良好的铁磁性材料制成的容器将要防护的部分包起来，此种防止静电或电磁的相互感应所采用的技术措施称为屏蔽。屏蔽的目的就是隔断电磁场的耦合通道。

1. 静电屏蔽

在静电场的作用下，导体内部无电力线，即各点电位相等。静电屏蔽就是利用了与大地相连接的导电性良好的金属容器，使其内部的电力线不外传，同时外部电场也不影响其内部。

使用静电屏蔽技术时，应注意屏蔽体必须接地，否则虽然导体内无电力线，但导体外仍有电力线，导体仍受到影响，起不到静电屏蔽的作用。

2. 电磁屏蔽

电磁屏蔽是采用导电良好的金属材料做成屏蔽层，利用高频干扰电磁场在屏蔽金属内产生的涡流，再利用涡流磁场抵消高频干扰磁场的影响，从而达到抗高频电磁场干扰的

效果。

电磁屏蔽依靠涡流产生作用,因此必须用良导体如铜、铝等做屏蔽层。考虑到高频趋肤效应,高频涡流仅在屏蔽层表面一层,因此屏蔽层的厚度只需考虑机械强度。将电磁屏蔽妥善接地后,其具有电场屏蔽和磁场屏蔽两种功能。

3. 低频磁屏蔽

电磁屏蔽对低频磁场干扰的屏蔽效果是很差的,因此,在低频磁场干扰时,要采用高导磁材料做屏蔽层,以便将干扰限制在磁阻很小的磁屏蔽体的内部,从而起到抗干扰的作用。

为了有效地屏蔽低频磁场,屏蔽材料要选用坡莫合金之类对低频磁场有高导磁系数的材料,同时要有一定的厚度,以减小磁阻。

4. 驱动屏蔽

驱动屏蔽就是用被屏蔽导体的电位,通过 1∶1 电压跟随器来驱动屏蔽层导体的电位,其原理如图 10.5.1 所示。具有较高交变电位 U_n 干扰源的导体 A 与屏蔽层 D 间有寄生电容 C_{s1},而 D 与被防护导体 B 之间有寄生电容 C_{s2},Z_i 为导体 B 对地阻抗。为了消除 C_{s1}、C_{s2} 的影响,图中采用了由运算放大器构成的 1∶1 电压跟随器 R。设电压跟随器在理想状态下工作,导体 B 与屏蔽层 D 间绝缘电阻为无穷大,并且等电位。因此,在导体 B 外,屏蔽层 D 内空间无电场,各点电位相等,寄生电容 C_{s2} 不起作用,故具有交变电位 U_n 的干扰源 A 不会对 B 产生干扰。

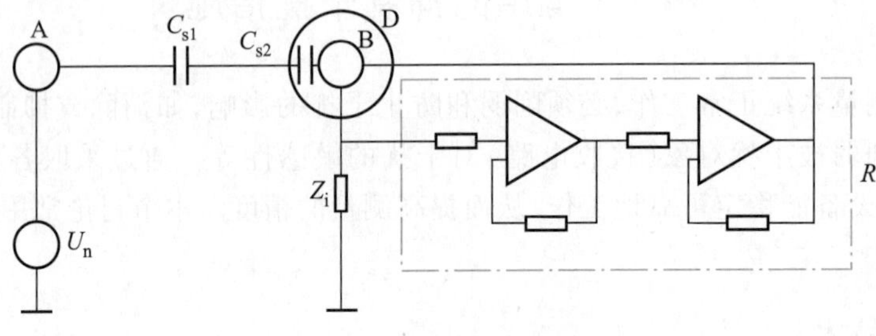

图 10.5.1　驱动屏蔽

应该指出的是:驱动屏蔽中所应用的 1∶1 电压跟随器,不仅要求其输出电压与输入电压的幅值相同,而且要求两者相位一致。实际上,这些要求只能在一定程度上得到满足。

10.5.2　接地技术

接地是保证人身和设备安全,抗噪声干扰的一种方法。合理地选择接地方式抑制电容性耦合、电感性耦合及电阻耦合,是减小或削弱干扰的重要措施。

1. 电测装置的接地

(1) 安全接地

以安全防护为目的,将电测装置的机壳、底盘等接地,要求接地电阻在 10Ω 以下。

(2) 信号接地

信号接地是指电测装置的零电位(基准电位)接地线,但不一定真正接大地。

信号地线分为模拟信号地线和数字信号地线两种。前者是指模拟信号的零电平公共线,因为模拟信号一般较弱,所以对该种地线要求较高;后者是指数字信号的零电平公共线,数字信号一般较强,因此对该种地线可要求低些。

(3) 信号源接地

传感器可看作是非电量测量系统的信号源。信号源地线就是传感器本身的零电位电平基准公共线,由于传感器与其他电测装置相隔较远,因此,它们在接地要求上有所不同。

(4) 负载接地

负载中的电流一般较前级信号电流大得多,负载地线上的电流在地线中产生的干扰作用也大,因此对负载地线与测量仪器中的地线有不同的要求,有时二者在电气上是相互绝缘的。

2. 电路一点接地准则

(1) 单级一点接地准则

如图 10.5.2(a)所示,单级选频放大器的电路原理图上有 7 个线端需要接地,如果只从原理图的要求进行接线,则这 7 个线端可以任意地接在接地母线上的不同位置上。这样,不同点间的电位差就有可能成为这级电路的干扰信号,因此应按图 10.5.2(b)所示的一点接地方式接地。

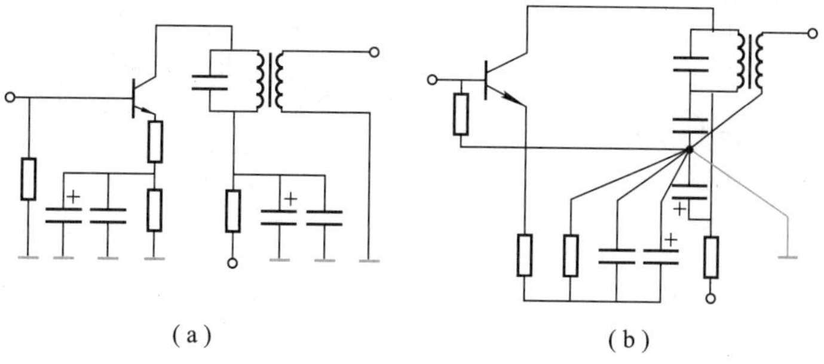

图 10.5.2 单级电路的一点接地

(2) 多级电路一点接地

图 10.5.3(a)所示的多级电路中,利用一段公用地线后,再在一点接地。它虽然避免了多点接地可能产生的干扰,但是在这段公用地线上却存在着 A、B、C 三点不同的对地电位差。当各级电平相差较大时,高电平电路将会产生较大的地电流干扰到低电平电路中去。只有当级数较多,电平相差不大时这种接地方式可勉强使用。图 10.5.3(b)采用了分别接地方式,适用于 1 MHz 以下低频电路。它们只与本电路的地电流和地线阻抗有关。

(3) 测量装置的两点接地

图 10.5.4(a)为两点接地对测量装置的影响。图 U_S、R_S为信号电压及其内阻,R_1、R_2为传输线等效电阻,R_i为放大器的输入电阻,U_G、R_G为两接地点之间的地电位差和地电阻。

当 R_1、R_2均小于 $R_S+R_i+R_1$时,干扰电压 U_N为

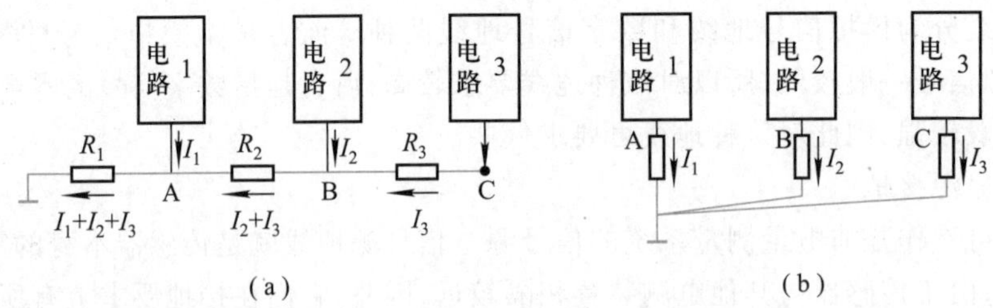

图 10.5.3　多级电路的一点接地

$$U_N=\frac{R_i}{R_i+R_1+R_s}\cdot\frac{R_2}{R_2+R_G}\cdot U_G \tag{10.5.1}$$

设 $U_G=100\ \text{mV}$，$R_G=0.1\ \Omega$，$R_S=1\ \text{k}\Omega$，$R_1=R_2=1\ \Omega$，$R_i=10\ \text{k}\Omega$，则根据上式可计算出干扰电压 $U_N=90\ \text{mV}$，即 100 mV 的地电位差几乎都加到放大器输入端上。

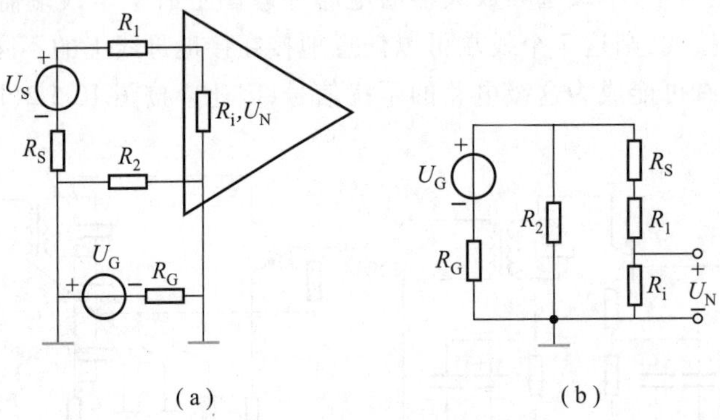

图 10.5.4　测量装置的两点接地

将上述问题改为一点接地，如图 10.5.4(b)所示，并保持信号源与地隔离，其中 Z_{sg} 为信号源对地的漏阻抗，设 $Z_{sg}=2\ \text{M}\Omega$，其他参数不变，当 $Z_{sg}\gg R_2+R_G$，$R_2\ll R_S+R_i+R_1$ 时，放大器输入端干扰电压

$$U_N=\frac{R_i}{R_i+R_1+R_S}\cdot\frac{R_2}{Z_{sg}}U_G=45.5\ \mu\text{V} \tag{10.5.2}$$

可见信号源接地时的干扰电压大大降低。

3. 测量系统的接地

通常测量系统至少有三个分开的地线，即信号地线、保护地线和电源地线。这三种地线应分开设置，并通过一点接地。图 10.5.5 说明了这三种地线的接地方式。若使用交流电源，电源地线和保护地线相接，干扰电流不可能在信号电路中流动，避免因公共地线各点电位不均所产生的干扰，它是消除共阻抗耦合干扰的重要方法。

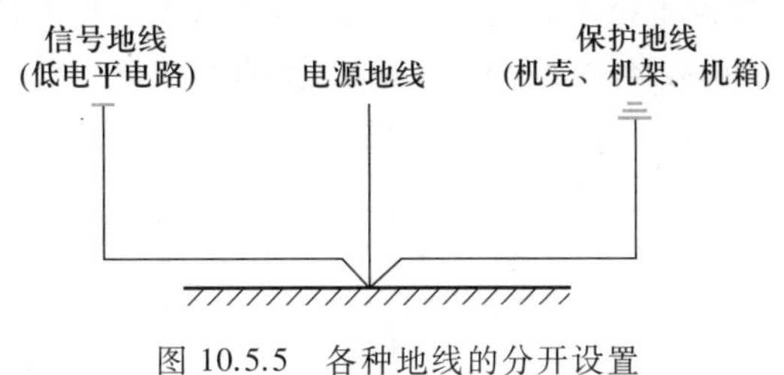

图 10.5.5 各种地线的分开设置

10.5.3 浮置

浮置又称为浮空、浮接。它是指测量仪表的输入信号放大器的公共线不接机壳也不接大地的一种抑制干扰的措施。

采用浮接方式的测量系统，如图 10.5.6 所示。信号放大器有相互绝缘的两层屏蔽，内屏蔽层延伸到信号源处接地，外屏蔽层也接地，但放大器两个输入端既不接地，也不接屏蔽层，整个测量系统与屏蔽层及大地之间无直接联系。这样就切断了地电位差 U_N 对系统影响的通道，抑制了干扰。

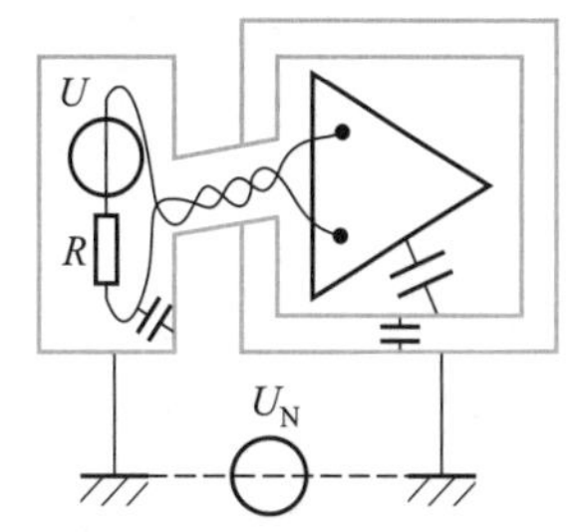

图 10.5.6 浮置的测量系统

浮置与屏蔽接地相反，是阻断干扰电流的通路。测量系统被浮置后，明显地加大了系统的信号放大器公共线与大地（或外壳）之间的阻抗，因此，浮置能大大减小共模干扰电流。但浮置不是绝对的，不可能做到完全浮空。其原因是信号放大器公共线与地（或外壳）之间，虽然电阻值很大，可以减小电阻性漏电流干扰，但是它们之间仍然存在着寄生电容，即电容性漏电流干扰仍然存在。

思考题与习题十

1. 传感器的输出-输入特性的非线性补偿方法有几种？每种补偿方法的要点是什么？请用框图简要说明。

2. 用图解法求取线性化器的输出-输入特性与用解析计算法求取线性化器的输出-输入特性相比有何特点？请简要说明。

3. 利用电阻与精密整流器组合成非线性网络，并将其与运算放大器相结合，构成折线逼近式线性化器，与利用具有非线性特性的元件和运算放大器构成模拟式线性化器相比较有何特点？请举例说明。

4. 简述并联式温度补偿的特点及实现温度补偿的条件，并指出选择和安排补偿环节的原则。

5. 干扰信号进入被干扰对象的主要通路有哪些？

6. 试分析一台你所熟悉的测量仪器在工作过程中经常受到的干扰及应采取的措施。

7. 习题图 10.7 所示控温电路中，放大器 A_1 和 A_2 用以放大热电偶的低电平信号，利用开关 S 周期性通断把大功率负载接到一个电源上，试说明噪声源、耦合通道和被干扰电路。

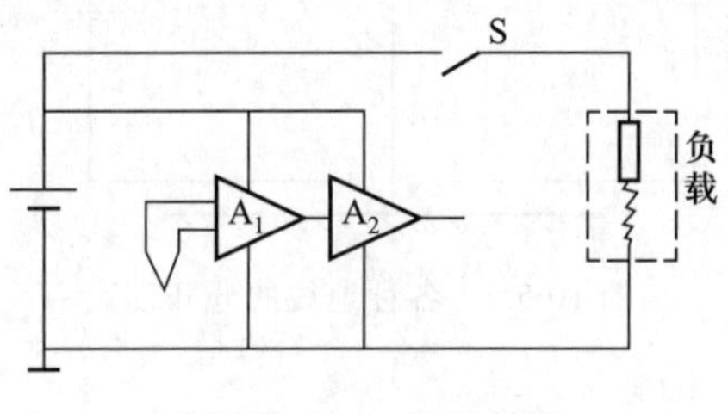

习题图 10.7　控温电路

参考文献

[1] 郁有文,等.传感器原理及工程应用[M]. 西安: 西安电子科技大学出版社,2000.

[2] 杜维,等. 过程检测技术及仪表[M]. 北京:化学工业出版社,1998.

[3] 沈聿农. 传感器及其应用技术[M]. 北京:化学工业出版社,2001.

[4] 常健. 检测与转换技术[M]. 北京:机械工业出版社,1999.

[5] 李科杰. 新编传感器技术手册[M]. 北京:国防工业出版社,2002.

[6] 王之芳. 传感器应用技术[M]. 西安: 西北工业大学出版社,1996.

[7] 王俊峰,等. 现代传感器应用技术[M]. 北京:机械工业出版社,2006.

[8] 诺登 K E. 工业过程用电子秤[M]. 北京:冶金工业出版社,1991.

[9] 刘笃仁,等. 传感器原理及应用技术[M]. 西安: 西安电子科技大学出版社,2003.

[10] 强锡富. 传感器[M]. 北京:机械工业出版社,2000.

[11] 张佳薇,等. 传感器原理与应用[M]. 哈尔滨: 东北林业大学出版社,2003.

[12] 盛克仁. 过程测量仪表[M]. 北京:化学工业出版社,1992.

[13] 何金田,等. 传感器技术[M]. 哈尔滨:哈尔滨工业大学出版社,2004 .

[14] 侯国章. 测试与传感技术[M]. 哈尔滨:哈尔滨工业大学出版社,1998.

[15] 郝云. 传感器原理与应用[M]. 北京:电子工业出版社 ,2002.

[16] 杜润祥. 测试与传感技术[M]. 广州:华南理工大学出版社,1990.

[17] 王庆有. 图像传感器应用技术[M]. 北京:电子工业出版社,2003.

[18] 王绍纯. 自动检测技术[M]. 北京:冶金工业出版社,1991.

[19] 李朝晖. 数字图像处理及应用[M]. 北京:机械工业出版社. 2004.

[20] 丁镇生. 传感器及传感技术应用[M]. 北京:电子工业出版社,1998.

[21] 陈杰,等. 传感器与检测技术[M]. 北京:高等教育出版社. 2003.

[22] 严钟豪,等. 非电量电测技术[M]. 北京:机械工业出版社,1988.

[23] 吴旗. 传感器及其应用[M]. 北京:高等教育出版社,2002.

[24] 王家桢,等. 传感器与变送器[M]. 北京:清华大学出版社,1996.

[25] 周乐挺. 传感器与检测技术[M],北京:高等教育出版社. 2005.

[26] 徐同举. 新型传感器基础[M]. 北京:机械工业出版社,1987.

[27] 谢文和. 传感器及其应用[M]. 北京:高等教育出版社. 2003.

[28] 张国忠. 检测技术[M]. 北京:中国计量出版社,1998.

[29] 徐甲强,等. 传感器技术[M]. 哈尔滨:哈尔滨工业大学出版社. 2004.

[30] 张福学. 传感器电子学[M]. 北京:国防工业出版社,1991.

[31] 王元庆. 新型传感器原理与应用[M]. 北京:机械工业出版社,2002.

[32] 王庆有,等. CCD 应用技术[M]. 天津:天津大学出版社,1993.

[33] 刘榴娣,等. 实用数字图像处理[M]. 北京:北京理工大学出版社,1998.

[34] 栾桂冬,等. 传感器及其应用[M]. 西安:西安电子科技大学出版社,2002.
[35] 姜远海,等. 医用传感器[M]. 北京:科学技术出版社,1999.
[36] 蔡萍等. 现代检测技术与系统[M]. 北京:高等教育出版社,2002.
[37] 淘时澍. 电气测量技术[M]. 北京:中国计量出版社. 1989.
[38] 刘迎春,等. 现代新型传感器原理与应用[M]. 北京:国防工业出版社,2002.
[39] 黄肾武,等. 传感器原理与应用[M]. 成都:电子科技大学出版社. 1995.
[40] 朱名铨. 机电工程智能检测技术与系统[M]. 北京:高等教育出版社,2002.
[41] 宋文绪,等. 自动检测技术[M]. 3 版. 北京:高等教育出版社,2008.
[42] 金伟,等. 现代检测技术[M]. 2 版. 北京:北京邮电大学出版社,2007.
[43] 梁森,等. 自动检测技术及应用[M]. 北京:机械工业出版社,2007.
[44] 陈岭丽. 检测技术与系统[M]. 北京:清华大学出版社,2005.
[45] 吴国庆. 现代测控技术及应用[M]. 北京:电子工业出版社,2007.
[46] 陈杰,等. 传感器与检测技术[M]. 3 版. 北京:高等教育出版社,2021.